移动开发人才培养系列丛书

iOS开发 标准教程

Beginning iOS Development

丁敬香 袁美斌 崔文 主编
宋斌 林海霞 鲁增秋 副主编

人民邮电出版社
北京

图书在版编目（CIP）数据

iOS开发标准教程 / 丁敬香，袁美斌，崔文主编. --北京：人民邮电出版社，2016.8
移动开发人才培养系列丛书
ISBN 978-7-115-42241-5

Ⅰ. ①i… Ⅱ. ①丁… ②袁… ③崔… Ⅲ. ①移动终端－应用程序－程序设计－教材 Ⅳ. ①TN929.53

中国版本图书馆CIP数据核字(2016)第078058号

内 容 提 要

本书全面、系统地介绍了 iOS 9 开发技术，同时附带大量实例，供读者实战演练。本书内容讲解详细，示例丰富，书中每一个知识点都配备了对应的实例和运行结果图，这样可以使读者在学习时轻松上手。

本书共分 4 篇。第 1 篇包括 iOS 9 开发概述、iOS 9 的开发工具 Xcode 7、Objective-C 语言基础以及 Cocoa 基础；第 2 篇介绍自定义视图和视图控制器、文字显示视图、图形图像、网页操作、表视图、导航控制器和标签栏控制器以及自动布局；第 3 篇介绍提醒处理、选择操作、定位服务与地图、访问内置的应用程序、多媒体、动画、触摸与手势等；第 4 篇通过两个 App 实例让读者了解一个 App 从开发到申请账号再到在应用商店中上架的整个过程。

本书为没有 iOS 9 技术基础的新手编写。通过对本书的学习，读者可以基本建立起 iOS 9 技术的思想框架，并且对 iOS 9 开发的过程有一个初步的了解。所以，本书不仅适合作为大中专院校的教材，也适合 iOS 9 技术爱好者自学使用。

◆ 主　编　丁敬香　袁美斌　崔　文
　副主编　宋　斌　林海霞　鲁增秋
　责任编辑　刘　博
　责任印制　沈　蓉　彭志环

◆ 人民邮电出版社出版发行　北京市丰台区成寿寺路 11 号
　邮编 100164　电子邮件 315@ptpress.com.cn
　网址 http://www.ptpress.com.cn
　北京鑫正大印刷有限公司印刷

◆ 开本：787×1092　1/16
　印张：26.5　　　　　　　2016 年 8 月第 1 版
　字数：699 千字　　　　　2016 年 8 月北京第 1 次印刷

定价：65.00 元

读者服务热线：(010)81055256　印装质量热线：(010)81055316
反盗版热线：(010)81055315

前言

iOS 从 2007 年 1 月 9 日由苹果公司在 MacWorld 展览会上公布以来,已有 9 年的历史了。在这期间,iOS 由于具有简单易用的界面、令人惊叹的功能以及超强的稳定性,已经成为 iPhone、iPad 和 iPod Touch 的必备系统。随着 iOS 9 的推出,这些设备的应用又被推到了一个顶端。

笔者结合自己多年的 iOS 开发经验和心得体会,写出本书。希望各位读者能在本书的引领下跨入 iOS 开发大门,并成为一名开发高手。本书内容全面、系统,并以大量实例贯穿于全书的讲解之中。学习完本书后,读者应该可以具备更高一级的项目开发能力。

本书特色

1. 全新平台,全新技术

本书以全新 iOS 9 为开发环境,并采用最新的开发工具 Xcode 7 进行讲解。iOS 9 为最新操作系统,将迅速替代 iOS 7、iOS 8 等老版本系统,成为以后 iPhone、iPad 开发的主力平台。而由于苹果的免费升级策略,具备更强大功能的 Xcode 7 也因此成为 iPhone、iPad 开发的主力工具。

2. 基础铺垫,入门容易

在国内,虽然 iPhone、iPad 已经很普及,但是相关开发到近两年才普及,越来越多的开发者开始学习 iOS 开发。本书针对读者缺少 Objective-C、Xcode 等基础知识的特点,在第 2~4 章着重介绍相关内容。第 2 章较为详细地讲解了 Xcode 7 的新功能、界面以及如何调试程序。第 3、4 章较为详细地讲解了相应的语法知识。

3. 实例为主,上手容易

本书以实用为目标。为了方便读者学以致用,本书在讲解知识点时贯穿了大量实例。这些实例短小精悍,非常方便读者体验实际编程,从而迅速提升开发水平。

本书内容及体系结构

第 1 篇 基础篇(第 1~4 章)

本篇主要内容包括:iOS 9 开发概述、iOS 9 的开发工具 Xcode 7、Objective-C 语言基础以及 Cocoa 基础。通过本篇的学习,读者可以从概念上掌握 iOS 9,并且可以基本掌握 Objective-C 语法。

第 2 篇 界面设计篇(第 5~11 章)

本篇主要内容包括:自定义视图和视图控制器、文字显示视图、图形图像、网页操作、表视图、导航控制器和标签栏控制器以及自动布局。通过本篇的学习,读者可以使用这些视图设计出各种应用界面。

第 3 篇 应用篇(第 12~18 章)

本篇主要内容包括:提醒处理、选择操作、定位服务与地图、访问内置的应用程序、多媒体、动画、触摸与手势。通过本篇的学习,读者可以在创建的应用程序中实现各种功能。

第 4 篇 实战篇(第 19~20 章)

本篇包括两个 App 案例:App 注册与登录和计算器 App。通过注册和登录 App,读者可以了解项目的开发过程和测试步骤；通过计算器 App，读者可以了解整个 App 从开发到上架的过程。

本书读者对象

- ❏ 大中专院校相关专业学生；
- ❏ 想全面学习 iOS 9 开发技术的人员；
- ❏ 利用 iOS 9 做开发的工程技术人员；
- ❏ iOS 9 开发爱好者；
- ❏ 社会培训班学员。

本书作者

本书由丁敬香、袁美斌、崔文担任主编，宋斌、林海霞、鲁增秋担任副主编。其中，宋斌编写了第 6~8 章，林海霞编写了第 9~11 章，崔文编写了第 12~15 章，鲁增秋编写了第 16~18 章。

目 录

第 1 篇 基础篇

第 1 章 iOS 9 开发概述 ……2

1.1 iOS 简介 ……2
 1.1.1 iOS 发展历程 ……3
 1.1.2 iOS 架构 ……3
 1.1.3 iOS 运行设备 ……4
1.2 iOS 9 新特性 ……4
 1.2.1 新字体 ……4
 1.2.2 iPad 分屏 ……5
 1.2.3 应用切换 ……6
 1.2.4 Spotlight/搜索 ……6
 1.2.5 密码增强 ……6
 1.2.6 系统内置地图功能增强 ……7
 1.2.7 备忘录 ……7
 1.2.8 低电量模式 ……8
 1.2.9 3DTouch ……8
 1.2.10 App Thinning ……9
 1.2.11 App 内容加密传输 ……9
 1.2.12 UI Test ……9
 1.2.13 人工智能和搜索 API ……10
 1.2.14 Contacts Framework ……10
 1.2.15 Watch Connectivity ……10
 1.2.16 Swift 2 ……10
1.3 构建开发环境——Xcode 7 ……11
 1.3.1 Xcode 简介 ……11
 1.3.2 Xcode 发展历程 ……12
 1.3.3 安装 Xcode 7 ……12
 1.3.4 绑定苹果开发者账号 ……13
 1.3.5 更新文件和组件 ……13
 1.3.6 帮助文档 ……14
1.4 编写第一个 iOS 9 应用 ……15
 1.4.1 创建项目 ……15
 1.4.2 编译、连接、运行 ……17
 1.4.3 iOS 模拟器介绍 ……18
 1.4.4 编辑界面 ……20
 1.4.5 编写代码 ……22
 1.4.6 定制应用程序图标 ……24
1.5 小结 ……26
1.6 习题 ……26

第 2 章 iOS 9 的开发工具 Xcode 7 ……27

2.1 Xcode 7 的新特性 ……27
 2.1.1 真机调试 ……27
 2.1.2 App Thinning ……27
 2.1.3 UIStackView ……28
 2.1.4 UI Test ……28
 2.1.5 Address Sanitizer ……28
 2.1.6 Storyboard References ……29
2.2 解剖 Xcode 7 界面 ……29
 2.2.1 导航窗口 ……30
 2.2.2 工具窗口 ……30
 2.2.3 编辑窗口 ……31
 2.2.4 目标窗口 ……32
2.3 Xcode 7 项目结构 ……32
2.4 调试程序 ……33
2.5 小结 ……35
2.6 习题 ……35

第 3 章 Objective-C 语言基础 ……36

3.1 Objective-C 语言简介 ……36
 3.1.1 Objective-C 语言的发展 ……36
 3.1.2 Objective-C 语言的特点 ……36
3.2 数据类型 ……37
 3.2.1 与 C 语言通用的数据类型 ……37
 3.2.2 Objective-C 特有的数据类型 ……38
3.3 变量与常量 ……38
 3.3.1 变量 ……38
 3.3.2 常量 ……39

3.3.3 标识符 ……………………………… 40
3.4 运算符 …………………………………… 41
　3.4.1 赋值运算符 …………………………… 41
　3.4.2 算术运算符 …………………………… 41
　3.4.3 自增自减运算符 ……………………… 42
　3.4.4 位运算符 ……………………………… 43
　3.4.5 复合运算符 …………………………… 43
　3.4.6 关系运算符 …………………………… 44
　3.4.7 布尔逻辑运算符 ……………………… 45
　3.4.8 特殊的运算符 ………………………… 45
　3.4.9 运算符的优先级 ……………………… 45
　3.4.10 语句与表达式 ………………………… 47
3.5 程序控制结构 …………………………… 47
　3.5.1 顺序结构 ……………………………… 47
　3.5.2 选择结构 ……………………………… 48
　3.5.3 循环结构 ……………………………… 51
3.6 类 ………………………………………… 53
　3.6.1 类的创建 ……………………………… 53
　3.6.2 实例化对象 …………………………… 54
　3.6.3 实例变量 ……………………………… 54
　3.6.4 方法 …………………………………… 56
3.7 继承及多态 ……………………………… 58

3.7.1 继承 …………………………………… 58
3.7.2 多态 …………………………………… 60
3.8 分类和协议 ……………………………… 60
　3.8.1 分类 …………………………………… 61
　3.8.2 协议 …………………………………… 63
3.9 小结 ……………………………………… 65
3.10 习题 …………………………………… 65

第 4 章 Cocoa 基础 …………………… 67

4.1 Foundation 框架 ………………………… 67
　4.1.1 数字对象（NSNumber）……………… 67
　4.1.2 字符串对象（NSString）……………… 70
　4.1.3 数组对象（NSArray）………………… 77
　4.1.4 字典对象（NSDictionary）…………… 84
　4.1.5 集合对象（NSSet）…………………… 89
　4.1.6 Foundation 框架中对象的总结……… 94
4.2 Application 框架 ………………………… 95
　4.2.1 Cocoa 应用程序项目的创建 ………… 95
　4.2.2 编写一个 Cocoa 应用程序 …………… 96
　4.2.3 Application 框架中对象的总结……… 98
4.3 小结 ……………………………………… 99
4.4 习题 ……………………………………… 99

第 2 篇　界面设计篇

第 5 章 自定义视图和视图控制器 …… 102

5.1 视图库介绍 ……………………………… 102
5.2 自定义视图的创建 ……………………… 103
　5.2.1 静态创建自定义视图 ………………… 103
　5.2.2 动态创建自定义视图 ………………… 104
5.3 视图控制器 ……………………………… 105
　5.3.1 创建视图控制器 ……………………… 105
　5.3.2 定义初始视图 ………………………… 107
5.4 视图的实现 ……………………………… 108
　5.4.1 切换视图 ……………………………… 108
　5.4.2 旋转视图 ……………………………… 110
5.5 小结 ……………………………………… 113
5.6 习题 ……………………………………… 113

第 6 章 文字显示视图 …………………… 114

6.1 标签控件 Lable ………………………… 114
　6.1.1 创建标签 ……………………………… 114
　6.1.2 制作特殊的标签 ……………………… 115
6.2 文本框控件 ……………………………… 117
　6.2.1 创建文本框 …………………………… 117
　6.2.2 制作特殊的文本框 …………………… 118
　6.2.3 键盘的显示 …………………………… 119
　6.2.4 设置键盘的显示类型 ………………… 121
　6.2.5 关闭键盘 ……………………………… 122
　6.2.6 文本框的实现 ………………………… 126
6.3 文本视图 ………………………………… 127
　6.3.1 创建文本视图 ………………………… 127

6.3.2 制作特殊的文本视图……………129
6.3.3 文本视图中键盘的退出………130
6.3.4 文本视图的应用——阅读
　　　浏览器…………………………133
6.4 小结……………………………………136
6.5 习题……………………………………136

第7章 图形图像……………………137

7.1 图像视图………………………………137
　7.1.1 创建图像视图…………………137
　7.1.2 显示图像………………………139
7.2 设置独特的图像视图…………………142
　7.2.1 显示模式………………………142
　7.2.2 改变位置………………………143
　7.2.3 改变大小………………………146
　7.2.4 旋转……………………………147
　7.2.5 缩放……………………………148
7.3 图像视图的应用——图片
　　浏览器…………………………………149
7.4 绘制图形术语简介……………………151
　7.4.1 图形上下文……………………151
　7.4.2 图形上下文的分类……………151
　7.4.3 Quartz 2D 定义的数据类型……151
　7.4.4 获取当前的图形上下文………152
　7.4.5 使用 Quartz 2D 绘图的步骤…152
7.5 绘制路径………………………………153
　7.5.1 绘制线段………………………153
　7.5.2 绘制矩形………………………156
　7.5.3 路径函数总结…………………157
　7.5.4 为图形添加特效………………157
7.6 绘制位图………………………………161
　7.6.1 绘制单个位图…………………161
　7.6.2 绘制多个位图…………………162
7.7 绘制文字………………………………163
　7.7.1 文字设置………………………163
　7.7.2 设置转换矩阵…………………163
　7.7.3 填充字体………………………163
　7.7.4 设置绘制模式…………………164
7.8 小结……………………………………165
7.9 习题……………………………………166

第8章 网页操作……………………167

8.1 网页视图的创建………………………167
8.2 加载内容………………………………168
　8.2.1 加载网页内容…………………168
　8.2.2 加载 HTML 代码………………170
8.3 设置独特的网页………………………171
　8.3.1 自动识别网页内容……………171
　8.3.2 自动缩放………………………173
8.4 添加导航………………………………174
　8.4.1 导航动作………………………174
　8.4.2 加载时常用方法………………176
8.5 网页视图的应用——网页浏览器……177
8.6 小结……………………………………182
8.7 习题……………………………………182

第9章 表视图………………………183

9.1 创建表视图……………………………183
9.2 内容填充………………………………184
　9.2.1 填充内容的步骤………………184
　9.2.2 填充字符串……………………186
　9.2.3 填充图片………………………187
　9.2.4 添加页眉页脚…………………188
　9.2.5 添加索引………………………189
9.3 设置表单元……………………………190
　9.3.1 设置显示风格…………………190
　9.3.2 设置标记………………………192
　9.3.3 设置行高………………………193
9.4 响应表视图……………………………195
　9.4.1 选择行…………………………195
　9.4.2 删除行…………………………197
　9.4.3 添加行…………………………198
　9.4.4 移动行…………………………200
　9.4.5 缩进……………………………202
9.5 创建分组表……………………………203
9.6 填充分组表……………………………205
　9.6.1 填充 Grouped 风格的分组表…205
　9.6.2 填充 Plain 风格的分组表……206
9.7 表视图的实现…………………………208
9.8 小结……………………………………211

9.9 习题 ································· 211

第 10 章　导航控制器和标签栏控制器 ·················· 213

10.1 导航控制器 ························· 213
　10.1.1 导航控制器的组成 ············ 213
　10.1.2 导航控制器的创建 ············ 214
　10.1.3 改变导航控制器的关联视图 ··· 215
　10.1.4 实现导航 ······················ 215
　10.1.5 添加标题 ······················ 217
　10.1.6 设置导航栏颜色 ··············· 217
　10.1.7 添加左右按钮 ·················· 220
　10.1.8 设置返回按钮 ·················· 224
10.2 标签栏控制器 ······················ 224
　10.2.1 标签栏控制器的创建 ··········· 225
　10.2.2 设置标签栏控制器 ············· 227
10.3 导航控制器和标签栏控制器应用——电话簿 ··············· 233
10.4 小结 ································· 240
10.5 习题 ································· 240

第 11 章　自动布局 ······················· 242

11.1 自动布局的基本原理 ··············· 242
　11.1.1 旧的界面布局方式的缺点 ····· 242
　11.1.2 自动布局的原理 ··············· 242
　11.1.3 SizeClass ······················· 243
11.2 自动布局 ··························· 243
　11.2.1 开启自动布局 ·················· 243
　11.2.2 界面预览 ······················ 244
　11.2.3 添加自动布局 ·················· 245
　11.2.4 代码添加自动布局 ············· 248
11.3 SizeClass ···························· 250
11.4 图片裁剪 ··························· 252
11.5 小结 ································· 254
11.6 习题 ································· 254

第 3 篇　应用篇

第 12 章　提醒处理 ······················· 256

12.1 对话框视图 ························ 256
　12.1.1 创建对话框视图 ··············· 256
　12.1.2 显示对话框视图 ··············· 257
　12.1.3 对话框视图的设置 ············· 258
　12.1.4 响应提醒视图 ·················· 261
12.2 动作表单 ··························· 265
　12.2.1 动作表单的创建 ··············· 265
　12.2.2 显示动作表单 ·················· 265
　12.2.3 侧边显示动作表单 ············· 267
　12.2.4 响应动作表单 ·················· 268
12.3 小结 ································· 270
12.4 习题 ································· 271

第 13 章　选择操作 ······················· 272

13.1 日期选择器 ························ 272
　13.1.1 日期选择器的创建 ············· 272
　13.1.2 定制日期选择器 ··············· 273
　13.1.3 日期选择器应用——生日管理器 ··············· 276
13.2 自定义选择器 ······················ 280
　13.2.1 自定义选择器的创建 ··········· 280
　13.2.2 定制自定义选择器 ············· 281
　13.2.3 自定义选择器应用——更换头像 ··············· 283
13.3 小结 ································· 286
13.4 习题 ································· 287

第 14 章　定位服务与地图 ··············· 288

14.1 定位服务 ··························· 288
　14.1.1 获取位置数据 ·················· 288
　14.1.2 管理与提供位置服务 ··········· 289
　14.1.3 位置方向 ······················ 292
14.2 创建地图 ··························· 292
　14.2.1 静态创建地图 ·················· 292
　14.2.2 动态创建地图 ·················· 293
14.3 定制地图 ··························· 294

| 14.3.1 设置显示模式 ……………… 294
| 14.3.2 显示当前的位置 …………… 296
| 14.3.3 指定位置 ……………………… 298
| 14.3.4 添加标记 ……………………… 299
| 14.3.5 在一定范围内显示
| 指定位置 ………………………… 301
| 14.3.6 获取地图的缩放级别 ……… 302
| 14.3.7 标注 …………………………… 303
| 14.3.8 将位置转换为地址 ………… 305
| 14.4 地图的应用——地图浏览器 … 307
| 14.5 小结 …………………………………… 311
| 14.6 习题 …………………………………… 311

第15章 访问内置的应用程序 … 312

| 15.1 地址簿 ………………………………… 312
| 15.1.1 访问地址簿 …………………… 312
| 15.1.2 添加联系人 …………………… 314
| 15.1.3 显示个人信息 ………………… 316
| 15.2 电子邮件 ……………………………… 318
| 15.2.1 访问系统电子邮件 ………… 318
| 15.2.2 发送系统电子邮件 ………… 319
| 15.2.3 SMS的访问以及发送 …… 324
| 15.3 日历 …………………………………… 326
| 15.3.1 单个事件界面 ………………… 326
| 15.3.2 添加或编辑日历事件界面 … 328
| 15.4 小结 …………………………………… 332
| 15.5 习题 …………………………………… 332

第16章 多媒体 ………………………… 333

| 16.1 照片库 ………………………………… 333
| 16.1.1 操作照片库 …………………… 333
| 16.1.2 访问照片库 …………………… 335
| 16.1.3 定制照片 ……………………… 337
| 16.1.4 设置相机 ……………………… 339
| 16.1.5 照片库的应用——背景
| 选择 ……………………………… 341
| 16.2 音频 …………………………………… 344
| 16.2.1 系统声音 ……………………… 344
| 16.2.2 音频播放器 …………………… 346

16.2.3 录音 …………………………… 349
16.2.4 访问音乐库 …………………… 352
16.2.5 音频的应用——MP3
        播放器 ………………………… 354
16.3 视频 …………………………………… 359
16.4 小结 …………………………………… 362
16.5 习题 …………………………………… 362

第17章 动画 …………………………… 363

17.1 UIView 动画 ………………………… 363
   17.1.1 创建动画块 ……………………… 363
   17.1.2 修改动画块 ……………………… 364
   17.1.3 过渡动画 ………………………… 366
17.2 CATransition 动画 ………………… 369
   17.2.1 CATransition 实现动画 …… 369
   17.2.2 公开动画效果 …………………… 370
   17.2.3 非公开动画效果 ………………… 372
17.3 NSTimer 动画 ……………………… 374
   17.3.1 NSTimer 的创建 ……………… 374
   17.3.2 平移 ……………………………… 375
   17.3.3 旋转 ……………………………… 376
   17.3.4 缩放 ……………………………… 377
17.4 小结 …………………………………… 379
17.5 习题 …………………………………… 379

第18章 触摸与手势 ………………… 380

18.1 触摸 …………………………………… 380
   18.1.1 触摸阶段 ………………………… 380
   18.1.2 触摸方法 ………………………… 380
18.2 手势 …………………………………… 383
   18.2.1 轻拍 ……………………………… 383
   18.2.2 捏 ………………………………… 385
   18.2.3 滑动 ……………………………… 386
   18.2.4 旋转 ……………………………… 388
   18.2.5 移动 ……………………………… 389
   18.2.6 长按 ……………………………… 390
   18.2.7 自定义手势 ……………………… 392
18.3 小结 …………………………………… 394
18.4 习题 …………………………………… 394

第 4 篇 实战篇

第 19 章 实例 1：App 注册与登录 ········ 396

19.1 项目分析 ········ 396
19.2 项目实现过程 ········ 397
   19.2.1 资源导入 ········ 397
   19.2.2 添加 Navigation Controller ········ 397
   19.2.3 制作登录界面 ········ 397
   19.2.4 制作注册界面 ········ 398
19.3 应用调试 ········ 402
   19.3.1 打印调试 ········ 402
   19.3.2 断点调试 ········ 402
   19.3.3 UI 调试 ········ 403
19.4 代码解析 ········ 403
   19.4.1 文本判断 ········ 403
   19.4.2 NSUserDefaults 存取 ········ 404
19.5 运行结果 ········ 404

第 20 章 实例 2：计算器 App ········ 405

20.1 App 工程设置 ········ 405
   20.1.1 Bundle Identifier 设置 ········ 405
   20.1.2 App Icon 设置 ········ 406
   20.1.3 启动图设置 ········ 406
   20.1.4 应用名称设置 ········ 407
20.2 App 实现过程 ········ 407
20.3 运行结果 ········ 409
20.4 开发者账号申请 ········ 410
20.5 证书申请 ········ 411
20.6 提交到 App 商店 ········ 413

第 1 篇
基础篇

第 1 章
iOS 9 开发概述

iOS 9 是由美国苹果公司开发的手机和平板计算机操作系统，该系统于 2015 年 6 月 9 日在苹果公司 2015 年 WWDC 上发布，同时发布的还有适用于个人计算机的 OS X 10.11 Capitan 和适用于 Apple Watch 的 Watch OS 2。

本章主要讲解 iOS 9 的新特性，包括 3DTouch、UI test、Swift 等，然后讲解 Xcode 7 的安装和开发账号的绑定，最后会在 Xcode 7 中编写第一个 iOS 9 应用，让读者真正了解从创建项目开始到编写代码的一个完整开发流程。

1.1 iOS 简介

iOS 是由苹果公司开发的手持设备操作系统。苹果公司最早于 2007 年 1 月 9 日的 Macworld 大会上公布了这个系统，随后于同年 6 月发布了第一版 iOS 操作系统，当初的名称为 "iPhone runs OS X"。最初是设计给 iPhone 使用的，后来陆续套用到 iPod touch、iPad、Apple Watch 以及 Apple TV 等苹果产品上。就像其基于的 Mac OS X 操作系统一样，它也是以 Darwin 为基础的。系统大概占用 240MB 的内存空间。图 1.1 为苹果公司最新发布的 iOS 9 的界面。

图 1.1 iOS 9 界面

1.1.1 iOS 发展历程

iOS 经过不断发展和完善，逐步被人们熟悉和接受。最初，由于没有人了解"iPhone runs OS X"的潜在价值和发展前景，导致没有一家软件公司、没有一个软件开发者给"iPhone runs OS X"开发软件或者提供软件支持。于是，苹果公司时任 CEO 斯蒂夫·乔布斯说服各大软件公司以及开发者可以先搭建低成本的网络应用程序（Web APP），使得它们能像 iPhone 的本地化程序一样来测试"iPhone runs OS X"平台。

2007 年 10 月 17 日，苹果公司发布了第一个本地化 iPhone 应用程序开发包（SDK），并且计划在 2 月发送到每个开发者以及开发商手中。

2008 年 3 月 6 日，苹果发布了第一个测试版开发包，并且将"iPhone runs OS X"改名为"iPhone OS"。

2008 年 9 月，苹果公司将 iPod touch 的系统也换成了"iPhone OS"。

2010 年 2 月 27 日，苹果公司发布 iPad，iPad 同样搭载了"iPhone OS"。这年，苹果公司重新设计了"iPhone OS"的系统结构和自带程序。

2010 年 6 月，苹果公司将"iPhone OS"改名为"iOS"，同时还获得了思科 iOS 的名称授权。

2010 年第四季度，苹果公司的 iOS 占据了全球智能手机操作系统 26%的市场份额。

2011 年 10 月 4 日，苹果公司宣布 iOS 平台的应用程序已经突破 50 万个。

2012 年 2 月，应用总量达到 552,247 个，其中游戏应用最多，达到 95,324 个，比重为 17.26%；书籍类以 60,604 个排在第二，比重为 10.97%；娱乐应用排在第三，总量为 56,998 个，比重为 10.32%。

2012 年 6 月，苹果公司在 WWDC 2012 上宣布了 iOS 6，提供了超过 200 项新功能。

2013 年 6 月 10 日，苹果公司在 WWDC 2013 上发布了 iOS 7，几乎重绘了所有的系统 APP，去掉了所有的仿实物化，整体设计风格转为扁平化设计。

2013 年 9 月 10 日，苹果公司在 2013 秋季新品发布会上正式提供 iOS 7 下载更新。

2014 年 6 月 3 日，苹果公司在 WWDC 2014 上发布了 iOS 8。

2015 年 6 月 9 日，苹果在 WWDC2015 大会上，正式发布 iOS 9 系统，成为最新的 iOS 系统。

1.1.2 iOS 架构

iOS 架构和 Mac OS 的基础架构相似。站在高级层次来看，iOS 扮演底层硬件和应用程序（显示在屏幕上的应用程序）的中介的角色，如图 1-2 所示。用户创建的应用程序不能直接访问硬件，而需要和系统接口进行交互。系统接口转而又去和相应的驱动打交道。这样的抽象可以防止用户的应用程序改变底层硬件。应用程序位于 iOS 上层。iOS 实现可以看作是多个层的集合，底层为所有应用程序提供基础服务，高层则包含一些复杂巧妙的服务和技术。

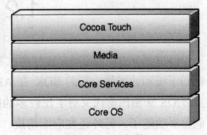

图 1.2　iOS 架构

Cocoa Touch 层包含创建 iOS 应用程序所需的关键框架。上至实现应用程序可视界面，下至与高级系统服务交互，都需要该层技术提供底层基础。在开发应用程序的时候，请尽可能不要使用更底层的框架，尽可能使用该层的框架。

媒体层（Media）包含图形技术、音频技术和视频技术，这些技术相互结合就可为移动设备带来最好的多媒体体验，更重要的是，它们让创建外观音效俱佳的应用程序变得更加容易。用户可以使用 iOS 的高级框架更快速地创建高级的图形和动画，也可以通过底层框架访问必要的工具，从而以某种特定的方式完成某种任务。

Core Services 层为所有的应用程序提供基础系统服务。可能应用程序并不直接使用这些服务，但它们是系统很多部分赖以建构的基础。

Core OS 层的功能是很多其他技术的构建基础。通常情况下，这些功能不会直接应用于应用程序，而是应用于其他框架。但是，在直接处理安全事务或和某个外设通信的时候，则必须要应用到该层的框架。

1.1.3　iOS 运行设备

目前可以运行 iOS 的设备有 iPhone、iPad、iPod、Apple Watch、Apple TV。图 1.3 所示为运行基于 iOS 系统运行的部分设备。

图 1.3　基于 iOS 运行的部分产品

1.2　iOS 9 新特性

经过了 iOS 7 和 iOS 8 连续两次重量级的变革和更新，对普通的 App 开发者来说，iOS 9 SDK 略归于缓和、平静，新的 SDK 在 API 和整体设计上并没有发生什么非常巨大的改变。但在功能上，iOS 9 相比前代又有了比较多的提升。其中，在用户眼里最明显的就是 iOS 新字体以及 iPad 的分屏功能了，另外还在应用切换、Spotlight/搜索等细节上做了不少改变。本节主要讲解 iOS 9 的一些新特性。

1.2.1　新字体

说到 iOS 9，就不得不说在 iOS 9 中 San Francisco 字体替换了 Helvetica Nue 字体，San Francisco 字体会显得更锐利，可视性也更强。苹果的 San Francisco 字体最初是为 Apple Watch 智能手表所开发的，而现在已经准备将其全面运用到 iOS 及 OS X 系统中。值得注意的是，在 2015 年年初发布的 12 英寸新 MacBook 键盘上，苹果就已经开始运用这种新字体了。用户之前多次抱怨 Helvetica 字体过细，使阅读非常困难，现在终于可以解决了。San Francisco 字体与 Helvetica Nue 字体的对比如图 1.4 和图 1.5 所示。

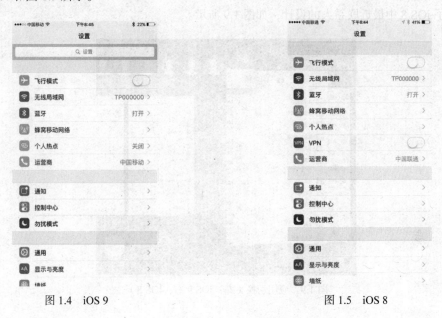

图 1.4　iOS 9　　　　　　　　　　　　　　图 1.5　iOS 8

1.2.2　iPad 分屏

　　iOS 9 分屏功能为我们提供了更多的方式来畅享 iPad 和 App 带来的乐趣。iOS 9 的多任务功能这个新特性主要针对 iPad 设备。iOS 9 多任务分屏功能主要分为三项：SlideOver、SplitView 和画中画。

　　（1）Slide Over 功能：可以让用户在两个应用之间做到快速切换，该功能可在 iPad Air、iPad Air 2、iPad mini 2、iPad mini 3、iPad mini 4 上实现，如图 1.6 所示。

　　（2）Split View 功能：可将屏幕分成两部分，同时运行两个应用。此功能目前只能在 iPad Air 2 上实现，如图 1.7 所示。

　　（3）画中画功能：用户在看视频过程中如果想查看或回复邮件，视频将以悬浮窗口的形式保留在屏幕上，大小和位置可任意调整。该功能在 iPad Air、iPad mini 上均可实现，如图 1.8 所示。

 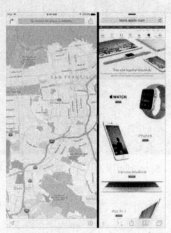 

图 1.6　Slide Over　　　　　　　　图 1.7　Split View　　　　　　　　图 1.8　画中画

1.2.3 应用切换

应用切换采取了全新的卡片式翻页，一个应用预览卡片堆砌在另一个卡片上，卡片显得更大，同时推翻了 iOS 8 中最近联系人的设计，如图 1.9 所示。

图 1.9　应用切换（左：iOS 9 右：iOS 8）

1.2.4 Spotlight/搜索

当在主屏界面下拉呼出 Spotlight 的时候，会发现 iOS 9 的搜索框变成了圆角设计，还增加了语音听写的标识。在 iOS 9 的第一页屏幕向左滑动还会发现专门为 Spotlight 而设的页面，在这里可以看到 Siri 的建议联系人和建议应用，在此搜索框中还可以进行体育比分、货币转换等搜索操作，如图 1.10 所示。

图 1.10　Spotlight/搜索（左：iOS 9　右：iOS 8）

1.2.5 密码增强

iOS 9 默认解锁密码从百年不变的四位密码升级为六位密码，这一改变可以进一步增强密码安全性，四位密码的组合为 10^4 种，而六位密码的组合有 10^6 种，如此看来，增加两位密码，安全性的提升绝对不在一个量级上，如图 1.11 所示。

图 1.11　密码（左：iOS 9　右：iOS 8）

1.2.6　系统内置地图功能增强

iOS 6 中，苹果开始去谷歌化，最直观的感受莫过于官方苹果地图取代谷歌地图，但是最初的体验备受诟病，苹果地图在国内一度比较"鸡肋"地活着。iOS 9 中，苹果在地图上大下苦功，引入名为"Transit"的通勤路线功能，可以为用户提供从步行到乘车整个完整的通勤路线。据悉，Transit 功能将在全球众多城市适用，而在中国则支持超过 300 个城市，包括北京、上海、深圳、郑州等，如图 1.12 所示。

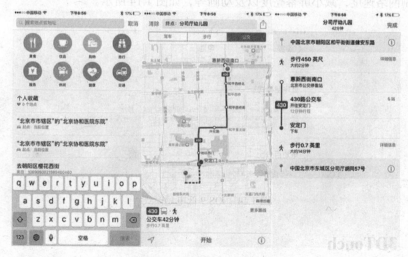

图 1.12　iOS 9 系统内置地图

1.2.7　备忘录

这几年，苹果致力于将 iOS 系统打造成一个提高生产力的工具，备忘录作为用户日常可以接触到的系统内置生产力应用，当然会进行翻天覆地的更新。此次备忘录应用不仅可以记录文字，并且能够引入图片与地图信息,让一个文字应用彻底多媒体化。在输入文字的过程中,用户可以单击"选项"按钮,进行日程与工作的整理,曲线工具可以使用画笔对文档直接编辑,相比于 iOS 8 枯燥的文字页面,iOS 9 的多方式编辑肯定会盘活备忘录应用。当然,这势必会冲击目前市面很多第三方生产力应用的市场,如图 1.13 所示。

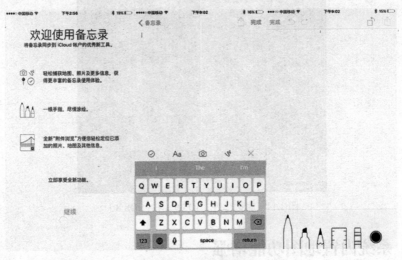

图 1.13　iOS 9 备忘录

1.2.8　低电量模式

新系统中添加了类似于 Apple Watch 的低功耗模式,省电模式通过限制网络活动的方法,能够进一步减少电耗。比如将不会再自动获取邮件,后台下载和应用更新也会完全暂停。这个模式可能还会限制网络速度,减小屏幕亮度以及动画等,如图 1.14 所示。

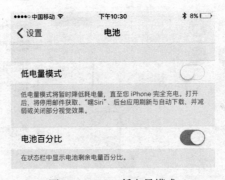

图 1.14　iOS 9 低电量模式

1.2.9　3DTouch

在 Apple Watch 和最新 MacBook 产品中,应用的压力触摸技术将操作方式扩展至三维层面。而在 iPhone 6s 上,则更进一步加入重按反应。于是,这样的 Multi-Touch 就被苹果命名为 3D Touch。简单来说,就是屏幕可以感知用户点力度,系统根据轻按和重按会做出不同反应。iOS 9 中对 3D Touch 进行了支持。当然,这项技术只支持最新的 iPhone 6s/6s Plus,如图 1.15 所示,轻按会打开相机,重按则会出现图 1.15 所示的界面。

图 1.15　3D Touch

1.2.10　App Thinning

App Thinning 可让你的 iPhone 能够腾出更多的剩余空间，在应用升级过程中使用更少的数据。具体指的是用户从苹果商店下载安装 App 时，根据这个用户的具体设备类型及操作系统对 App 进行裁剪，达到占用最少的磁盘空间、发挥最大的兼容性等目的。经过优化后，用户不会下载完整应用，而是下载最简配置+特定需求项，从而缩短下载过程，腾出更多的内存空间。App Thinning 目前包括 Slicing-切片（iOS）、Bitcode（iOS，Watch OS）以及 On-Demand Resources（iOS）。

（1）Slicing：iOS 应用在不同平台（如 Armv7、Arm64）上会编译成不同的执行文件，Slicing 在 App Store 下载应用时会根据不同设备提供相对应的资源给用户下载安装。安装过程比以往更快，下载的数据更少。

（2）BitCode：Bitcode 是 LLVM 编译器中间代码的编码，我们将中间代码提交给 App Store，然后由 App Store 来进行编译（Compile）和连接（-Link），最终提供 32 位或 64 位的可执行文件供用户下载。目前 iOS 应用的中间代码提交是可选的，但是苹果已经要求 Watch OS 应用提交必须包含 Bitcode。

（3）On-Demand Resources：从 App Store 上下载应用时，不必把整个应用所需要的资源下载下来，即部分资源放在云端或者 App Store，需要的时候才会请求下载，也是为了缩减 App 包体积。

1.2.11　App 内容加密传输

苹果一向很重视网络安全。iOS App 在进行网络传输时，大部分都选用 HTTP/HTTPS 方式，在以往 App 开发时，苹果并未强制开发者使用 HTTPS，但在 iOS 9 到来后，这种情况即将改变。

iOS 9 把所有的 HTTP 请求都改为 HTTPS：iOS 9 系统发送的网络请求将统一使用 TLS 1.2 SSL 来强制增强数据访问安全，而且系统 Foundation 框架下的相关网络请求，将不再默认使用 HTTP 等不安全的网络协议，而默认采用 TLS 1.2。服务器因此需要更新，以解析相关数据。

当然，HTTPS 需要服务器支持，如果开发者不能立刻支持，也不用担心，可通过在 Info.plist 中声明，倒退回不安全的网络请求。

1.2.12　UI Test

在开发领域里，测试一直是保障产品质量的关键。从 Xcode 4 以来，测试在 App 开发中的地位可谓是逐年上升。从 XCT 框架的引入，到测试 Target 成为新建项目时的默认，再到 2014 年加入的异步代码测试和性能测试，可以说现在 Xcode 自带的测试框架已经能满足绝大部分单元测试的需求了。

但是这并不够。开发一个 iOS App 从来都是更注重 UI 和用户体验的工作，虽然简单的单元测试可以很容易地保证 Model 层的正确，却很难在 UI 方面有所作为。如何为一个 App 编写 UI 测试，一直是 Cocoa 社区的难题之一。

2015 年，苹果给出了方便的测试方法，即 Xcode 自带的 XCUITest 的一系列工具。和大部分已有的 UI 测试工具类似，XCUI 使用 Accessibility 标记来确定 View，但因为是苹果自家的东西，它可以自动记录你的操作流程，所以我们自己只需要书写最后的验证部分就可以了，比其他 UI 测试工具方便很多。

如果不懂，没关系，只要知道，苹果提供了比以往更强、更易用的 UI 测试工具。

1.2.13　人工智能和搜索 API

很多读者听到人工智能，也许都会有种高大上的感觉。的确，苹果已经开始布局了，虽然这看起来还很初级。比如插入耳机时播放你喜欢的音乐、推荐你可能会联系的人和打开的 App 等，这确实是很有意义的一步。现在的 Siri 只是一个问答系统，但这方面开发前景巨大，可发挥的空间也是无限的。

而搜索 API 实质上让 App 多了一个可能的入口。有些用户会非常频繁地使用搜索界面，这是一个绝好地展示 App 和提高打开率的机会。为何把搜索 API 和人工智能放在一起？其实这个 API 就是为当前人工智能服务的，正是这类 API，使得即使用户不进入应用，也能搜索到应用上的一些信息，不再需要用户逐个寻找 App，这便是人工智能的第一步。

笔者也希望，未来会有更大的变化！

1.2.14　Contacts Framework

在以前 iOS 开发中，涉及联系人相关的编程，代码都非常烦琐，并且框架的设计也不是 Objective-C 风格的，这使开发者用起来非常难受。在 iOS 9 中，苹果终于解决了这个问题，全新的 Contacts Framework 将完全替代 AddressBookFramework，AddressBookFramework 也将成为历史，直接被弃用。

1.2.15　Watch Connectivity

Watch Connectivity，从名字上理解，不难看出这是与 Apple Watch 相关的一个框架。Watch Connectivity 是 Watch OS 2 里 iPhone 与 Apple Watch 通信的基础框架。

iPhone 和 Apple Watch 的数据交换从 iOS 8 就有。在 iOS 8 中 Apple Watch 与 iPhone 之间只能通过 Watch 主动发起请求、iPhone 响应这个请求的方式来完成一次通信。iPhone 不能直接连接 Apple Watch 并向其发送数据。

iOS 9 中，Apple Watch 与 iPhone 之间通信，可以双向操作，既可以 Apple Watch 主动发送数据到 iPhone，也可以 iPhone 主动发送数据到 Apple Watch。

1.2.16　Swift 2

自从 2014 年苹果发布新一代编程语言 Swift 以来，经过了一年的改善和进步，Swift 现在已经可以很好地担任 App 开发的工作了。而在此时，苹果推出 Swift 2，并宣布于 2015 年年底开源 Swift 语言。Swift 2.0 引入了很多新特性以确保开发者可以更快、更简单地构建应用，这些新特性包括更好的性能、新的异常处理 API、可用性检查、支持 Linux 等。苹果在新发布的 iOS 9 中全面支持 Swift。

Swift 2 包含了许多新特性以及改进，其中官方也对其中几个新功能进行了介绍。

1. 异常处理模型

新的异常处理模型使用了开发者最为熟悉的 Try、Catch、Throw 关键字，并且还将完美支持苹果的 SDK 以及 NSError。

2. 可用性

通过使用新的 SDK，开发者可以操作平台的新功能，但某些老的操作系统可能并不支持这些新特性，所以开发者就需要额外的检查。在处理类似的兼容问题上，Swift 非常得心应手。如果目标操作系统不支持某个 API，那在编译时 Swift 将会报错。同样，开发者也可以使用#available 来确保代码块可以运行于正确的操作系统版本上。

3. 协议可扩展

协议（Protocol）用于统一方法和属性的名称，而不实现任何功能。Swift 2 增加了协议扩展，在标准包中可以使用它。当使用全局函数时，Swift 2 已经为方法添加了统一的类型，这样开发者就可以使用函数链，以提高代码的可读性。

苹果在开发者大会上称，Swift 将是下一个最重要的编程语言，20 年后将无所不在。目前苹果给的 Demo 都是用 Swift 所写的，而网络上的许多开源库都已开始了对 Swift 的支持。从最新的 TIOBE 排行上来看，OC 已跌出 Top 10，而 Swift 正以前所未有的速度冲入前 15。

1.3 构建开发环境——Xcode 7

苹果公司在发布了最新的 iOS 9 系统后，又发布了最新的 Xcode 7。本节主要讲解 Xcode 7 的安装、苹果账号的绑定和更新文件与组件等相关方面的内容。

1.3.1 Xcode 简介

Xcode 是一个集成开发环境(IDE)，从创建及管理 iOS 工程和源文件到将源代码链接编成可执行文件，并在设备运行代码或者在 iPhone 模拟器上调试代码所需的各种工具，尽皆包含其中。总之，Xcode 将下面这一系列的功能整合在一起，可以让 iOS 应用程序开发变得更加容易。

- 用于对软件产品进行定义的工程管理系统。
- 代码编辑环境，包括为文法显示不同颜色、代码补全以及符号指示等多种功能。
- 高级文档阅读工具，可用于阅读搜索苹果文档。
- 对上下文敏感的检查工具，可用于查看选定代码符号的信息。
- 高级链编系统，具有依赖检查及链编规则计算功能。
- GCC 编译器，此编译器支持对 C、C++、Objective-C、Objective-C++以及 Objective-C 2.0、Swift 和其他语言进行编译。
- 集成源码级的调试功能，此功能使用 GDB 来实现。
- 分布式计算，此功能可以将巨大的工程分布到数台联网的机器上运行。

- 预测编译，此功能可以加速单个文件的编译周转时间。
- 高级调试功能，例如停顿和继续运行，而且可以定制数据格式化方式。
- 高级重构工具，这些工具可以在不改变整体行为的前提下对代码进行全局性的修改。
- 工程快照的支持。工程快照是一种轻量级的本地源代码管理形式。
- 支持启动性能工具对软件进行分析。
- 支持源代码管理集成。
- 支持使用 AppleScript 实现链编过程自动化。
- 可以生成 DWARF 和 Stabs 调试信息（所有的新工程都会默认生成 DWARF 调试信息）。

1.3.2　Xcode 发展历程

（1）Xcode 1.0-Xcode 2.x：Xcode 从 2003 年开始发布的第一个版本，到 Xcode 2.5 版本都不支持 iOS 开发，而是主要用来开发 OS X 上面的应用程序。

（2）Xcode 3.1：2008 年，苹果推出 Xcode 3.1，从此版本开始，Xcode 支持 iOS 的开发。

（3）Xcode 4.0：2011 年 3 月，苹果正式发布 Xcode 4.0，此版本开始，该版本非 Apple 开发者注册会员亦能从 Mac App Store 中付费下载，收取 4.99 美元的费用。

（4）Xcode 4.1：从 Xcode 4.1 开始，针对 OS X 10.6 及 OS X 10.7 用户从 Mac App Store 免费下载。

（5）Xcode 4.2：从 Xcode 4.2 开始运行 iOS 5.0 的开发。Xcode 4.2 的变化较大，比如更改了工程项目模板类型；新增加 ARC 的编译特性；新增 Storyboard 等功能。

（6）Xcode 4.5：Xcode 从版本 4.5 开始支持 iOS 6.0 开发。在 4.5 中新加了自动布局，在 Objective-C 中语法也有多处更新。

（7）Xcode 5.0：2013 年，与 iOS 7.0 同时出现的是 Xcode 5.0。在 5.0 中，Xcode 可以编译支持 64 位的应用；自动配置增加对 iCloud 和 Game Center 的支持；自动布局更新；利用 Asset Catalog 管理图片，调试仪表中可以显示 CPU、内存等数据。

（8）Xcode 6.0：2014 年，Xcode 6.0 与 iOS 8.0 一起出现。Xcode 6.0 开始对 Swift 进行全面深入的支持；增加 Playgroud 对 Swift 即时编译的支持；增加实时渲染和视图调试功能；同时也增加 XC Text 等功能。

（9）Xcode 7.0：2015 年，最新版本的 Xcode 7.0 与 iOS 9 同时推出。Xcode 7.0 支持最新的 Swift 2.0，同时增加 App Thining、UIStackView 等功能，在上一版本的 XC Text 基础上新加 UI Text 来对 UI 进行单元化测试，也是在这个版本中，Xcode 支持无需证书即可在真机上编译运行应用程序。Xcode 7.0 还支持 Watch OS 2 以及 tvOS Beat 的编译。

1.3.3　安装 Xcode 7

在计算机上打开 App Store，搜索 Xcode，单击"获取"或者"更新"按钮，在输入密码后，App Store 就会自动帮助下载并安装好最新的 Xcode。

当然用户还是可以通过下载 Xcode 安装包的形式在计算机上进行安装，不过在 2015 年 XcodeGhost（一种手机病毒）爆发后，许多 App 都受到了影响，其中不乏一些知名的 App，而 XcodeGhost 能感染 App 的主要原因就是开发者通过非 App Store 方式下载安装了 Xcode，当时许多第三方下载的 Xcode 都被感染。通过被感染的 Xcode 打包 App，从而使 App 感染上了 XcodeGhost。所以笔者在此呼吁大家尽量在 App Store 上下载并安装。

App Store 上的 Xcode 如图 1.16 所示。

图 1.16　APP Store 上的 Xcode 7

1.3.4　绑定苹果开发者账号

有时为了方便 Xcode 7 中组件以及内容的随时更新，必须要绑定一个苹果账号。下面将讲解如何绑定一个苹果账号。

（1）单击 Xcode 7 打开，在菜单栏中选择 Xcode|Preferences 命令。

（2）在弹出的"Downloads"对话框中选择"Accounts"选项，打开"Accounts"对话框，如图 1.17 所示。

（3）选择"+"号，就会出现三个选项，分别为 Add Apple ID...、Add Repository...和 Add Server...。选择"Add Apple ID..."选项，这时会弹出"Enter an Apple ID associated with an Apple Developer Program:"对话框。在此对话框中填入苹果账号以及密码，如图 1.18 所示。

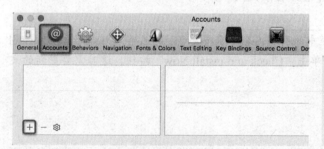

图 1.17　操作步骤 1　　　　　　　　　图 1.18　操作步骤 2

 在图 1.18 填入的苹果账号和密码必须是开发者事先注册好的。

（4）单击"Add"按钮，苹果账号就被绑定了。

1.3.5　更新文件和组件

苹果账号绑定后，就可以对 Xcode 7 中的文件以及组件进行更新了，它的更新过程如下。

（1）选择"Accounts"对话框中的"Downloads"对话框，如图 1.19 所示。

（2）选择需要进行更新的文件及组件进行更新，如图 1.20 所示。

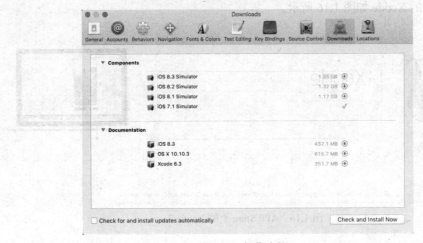

图 1.19　操作步骤 1

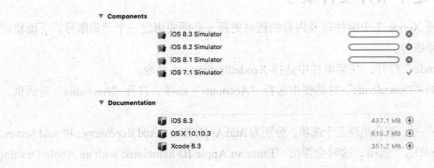

图 1.20　操作步骤 2

 　　　如果在"Downloads"对话框中的所有内容都需要更新，则选择"Check for and install updates automatically"选项，并单击"Check and install Now"按钮，这时需要更新的文件以及组件就自动更新了。

1.3.6　帮助文档

在编写代码的时候，可能会使用到很多不同的方法。如果开发者对这些方法的功能和参数不是很了解，就可以使用帮助文档。那么帮助文本该如何打开以及如何查找相关的内容呢？下面就将解决这些问题。

1. 打开帮助文档

选择"Help|Documentation and API Reference"命令，首先会出现"Sign in with your Apple ID"对话框，输入苹果账号和密码后，就可以打开帮助文档了，如图 1.21 所示。

2. 查找

在图 1.18 所示的帮助文档中，可以看到，要使用它，必须输入苹果账号（如果还没有注册苹果账号，可以在网址 http://developer.apple.com/iphone/中注册）。只有输入正确的账号和密码后才可以使用帮助文档。如果想要查找一个方法，可以在查找栏中输入这个方法的名称，如图 1.22 所示。按回车后，便可以找到相应的内容。

第 1 章　iOS 9 开发概述

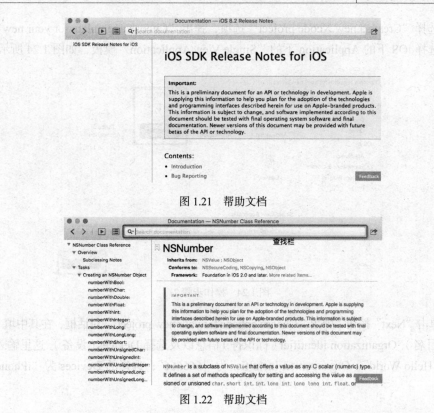

图 1.21　帮助文档

图 1.22　帮助文档

1.4　编写第一个 iOS 9 应用

在 Xcode 7 安装好后，就可以在 Xcode 7 中编写 iOS 9 应用程序了。本节主要讲解 Xcode 7 的项目创建、编辑、连接、运行、iOS 模拟器介绍、编辑界面等内容。

1.4.1　创建项目

一个 iOS 应用的所有文件都在 Xcode 项目下，项目可以帮助用户管理代码文件和资源文件。下面主要讲解如何在 Xcode 7 中创建一个名为 "Hello World" 的项目。

（1）单击打开 Xcode 7，弹出 "Welcome to Xcode" 对话框，如图 1.23 所示。

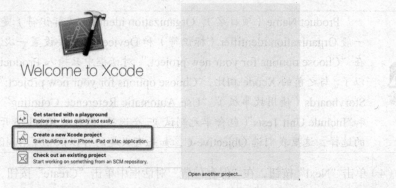

图 1.23　操作步骤 1

15

（2）选择"Create a new Xcode project"选项，弹出"Choose a template for your new project:"对话框，选择 iOS 下的 Application 下的"Single View Application"模板，如图1.24所示。

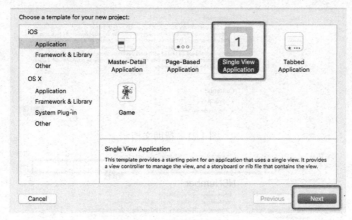

图 1.24　操作步骤 2

（3）单击"Next"按钮，弹出"Choose options for your new project:"对话框，在其中填入 Product Name（项目名）、Organization identifier（标识符）信息以及选择 Devices（设备）。这里输入 Product Name 为"Hello World"，Organization identifier 为"666666"；选择的 Devices 为"iPhone"，如图1.25所示。

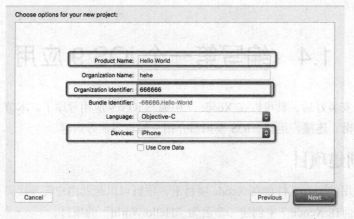

图 1.25　操作步骤 3

注意

　　Product Name（项目名）、Organization identifier（标识符）是由开发者自己决定的。一般 Organization identifier（标识符）和 Devices 只需要设置一次，下一次创建项目时，在"Choose options for your new project:"对话框中只输入 Product Name（项目名）就可以了。与之前的 Xcode 相比，"Choose options for your new project:"对话框中没有了"Use Storyboards（使用故事板）""Use Automatic Reference Counting"（使用自动引用计数）和"Include Unit Tests"（包含单元测试）三个选项。但自从 Xcode 6 开始，已经有了 Language 的选择，这里我们选 Objective-C，如果有兴趣的可以试一下 Swift。

（4）单击"Next"按钮，在"保存位置"对话框中单击"Create"按钮，这时一个名为"Hello World"的项目就创建好了。

1.4.2 编译、连接、运行

项目创建好以后，就可以对这个创建好的项目进行编辑、连接、运行了。这时单击 Xcode 中的三角形图标（它是一个运行按钮），就可以编译运行修改好的程序。首先对程序进行编辑，如果程序正确，会出现一个 Build Succeeded 字符串，如图 1.26 所示。如果程序出现错误，那么就会出现一个 Build Failed 图标，如图 1.27 所示。

图 1.26　程序正确

在程序编译后，会自动对程序进行连接、运行。运行结果如图 1.28 所示。

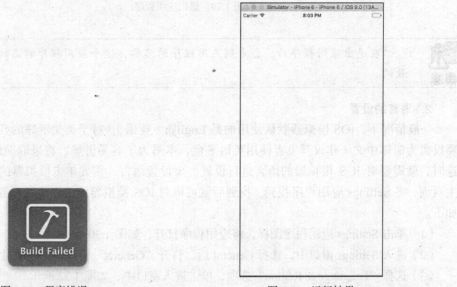

图 1.27　程序错误　　　　　　　　　　图 1.28　运行结果

由于没有对程序进行编写,也没有对编辑界面进行设置,因此这时的运行结果是不会产生任何效果的。对于编辑界面,会在后面详细介绍。

1.4.3 iOS 模拟器介绍

在图 1.28 所示的运行结果中,所见到的类似于手机的模型就是 iOS 模拟器。在没有 iPhone 或 iPad 设备时,可以使用 iOS 模拟器对程序进行检测。iOS 模拟器可以模仿真实的 iPhone 或 iPad 等设备的各种功能,例如屏幕旋转(上、下、左、右)、手势支持(轻拍、触摸及按下、长按、旋转、拖、捏等)。当然,一个模拟器是有缺陷的,例如打电话、照相机、发送和接收 SMS 消息、话筒等功能还是不可以实现的。下面介绍 iOS 模拟器上的基本操作。

1. 退出应用程序

要将图 1.28 所示的应用程序退出(直接为用户完成某特定功能所设计的程序),就要单击 Home 键。但最新模拟器将界面简化了,不再提供界面上的 Home 键,所以我们需要用到快捷键或者菜单上的按键,切换到 Home 的快捷键是 Shift + Command + H,菜单栏则是 Hardware | Home,如图 1.29 所示。

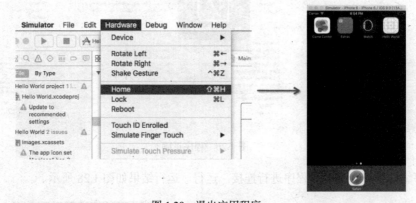

图 1.29 退出应用程序

在退出应用程序后,会看到应用程序的名称,这个应用程序的名称和项目名是一致的。

2. 语言的设置

一般情况下,iOS 模拟器默认使用的是 English(英语),对于英文不好的开发者来说,需要设置为简体中文(建议开发者使用英语平台,本书为了容易讲解,将采取简体中文模式)。这时,就需要对 iOS 模拟器的语言进行设置。要设置语言,需要单击模拟器的界面,切换到主页面,将 Settings 应用程序找到。找到后就可以对 iOS 模拟器的语言进行设置了,操作步骤如下。

(1)单击 Settings 应用程序图标,将应用程序打开,如图 1.30 所示。
(2)进入 Settings 窗口中,选择 General 后,打开"General"窗口,如图 1.31 所示。
(3)选择"Language & Region"选项,单击进入窗口中,如图 1.32 所示。

第 1 章　iOS 9 开发概述

图 1.30　设置语言 1　　　　　　　　　　　　图 1.31　设置语言 2

（4）选择"iPhone Language"选项，进入"iPhone Language"窗口，如图 1.33 所示。
（5）选择"简体中文"这一选项，单击"Done"按钮，就将英文成功设置为了中文，如图 1.34 所示。

图 1.32　设置语言 3　　　　　图 1.33　操作步骤 4　　　　　图 1.34　iOS 模拟器

3. 模拟器的旋转

在前面介绍过 iOS 模拟器可以模仿真实的 iPhone 或 iPad 等设备的屏幕旋转（上、下、左、右）。要实现 iOS 模拟器的旋转，只需要同时按住"Windows+方向键"就可以了，以下是使用"Command+左键"实现的 iOS 模拟器向左旋转，如图 1.35 所示。

 屏幕旋转除了使用手动的方式进行旋转外，还可以使用代码进行旋转，关于代码旋转，会在后面的章节中介绍。

19

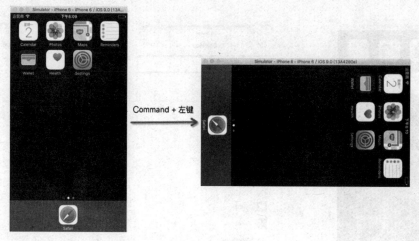

图 1.35　向左旋转

4. 删除多余的应用程序

如果在 iOS 模拟器中出现了很多应用程序，就可以将不再使用的应用程序进行删除，以下主要是实现 Hello World 程序的删除。

（1）长按要删除的 Hello World 应用程序，直到所有的应用程序都开始抖动，并在每一个应用程序的左上角出现一个"×"，它是一个删除标记，如图 1.36 所示。

（2）单击 Hello World 程序左上角出现的删除标记，会弹出一个"删除'Hello World'"对话框，选择其中的"删除"按钮，如图 1.37 所示。这时 Hello World 应用程序就在 iOS 模拟器上删除了。

图 1.36　删除应用程序 1

图 1.37　删除应用程序 2

1.4.4　编辑界面

在 1.4.2 节的运行结果中提到过编辑界面（Interface builder），编辑界面是用来设计用户界面的，单击 Main.storyboard 就打开了编辑界面。在 Xcode 7 中，编辑界面直接使用故事板，这是和以前 Xcode 版本的不同之处。下面对编辑界面进行介绍。

1. 界面的构成

单击 Main.storyboard 打开编辑界面后，可以看到编辑界面由 4 部分组成，如图 1.38 所示。

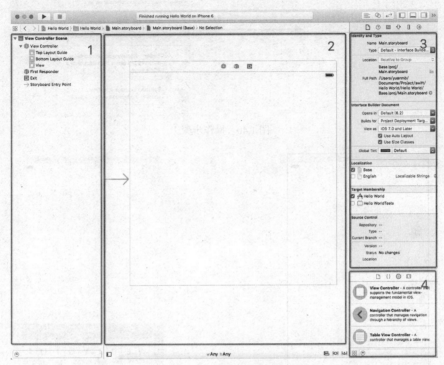

图 1.38　编辑界面构成

其中，编号为 1 的部分是 dock。编号为 2 的部分是画布：用于设计用户界面。在画布中用箭头指向的区域就是设计界面；在画布中可以有多个设计界面，一般将设计界面称为场景或者一个视图。编号为 3 的部分是工具窗格的检查器：用于编辑当前选择的对象的属性。编号为 4 的部分是工具窗格库：如果选择的是 Objects，则里边存放的是很多视图。在画布的设计界面下方有一个小的 dock，它是一个文件管理器的缩写版。dock 展示场景中的第一级控件，每个场景至少有一个 ViewController、一个 FirstReponder 和一个 Exit，但是也可以有其他控件。dock 还用来简单地连接控件，如图 1.39 所示。

图 1.39　编辑界面的构成

2. 设计用户界面

如果想要在 iOS 模拟器上显示一个文本框，就要对编辑界面进行设置。单击工具窗格库中的 Show the Object Library 窗口，在里边找到 Text Field 文本框视图，并将其拖动到画布的设计界面中，如图 1.40 所示。

单击"Run"按钮，就可以查看运行结果，如图 1.41 所示。单击运行结果中的文本框就会出现键盘，可以通过键盘来实现字符串的输入，如图 1.42 所示。

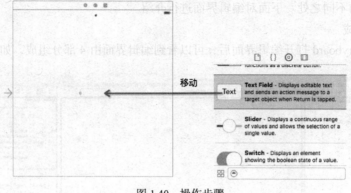

图 1.40　操作步骤

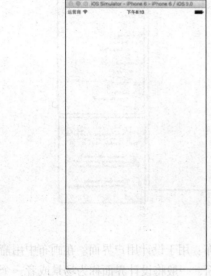

图 1.41　运行结果

图 1.42　输入内容

1.4.5　编写代码

代码是为了实现某一特定的功能而用计算机语言编写的命令序列的集合。下面就来实现通过代码在文本框视图中显示 Hello World 字符串，操作步骤如下。

（1）单击 Xcode 右上角调整窗口中的"Show the Assistant editor"按钮，编辑界面中出现两栏，如图 1.43 所示。

图 1.43　调整成两个编辑窗口

（2）在编辑窗口中，左侧选择 ViewController.h，右侧选择 Main.storyoard。

（3）连线：选中刚才拖动到界面编辑器中的 Text Field，按住 Ctrl 键，单击 Text Field 并拖动到代码编辑器中的@end 之前，如图 1.44 所示。

图 1.44　连线

（4）松开鼠标，弹出一个填写框，如图 1.45 所示，在 Name 中填写此 Text Field 名字，可自行命名，这里命名为"textfield"（变量名区分大小写），单击"Connect"按钮确定。

图 1.45　填写变量名

（5）单击"Connect"按钮，ViewController.h 中显示如下：

```
#import <UIKit/UIKit.h>
@interface ViewController : UIViewController{
    @property (weak, nonatomic) IBOutlet UITextField *textfield;
}
@end
```

（6）单击打开 ViewController.m 文件，编写代码，实现在文本框中显示 Hello World 字符串。程序代码如下：

```
#import "ViewController.h"
@interface ViewController ()
@end
@implementation ViewController
- (void)viewDidLoad
{
    _textfield.text=@"Hello World";
    [super viewDidLoad];
    // Do any additional setup after loading the view, typically from a nib.
}
- (void)didReceiveMemoryWarning
{
    [super didReceiveMemoryWarning];
    // Dispose of any resources that can be recreated.
}
@end
```

在此代码中需要注意，加粗的字体是编写的代码，没有加粗的字体是系统自带的代码。运行结果如图 1.46 所示。

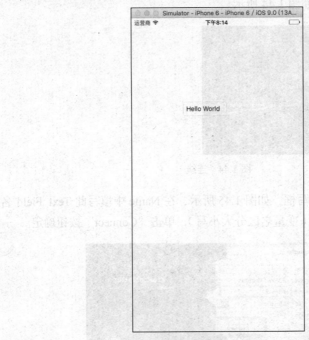

图 1.46　运行结果

1.4.6　定制应用程序图标

在 iOS 模拟器上的应用程序会将默认的网状白色图像作为应用程序的图标，但是这个图标是可以自定义的。下面就来实现在 iOS 模拟器上将 Hello World 应用程序的图标进行更改。

（1）在 Navigator（图 1.47 中的[1]），选择 Image.xcassets，再选择 AppIcon（图 1.47 中的[2]），可以看到 AppIcon（图 1.47 中的[3]）有六个图标的位置。其中每一个位置代表一个 App 图标，2x、3x 代表 2 倍图、3 倍图。

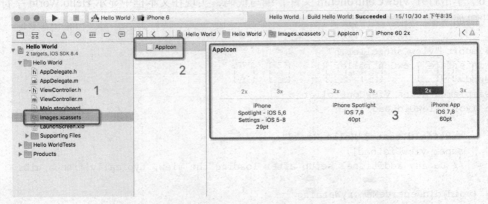

图 1.47　操作步骤 1

（2）在 AppIcon 处单击鼠标右键，选择"Show in Finder"命令，可以打开 AppIcon 在项目中的文件夹，我们将准备好的 App 图标拷贝进入文件夹，如图 1.48 所示。

第 1 章　iOS 9 开发概述

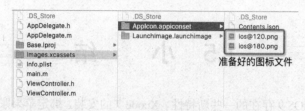

图 1.48　操作步骤 2

（3）返回项目中的 AppIcon，两个 App 图片已经存在。将 Unassigned 中的两个图标拖到对应的 AppIcon 位置上，如图 1.49 所示。完成后的状态图如图 1.50 所示。

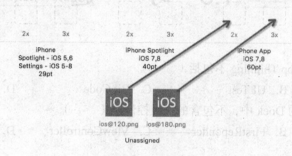

图 1.49　操作步骤 3

图 1.50　操作步骤 4

单击"运行"按钮，结果如图 1.51 所示。

图 1.51　运行结果

1.5 小　　结

本章主要讲解了 iOS 9 存在的一些新特性、Xcode 7 的安装、绑定苹果账号、更新文件和组件等内容。本章的重点是如何在 Xcode 7 中创建项目、编译、连接、运行等内容。通过对本章的学习，希望开发者可以创建一个简单的 iOS 9 应用。

1.6 习　　题

一、选择题

1. iOS 9 新特性 App Thinning 不包括（　　）。
   A. Slicing　　B. UI Test　　C. Bit Code　　D. On-Demand Resources
2. 界面编辑器中的 Dock 中，不包含的一级控件是（　　）。
   A. Exit　　B. FirstReponder　　C. ViewController　　D. Navigation Bar

二、阐述题

在新工程的 Main.storyboard 中加入一个 UITextField，请阐述如何使用代码在 UITextField 中加入字符串。

三、上机练习

1. 创建一个 iOS 工程，在创建 Choose options for your new project 阶段，Device 选择 iPad 或者 Universal，运行后看有何区别。
2. 给新工程定制一个应用图标。

第 2 章
iOS 9 的开发工具 Xcode 7

目前,最新的 Xcode 版本为 Xcode 7,它是和 iOS 9 一起被推出的,也是本书编写时所采用的版本。对于苹果开发新手来说,它有哪些特性、界面是什么样子,一直是大家关注的问题。本章就专门针对这些问题为开发者做一个详细的介绍。

2.1 Xcode 7 的新特性

Xcode 7 和以前的版本相比,发生了很大的改变,例如在真机调试、App Thinning 等方面。本节主要讲解 Xcode 7 的一系列变化。

2.1.1 真机调试

我们都知道,苹果对 iOS 的 App 安装包有很严格的控制,一般用户必须通过 App Store 进行下载安装,开发者需要向苹果申请开发证书才能在自己的设备上进行调试,而 99 美元的证书申请也成了 iOS 开发成本高的原因之一。在最新发布的 Xcode 7 中,开发者终于不用再忍受这种必须要开发证书才能在真机上调试的尴尬了。

在 Xcode 7 中,无需注册开发者账号即可在真机上进行调试。此前开发者需每年支付 99 美元的费用成为注册开发者,才能在 iPhone 和 iPad 真机上运行代码,苹果新的开发者计划则放宽要求,无需购买,只要你感兴趣,同样可以在设备上调试 App。不过如果你打算向 App Store 提交应用,那仍然需要付费。如图 2.1 所示。

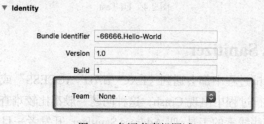

图 2.1 免证书真机调试

2.1.2 App Thinning

第 1 章讲到 App Thinning 作为 iOS 9 的一个新特性,有给 App 瘦身的功能,Xcode 7 中也有所体现。例如在 Setting 里面的 BitCode、Resource Tags，如图 2.2 所示。

图 2.2　Resource Tags

2.1.3　UIStackView

自适应、适配、布局这几个关键词一直伴随着 iOS 开发，从单一到多尺寸屏幕，苹果一直致力于让开发者尽可能少在这些事上耗费过多的精力。Xcode 7 带来的 UIStackView 从根本上改变了开发者在 iOS 上创建用户界面的方式。UIStackView 提供了一个高效的接口用于平铺一行或一列的视图组合。对于嵌入到 StackView 的视图，不用再添加自动布局的约束了。StackView 可以管理这些子视图的布局，并帮你自动布局约束。合理地利用 UIStackView，会让你开发起来事半功倍，如图 2.3 所示。

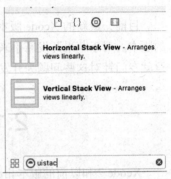

图 2.3　UIStackView

2.1.4　UI Test

在新的 Xcode7 中，Test Target 不光只有 Testing Bundle，还加入了 UI Testing Bundle。只要建一个 UITest 的 Function，然后打开录制模式，在设备上运行 App 后，在设备上任意操作，Xcode 都会顺利地把操作内容转化成代码。之后只需要简单地运行录制好的 Function，就能顺利达到测试的效果。和 Unit Testing 一样，可以把它们放在 XCodeServer 中做一并的测试。如图 2.4 所示。

图 2.4　UI Test

2.1.5　Address Sanitizer

大部分的开发者在调试过程中都会遇到"EXC_BAD_ACCESS"或者 signal SIGBRT 这类的"非常规"bug，或者在运行过程中出现 Crash，这种问题一般都比较难查。现在 Xcode7 拥有了一个至少可以提供开发者一些线索的工具，叫 Address Sanitizer，开发者一旦遇到这类的 Crash，Xcode 不会像以前那样仅仅在程序的 Main 函数中触发断点并显示一条不够具体的"EXC_BAD_ACCESS xxxxxxxx"的错误信息，也无法知道具体 Crash 在哪一行代码。有了 Address Sanitizer 的支持，Xcode 会提供具体的 Crash trace 和 break 在具体的文件及行数上，和提示一条相对好理解的错误信息。

2.1.6　Storyboard References

苹果推出 Storyboard 已经有几年了，而且苹果一直在推广使用。不得不说 Storyboard 有着其独特的优势，如 Storyboard 可以描述各种场景之间的过渡，配合 AutoLayout 开发简直不能更快了。但还是有很多开发者或者项目中并没有使用，尤其是一些团队开发。其原因，一方面，有的 Xcode 工程是好几年前建立的，并没有进行大范围的更新，还一直使用代码或者 xib 来开发页面。另一方面，Storyboard 的多人协作开发确实不尽如人意，况且一个大型一点的项目，若没维护好 Storyboard，则更会显示杂乱。

Xcode 7 为大家带来了 Storyboard References，这种可以不需要代码而将多个 Storyborad 连接起来的方法，一经推出就受到开发者的热捧。开发者通过 Storyboard References 适当地把不同模块进行拆分，放在不同的 Storyboard 文件中进行管理，减少了开发中的冲突。并且拆分不同的模块到各个 Storyboard 文件还能显著减小单个 Storyboard 的体积、加快加载速度等。可惜的是，Storyboard References 只支持 iOS 9 以上的系统版本。Storyboard Reference 如图 2.5 所示。

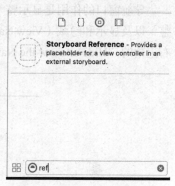

图 2.5　Storyboard Reference

2.2　解剖 Xcode 7 界面

一个 Xcode 7 项目由很多文件组成，例如代码文件、资源文件、框架等。Xcode 7 会帮助对这些文件进行关联，所以相对的界面也会比较复杂，如图 2.6 所示。

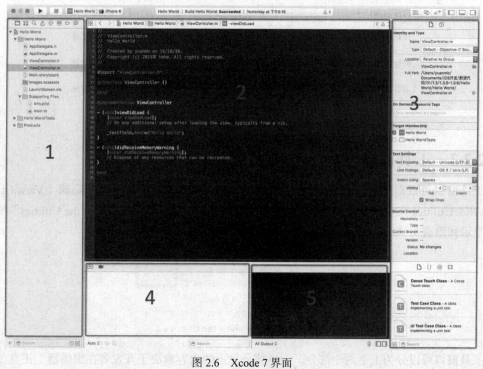

图 2.6　Xcode 7 界面

在图中可以看到 Xcode 7 的界面大致可以分为 4 大部分。其中，编号为 1 的部分是导航窗口；编号为 2 的部分是编辑区域；编号为 3 的部分是工具窗口；编号为 4 和 5 的部分是显示程序调试信息和日志信息的窗口。每一个窗口都可以显示或者隐藏。本节将分别讲解这些区域的作用以及使用方式。

2.2.1 导航窗口

导航窗口的作用是显示整个项目的树状结构，开发者可以根据自己的喜好对其进行大小的调整，以及显示和隐藏（View|Navigators|Show/HideNavigator 用于实现显示和隐藏，或通过 Xcode 右上角的"Hide or show the Navigator"按钮来实现显示和隐藏）。如图 2.7 所示。

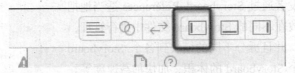

图 2.7　Hide or show the Navigator

导航窗口可以显示 7 类不同的信息，所以又有了 7 个导航器，这 7 个导航器分别为：项目导航器、符号导航器、搜索导航器、问题导航器、测试导航器、调试导航器、断点导航器和日志导航器。可以通过导航窗口顶部的 7 个图标来进行导航之间的切换，如图 2.8 所示。

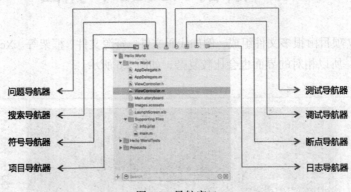

图 2.8　导航窗口

2.2.2 工具窗口

工具窗口可以对项目的信息进行编辑，开发者也可以随时将其显示和隐藏（View|Utilities|Show/HideUtilities 来实现显示和隐藏，或通过 Xcode 右上角的"Hide or show the Utilities"按钮来实现显示和隐藏），如图 2.9 所示。

图 2.9　Hide or show the Utilities

工具窗口可以分为上下两个部分。上半部分显示的内容取决于开发者在编辑器上正在编辑的文件类型,其中文件类型有以下两种。

- 当编辑器编辑的是代码文件时,工具窗口上半部分显示的内容为文件查看器或快速帮助,如图 2.10 所示。要想实现两个内容的切换,可以通过使用此窗口上半部分在顶部显示的图标来进行切换。
- 当编辑器编辑的是界面文件时,工具窗口上半部分显示的内容为文件查看器、快速帮助、标识查看器、属性查看器、尺寸查看器和连接查看器中的一个,如图 2.11 所示。要想实现 6 个内容的切换,可以通过使用此窗口上半部分在顶部显示的图标来进行切换。

图 2.10　编辑代码显示的内容

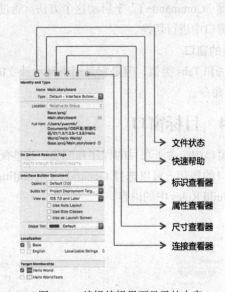

图 2.11　编辑编辑界面显示的内容

工具窗口的下半部分显示的内容是文件模板库、代码片断库、对象库和媒体库中的一个,如图 2.12 所示。要想实现这 4 个内容的切换,可以通过使用此窗口下半部分在顶部显示的图标来进行切换。

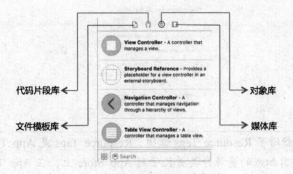

图 2.12　工具窗口的下半部分

2.2.3　编辑窗口

编辑窗口可以用来编写代码,或在编辑界面设置用户界面。在顶端,有左右箭头和整个项目的层次显示。编辑窗口可以记录已经编辑的文件名,可以使用顶端的左右箭头来选择曾经编辑过的文件。在一个项目的窗口中至少要包含一个编辑窗口。如果项目要同时打开多个编辑窗口该如何实现呢，下面主要讲解三个方法。

1. Assistants 方法

单击窗口中的"Show the Assistant editor"按钮后，Xcode 7 会默认显示两个编辑窗口（后面的窗口叫作 Assistant）。这两个窗口上的内容一般都是关联的。如果需要显示更多的编辑窗口，可以在 Assistant 窗口的顶部选择"+"按钮来实现。

2. Tabs 方法

Tabs 方法是显示各个文件，和 Safari 显示网页的方法一样。通过选择"File|New|Tab"命令或使用快捷键"Command+T"来启动这个方法。通过单击标签或者使用快捷键"Command+Shift+}"在不同的窗口中进行切换。

3. 新的窗口

该方法和 Tabs 类似，但是它是用来显示独立的窗口的。要创建新的窗口，可选择"File|New|Window"命令。

2.2.4 目标窗口

目标窗口中包含了项目的程序和配置，这些配置指定了如何构建程序代码，如图 2.13 所示。在目标窗口的顶部，可以选择 General、Capabilities、Resource Tags、Info、Build Settings、Build Phases、Build Rules 中的内容。

图 2.13　目标窗口

 　　Xcode 7 新增了 Resource Tags 选项，Resource Tags 是 App Thinning 中 On-Demand 用到的，把按需加载的资源分类并托管到 App Store 上，在 App 下载安装和运行过程中按照需求下载对应的 Tag 所需要的资源。

2.3　Xcode 7 项目结构

一个 Xcode 7 项目包括了代码、界面、各类资源等。下面主要讲解 Xcode 7 的项目结构，以

Hello World 项目为例，如图 2.14 所示。

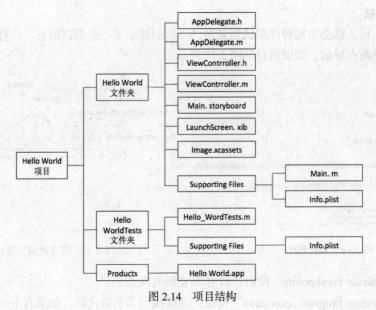

图 2.14　项目结构

- Hello World 文件夹：里边包含了应用程序的代码和编辑界面，是项目的主文件夹。其中 LaunchScreen.xib 是应用程序启动图编辑文件，Image.xcassets 是程序图片资源管理文件夹。
- Hello WorldTests 文件夹：此文件夹用来测试应用程序。
- Products 文件夹：应用编译成功后，便会在此文件夹中产生执行文件。

2.4　调 试 程 序

在程序开发中，错误是不可避免的，特别是在使用新的语言或新的开发工具时。遇到了错误就要系统地查找到底是哪里做错了。这种查找程序错误的过程叫作调试。下面主要讲解如何在 Xcode 7 中调试 Hello World 项目中的程序。

1. 添加断点

调试程序就要使用到 Xcode 7 的调试器。调试器是位于开发者编写的代码和操作系统之间的程序。为程序添加断点后，就启动了调试器，对程序进行调试。断点是调试器应该停止程序运行的地方，并让开发者进行检查。要添加断点，首先选择想要让程序停止的一行代码，然后选择"Degbug|Breakpoints|Add Breakpoint at Current Line"命令添加新断点。之后会在添加断点的代码最左边看到一个蓝色箭头，这就是一个新断点，如图 2.15 所示。

图 2.15　新断点

当然 Xcode 也提供了更快捷的方法来添加新断点。在想要让程序停止的一行代码左侧单击一下，即可添加新的断点。

2. 运行程序

单击"运行"按钮后，程序就会运行。这时运行的程序会停止在断点所在的位置处，并且此代码行会出现绿色箭头，表示现在程序运行到的位置，如图2.16所示。

3. 断点导航

在程序停止后，就会出现程序调试信息窗口，里面显示了一些调试信息。在程序调试信息窗口顶端，会出现断点导航。调试窗口如图2.17所示。

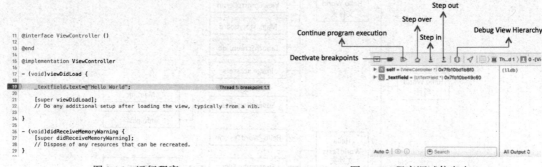

图2.16　运行程序　　　　　　　　　　图2.17　程序调试信息窗口

- "Dectivate breakpoints"按钮：启用/禁止所有断点。
- "Continue program execution"按钮：继续执行当前的代码，如果有下一个断点，就停止在下一个断点上。
- "Step over"按钮：执行下一个代码。如果当前行是方法调用，则不会进入方法内部。
- "Step in"按钮：进入方法内部。
- "Step out"按钮：跳过当前方法，即执行到当前方法的末尾。
- "Debug View Hierarchy"按钮：调试视图页面。单击此按钮会展现当前所有视图的层级、大小、位置等信息。

这时，单击断点导航中的"Continue program execution"按钮，继续执行当前的代码，如果这时程序出现错误，就不会跳到下一断点处，如果程序没有问题就会继续向下执行，现在只有一个断点，单击此按钮，程序会输出最后的结果。

4. 删除或废弃断点

如果程序没有问题，那么，就要将程序中设置的断点进行删除或者废弃。删除断点常用的方法有三种。

- 右键单击设置的断点，在弹出的快捷菜单中选择"Delete Breakpoint"命令。
- 选中设置断点的行，在Xcode 7的菜单栏中选择"Debug|Breakpoints|Remove Breakpoint at Current Line"命令。
- 选择断点，将其拖动到别的地方。这时，此断点就删除了。

要废弃断点（让断点暂时无法起作用），只需要单击断点。这时，断点就由深蓝色变为了浅蓝色。浅蓝色的断点就说明该断点已被废弃，如图2.18所示。

图2.18　废弃断点

2.5 小　　结

本章主要讲解了全新的 Xcode 7 具有的新特性以及它的界面构成。本章的重点是 Xcode 7 的项目构成和如何在 Xcode 7 中调试程序。通过对本章的学习，希望开发者可以熟练掌握 Xcode 7 的界面，以及如何进行程序的调试。

2.6 习　　题

一、选择题

1. Xcode 7 新特性不包括（　　）。
   A. Storyboard References　　　　　　B. UI Test
   C. Capabilities　　　　　　　　　　　D. UIStackView
2. Storyboard References 的好处，下面说法错误的是（　　）。
   A. Storyboard References 能更好地整理 Storyboard，为团队开发提供更好的维护
   B. Storyboard References 无须代码即可在各个 Storyboard 中跳转
   C. Storyboard References 可以给 App "瘦身"
   D. Storyboard References 能拆分不同模块的 Storyboard

二、阐述题

1. 阐述 Xcode 7 中各部分的功能，以及如何显示及隐藏。
2. 了解 Xcode 7 的项目结构，对项目中各文件的功能及作用进行了解。若添加一个图片文件，应该放在工程文件的哪个目录下？

三、上机练习

1. 熟悉 Xcode 7，了解 Xcode 7 的整体布局。
2. 写一段小程序，通过断点调试方法观察每一步各变量的值。

第 3 章
Objective-C 语言基础

Objective-C 语言是一门面向对象的编程语言。它主要用于编写 iOS 操作系统(如 iPhone、iPod iTouch、iPad 等苹果移动终端设备)的应用程序,现在的 iOS 9 操作系统中的应用程序也是使用 Objective-C 编写的。本章将主要讲解 Objective-C 语言的发展、特点、数据类型、常量变量、运算符、程序控制结构、类、继承和多态、分类和协议等相关内容。

3.1 Objective-C 语言简介

Objective-C 通常写作 ObjC 和较少用的 Objective C 或 Obj-C。它是扩充 C 的面向对象编程语言。下面将讲解 Objective-C 语言的发展和特点。

3.1.1 Objective-C 语言的发展

在 20 世纪 80 年早期,Objective-C 语言由 Brad Cox 发明,到目前为止已经历了 30 多年的历史了。在这期间,Objective-C 凭借自己独特的特点,从一个无人知晓的语言到现在苹果公司的最流行的开发语言,它的发展是飞速的,其发展历程如表 3-1 所示。

表 3-1   Objective-C 语言的发展史

时 间	事 件
20 世纪 80 年代早期	Objective-C 语言诞生
1988 年	NeXT 开发了 Objective-C 语言库
1992 年	GNU 增加了 NeXT 公司的 Objective-C 语言的支持
1996 年	Objective-C 语言成为苹果公司的语言
2004 年	Mac OS X 以 "NS" 作为前缀
2007 年	苹果公司发布了 Objective-C 2.0

3.1.2 Objective-C 语言的特点

Objective-C 语言是一门面向对象的语言,它是在 C 语言的基础上创建出来的新语言。除了具备 C 语言的一些特点,它还具有自己的一些特点,如表 3-2 所示。

表 3-2　　　　　　　　　　　　　Objective-C 语言特点

特　点	说　明
兼容性	Objective-C 可以说是一种面向对象的 C 语言，在 Objective-C 的代码中可以有 C 和 C++语句，它可以调用 C 的函数，也可以通过 C++对象访问方法
字符串	Objective-C 通常不使用 C 语言风格的字符串。大多数情况下是使用 Foundation 框架的 NSString 类型的字符串。NSString 类提供了字符串的类包装，支持 Unicode、printf 风格的格式化工具等。它是在普通的双引号字符串前放置一个@符号
类	Objective-C 是一种面向对象的语言，定义类是它的基本功能。Objective-C 的类声明和实现包括两个部分：接口部分和实现部分
方法	Objective-C 是一种面向对象的语言，定义方法也是它的基本功能。Objective-C 中的方法不是采用"."运算符进行调用，而是采用"[]"运算符进行调用。有时候方法调用也称为消息发送
属性	属性是 Objective-C 2.0 提出的概念，它是替代对成员变量访问的"读取方法（getter）"和"设定方法（setter）"的手段。为了对类进行封装，一般情况下不直接访问成员变量，而是通过属性访问
协议	Objective-C 中的协议类似于 Java 中的接口或 C++的纯虚类，只有接口定义，没有实现，即只有 h 文件，没有 m 文件
分类	Objective-C 中的分类类似于继承机制，通过分类能够扩展父类的功能

3.2　数据类型

数据类型的出现是为了使计算机可以正确地存储和处理对应的数据。在 Objective-C 语言中，数据类型包括了与 C 语言通用的数据类型和特有的数据类型两种。本节将主要针对这两种数据类型展开讲解。

3.2.1　与 C 语言通用的数据类型

在 C 语言中常用到的数据类型有整型、浮点型以及字符型。这些数据类型在 Objective-C 语言中也是经常使用到的，如表 3-3 所示。

表 3-3　　　　　　　　　　　　与 C 语言通用的数据类型

名　称	数　据　类　型	占　位　符
整型	Int	%i、%d：表示整型
	Short	
	Long	%o、%#o：表示八进制数
	unsigned int	
	unsigned short	%x、%#x：表示十六进制数
	unsigned long	
浮点型	Float	%f：表示浮点型数据
	Double	%e：科学计数法
	long double	
字符型	Char	%c

【示例 3.1】以下程序实现的功能是通过占位符，输出整型、浮点型数据和一个字符型数据。

程序代码如下：

```
#import <Foundation/Foundation.h>
int main(int argc, const char * argv[])
{
    @autoreleasepool {
        NSLog(@"%i",10);                //输出整型
        NSLog(@"%f",10.555555);         //输出浮点型
        NSLog(@"%c",'A');               //输出字符型
    }
    return 0;
}
```

运行结果如图 3.1 所示。

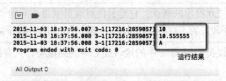

图 3.1　运行结果

3.2.2　Objective-C 特有的数据类型

在 Objective-C 语言中除了要使用到 C 语言中的常用数据类型外，还会使用到 Objective-C 特有的数据类型，如表 3-4 所示。

表 3-4　　　　　　　　　　　　　Objective-C 特有的数据类型

数据类型	功　　能
id	id 类型是一个独特的数据类型。可以转换为任何对象，属于运行时动态类型，编译器无法知道其确切类型
BOOL	BOOL 类型的结果有两种，一种是 YES，另一种是 NO
Enum	枚举，将值一一列出
SEL	选择器的一个类型
Class	类的一个类型
nil 和 Nil	nil 表示一个 Objective-C 对象，指向类的空指针

3.3　变量与常量

变量和常量在每一个编程语言中都是会出现的。在 Objective-C 语言中，变量和常量应如何使用呢？本节将对 Objective-C 中变量和常量的使用做一个详细的介绍。

3.3.1　变量

变量是用来指代在程序中一个可能变化的数据。要想使用变量，必须进行声明和定义，然后再使用。声明用来说明该标识符被作为一个变量来使用。定义是指定该变量所指代的数据类型。由于变量

的声明和定义同时进行,所以将变量的声明和定义合并称为变量的定义,变量的定义语法形式如下:

```
type Variable_list;
```

其中,type 是用来指定变量的数据类型的,Variable_list 是用来指定变量名称的。变量可以和数据类型结合起来分类。例如,常见的变量类型有整型变量、浮点型变量和字符型变量等。以下是一个整型变量 a 的声明和定义:

```
int a;
```

其中,int 为数据类型,a 为变量名。变量名不可以是 Objective-C 关键字。

3.3.2 常量

常量用来指代在程序中不会发生变化的数据。一般在 Objective-C 语言中,常量分为 3 种:直接常量、只读变量和符号常量。

1. 直接常量

直接常量就是常数,表示在程序中直接出现的数据,例如:

1、0.5、2222000000

2. 只读变量

只读变量也称为只读常量,它是常量的一种。通常使用 const 关键字来定义,其语法形式如下:

```
const type Variable_list;
```

以下是一个浮点型只读变量 a 的声明和定义方式:

```
const float a;
```

3. 符号常量

符号常量就是使用标识符来表示常量,一般使用#define 来进行声明和定义,其语法形式如下:

```
#define 标识符 常量
```

【示例 3.2】以下程序是实现定义一个符号常量,并输出。程序代码如下:

```
#import <Foundation/Foundation.h>
#define PI 3.14159                              //定义和声明符号常量
int main(int argc, const char * argv[])
{
    @autoreleasepool {
        NSLog(@"%f",PI);                        //输出符号常量的值
    }
    return 0;
}
```

运行结果如图 3.2 所示。

图 3.2 运行结果

注意　对于符号常量，在程序运行过程中，所有标识符都会被对应的常量所代替。

3.3.3　标识符

标识符是用户编程时使用的名字。在计算机语言中，变量、常量等都有自己的名字，这些名字被称为标识符。一般标识符可以分为 3 类：用户标识符、关键字、预定义标识符。

1. 用户标示符

所谓用户标识符，就是用户根据需要定义的标识符。用户标识符命名是有一定规则的，具体如下。

（1）标识符是由字母、数字、下划线组成。
（2）首字符只能是字母、下划线，不能为数字。
（3）标识符中的大小写字母表示的意义是不同的。
（4）标识符的命名要做到"见名知意"。
（5）标识符不能使用已定义的关键字和预定义标识符。

2. 关键字

标识符的第二种为关键字。在 iPhone 开发使用的语言 Objective-C 有 32 个关键字，如表 3-5 所示。

表 3-5　　　　　　　　　　　　　　关键字

auto	double	int	struct
break	else	long	switch
case	enum	register	typedef
char	extern	union	const
float	short	unsigned	continue
for	signed	void	default
goto	volatile	do	if
while	static	return	sizeof

3. 预定义标识符

所谓预定义标识符，就是标识符在 Objective-C 语言中都有特定的含义，Objective-C 语法是允许把这类标识符另作它用的，不过这些标识符会失去系统规定的原意。Objective-C 的预定义标识符如表 3-6 所示。

表 3-6　　　　　　　　　　Objective-C 预定义的标示符

标　识　符	含　义
_cmd	在方法内自动定义的本地变量，它包含该方法的选择程序
func	在函数内或方法内自动定义的本地字符串变量，包含函数名和方法名
BOOL	布尔值，通常以 YES 和 NO 方式使用
Class	类对象类型
id	通用对象类型
nil	空对象

续表

标 识 符	含 义
Nil	空类对象
NO	定义为（BOOL）0
NSObject	在<Foundation/NSObject.h>中定义的所有类的根类
Protocol	存储协议相关信息的类的名称
SEL	已经编译的选择程序
self	在方法内自动定义的本地变量，即指消息的接收者（简单来说，就是本类）
super	消息接受者的父类
YES	定义为（BOOL）1

3.4 运 算 符

运算符用于执行程序代码运算，会针对一个或一个以上操作数来进行运算。在 Objective-C 语言中提供了赋值运算符、算数运算符、自增自减运算符、位运算符、复合运算符、关系运算符等。本节将主要针对这些常见运算符进行详细介绍。

3.4.1 赋值运算符

赋值运算符 "=" 实现的功能是对变量进行赋值操作。由赋值运算符连起来的式子被称为赋值运算表达式。赋值表达式的功能是计算等号右边的表达式，再赋予左边的变量，赋值运算符具有右结合性。其语法形式如下：

变量=表达式;

其中，表达式可以是一个常量。

【示例 3-3】以下程序通过使用赋值运算符实现赋值。程序代码如下：

```
#import <Foundation/Foundation.h>
int main(int argc, const char * argv[])
{
    @autoreleasepool {
        int a;
        a=10;
        NSLog(@"%i",a);
    }
    return 0;
}
```

运行结果如图 3.3 所示。

图 3.3 运行结果

3.4.2 算术运算符

算术运算符实现的功能是进行各种算术运算。Objective-C 语言中提供的算术运算符如表 3-7 所示。

表 3-7　　　　　　　　　　　　算术运算符

运算符名称	符　号	功　能	结 合 性
加法运算符	+	将两个数相加	
减法运算符	-	将两个数相减	
乘法运算符	*	将两个数相乘	左到右
除法运算符	/	将两个数相除	
取模运算符	%	取两个数相除后的余数	

由算术运算符连起来的式子被称为算术运算表达式，算术运算符是双目运算符（一个操作数被称为目），其操作数一般是整数和浮点数（或者是结果为整数或浮点数的表达式），其语法形式如下：

操作数　算术运算符　操作数；

在进行算术运算时，如果有多个算术运算符参与运算，就要注意算数运算符的优先级，其中*、/优先级最高，+、-最低。在进行取模运算时，两个操作数必须是整数。

【示例 3-4】以下程序通过使用算术运算符计算 8*2-9/10*20 的结果。程序代码如下：

```
#import <Foundation/Foundation.h>
int main(int argc, const char * argv[])
{
    @autoreleasepool {
        float a;
        a=8*2-9/10*20;                    //算术运算
        NSLog(@"%f",a);
    }
    return 0;
}
```

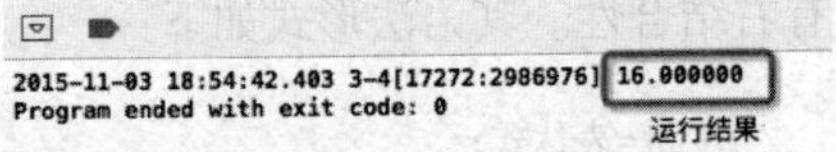

运行结果如图 3.4 所示。

图 3.4　运行结果

3.4.3　自增自减运算符

自增运算符"++"的作用是使变量的值自增 1。自减运算符"--"的作用是使变量的值自减 1。自增自减运算符都是单目运算符，其具有右结合性。由自增自减运算符连起来的式子被称为自增自减运算表达式，其语法形式有两种：一种是前缀自增自减 1，另一种是后缀自增自减 1。前缀自增自减 1 的语法形式如下：

++运算分量；
--运算分量；

后缀自增自减 1 的语法形式如下：

运算分量++；
运算分量--；

【示例 3-5】以下程序通过使用自增自减运算符实现运算。程序代码如下：

```
#import <Foundation/Foundation.h>
int main(int argc, const char * argv[])
{
    @autoreleasepool {
        int a;
        a=9;
        NSLog(@"%i,%i",a,++a);
        NSLog(@"%i,%i",a,a++);
        NSLog(@"%i,%i",a,--a);
        NSLog(@"%i,%i",a,a--);
        NSLog(@"%i",a);
    }
    return 0;
}
```

运行结果如图3.5所示。

在此程序中，需要注意前缀自增自减和后缀自增自减所产生的结果是不一样的，前缀自增自减是先执行+1或-1，再输出；而后缀自增自减则是先输出，后执行+1或-1。a++也可以写为a=a+1，a--也可以写成a=a-1。

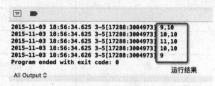

图3.5 运行结果

3.4.4 位运算符

在二进制系统中，每个0或1就是一位。位是用来描述计算机数据量的最小单位。位运算是指按二进制进行的运算。Objective-C语言的位运算是直接对整型数据的位进行操作的。Objective-C中存在的位运算符如表3-8所示。

表3-8　　　　　　　　　　　位运算符

位运算符符号	位运算符名称	作　用	结　合　性
&	按位与	两个相应的二进制位都为1，则该位为1，否则为0	左到右
|	按位或	两个相应的二进制位中只有一个为1，则该位为1	左到右
^	按位异或	两个相应的二进制位值相同，则为0，否则为1	左到右
~	取反	将二进制数按位取反，即0变1，1变0	右到左
<<	左移	将操作数的二进制位整体按照顺序向左移，右端空出的位补0，左端移出最高位以外的位丢失	左到右
>>	右移	将操作数的二进制位整体按照顺序向右移，左端补0或补1，右端移出超出最低位的被丢失。对于无符号位，高位补0。对于负数，左边移入的是0还是1由系统决定	左到右

由位运算符连起来的式子被称为位运算表达式，其语法形式如下：

表达式　位运算符　表达式；

3.4.5 复合运算符

有时为了书写方便，可以将算术运算符或位运算符和赋值运算符合起来写，例如

a=a+5;

可以写为

a+=5;

在 Objective-C 中出现的复合运算符如表 3-9 所示。

表 3-9　　　　　　　　　　　　　　复合运算符

符　号	使用方法	等效形式	功　能
*=	a*=b	a=a*b	乘后赋值
/=	a/=b	a=a/b	除后赋值
%=	a%=b	a=a%b	取余后赋值
+=	a+=b	a=a+b	加后赋值
-=	a-=b	a=a-b	减后赋值
<<=	a<<=b	a=a<<b	左移后赋值
>>=	a>>=b	a=a>>b	右移后赋值
&=	a&=b	a=a&b	按位与后赋值
^=	a^=b	a=a^b	按位异或后赋值
|=	a|=b	a=a|b	按位或后赋值

3.4.6　关系运算符

关系运算符用来判断数据类型的关系，关系运算符的结果是 BOOL 类型的数值。当运算符成立时，BOOL 值为 1；当运算符不成立时，BOOL 值为 0。由关系运算符连起来的式子被称为关系运算表达式。在 Objective-C 中的关系运算符如表 3-10 所示。

表 3-10　　　　　　　　　　　　　　关系运算符

运 算 符	运算符名称	功　能	实　例	结　果
<	小于	若 a<b，结果为 true，否则为 false	2<3	YES
<=	小于等于	若 a<=b，结果为 true，否则为 false	7<=3	NO
>	大于	若 a>b，结果为 true，否则为 false	7>3	YES
>=	大于等于	若 a>=b，结果为 true，否则为 false	3>=3	YES
==	等于	若 a==b，结果为 true，否则为 false	7==3	NO
!=	不等于	若 a!=b，结果为 true，否则为 false	7!=3	YES

【示例 3-6】以下程序通过使用关系运算符实现运算。程序代码如下：

```
#import <Foundation/Foundation.h>
int main(int argc, const char * argv[])
{
    @autoreleasepool {
        NSLog(@"%i",2>1);
        NSLog(@"%i",2<1);
        NSLog(@"%i",2==1);
    }
    return 0;
}
```

运行结果如图 3.6 所示。

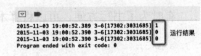

图 3.6　运行结果

3.4.7 布尔逻辑运算符

布尔逻辑运算符常用于对包含关系运算符的表达式进行合并或取非。Objective-C 提供的布尔逻辑运算符如图 3-11 所示。

表 3-11　　　　　　　　　　　　布尔逻辑运算符

逻辑运算符	名称	使用形式	功能
&&	逻辑与	(表达式1)&&(表达式2)&&...	参与运算的表达式都为真时，结果才为真
||	逻辑或	(表达式1)||(表达式2)||...	参与运算的表达式中只要有一个表达式为真，结果就为真
!	逻辑非	!表达式	参与运算的表达式为真，结果就为假，表达式为假，结果就为真

【示例 3-7】以下程序通过使用布尔逻辑运算符实现运行。程序代码如下：

```
#import <Foundation/Foundation.h>
int main(int argc, const char * argv[])
{
    @autoreleasepool {
        NSLog(@"%i",(3<4)&&(0==1));
    }
    return 0;
}
```

运行结果如图 3.7 所示。

图 3.7　运行结果

3.4.8 特殊的运算符

在 Objective-C 中还有一些特殊的运算符，如圆括号（()）、下标（[]）、成员（.）、负号（-）等。这几种运算符的符号、名称、使用方式、结合性如表 3-12 所示。

表 3-12　　　　　　　　　　　　特殊的运算符

运算符	名称	使用方式	结合性
[]	数组下标	数组名[常量表达式]	左到右
()	圆括号	(表达式) 方法名(参数表)	左到右
.	成员选择（对象）	对象名.成员名	左到右
-	负号运算符	-表达式	左到右

3.4.9 运算符的优先级

在一个表达式中同时使用到了多个运算符，这时需要考虑运算符的优先级，根据优先级依次对它们执行运算。优先级是一种约定，优先级高的先运算，优先级低的后运算。在 Objective-C 中，运算符的优先级被分为了 15 级，如表 3-13 所示。

表 3-13　　　　　　　　　　　优先级

优先级	运算符	功能说明	表示形式	结合方向	目数
1	[]	数组下标	数组名[常量表达式]	左到右	
	()	改变优先级	(表达式) 方法名（参数表）		
	.	成员选择（对象）	对象名.成员名		
2	-	负号运算符	-表达式	右到左	单目运算符
	(类型)	强制类型转化	(数据类型)表达式		
	++	自增运算符	++变量名 变量名++		单目运算符
	--	自减运算符	--变量名 变量名--		单目运算符
	*	取值运算符	*指针变量		单目运算符
	&	取地址运算符	&变量名		单目运算符
	!	逻辑非运算符	!表达式		单目运算符
	~	按位取反运算符	~表达式		单目运算符
	sizeof	长度运算符	sizeof(表达式)		
3	/	除	表达式/表达式	左到右	双目运算符
	*	乘	表达式*表达式		双目运算符
	%	余数（取模）	整数表达式%整数表达式		双目运算符
4	+	加	表达式+表达式	左到右	双目运算符
	-	减	表达式-表达式		双目运算符
5	<<	左移	变量<<表达式	左到右	双目运算符
	>>	右移	变量>>表达式		双目运算符
6	>	大于	表达式>表达式	左到右	双目运算符
	>=	大于等于	表达式>=表达式		双目运算符
	<	小于	表达式<表达式		双目运算符
	<=	小于等于	表达式<=表达式		双目运算符
7	==	等于	表达式==表达式	左到右	双目运算符
	!=	不等于	表达式!=表达式		双目运算符
8	&	按位与	表达式&表达式	左到右	双目运算符
9	^	按位异或	表达式^表达式	左到右	双目运算符
10	|	按位或	表达式|表达式	左到右	双目运算符
11	&&	逻辑与	表达式&&表达式	左到右	双目运算符
12	||	逻辑或	表达式||表达式	左到右	双目运算符
13	?:	条件运算符	表达式1?表达式2:表达式3	右到左	三目运算符
14	=	赋值运算符	变量=表达式	右到左	

续表

优先级	运算符	功能说明	表示形式	结合方向	目数
14	/=	除后赋值	变量/=表达式		
	*=	乘后赋值	变量*=表达式		
	%=	取模后赋值	变量%=表达式		
	+=	加后赋值	变量+=表达式达式		
	-=	减后赋值	变量-=表达式		
	<<=	左移后赋值	变量<<=表达式		
	>>=	右移后赋值	变量>>=表达式		
	&=	按位与后赋值	变量&=表达式		
	^=	按位异或后赋值	变量^=表达式		
	|=	按位或后赋值	变量|=表达式		
15	,	逗号运算符	表达式，表达式，…	左到右	从左向右顺序运算

3.4.10 语句与表达式

表达式就是由常量、变量、运算符等组合在一起的式子。语句就是由表达式加";"号组成的，如图 3.8 所示。

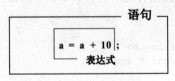

图 3.8 语句与表达式

3.5 程序控制结构

程序是由若干条语句组成的语句序列，但是在程序执行的时候往往不是按照语句序列的书写顺序执行的。所以为了实现控制功能，它们各自有一组相关的控制语句。本节将主要讲解三种控制结构：顺序结构、选择结构和循环结构。

3.5.1 顺序结构

顺序结构用于使程序按从上向下的顺序执行。

【示例 3-8】以下程序实现的是求直角三角形的面积。程序代码如下：

```
#import <Foundation/Foundation.h>
int main(int argc, const char * argv[])
{
    @autoreleasepool {
        int h=5;
        NSLog(@"高为：%i",h);
```

```
        int d=10;
        NSLog(@"底为：%i",d);
        int s;
        s=h*d/2 ;
        NSLog(@"面积为：%i",s);
    }
    return 0;
}
```

运行结果如图 3.9 所示。

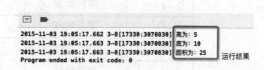

图 3.9　运行结果

3.5.2　选择结构

选择结构用于判断给定的条件，根据判断的条件结果来控制程序的流程。一般选择结构中常用到的选择语句有三种，分别是由条件运算符构成的语句、if 语句和 switch 语句。

1．条件运算符

?:是条件运算符，它是三目运算符。由条件运算符组成的表达式称为条件表达式，其语法形式如下：

表达式 1?表达式 2:表达式 3;

其中，当表达式 1 的值为真时，则以表达式 2 的值作为条件表达式的值；当表达式 1 的值为假时，则以表达式 3 的值作为条件表达式的值。

【示例 3-9】以下程序通过使用条件运算符，求 3 和 5 的最大值，并将最大值输出。程序代码如下：

```
#import <Foundation/Foundation.h>
int main(int argc, const char * argv[])
{
    @autoreleasepool {
        int a;
        a=3>5?3:5;                              //求最大值
        NSLog(@"最大值为：%i",5);
    }
    return 0;
}
```

运行结果如图 3.10 所示。

2．if 语句

if 语句可以用来构建分支结构。它根据给定的
条件进行判断，以执行相应分支程序段。if 语句一共有四种形式。

图 3.10　运行结果

（1）if 语句

if 语句的语法形式如下：

```
if（表达式）
    语句；
```

其中，if 语句中的表达式是由关系表达式和逻辑表达式组合的。当表达式的值为真，就执行语句；当表达式的值为假时，就不执行语句。这里的语句可以是一条语句，也可以是使用多条语句组成的语句块，如果是多条语句，就要使用"{}"号将这多条语句括起来。

【示例 3-10】以下程序是通过使用 if 语句，判断变量 a 的值是否小于 9，如果小于 9 就输出 a 的值。程序代码如下：

```
#import <Foundation/Foundation.h>
int main(int argc, const char * argv[])
{
    @autoreleasepool {
        int a;
        a=10;
        if(a<9)
            NSLog(@"%i",a);
    }
    return 0;
}
```

在此示例中是没有运行结果的，因为 a 为 10，不小于 9，所以就不会执行输出语句。

（2）if...else 语句

if...else 语句的语法形式如下：

```
if(表达式)
    语句 1；
else
    语句 2；
```

其中，当表达式的值为真，就执行语句 1；当表达式的值为假时，就执行语句 2。

【示例 3-11】以下程序通过使用 if...else 语句，判断变量 a 的值是否小于 9，如果小于就输出 a 的值，否则就输出 a+1 的值。程序代码如下：

```
#import <Foundation/Foundation.h>
int main(int argc, const char * argv[])
{
    @autoreleasepool {
        int a;
        a=10;
        if(a<9)                        //判断
            NSLog(@"%i",a);
        else
            NSLog(@"%i",++a);
    }
    return 0;
}
```

运行结果如图 3.11 所示。

图 3.11 运行结果

（3）if...else if 语句

当选择语句中具有多个分支时，就要使用到 if...else if 语句，其语法形式如下：

```
if(表达式 1)
    语句 1；
else if(表达式 2)
    语句 2；
else if(表达式 3)
    语句 3；
……
```

```
   else if(表达式 m)
       语句 m;
   else
       语句 n;
```

其中，当表达式 1 成立时，执行语句 1；当表达式 1 不成立时，就判断表达式 2，成立则执行语句 2；不成立就判断表达式 3，以此类推。

（4）if 的嵌套

当 if 语句中的执行语句又包括 if 语句时，则构成了 if 语句的嵌套，其一般形式如下：

```
if（表达式 1）
    if（表达式 2）
        ……
            if(表达式 n)
                语句;
```

3. switch 语句

switch 语句也是用在选择语句具有多个分支时，其语法形式如下：

```
switch(表达式)
{
  case 常量或者常量表达式 1:
      语句 1;
      break;
  case 常量或者常量表达式 2:
      语句 2;
      break;
  ...
  case 常量或者常量表达式 n:
      语句 n;
      break;
  default:
      语句 n;
}
```

其中，先计算表达式的值，并逐个与其后的常量或常量表达式的值相比较，当 switch 上的表达式的值与某个 case 下的常量表达式的值相等时，即执行其后的语句。如 switch 表达式的值与所有 case 后的常量表达式均不相同时，则执行 default 后的语句。

【示例 3-12】以下程序通过使用 switch 语句，来实现输出变量 a 中的值。程序代码如下：

```
#import <Foundation/Foundation.h>
int main(int argc, const char * argv[])
{
    @autoreleasepool {
        int a;
        a=5;
        switch (a) {
            case 1:
                NSLog(@"a=1");
```

```
            break;
        case 2:
            NSLog(@"a=2");
            break;
        case 3:
            NSLog(@"a=3");
            break;
        case 4:
            NSLog(@"a=4");
            break;
        default:
            NSLog(@"a=5");
            break;
    }
    return 0;
}
```

运行结果如图 3.12 所示。

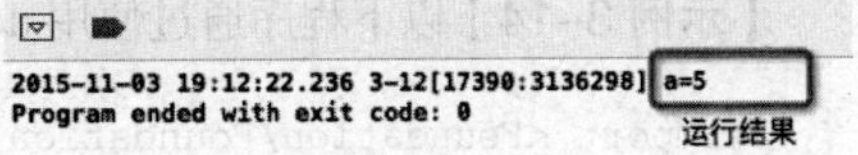

图 3.12　运行结果

3.5.3　循环结构

因为循环结构在给定的条件成立时，反复执行某一程序段，直到条件不成立为止的特点，所以在很多程序中都会使用到。Objective-C 提供了三种循环语句，可以组合不同形式的循环结构。

1. while 语句

while 语句是最简单的循环语句，其语法形式如下：

```
while(表达式)
        语句;
```

其中，表达式就是循环条件，语句为循环体。这里的语句可以是一条语句，也可以是由多条语句组成的语句块。在使用多条语句时，要用"{}"将这多条语句括起来。while 语句的执行流程：先计算表达式的值，当值为真时，执行循环体语句。每次执行完语句后，都要再次计算表达式的值，只要其值为真，就继续执行循环体语句，直到表达式的值是 0 为止。

【示例 3-13】以下程序通过使用 while 语句，求出 1～100 的和，并输出。程序代码如下：

```
#import <Foundation/Foundation.h>
int main(int argc, const char * argv[])
{
    @autoreleasepool {
        int i,sum;
        sum=0;
        i=1;
        while (i<=100) {              //循环求和
            sum+=i;
            i++;
        }
        NSLog(@"%i",sum);
    }
    return 0;
}
```

运行结果如图 3.13 所示。

图 3.13　运行结果

2. do...while 语句

do...while 语句的语法形式如下：

```
do
    语句
while(条件表达式)
```

其中，表达式就是循环条件，语句为循环体。当 do...while 语句开始执行时，先执行一遍 do 下面的语句，再进行 while 中的条件判断。当条件为真时，再执行 do 后面的语句。当条件为假时，就跳出 do...while 循环。它和 while 语句的区别在于，while 语句是先进行条件的判断，再进行循环语句的执行。在 while 语句中，循环语句有可能一次也不执行。do...while 语句不管条件成立与否，循环体至少被执行一次。

【示例 3-14】以下程序通过使用 do...while 语句，求出 1～100 的和，并输出。程序代码如下：

```
#import <Foundation/Foundation.h>
int main(int argc, const char * argv[])
{
    @autoreleasepool {
        int i,sum;
        i=0;
        sum=0;
        do{
            sum+=i;
            i++;
        }while (i<=100);
        NSLog(@"%i",sum);
    }
    return 0;
}
```

运行结果如图 3.14 所示。

图 3.14 运行结果

3. for 语句

for 语句的语法形式如下：

```
for(表达式1;表达式2;表达式3)
        语句;
```

其中，表达式 1 为对循环体变量进行的初始化；表达式 2 为循环条件，这是一个关系表达式，它决定了什么时候退出循环；表达式 3 是对循环控制的增量定义了循环控制变量每循环一次后按什么方式变化。for 语句的执行流程：先求解表达式 1，再求解表达式 2，若条件成立，则执行 for 语句中指定的内嵌语句；若条件不成立，则结束循环。执行完 for 语句的内嵌语句后，求解表达式 3，再求解表达式 2。依次执行。最后循环结束，执行 for 语句以外的语句。

【示例 3-15】以下程序通过使用 for 语句，求出 1~100 的和，并输出。程序代码如下：

```
#import <Foundation/Foundation.h>
int main(int argc, const char * argv[])
{
    @autoreleasepool {
        int i,sum;
        sum=0;
        for (i=1; i<=100; i++) {
            sum+=i;
```

```
        }
        NSLog(@"%i",sum);
    }
    return 0;
}
```

运行结果如图 3.15 所示。

图 3.15 运行结果

3.6 类

类是面向对象程序设计的核心，它实际是一种新的数据类型，也是实现抽象类型的工具。因为类是通过抽象数据类型的方法来实现的一种数据类型。本节主要讲解类的创建、实例化对象、实例变量和方法等相关方面的内容。

3.6.1 类的创建

要想使用类，首先要学会创建类，以下就是创建一个类名为 aa 的类。

（1）创建新的项目，项目名为 3-16。

（2）选择"File|New|File..."命令。

（3）在弹出的"Choose a template for your new file:"对话框中选择 OS X 下 Source 中的"Cocoa-Class"模板，如图 3.16 所示。

图 3.16 操作步骤 1

（4）单击"Next"按钮，在弹出的"Choose options for your new file:"对话框中，输入类名，选择 Subclass 为 NSObject，Language 选择 Objective-C。单击"Next"按钮，如图 3.17 所示。

在 Class（类名）中填入的内容是由开发者自己决定的。

（5）单击"Next"按钮，在弹出的"保存位置"对话框中单击"Create"按钮，一个类名为 aa 的类就创建好了。类创建好以后，会生成两个文件，一个是 aa.h 文件，另一个是 aa.m 文件。其中，类声明文件为 aa.h 文件，又叫接口文件；类定义的文件为 aa.m 文件，又叫实现文件。

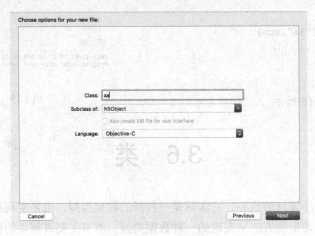

图 3.17 操作步骤 2

3.6.2 实例化对象

实例化就是指用类创建对象的过程，通俗地讲就是声明并创建对象。声明类的语法形式如下：

类名 *对象名；

其中，使用"*"表示定义的对象是对类的一个引用。一般有两种方法对对象进行创建。

1. 使用 alloc:和 init:方法

alloc:方法的功能是为对象分配内存空间。init:方法的功能是初始化对象。alloc:方法和 init:方法可以单独使用，也可以一起使用。单独使用的语法形式如下：

对象名=[类名 alloc];   //为对象分配内存空间
对象名=[类名 init];   //初始化

一起使用的语法形式如下：

对象名 =[[类型 alloc]init];

一般情况下，可以将对象的声明和创建合在一起，语法形式如下：

类名 对象名=[[类名 alloc]init];

要想通过 3.6.1 节中创建的类来实例化一个对象 a，语法形式如下：

aa *a=[[aa alloc]init];

2. 使用 new:方法

有时为了方便，可以将 alloc:和 init:方法省去，用 new:方法代替，其语法形式如下：

类名 对象名=[类名 new];

3.6.3 实例变量

实例变量也就是在类中声明的变量。下面就来讲解实例变量的声明、定义和调用。

1. 实例变量的声明和定义

要想使用实例变量,必须要对实例变量进行声明和定义。它的声明、定义和变量的声明、定义是一样的,实例变量的声明和定义也是在一起进行的。一般在接口文件中对实例变量进行声明和定义,其声明和定义的语法形式如下:

```
type Variable_list;
```

其中,type 为实例变量的数据类型;Variable_list 为实例变量的名称。在 Objective-C 语言中,提供了访问限定符对实例变量的作用域进行控制,如表 3-14 所示。

表 3-14　　　　　　　　　　　　　　访问限定符

访问限定符	作 用 域
@public	作用域是不受限制的。这意味着被修饰的实例变量不仅可以在所属的类和子类中都可以被直接访问,而且可以被其他类定义的方法直接访问
@protected	可以在所属的类及其任何子类定义的方法中被直接访问
@private	可以在所属类的方法中调用,不能被子类中定义的方法调用
@package	@package 修饰的实例变量在所属类中是@public,但是在其他类中是@private

添加访问限定符的实例变量的语法形式如下:

```
访问限定符 type Variable_list;
```

其中,一般默认情况下是@protected 修饰的。

2. 实例变量的调用

声明和定义好实例变量以后就可以对实例变量进行调用了。实例变量调用的一般形式如下:

```
类对象名->实例变量
```

【示例 3-16】以下程序实现的功能是对实例变量的调用。程序代码如下:

```
aa.h
#import <Foundation/Foundation.h>
@interface aa : NSObject{
    @public int abc ;                              //声明具有修饰符的实例变量
}
@end
main.m
#import <Foundation/Foundation.h>
#import "aa.h"
int main(int argc, const char * argv[])
{
    @autoreleasepool {
        aa *a=[[aa alloc]init];
        a->abc=20;                                 //调用实例变量
        NSLog(@"%i",a->abc);
    }
    return 0;
}
```

运行结果如图 3.18 所示。

图 3.18　运行结果

3.6.4 方法

方法是用来实现某一特定功能的。下面主要讲解方法的声明、定义以及调用。

1. 方法的声明

要使用方法，就要对方法进行声明。方法的声明是在接口文件中进行的，其语法形式如下：

-/+(方法的返回值类型) 方法名；

2. 方法的定义

方法声明好以后，就要在实现文件中对声明的方法进行定义，其语法形式如下：

-/+ (方法的返回值类型) 方法名
{
    语句；
}

其中，语句可以是一条语句，也可以是多条语句。

3. 方法的分类

在 Objective-C 语言中，方法一般被分为两类：一类是对象的方法，另一类是类的方法。在方法的声明和定义中，使用"–"声明的方法是对象方法，使用"+"声明的方法是类方法。

4. 方法的调用

方法声明和定义好以后，就可以对方法进行调用了。根据方法的类型不同，其调用形式也是不同的。对于对象方法的调用形式如下：

[对象名 方法名]；

对于类方法的调用形式如下：

[类名 方法名]；

【示例 3-17】以下程序是对对象方法和类方法的调用。程序代码如下：

```
Aaa.h
#import <Foundation/Foundation.h>
@interface Aaa : NSObject
-(void)print;                              //对象方法的声明
+(void)class;                              //类方法的声明
@end
Aaa.m
#import "Aaa.h"
@implementation Aaa
//对象方法的实现
-(void)print{
    NSLog(@"对象方法");
}
//类方法的实现
+(void)class{
    NSLog(@"类方法");
}
@end
```

```
main.m
#import <Foundation/Foundation.h>
#import "Aaa.h"
int main(int argc, const char * argv[])
{
    @autoreleasepool {
        Aaa *a=[[Aaa alloc]init];
        [a print];                          //对象方法的调用
        [Aaa class];                        //类方法的调用
    }
    return 0;
}
```

运行结果如图 3.19 所示。

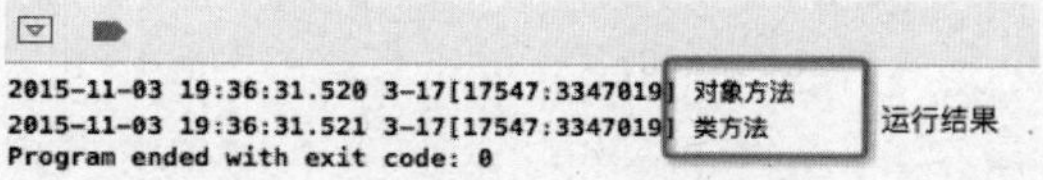

5. 带有参数的方法

以上讲解的方法是不带参数的形式。下面主要讲解带参数的方法的形式。

图 3.19　运行结果

（1）带有一个参数

声明带有一个参数的方法，要在接口文件中进行，其语法形式如下：

-/+(方法的返回值类型) 方法名:(参数类型)　参数名;

定义带有一个参数的方法，要在实现文件中进行，其语法形式如下：

-/+(方法的返回值类型) 方法名:(参数类型)　参数名{
　　语句;
}

带有一个参数的方法，在声明和定义好以后，就可以进行调用了。

对象方法调用的语法形式如下：

[对象名　方法名:参数];

类方法调用的语法形式如下：

[类名　方法名:参数];

【示例 3-18】以下程序是对带有一个参数的方法进行调用。程序代码如下：

```
Aaa.h
#import <Foundation/Foundation.h>
@interface Aaa : NSObject{
    @public int val;
}
-(int)set:(int)n;                           //具有一个参数方法的声明
@end
Aaa.m
#import "Aaa.h"
@implementation Aaa
//具有一个参数方法的定义
-(int)set:(int)n{
    val=n;
    return val;
```

```
}
@end
main.m
#import <Foundation/Foundation.h>
#import "Aaa.h"
int main(int argc, const char * argv[])
{
    @autoreleasepool {
        Aaa *a=[[Aaa alloc]init];
        [a set:10];                              //调用
        NSLog(@"%i",a->val);
    }
    return 0;
}
```

运行结果如图 3.20 所示。

（2）带有多个参数

在方法中除了有不带参数的方法，或者带一个参数的方法外，还可以带有多个参数的方法。带有多个参数方法的声明形式如下：

图 3.20 运行结果

-/+(方法的返回值类型) 方法名1:(参数类型)参数名1 方法名2:(参数类型)参数名2…;

带有多个参数方法的定义形式如下：

-/+ (方法的返回值类型) 方法名1:(参数类型)参数名1 方法名2:(参数类型)参数名2…
{
   语句;
}

当带有多个参数的方法声明和定义好以后，就可以对这个方法进行调用了。
对象方法的调用形式如下：

[对象名　方法名:参数1类方法名2:参数2…];

类方法的调用形式如下：

[类名　方法名:参数1类方法名2:参数2…];

3.7 继承及多态

继承和多态是面向对象编程语言中两个重要的特点。所谓继承，是指基于一个现有的类来创建一个新类。多态是在编程语言中相同方法的不同体现。

3.7.1 继承

继承是使用已存在的类的定义作为基础建立新类的技术。新类的定义可以增加新的数据或新的功能。一般都是使用 ":" 来实现继承的。本节主要讲解实例变量和方法的继承。

1. 实例变量的继承

在父类中声明的实例变量可以在子类中使用，子类中可以不再对该变量进行声明。子类继承了父类的实例变量，变成了自己类中的实例变量。子类不仅可以继承父类的实例变量，还可以拥有自己特有的实例变量。

2. 方法的继承

除了实例变量可以被继承外，方法也是可以被继承的。父类中定义的方法在子类中也可以直接被访问，不需要在子类中重新定义。子类不仅可以继承父类的方法，还可以有自己独特的方法。

【示例 3-19】 以下程序是实例变量和方法的继承。程序代码如下：

```
Aaa.h
#import <Foundation/Foundation.h>
@interface Aaa : NSObject{
    int val;
}
-(int)intVar;
@end
Aaa.m
#import "Aaa.h"
@implementation Aaa
-(int)intVar{
    val=1000;
    return val;
}
@end
Abb.h
#import "Aaa.h"
@interface Abb : Aaa
-(void)print;
@end
Abb.m
#import "Abb.h"
@implementation Abb
-(void)print{
    NSLog(@"%i",val);                                    //实例变量的继承
}
@end
main.m
#import <Foundation/Foundation.h>
#import "Abb.h"
int main(int argc, const char * argv[])
{
    @autoreleasepool {
        Abb *a=[[Abb alloc]init];
        NSLog(@"%i",[a intVar]);                          //方法的继承
        [a print];
    }
    return 0;
}
```

运行结果如图 3.21 所示。

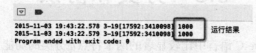

图 3.21　运行结果

3.7.2 多态

多态是指相同的消息给予不同的对象会引发不同的动作。

【示例 3-20】以下程序是通过相同的方法实现两个不同类的功能,从而实现多态程序。程序代码如下:

```
Aaa.h
#import <Foundation/Foundation.h>
@interface Aaa : NSObject
-(void)print;
@end
Aaa.m
#import "Aaa.h"
@implementation Aaa
-(void)print{
    NSLog(@"Aaa");
}
@end
Abb.h
#import <Foundation/Foundation.h>
@interface Abb : NSObject
-(void)print;
@end
Abb.m
#import "Abb.h"
@implementation Abb
-(void)print{
    NSLog(@"Abb");
}
@end
main.m
#import <Foundation/Foundation.h>
#import "Aaa.h"
#import "Abb.h"
int main(int argc, const char * argv[])
{
    @autoreleasepool {
        //实现多态
        Aaa *a=[[Aaa alloc]init];
        Abb *b=[[Abb alloc]init];
        [a print];
        [b print];
    }
    return 0;
}
```

运行结果如图 3.22 所示。

图 3.22　运行结果

3.8　分类和协议

分类和协议是 Objective-C 语言中比较显著的两个特点。分类的功能主要是实现类的扩展,协议则常用在代理的实现上。

3.8.1 分类

在面向对象的编程中，开发者可以在已有类的基础上创建分类。通过分类可以很轻松地扩展一个类的定义，而无须从头阅读整个类的代码，还可以通过继承来创建一个派生类。下面主要讲解分类的创建和分类的使用。

1. 分类的创建

要实现分类的功能，首先要对分类进行创建。以下实现的是为已有类 Aaa 创建一个分类，其名为 Cate。

（1）单击"File|New|File..."命令。

（2）在弹出的"Choose a template for your new file:"对话框中，选择 OS X 下 Source 中的 Objective-C File，如图 3.23 所示。

图 3.23　操作步骤 1

（3）单击"Next"按钮，弹出"Choose options for your new file:"对话框，在 File 中输入分类名"Cate"，在 File Type 选择 Category（分类），在 Class（类名）中输入分类基于的类名 Aaa，如图 3.24 所示。

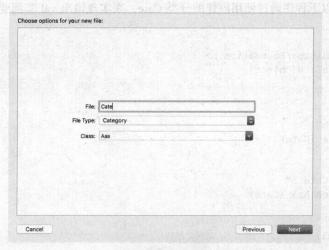

图 3.24　操作步骤 2

Category(分类名)和 Class(类名)都是由开发者自己决定的。

(4)在弹出的"保存位置"对话框中单击"Create"按钮,这时,一个分类名为"Cate"的类就创建好了。创建好的分类会产生两个文件,一个是接口文件"Aaa+Cate.h",另一个是"Aaa+Cate.m"文件。

分类创建时产生的两个文件的文件名是由类名+分类名组成。

2. 分类的使用
分类创建好以后就可以对分类进行使用了,以下是分类使用的具体步骤。
(1)声明方法
在分类的接口文件中,只允许新增方法,不能新增变量,其语法形式如下:

```
@interface 类名 (分类名)
新增方法的声明;
@end
```

(2)定义方法
在分类的实现文件中,对新增的方法进行定义,其语法形式如下:

```
@implementation 类名(分类名)
新增方法的定义{
    语句;
}
@end
```

(3)方法的调用
分类中的方法声明和定义好以后,就可以对声明和定义的方法进行调用了,其语法形式如下:

```
[对象名  新增方法名];
```

【示例 3-21】以下程序通过使用创建的分类 Cate,来实现输出 val 实例变量的值。程序代码如下:

```
#import <Foundation/Foundation.h>
@interface Aaa : NSObject{
    int val;
}
@end
#import "Aaa.h"
@interface Aaa (Cate)
-(int)intval;
@end
#import "Aaa+Cate.h"
@implementation Aaa (Cate)
-(int)intval{
    val=1000;
    return val;
}
```

```
@end
#import <Foundation/Foundation.h>
#import "Aaa.h"
#import "Aaa+Cate.h"
int main(int argc, const char * argv[])
{
    @autoreleasepool {
        Aaa *a=[[Aaa alloc]init];
        NSLog(@"%i",[a intval]);
    }
    return 0;
}
```

运行结果如图 3.25 所示。

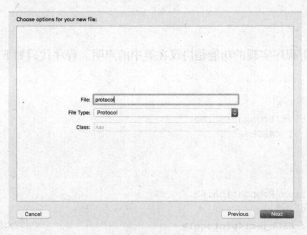

图 3.25 运行结果

3.8.2 协议

协议事实上是一组方法列表,它并不依赖于特定的类。使用协议可以使不同的类共享相同的消息。本节主要讲解如何创建协议;以及协议的使用。

1. 协议的创建

(1)单击 "File|New|File..." 命令。

(2)在弹出的 "Choose a template for your new file:" 对话框中选择 OS X 下 Source 中的 Objective-C File。

(3)单击 "Next" 按钮,弹出的 "Choose options for your new file:" 对话框中,在 File 处输入 "protocol"(协议名),File Type 中选择 "Protocol"(协议),如图 3.26 所示。

图 3.26 操作步骤

(4)单击 "Next" 按钮,在弹出的 "保存位置" 对话框中单击 "Create" 按钮。这时,一个名为 protocol 的协议就创建好了。创建好协议后,会产生一个 protocol.h 的接口文件。

2. 协议的使用

(1)协议定义

通常要将一个协议的定义放在头文件中,其语法形式如下:

```
@protocol 协议名
方法声明;
@end
```

在方法声明的前面，一般会有两个关键字进行修饰：一个是@optional，它表示要声明的方法是可选的；另一个是@required，它表示要声明的方法是必须的。加上关键字的协议的定义形式如下：

```
@protocol 协议名
@optional 方法声明；
@required 方法声明；
@end
```

一般不在方法前面添加关键字，协议中声明的方法都默认为必须实现的。

（2）协议在类中的声明
协议定义好以后，要在类中进行使用，首先要在类中进行协议的声明，其语法形式如下：

```
@interface 类名:父类名<协议名>
@end
```

（3）类和协议中声明方法的实现
在类中声明好协议后，要在类的实现文件中定义在协议中声明的方法，其语法形式如下：

```
@implementation 类名
{
    语法；
}
@end
```

【示例3-22】以下程序实现的功能是协议在类中的声明。程序代码如下：

```
//协议定义
protocol.h
#import <Foundation/Foundation.h>
@protocol protocol <NSObject>
-(void)go;
@end
Aaa.h
#import <Foundation/Foundation.h>
#import "protocol.h"
@interface Aaa : NSObject<protocol>                    //协议在类中的声明
@end
Aaa.m
#import "Aaa.h"
@implementation Aaa
//协议中方法的定义
-(void)go{
    NSLog(@"GO");
}
@end
main.m
#import <Foundation/Foundation.h>
#import "Aaa.h"
int main(int argc, const char * argv[])
```

```
{
    @autoreleasepool {
        Aaa *a=[[Aaa alloc]init];
        [a go];
    }
    return 0;
}
```

运行结果如图 3.27 所示。

图 3.27　运行结果

在此程序中使用了在协议中使用协议，其语法形式如下：

@protocol 协议名 2<协议名 1>
声明方法；
@end

一般在 Objective-C 语言中，默认为创建的协议都是在协议中使用协议，协议名 1 为 NSObject 协议，其语法形式如下：

@protocol 协议名 2<NSObject>
声明方法；
@end

3. 具有多个协议的使用

在大多数情况下，一个类中是可以使用多个协议的，其语法形式如下：

@interface 类名 ：父类名<协议 1,协议 2,…协议 n>

3.9　小　　结

本章主要讲解了 Objective-C 语言的发展、特点、数据类型、常量和变量、运算符、程序控制结构等相关方面的内容。本章的重点是 Objective-C 语言在面向对象中的几个特点，分别为类、继承和多态、分类和协议。通过对本章的学习，希望读者可以对 Objective-C 语言有更深入的了解。

3.10　习　　题

一、选择题

1. 以下能用作 Objective-C 标识符的是（　　）。
　A．911_Num　　　　B．_Weight　　　　C．double　　　　D．one&two
2. 以下不属于 Objective-C 关键字的是（　　）。
　A．switch　　　　　B．break　　　　　C．more　　　　　D．return
3. 定义 int a = 10，表达式为 Num = (a++) + (++a)，请问 Num 的值是（　　）。
　A．20　　　　　　　B．21　　　　　　　C．22　　　　　　　D．23
4. 定义 int a = 1，int b = 0，BOOL c = YES，运行语句 NSLog(@"%d"，((a>b)?b:a)&&c)，

输出的值是（ ）。

  A. 0   B. 1   C. −1   D. 2

5. 关于 Objective-C 中类的对象和方法，下面说法错误的是（ ）

  A. 实例化对象，就是指类的对象的声明和创建

  B. Objectview-C 的方法分为对象方法和类方法

  C. 类方法必须先声明和创建类才能使用

  D. 方法可以不带参数，也可以带一个或多个参数

6. 关于 Objective-C 的分类和协议，下面说法正确的是（ ）。

  A. 在分类的接口文件中，允许新增方法和变量

  B. 协议事实上是一组方法列表，需要依赖于特定的类

  C. 协议的关键字@optional 表示其方法是必须实现的

  D. 分类的功能主要是实现类的扩展，协议则常常用在代理的实现上

二、阐述题

1. 请试着列出 Objective-C 的所有运算符，并排列它们的优先级。

2. Objective-C 中程序的结构有三种：顺序结构、选择结构、循环结构。请举例说明这三种结构的应用场景，并试图了解其流程图。

三、上机练习

1. 实现一个班级成绩等级划分系统，根据每个人的成绩，自动输出其成绩等级，其中小于 60 分为不及格、60~69 分为及格、70~89 分为良好、90~100 分为优秀。

2. 利用循环结构，求出 10!（10!为 10 阶乘，是从 1 到 10 的所有数的乘积）。

3. 定义一个汽车类，类成员有汽车重量、型号、颜色。定义一个校车类继承汽车类，并增加方法"乘坐人数"。定义一个汽车速度类作为汽车类的分类，增加方法"汽车的最大速度"。

第 4 章 Cocoa 基础

Cocoa 是开发 iOS 9 应用程序的编程环境，它也是由 Objective-C 编写而成的。Cocoa 包含两个重要的 Objective 对象库 Foudation 和 Application，两者也称为框架。下面依次讲解这两个框架的基本内容。

4.1 Foundation 框架

Foundation 框架是基于 Core Foundation 的。作为通用的面向对象的函数库，Foundation 提供了字符串、数组、字典以及集合等对象。本节主要讲解 Foundation 框架中常用到的对象。

4.1.1 数字对象（NSNumber）

Objective-C 语言为数字类型数据提供了十多种基本的数据类型，如表 4-1 所示。但是在进行消息发送的时候，数据必须是以对象的形式。所以，基本数字类型的数据就无法发送。为了解决这一问题，Foudation 框架中提供了 NSNumber 类。它将基本的数据类型数字封装到了对象中，然后对想要的数字对象进行操作。

表 4-1　　　　　　　　　　　　数字对象的类型

类 型 数 字	说　明
char	字符型数字对象
UnsignedChar	无符号字符型数字对象
Short	短整型数字对象
UnsignedShort	无符号短整型数字对象
Integer	整型数字对象
UnsignedInteger	无符号整型数字对象
int	整型数字对象
UnsignedInt	无符号整型数字对象
Long	长整型数字对象
UnsignedLong	无符号长整型数字对象
LongLong	长长整型数字对象
UnsignedLongLong	无符号长长整型数字对象

续表

类型数字	说明
float	浮点型数字对象
double	双精度型数字对象
Bool	布尔型数字对象

1. 创建并初始化数字对象

要使用数字对象，首先要对数字对象进行创建并初始化，语法形式如下：

```
NSNumber *对象名=[NSNumber 创建和初始化方法 初始值];
```

其中，最后的参数初始值是指要传递的数据，该数据要和创建并初始化方法中的数字对象的类型一致。创建并初始化的方法如表 4-2 所示。

表 4-2　　　　　　　　　　　创建并初始化方法

名　　称	创建和初始化类方法
字符型数字对象	numberWithChar:
无符号字符型数字对象	numberWithUnsignedChar:
短整型数字对象	numberWithShort:
无符号短整型数字对象	numberWithUnsignedShort:
整型数字对象	numberWithInteger:
无符号整型数字对象	numberWithUnsignedInteger:
整型数字对象	numberWithInt:initWithInt:
无符号整型数字对象	numberWithunsignedInt:
长整型数字对象	numberWithLong:
无符号长整型数字对象	numberWithUnsignedLong:
长长整型数字对象	numberWithLongLong:
无符号长长整型数字对象	numberWithUnsignedLongLong:
浮点型数字对象	numberwithFloat:
双精度浮点型数字对象	numberWitnDouble:
布尔型数字对象	numberWithBool:

要创建并初始化一个数值为 123.123 的浮点型数字对象的程序代码如下：

```
NSNumber *n=[NSNumber numberWithFloat:123.123];
```

注意　　　由于要创建和初始化的是浮点型数字对象，所以要传递的数据必须是浮点类型。

2. 初始化数字对象

要对数字对象进行使用，除了直接使用以上所讲的创建方法外，还可以使用 alloc:方法先对数字对象分配空间，再使用初始化方法对数字对象进行初始化，其语法形式如下：

```
NSNumber *对象名=[[NSNumber alloc]]初始化方法 初始化值];
```

其中，初始化的方法如表 4-3 所示。初始值是在要传递的数据，该数据要和初始化方法中的数字对象的类型一致。

注意　　创建并初始化对象的方法和初始化数字对象的方法在语法形式上是有很大不同的。

表 4-3　　　　　　　　　　　　初始化方法

名　　称	初始化示例方法
字符型数字对象	initWithChar
无符号字符型数字对象	initWithUnsignedChar
短整型数字对象	initWithShort
无符号短整型数字对象	initWithUnsignedShort
整型数字对象	initWithInteger
无符号整型数字对象	initWithUnsignedInteger
整型数字对象	initWithInt
无符号整型数字对象	initWithUnsignedInt
长整型数字对象	initWithLong
无符号长整型数字对象	initWithUnsignedLong
长长整型数字对象	initWithLongLong
无符号长长整型数字对象	initWithUnsignedLongLong
浮点型数字对象	initWithFloat
双精度浮点型数字对象	initWithDouble
布尔型数字对象	initWithBool

要初始化一个数值为 123.123 的浮点型数字对象的程序代码如下：

```
NSNumber *n=[[ NSNumber alloc]initWithFloat:123.123];
```

3. 取值

为了方便用户操作数值，Foundation 提供了整套的方法用来获取数字对象中的数值。其取值方法如表 4-4 所示。

表 4-4　　　　　　　　　　　　取值方法

名　　称	取值实例方法
字符型数字对象	charValue
无符号字符型数字对象	unsignedCharValue
短整型数字对象	short Value
无符号短整型数字对象	unsignedShortValue
整型数字对象	integerValue

续表

名　称	取值实例方法
无符号整型数字对象	unsignedIntegerValue
整型数字对象	intValueunsigned
无符号整型数字对象	unsignedIntValue
长整型数字对象	longValue
无符号长整型数字对象	UnsignedLongValue
长长整型数字对象	longlongValue
无符号长长整型数字对象	unsignedLongLongValue
浮点型数字对象	floatValue
双精度浮点型数字对象	doubleValue
布尔型数字对象	boolValue

实现取值的语法形式如下：

[数字对象名　取值方法];

 取值方法是不可以随便使用的，它要和数字对象的类型一致。例如，创建并初始化的数字对象为浮点型，那么要进行取值，这时就要使用浮点型数字对象的取值方法。

【示例4-1】以下程序使用numberWithChar:方法创建一个字符型数字对象，其初始化值为'A'。然后使用charValue:方法获取该对象的值。程序代码如下：

```
#import <Foundation/Foundation.h>
int main(int argc, const char * argv[])
{
    @autoreleasepool {
        NSNumber *n=[NSNumber numberWithChar:'A'];        //创建并初始化字符型数字对象
        NSLog(@"%c",[n charValue]);                       //取值
    }
    return 0;
}
```

运行结果如图4.1所示。

图4.1　运行结果

4.1.2　字符串对象（NSString）

Foundation框架提供NSString类。NSString类用于操作字符串数据。它将字符串数据进行封装，并提供相应的方法。

1. 不可变字符串

不可变字符串对象一旦创建，就不能修改。以下是对不可变字符串进行的详细讲解。

（1）创建不可变字符串对象

要使用字符串对象，首先需要创建对应的对象。创建的方法有很多，其中最简单的一个方法如下：

```
NSString *str=@"I Love Objective-C";
```

开发者还可以使用 stringWithstring:方法来创建字符串对象,该方法使用一个已有的字符串对象来创建一个新的字符串对象,其语法形式如下:

+ (id)stringWithString:(NSString *)string ;

其中,(NSString *)string 用来指定字符串对象。

【示例 4-2】以下代码首先定义了字符串对象 str1,然后通过 stringWithString:方法使用定义好的字符串 str1 对象创建一个字符串对象 str2,最后输出 str2。程序代码如下:

```
#import <Foundation/Foundation.h>
int main(int argc, const char * argv[])
{
    @autoreleasepool {
        NSString *str1=@"I Love";
        NSString *str2=[NSString stringWithString:str1];
        NSLog(@"%@",str2);
    }
    return 0;
}
```

运行结果如图 4.2 所示。

（2）字符串的大小写转换

如果想要将字符串中的内容都转换为大写字母,就要使用 uppercaseString:方法,其语法形式如下:

- (NSString *) uppercaseString;

相反,如果想要将字符串中的内容都转换为小写字母,就要使用 lowercaseString:方法,其语法形式如下:

- (NSString *)lowercaseString;

【示例 4-3】以下程序通过使用 uppercaseString:方法,将字符串中的内容转换为大写字母。再使用 lowercaseString:方法,将字符串中的内容转换为小写字母。程序代码如下:

```
#import <Foundation/Foundation.h>
int main(int argc, const char * argv[])
{
    @autoreleasepool {
        NSString *str=@"I Love Objective-C";
        NSLog(@"转为大写：%@",[str uppercaseString]);    //转化为大写
        NSLog(@"转为小写：%@",[str lowercaseString]);    //转换为小写
    }
    return 0;
}
```

运行结果如图 4.3 所示。

图 4.2　运行结果　　　　　　　　　　图 4.3　运行结果

（3）字符串的比较

字符串对象提供 isEqualToString:方法来实现字符串的比较,其语法形式如下:

```
- (BOOL)isEqualToString:(NSString *)aString;
```

其中，(NSString *)aString 用来指定字符串。该方法的返回值为布尔型，当 BOOL 值返回 1 时，则比较的两个字符串相同；当 BOOL 值返回 0 时，则比较的两个字符串不同。

【示例 4-4】以下程序通过使用 isEqualTostring:方法来判断两个字符串是否相同。如果两字符串相同，输出"两字符串相同"；如果不相同，输出"两字符串不相同"。程序代码如下：

```
#import <Foundation/Foundation.h>
int main(int argc, const char * argv[])
{
    @autoreleasepool {
      NSString *str1=@"I Love ";
      NSString *str2=@"I Love Objective-C";
      //判断两个字符串是否相等
      if([str1 isEqualToString:str2]){
          NSLog(@"两字符串相同");
      }else{
          NSLog(@"两字符串不相同");
      }
    }
    return 0;
}
```

运行结果如图 4.4 所示。

（4）字符串的截取

NSString 字符串对象提供 substringToIndex:方法来截取字符串。它可以从字符串的开始截取特定长度的字符。其语法形式如下：

```
- (NSString *)substringToIndex:(unsigned)to;
```

其中，(unsigned)to 用来指定字符串截取的位置，此位置不可以超过字符串的长度。该方法的返回值类型为字符型。

【示例 4-5】以下程序通过使用 substringToIndex:方法对字符串进行截取，并将截取的结果输出。程序代码如下：

```
#import <Foundation/Foundation.h>
int main(int argc, const char * argv[])
{
    @autoreleasepool {
        NSString *str=@"I Love Objective-C";
        NSLog(@"%@",[str substringToIndex:6]);
    }
    return 0;
}
```

运行结果如图 4.5 所示。

图 4.4　运行结果

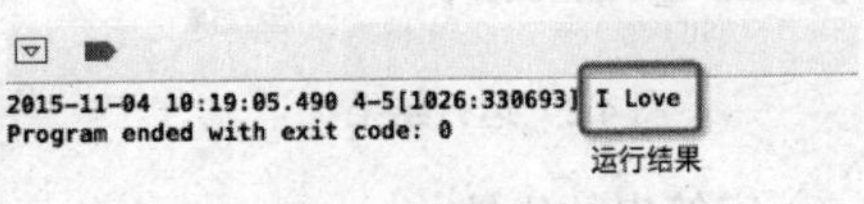

图 4.5　运行结果

（5）字符串的长度计算

在字符串的截取中介绍过，截取的位置不可以超出字符串的长度。知道需要截取的字符串的长度，这时，就需要使用求字符串长度的 length:方法，其语法形式如下：

```
- (NSUInteger)length;
```

其中，该方法的返回值为整型。

【示例 4-6】以下程序通过使用 length:方法求字符串的长度，并输出结果。程序代码如下：

```
#import <Foundation/Foundation.h>
int main(int argc, const char * argv[])
{
    @autoreleasepool {
        NSString *str=@"I Love Objective-C";
        NSLog(@"%lu",[str length]);            //求字符串的长度
    }
    return 0;
}
```

运行结果如图 4.6 所示。

图 4.6 运行结果

（6）不可变字符串的总结

除了以上介绍的常用方法外，在不可变字符串中还有很多方法，如表 4-5 所示。

表 4-5　　　　　　　　　　　　不可变字符串的常用方法总结

方　　法	说　　明
+(id)stringWithContentsOfFile:path encoding:enc error err;	创建一个新字符串并将其设置为 path 指定的文件的内容，使用字符编码 enc，在 err 上返回错误
+(id)stringWithContentsOfURL:url encoding:enc error:err;	创建一个新字符串，并将其设置为 url 所指定的内容，使用字符编码 enc，在 err 上返回错误
+ (id)stringWithString:(NSString *)string ;	用一个已有的字符串来创建另一个字符串
+(id)string;	创建一个新的空字符串
-(id)initWithString:nsstring;	创建一个新的空字符串，并将其内容设置为 nsstring 内容
(id)initWithContentsOfFile:path encoding:enc error:err;	将字符串设置为 path 指定的文件的内容
-(id)initWithContentsOfURL:url encoding:enc error:err;	将字符串设置为 url 所指定的内容,使用 enc 字符编码,在 err 上返回错误
-(UNSIgned int)length;	返回字符串中的字符数目
-(unichar)characterAtIndex:i;	返回索引 i 所在的 Unicode 字符
-(NSString *)substringFromIndex:i;	返回从 i 开始到结尾的子字符串
-(NSString *)substringWithRange:range;	根据指定范围返回子字符串
-(NSString *) substringToIndex:i;	返回从字符串开始位置到 i 的子字符串
-(NSComparator *)caseInsensitiveCompare:nsstring;	比较两个字符串（忽略大小写）
-(NSComparator *)Compare:nsstring;	比较两个字符串的大小
-(BOOL)hasPrefix:nsstring;	测试字符串是否以 nsstring 开始
-(BOOL)hasSuffix:nsstring;	测试字符串是否以 nsstring 结尾

续表

方法	说明
-(BOOL)isEqualToString:nsstring;	测试两个字符串是否相等
-(NSString *)caoitalizedString;	返回字符串，串中的每个单词的首字母大写，其余字母小写
-(NSString *)lowercaseString;	返回转换为小写的字符串
-(NSString)uppercaseString;	返回转换为大写的字符串
-(const char *)UTF8String;	返回 UTF8 编码格式的字符串
-(double)doubleValue;	返回转换为 double 类型的字符串
-(float)floatValue;	返回转换为 float 类型的字符串
-(NSInteger)integerValue;	返回转换为 NSInteger 类型的字符串
-(int)intValue;	返回转换为 int 类型的字符串
- (NSString *)stringByAppendingString:(NSString *)aString;	在已有字符串后面增加一个新字符串

2. 可变字符串

不可变字符串是不能修改的，如果想修改，就需要使用可变字符串对象 NSMutableString。它继承自不可变字符串 NSString。下面详细讲解可变字符串的常见方法。

（1）创建可变字符串对象

由于可变字符串对象继承于不可变字符串对象，所有不可变字符串对象的创建方法都适用于可变字符串对象。同时，可变字符串对象还有自己的创建方法。例如，使用 stringWithCapacity:方法创建可变字符串对象，其语法形式如下：

```
+ (id)stringWithCapacity:(unsigned)capacity;
```

其中，(unsigned)capacity 用来指定字符串的空间大小。例如，要创建一个空间大小为 40 的可变字符串对象，程序代码如下：

```
NSMutableString *a=[NSMutableString stringWithCapacity:40];
```

（2）设置可变字符串对象中的字符串内容

对于创建好的可变字符串对象，如果想要修改字符串的内容，就要使用 setString:方法，其语法形式如下：

```
- (void)setString:(NSString *)aString;
```

其中，(NSString *)aString 用来指定字符串。

【示例 4-7】以下程序通过使用 setString:方法，将创建的可变字符串设置为规定的内容，并输出。程序代码如下：

```
#import <Foundation/Foundation.h>
int main(int argc, const char * argv[])
{
    @autoreleasepool {
        NSString *str=@"I Love";
        NSMutableString *str1=[NSMutableString stringWithString:str];
        NSLog(@"设置前：%@",str1);
        [str1 setString:@"Objective-C"];                        //重新设置字符串内容
```

```
        NSLog(@"设置后：%@",str1);
    }
    return 0;
}
```

运行结果如图 4.7 所示。

(3) 添加字符串

图 4.7 运行结果

如果想在字符串末尾添加一个字符串，就要使用 appendString:方法，其语法形式如下：

- (void)appendString:(NSString *)aString;

其中，(NSString *)aString 用来指定字符串。

【示例 4-8】以下程序通过使用 appendString:方法，在字符串末尾添加新的字符串。程序代码如下：

```
#import <Foundation/Foundation.h>
int main(int argc, const char * argv[])
{
    @autoreleasepool {
        NSString *str1=@"I Love";
        NSMutableString *str2=[NSMutableString stringWithString:str1];
        NSLog(@"添加前：%@",str2);
        [str2 appendString:@" Objective-C"];                    //添加
        NSLog(@"添加后：%@",str2);
    }
    return 0;
}
```

运行结果如图 4.8 所示。

(4) 插入字符串

如果想要在字符串的某一个位置插入一个字符串，就要使用 insertString:方法，其语法形式如下：

图 4.8 运行结果

-(void)insertString:(NSString *)aString atIndex:(unsigned)loc;

其中，(NSString *)aString 用来指定字符串，(unsigned)loc 用来指定位置，此位置不超过字符串的长度。

【示例 4-9】以下程序通过使用 insertString:方法，在创建字符串的首位置插入一个字符串，并输出。程序代码如下：

```
#import <Foundation/Foundation.h>
int main(int argc, const char * argv[])
{
    @autoreleasepool {
        NSString *str1=@"I Objective-C" ;
        NSMutableString *str2=[NSMutableString stringWithString:str1];
        NSLog(@"插入前：%@",str2);
        [str2 insertString:@"Love " atIndex:2];                    //插入字符串
        NSLog(@"插入后：%@",str2);
    }
    return 0;
}
```

运行结果如图 4.9 所示。

（5）删除字符串

当可变字符串中某个范围的字符串出现错误时，就要将这个出现错误的字符串进行删除。要实现删除功能，就要使用 deleteCharactersInRange:方法，其语法形式如下：

```
- (void)deleteCharactersInRange:(NSRange)range;
```

其中，(NSRange)range 用来指定删除字符串的范围，此范围不超过字符串的长度。

【示例 4-10】以下程序通过使用 deleteCharactersInRange:方法，将可变字符串对象中的某一范围的字符串进行删除。程序代码如下：

```
#import <Foundation/Foundation.h>
int main(int argc, const char * argv[])
{
    @autoreleasepool {
        NSString *str1=@"I Love an Objective-C";
        NSMutableString *str2=[NSMutableString stringWithString:str1];
        NSLog(@"删除前: %@",str2);
        [str2 deleteCharactersInRange:NSMakeRange(7, 3)];        //删除字符串
        NSLog(@"删除后: %@",str2);
    }
    return 0;
}
```

运行结果如图 4.10 所示。

图 4.9　运行结果　　　　　　　　　　图 4.10　运行结果

（6）替换字符串

在可变字符串对象中可以将某一范围的字符串进行替换，要实现这一功能，可使用 replaceCharactersInRange:方法，其语法形式如下：

```
- (void)replaceCharactersInRange:(NSRange)range withString:(NSString *)aString;
```

其中，(NSRange)range 用来指定替换的字符串范围，(NSString *)aString 用来指定字符串。

【示例 4-11】以下程序使用 replaceCharactersInRange:方法实现了替换字符串的操作，并输出结果。程序代码如下：

```
#import <Foundation/Foundation.h>
int main(int argc, const char * argv[])
{
    @autoreleasepool {
        NSString *str1=@"I Love an Objective-C";
        NSMutableString *str2=[NSMutableString stringWithString:str1];
        NSLog(@"删除前: %@",str2);
        [str2 deleteCharactersInRange:NSMakeRange(7, 3)];
        NSLog(@"删除后: %@",str2);
    }
    return 0;
}
```

运行结果如图 4.11 所示。

（7）可变字符串对象的方法总结

除了以上介绍的常用方法外，可变字符串对象中还有很多方法，如表 4-6 所示。

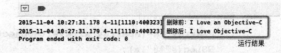

图 4.11　运行结果

表 4-6　　　　　　　　　　可变字符串对象的方法总结

方　　法	功　　能
+(id)stringWithCapacity:size;	创建一个字符串，size 个字符容量
-(id)initWithCapacity:size;	初始化一个字符串。size 个字符容量
-(void)setString:nsstring;	将字符串设置为 nsstring
-(void)appendString:nsstring;	在一个字符串末尾附加一个字符串 nsstring
- (void)appendFormat:(NSString *)format, ...;	附加一个格式化字符串
-(void)deleteCharactersInRange:range;	删除指定 rang 中的字符
-(void)insertString:nsstring aTIndex:i;	以 i 为起始位置插入 nsstring
-(void)replaceCharactersInRange:rang withString:nsstring;	使用 nsstring 代替 range 指定的字符串
-(void)replaceOccurrencesOfString:nsstring withString:nsstring2 Options:ops range:range;	根据指定选项 opts，使用指定 range 中的 nsstring2 替换所有的 nsstring

4.1.3　数组对象（NSArray）

数组（NSArray）是有序的对象集合。一个数组中的元素都具有相同的数据类型。根据数组元素是否可变，数组对象中也可以分为不可变数组和可变数组。

1．不可变数组

和不可变字符串一样，不可变数组也是一旦被创建，就不能对其进行更改。下面主要讲解不可变数组的创建以及元素访问。

（1）创建数组

要使用数组，首先要创建数组对象。最简单的创建方法是使用 array:方法，其语法形式如下：

```
+ (id)array;
```

如果想要创建一个空的数组对象 a，代码如下：

```
NSArray *a=[NSArray array];
```

用户也可以在创建数组的时候，直接指定数组元素。这时使用 arrayWithObjects:方法，其语法形式如下：

```
+ (id)arrayWithObjects:(id)firstObj, ...;
```

其中，(id)firstObj 用来指定数组中的元素。

【示例 4-12】以下程序通过使用 arrayWithObjects:方法，创建具有三个元素的数组对象。程序代码如下：

```
#import <Foundation/Foundation.h>
int main(int argc, const char * argv[])
```

```
        @autoreleasepool {
            NSArray *a=[NSArray arrayWithObjects:@"1",@"2",@"3" ,nil];        //创建数组对象
            NSLog(@"%@",a);
        }
        return 0;
    }
```

运行结果如图 4.12 所示。

（2）获取某个位置的元素

要想获取某一个位置的数组元素，就要使用 objectAtIndex:方法，其语法形式如下：

```
- (id)objectAtIndex:(unsigned)index;
```

其中，(unsigned)index 用来指定位置，此位置不可以超出数组的长度。

【示例 4-13】以下程序通过使用 objectAtIndex:方法，获取数组对象中位置为 2 的元素。程序代码如下：

```
#import <Foundation/Foundation.h>
int main(int argc, const char * argv[])
{
    @autoreleasepool {
        NSArray *a=[NSArray arrayWithObjects:@"a",@"b",@"c" ,nil];
        NSLog(@"%@",[a objectAtIndex:2]);        //获取位置为 2 的数组元素
    }
    return 0;
}
```

运行结果如图 4.13 所示。

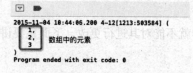
图 4.12　运行结果

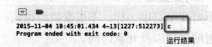
图 4.13　运行结果

数组默认的第一个元素的位置为 0，所以位置为 2 的元素实际是第三个元素。

（3）数组元素的访问

要对数组中的元素进行访问可以有两种方法：objectEnumerator:方法和 reverseObjectEnumerator:方法。

objectEnumerator:方法实现的功能是对数组中的元素实现从前向后访问，其语法形式如下：

```
- (NSEnumerator *)objectEnumerator;
```

reverseObjectEnumerator:方法实现的功能是对数组中的元素实现从后向前访问，其语法形式如下：

```
- (NSEnumerator *)reverseObjectEnumerator;
```

【示例 4-14】以下程序通过使用 objectEnumerator:方法和 reverseObjectEnumerator:方法对数组中的元素实现访问。程序代码如下：

```
#import <Foundation/Foundation.h>
int main(int argc, const char * argv[])
{
    @autoreleasepool {
        NSArray *a=[NSArray arrayWithObjects:@"1",@"2",@"3", nil];
        //实现从前向后访问数组元素
        NSEnumerator *e=[a objectEnumerator];
        id i;
        while (i=[e nextObject]) {
            NSLog(@"%@",i);
        }
        NSLog(@"\n");
        //实现从后向前访问数组元素
        NSEnumerator *en=[a reverseObjectEnumerator];
        id j;
        while (j=[en nextObject]) {
            NSLog(@"%@",j);
        }
    }
    return 0;
}
```

运行结果如图 4.14 所示。

图 4.14 运行结果

（4）不可变数组中方法总结

除了以上介绍的常用方法外，在不可变数组中还有很多方法，如表 4-7 所示。

表 4-7　　　　　　　　　　　不可变数组中方法总结

方　　法	说　　明
+ (id)array;	创建一个空的数组
+ (id)arrayWithArray:(NSArray *)array;	通过一个数组中的所有元素来创建另一个数组
+ (id)arrayWithContentsOfFile:(NSString *)path;	创建数组，并将数组的内容设置为指定文件的内容
+ (id)arrayWithContentsOfURL:(NSURL *)url;	创建数组，并将数组的内容设置为 url 指定内容
+ (id)arrayWithObject:(id)anObject;	创建数组，此数组带有一个元素
+(id)arryWithObjects:obj1,obj2,…nil;	创建一个新的数组，obj1，obj2…是它的数组元素对象，以 nil 对象结尾
-(BOOL)containsObject:obj;	确定数组中是否包含对象 obj
-(NSUInteger)count;	数组中元素的个数
-(NSUInteger)indexOfObject:obj;	第一个包含数组元素的索引号
-(id)objectAtIndex:i;	存储在位置 i 的对象
- (id)firstObjectCommonWithArray:(NSArray *)otherArray;	获取数组中开头的元素
- (id)lastObject;	获取数组中最后一个元素
- (NSArray *)arrayByAddingObject:(id)anObject;	在数组末尾添加元素
- (BOOL)isEqualToArray:(NSArray *)otherArray;	比较两个数组中的元素是否相等
- (NSEnumerator *)objectEnumerator;	数组元素从前向后访问

方法	说明
- (NSEnumerator *)reverseObjectEnumerator;	数组元素从后向前访问
-(void)makeObjectsPerformSelector:(SEL)selector;	将 selector 指示的消息发送给数组中的每个元素
-(NSArray *)sortedArrayUsingSelector:(SEL)selector;	根据 selector 指定的比较方法对数组进行排序
-(BOOL)writeToFile:path atomically:(BOOL)flag;	将数组写入指定的文件中,如果 flag 为 YES,则需要先创建一个临时文件

2. 可变数组

如果想要对元素进行更改,需要使用可变数组 NSMutableArray。它继承自不可变数组 NSArray。以下将详细讲解可变数组中的常见方法。

(1)可变数组的创建

要使用可变的数组对象,首先要创建可变数组对象。创建时,使用 arrayWithCapacity:方法,其语法形式如下:

```
+ (id)arrayWithCapacity:(unsigned)numItems;
```

其中,(unsigned)numItems 用来为可变数组对象分配空间。例如要创建一个可变数组对象 a,它的空间大小为 40,程序代码如下:

```
NSMutableArray *a=[NSMutableArray arrayWithCapacity:40];
```

注意　在创建可变数组对象时,除了可以使用 arrayWithCapacity:方法外,还可以使用不可变数组中创建数组的方法。

(2)设置可变数组中元素的内容

在可变数组中是可以对数组中的元素内容进行改变的,要实现这个功能,就要使用 setArray:方法,其语法形式如下:

```
- (void)setArray:(NSArray *)otherArray;
```

其中,(NSArray *)otherArray 是数组或者元素集合。

【示例 4-15】以下程序通过使用 setArray:方法为创建的可变数组设置内容,并输出。程序代码如下:

```
#import <Foundation/Foundation.h>
int main(int argc, const char * argv[])
{
    @autoreleasepool {
        NSMutableArray *a=[NSMutableArray array];
        NSLog(@"设置前: %@",a);
        NSArray *b=[NSArray arrayWithObjects:@"1",@"2",nil];
        [a setArray:b];
        NSLog(@"设置后: %@",a);
    }
    return 0;
}
```

运行结果如图 4.15 所示。

（3）添加元素

用户是可以在可变数组中添加元素的。这时，要使用 addObject:方法，其语法形式如下：

- (void)addObject:(id)anObject;

其中，(id)anObject 用来指定添加到可变数组中的元素。

【示例 4-16】以下程序通过使用 addObject:方法，添加元素"1""2"到创建的数组中。程序代码如下：

```
#import <Foundation/Foundation.h>
int main(int argc, const char * argv[])
{
    @autoreleasepool {
        NSMutableArray *a=[NSMutableArray array];
        NSLog(@"添加前: %@",a);
        //添加元素
        [a addObject:@"1"];
        [a addObject:@"2"];
        NSLog(@"添加后: %@",a);
    }
    return 0;
}
```

运行结果如图 4.16 所示。

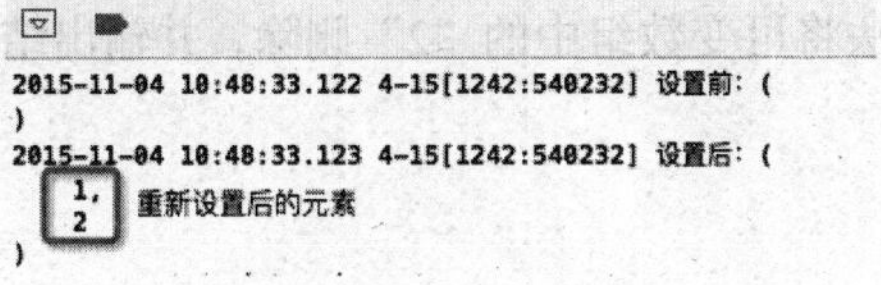

图 4.15　运行结果 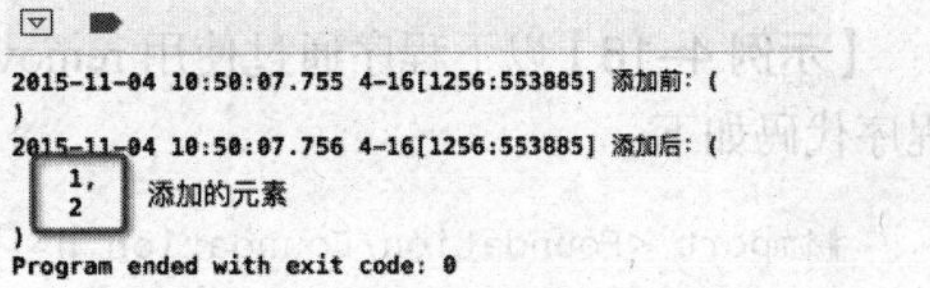　　　　　　　　图 4.16　运行结果

使用 addObject:方法添加数组元素时，一次只可以添加一个。如果想要一次性添加多个元素，就要使用到 addObjectsFromArray:方法，其语法形式如下：

- (void)addObjectsFromArray:(NSArray *)otherArray;

其中，(NSArray *)otherArray 用来指定数组。

（4）插入元素

使用 addObject:方法只能在数组元素的末尾添加元素。而要在数组元素的中间插入新的元素，就要使用 insertObject:方法，其语法形式如下：

- (void)insertObject:(id)anObject atIndex:(unsigned)index;

其中，(id)anObject 用来指定插入的元素，(unsigned)index 用来指定插入到可变数组中的位置。

【示例 4-17】以下程序通过使用 insertObject:方法在可变数组的第 2 个位置插入一个 a 元素。程序代码如下：

```
#import <Foundation/Foundation.h>
int main(int argc, const char * argv[])
{
```

```
    @autoreleasepool {
        NSMutableArray *a=[NSMutableArray arrayWithObjects:@"1",@"2",@"3",nil];
        NSLog(@"插入前: %@",a);
        //插入元素
        [a insertObject:@"a" atIndex:2];
        NSLog(@"插入后: %@",a);
    }
    return 0;
}
```

运行结果如图 4.17 所示。

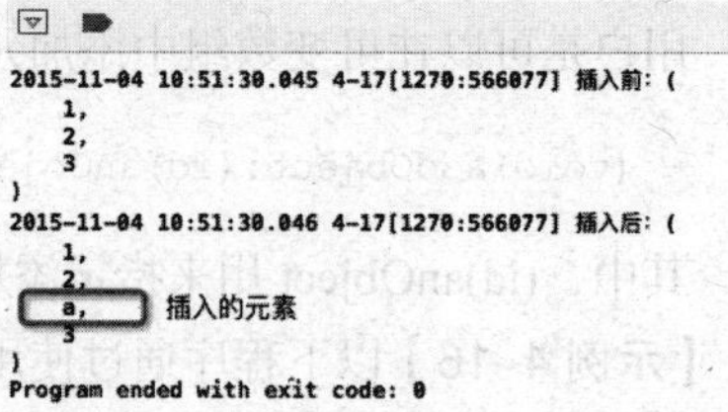

图 4.17　运行结果

使用 insertObject:方法插入数组元素时，一次只可以插入一个。如果想要一次性插入多个元素，就要使用到 insertObjects:方法，其语法形式如下：

- (void)insertObjects:(NSArray *)otherArray atIndexs:(NSIndexSet *)set;

其中，(NSArray *)otherArray 用来指定一个数组，(NSIndexSet *)set 用来指定要插入的位置或某一范围，其范围不可以超出插入数组的长度。

（5）删除元素

在可变数组中，除了可以对元素进行添加、插入外，还可以对元素进行删除。要实现元素的删除，就要使用 removeObject:方法，其语法形式如下：

- (void)removeObject:(id)anObject;

其中，(id)anObject 用来指定要删除的数组元素。

【示例 4-18】以下程序通过使用 removeObject:方法将可变数组中的"2"删除，并输出结果。程序代码如下：

```
#import <Foundation/Foundation.h>
int main(int argc, const char * argv[])
{
    @autoreleasepool {
        NSMutableArray *a=[NSMutableArray arrayWithObjects:@"1",@"2",@"3",nil];
        NSLog(@"删除前: %@",a);
        [a removeObject:@"2"];
        NSLog(@"删除后: %@",a);
    }
    return 0;
}
```

运行结果如图 4.18 所示。

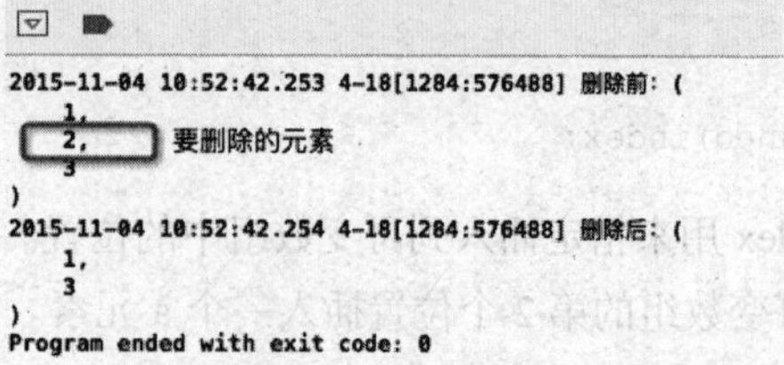

图 4.18　运行结果

（6）替换元素

在可变数组中，可以使用 replaceObjectAtIndex:方法对特定位置的数组元素进行替换，其语法形式如下：

- (void)replaceObjectAtIndex:(unsigned)index withObject:(id)anObject;

其中，(unsigned)index 用来指定位置，(id)anObject 用来指定替换的数组元素。

【示例 4-19】以下程序通过使用 replaceObjectAtIndex:方法将可变数组中位置为 0 的元素替换为 "A"。程序代码如下：

```
#import <Foundation/Foundation.h>
int main(int argc, const char * argv[])
{
    @autoreleasepool {
        NSMutableArray *a=[NSMutableArray arrayWithObjects:@"1",@"2",nil];
        NSLog(@"替换前：%@",a);
        [a replaceObjectAtIndex:0 withObject:@"A"];              //替换
        NSLog(@"替换后：%@",a);
    }
    return 0;
}
```

运行结果如图 4.19 所示。

（7）交换元素

在可变数组中，元素和元素之间是可以进行交换的。这时，可以使用 exchangeObjectAtIndex:方法，其语法形式如下：

- (void)exchangeObjectAtIndex:(unsigned)idx1 withObjectAtIndex:(unsigned)idx2;

其中，(unsigned)idx1 和(unsigned)idx2 用来指定要交换元素的位置。

【示例 4-20】以下程序通过使用 exchangeObjectAtIndex:方法将两个位置元素进行交换。程序代码如下：

```
#import <Foundation/Foundation.h>
int main(int argc, const char * argv[])
{
    @autoreleasepool {
        NSMutableArray *a=[NSMutableArray arrayWithObjects:@"1",@"2",@"3",nil];
        NSLog(@"交换前：%@",a);
        [a exchangeObjectAtIndex:0 withObjectAtIndex:2];
        NSLog(@"交换后：%@",a);
    }
    return 0;
}
```

运行结果如图 4.20 所示。

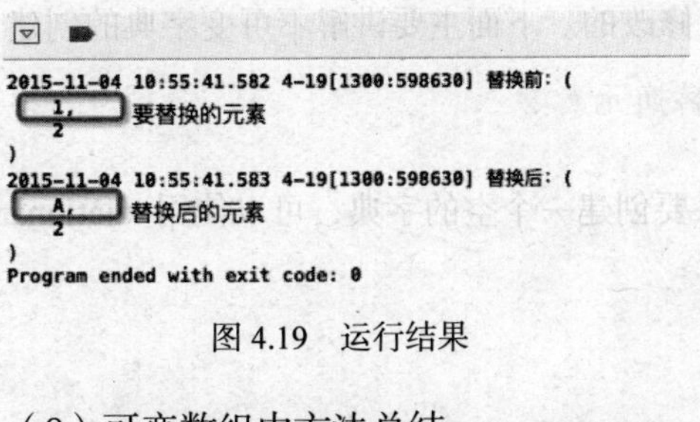

图 4.19　运行结果 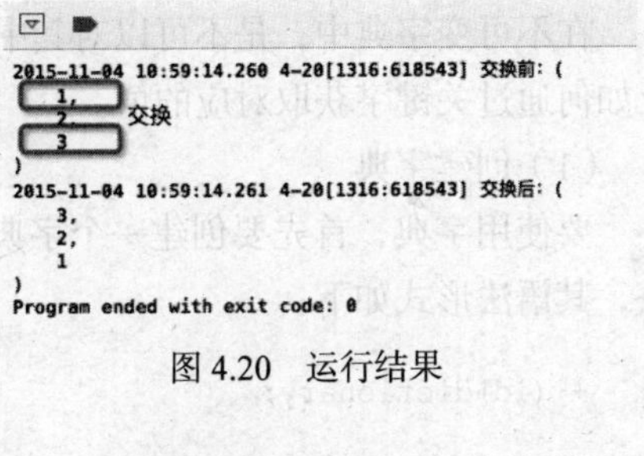　　　　　　　　图 4.20　运行结果

（8）可变数组中方法总结

除了以上介绍的常用方法外，可变数组中还有很多方法，如表 4-8 所示。

表 4-8　　　　　　　　　　　　　可变数组中方法总结

方　　法	说　　明
+(id)arrayWithCapacity:size;	创建一个数组，指定容量为 size
+(id)initCapacity:size;	初始化一个新分配的数组，指定容量为 size
- (void)setArray:(NSArray *)otherArray;	对可变数组中的元素进行重新设置，设置为规定内容
-(void)addObject:obj;	将对象 obj 添加到数组末尾
- (void)addObjectsFromArray:(NSArray *)otherArray;	通过一个数组创建另一个可变数组
-(void)inserObject:obj atIndex:i;	将对象 obj 插入数组的 i 元素
- (void)insertObjects:(NSArray *)otherArray atIndexs:(NSIndexSet *)set;	在可变数组的某一位置或某一范围插入另一个数组中的元素
-(void)replaceObjectAtIndex:i withObject:obj;	将数组中序号为 i 的对象用对象 obj 替换
- (void)replaceObjectsAtIndex:(NSIndexSet *)set withObjects:(NSArray *)otherArray;	将可变数组中某一位置或者某一范围的元素用另一数组元素进行替换
- (void)replaceObjectsInRange:(NSRange)range withObjectsFromArray:(NSArray *)otherArray;	将可变数组中某一范围的元素用另一数组元素进行替换
-(void)removeObject:obj;	从数组中删除所有是 obj 的对象
- (void)removeAllObjects;	删除可变数组中的所有元素
- (void)removeLastObject;	删除数组元素的最后一个元素
- (void)removeObjectsAtIndex:(NSIndexSet *)set;	删除可变数组中某一位置或某个范围的数组元素
- (void)removeObjectsInRange:(NSRange)range;	删除可变数组中某个范围内的元素
- (void)removeObjectsInArray:(NSArray *)otherArray;	删除在可变数组中存在的另一个数组中的元素
-(void)removeObjectAtIndex:i;	从数组中删除索引为 i 的对象
-(void)sortUsingSelector:(SEL)selector;	用 selector 指示的比较方法将数组排序
- (void)exchangeObjectAtIndex:(unsigned)idx1 withObjectAtIndex:(unsigned)idx2;	将可变数组中的元素进行交换

4.1.4　字典对象（NSDictionary）

字典（NSDictionary）按照关键值无序集合的方式来存储对象。每一个对象都有一个关键值，开发者可以用它来访问相应的对象。在字典对象中也包含了可变字典和不可变字典两种。

1．不可变字典

在不可变字典中，是不可以对其中的内容进行修改的。下面主要讲解不可变字典的创建，以及如何通过关键字获取对应的值。

（1）创建字典

要使用字典，首先要创建一个字典对象。如果要创建一个空的字典，可以使用 dictionary:方法，其语法形式如下：

```
+ (id)dictionary;
```

例如，要创建一个空的字典对象 a，那么它的程序代码如下：

```
NSDictionary *a=[NSDictionary dictionary];
```

如果想要创建一个具有键-值的字典对象，方法有很多，但是最常使用的是 dictionaryWithObjectsAndKeys:方法。它的功能是创建一个具有多个键-值的字典对象，其语法形式如下：

```
+ (id)dictionaryWithObjectsAndKeys:(id)firstObject, ...;
```

其中，(id)firstObject,...参数是用来指定多个键-值的。(id)firstObject 用来指定第一个键-值中的值，第二个参数用来指定第一个键-值中的键，第三个参数用来指定第二个键-值中的值，以此类推。

【示例 4-21】以下程序通过使用 dictionaryWithObjectsAndKeys:方法创建一个具有多个键-值的字典对象，并输出。程序代码如下：

```
#import <Foundation/Foundation.h>
int main(int argc, const char * argv[])
{
    @autoreleasepool {
        NSDictionary *d=[NSDictionary dictionaryWithObjectsAndKeys:@"One",@"1",@"Two",@"2",@"Three",@"3", nil];        //创建字典对象
        NSLog(@"%@",d);
    }
    return 0;
}
```

运行结果如图 4.21 所示。

图 4.21　运行结果

注意　在字典中，每一个键-值对包含了用于键的一个字符串和用于值的一个 Objective-C 对象。字典中的键必须是唯一的，值不需要是唯一的。

（2）获取关键字所对应的值

在字典中，开发者可以通过关键字来找到对应的值。例如，在电话本中，人名就是关键字，电话号码和地址就是值，可以通过人名找到对应的电话号码和地址。要想在字典中实现此功能，就要使用到 objectForkey:方法，其语法形式如下：

```
- (id)objectForKey:(id)aKey;
```

其中，(id)aKey 用来指定字典中的关键字。

【示例 4-22】以下程序通过使用 objectForKey:方法将字典中关键字为 2 的值返回，并输出。程序代码如下：

```
#import <Foundation/Foundation.h>
int main(int argc, const char * argv[])
{
    @autoreleasepool {
        NSDictionary *d=[NSDictionary dictionaryWithObjectsAndKeys:@"One",@"1",@"Two",@"2",@"Three",@"3", nil];
        NSLog(@"%@",[d objectForKey:@"2"]);        //返回关键字 2 所对应的值
    }
    return 0;
}
```

运行结果如图 4.22 所示。

（3）不可变字典的方法总结

图 4.22　运行结果

除了以上介绍的常用方法外，在不可变字典中还有很多方法，如表 4-9 所示。

表 4-9　不可变字典的方法总结

方　　法	说　　明
+ (id)dictionary;	创建一个空的字典
+ (id)dictionaryWithContentsOfFile:(NSString *)path;	创建一个字典，将字典中的内容设置为指定文件中的所有内容
+ (id)dictionaryWithContentsOfURL:(NSURL *)url;	创建一个字典，将字典中的内容设置为指定 url 中的所有内容
+ (id)dictionaryWithDictionary:(NSDictionary *)dict;	通过一个已有字典创建另一个新的字典
+ (id)dictionaryWithObject:(id)object forKey:(id)key;	创建一个字典，此字典带有一个值和一个键
+ (id)dictionaryWithObjects:(NSArray *)objects forKeys:(NSArray *)keys;	创建一个字典，此字典带有多个值和多个键
+(id)dictionaryWithObjectsAndKeys: obj1,key1,obj2,key2,…nil;	顺序添加对象和键值来创建字典，注意结尾是 nil
- (id)initWithContentsOfFile:(NSString *)path;	初始化一个字典，将字典中的内容设置为指定文件中的所有内容
- (id)initWithContentsOfURL:(NSURL *)url;	初始化一个字典，将字典中的内容设置为指定 url 中的所有内容
- (id)initWithDictionary:(NSDictionary *)otherDictionary;	通过一个已有字典初始化另一个新的字典
-(id)initWithObjectsAndKeys: obj1,key1,obj2,key2,…nil;	初始化一个新分配的字典，顺序添加关键字和值，结尾是 nil
-(unsigned int)count;	返回字典中的"键-值"对数
-(NSEnumerator *)keyEnumerator;	返回字典中所有的键到一个 NSEnumerator 对象
-(NSArray*)keysSortedByValueUsingSelector:(SEL)selector;	将字典中所有的键按照 selector 指定的方法进行排序，并将排序的结果返回
-(NSEnumerator *)objectEnumerator;	返回字典中所有的值到一个 NSEnumerator 类型对象
-(id)objectForKey:key;	返回指定键的值
- (NSArray *)allKeys;	获取字典中所有的关键字
- (NSArray *)allValues;	获取字典中所有的值
- (NSArray *)allKeysForObject:(id)anObject;	获取字典中所有值相同的关键字

2. 可变字典

在可变字典中，可以对键-值对进行添加、删除等操作。下面主要讲解在可变字典中常用的操作方法。

（1）创建可变字典

使用之前，用户首先要创建可变字典对象。在创建时，可变字典可以使用不可变字典中的创建方法，除此之外，可变字典还有自己的创建方法 dictionaryWithCapacity:方法，它的功能是创建可变字典，并为字典分配固定空间大小。其语法形式如下：

```
+ (id)dictionaryWithCapacity:(unsigned)numItems;
```

其中，(unsigned)numItems 用来指定字典的固定空间大小。如果想要创建一个可变字典 d，其空间大小为 40，程序代码如下：

```
NSMutableDictionary *d=[NSMutableDictionary dictionaryWithCapacity:40];
```

（2）改变字典中的内容

在可变字典中，不管在创建时是否有键-值对内容，都是可以进行更改的。要实现内容的更改，就要使用 setObject:方法，其语法形式如下：

```
- (void)setObject:(id)anObject forKey:(id)aKey;
```

其中，(id)anObject 用来指定值，(id)aKey 用来指定关键字。

【示例 4-23】以下程序通过 setObject:方法设置字典中的键-值对，并输出。程序代码如下：

```
#import <Foundation/Foundation.h>
int main(int argc, const char * argv[])
{
    @autoreleasepool {
        NSMutableDictionary *d=[NSMutableDictionary dictionary];
        NSLog(@"设置前：%@",d);
        //设置键-值对
        [d setObject:@"One" forKey:@"1"];
        [d setObject:@"Two" forKey:@"2"];
        NSLog(@"设置后：%@",d);
    }
    return 0;
}
```

运行结果如图 4.23 所示。

图 4.23　运行结果

在使用 setObject:方法时，一次性只能设置一对键-值。如果想要一次性对多对键-值进行设置，就要使用 setDictionary:方法，其语法形式如下：

```
- (void)setDictionary:(NSDictionary *)otherDictionary;
```

其中，(NSDictionary *)otherDictionary 用来指定字典。因为此方法是一次性设置多个键-值对，所以将多个键-值对保存在了一个字典中。

（3）添加键-值

在可变字典中，可以随时添加键-值对。这时，需要使用 addEntriesFromDictionary:方法，其语法形式如下：

```
- (void)addEntriesFromDictionary:(NSDictionary *)otherDictionary;
```

其中，(NSDictionary *)otherDictionary 用来指定字典。因为此方法是一次性添加多个键-值对，所以将多个键-值对保存在了一个字典中。

【示例 4-24】以下程序通过使用 addEntriesFromDictionary:方法为可变字典添加键-值对，并输出结果。程序代码如下：

```
#import <Foundation/Foundation.h>
int main(int argc, const char * argv[])
{
    @autoreleasepool {
        NSMutableDictionary *d=[NSMutableDictionary dictionaryWithObjectsAndKeys:@"One",@"1",@"Two",@"2",nil];
```

```
        NSLog(@"添加前：%@",d);
        NSDictionary *dic=[NSDictionary dictionaryWithObjectsAndKeys:@"A",@"a",@"B", @"b",
@"C",@"c",nil];
        [d addEntriesFromDictionary:dic];              //添加键-值
        NSLog(@"添加后: %@",d);
    }
    return 0;
}
```

运行结果如图 4.24 所示。

（4）删除键-值

删除可变字典中的键-值的方法有很多，可以一次删除所有的键-值，也可以将关键字所对应的值进行删除，一般常用的方法是 removeObjectForKey:方法，它实现的功能是将关键字所对应的值进行删除，其语法形式如下：

```
-(void)removeObjectForKey:(id)aKey;
```

其中，(id)aKey 用来指定要删除值所对应的关键字。

【示例 4-25】以下程序通过使用 removeObjectForKey:方法将关键字对应的值进行删除，并输出删除后的结果。

```
#import <Foundation/Foundation.h>
int main(int argc, const char * argv[])
{
    @autoreleasepool {
        NSMutableDictionary *d=[NSMutableDictionary dictionaryWithObjectsAndKeys:@"One",
@"1",@"Two",@"2",@"Three",@"3",nil];
        NSLog(@"删除前：%@",d);
        [d removeObjectForKey:@"2"];                   //删除关键字 2 所对应的值
        NSLog(@"删除后: %@",d);
    }
    return 0;
}
```

运行结果如图 4.25 所示。

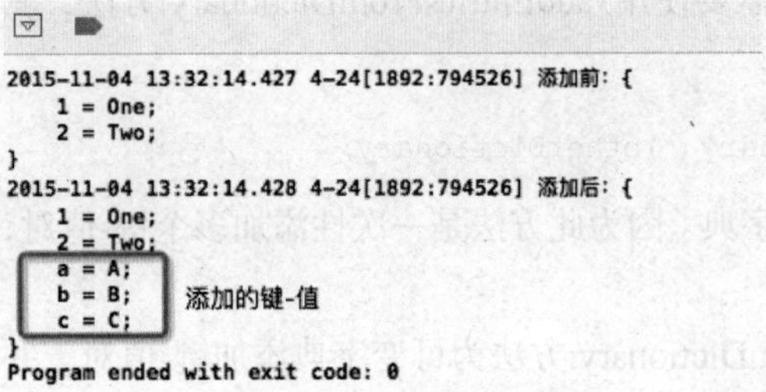

图 4.24　运行结果

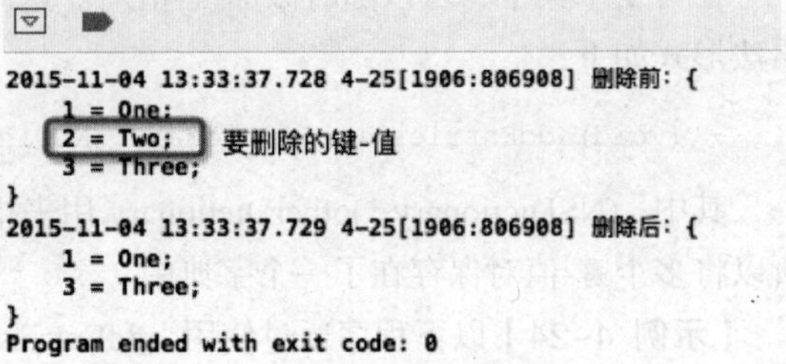

图 4.25　运行结果

（5）可变字典对象的方法总结

除了上面讲解的这些方法外，可变字典中还有很多方法，如表 4-10 所示。

表 4-10　可变字典对象的方法总结

方　　法	说　　明
+(id)dictionaryWithCapacity:size;	创建一个 size 大小的可修改字典
-(id)initWithCapacity:size;	初始化一个 size 大小的可修改字典
- (void)setDictionary:(NSDictionary *)otherDictionary;	通过一个字典对可变字典中的值-键进行设置
-(void)removeAllObjects;	删除字典中的所有元素对象
- (void)removeObjectsForKeys:(NSArray *)keyArray;	将可变字典中多个键所对应的值进行删除
-(void)removeObjectForKey:key;	删除字典中 key 位置的值
-(void)setObject:obj forKey:key;	添加（key，obj）到字典中；若 key 已存在，则替换值为 obj
- (void)addEntriesFromDictionary:(NSDictionary *)otherDictionary;	向可变字典中添加另一个字典中的值-键

4.1.5　集合对象（NSSet）

集合（NSSet）是一组无序对象的组合。在集合中，所有元素都是唯一的。集合对象又可以分为不可变集合和可变集合。

1. 不可变集合

不可变集合和其他不可变对象一样，一旦被创建，就不能对其进行更改。下面主要讲解不可变集合的创建、元素访问等相关方面的内容。

（1）创建不可变集合

要使用不可变集合，必须先创建不可变集合对象。这时需要使用 set:方法，其语法形式如下：

```
+ (id)set;
```

例如，想要创建一个空的集合对象 s，代码如下：

NSSet *s=[NSSet set];

如果想要创建具有元素的集合，那么最常用到的方法是 setWithObjects:，其语法形式如下：

```
+ (id)setWithObjects:(id)firstObj, ...;
```

其中，(id)firstObj, ...;用来指定者多个元素，结束时要在最后添加 nil。

【示例 4-26】以下程序通过使用 setWithObjects:方法创建一个集合，并且创建的集合带有多个元素。程序代码如下：

```
#import <Foundation/Foundation.h>
int main(int argc, const char * argv[])
{
    @autoreleasepool {
        NSSet *s=[NSSet setWithObjects:@"1",@"2",@"1", nil];   //创建具有多个元素的集合
        NSLog(@"%@",s);
    }
    return 0;
}
```

运行结果如图 4.26 所示。

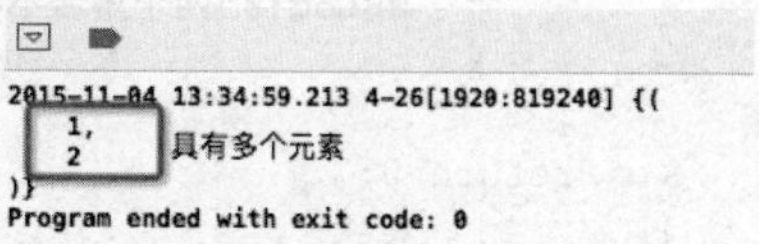

图 4.26　运行结果

注意　在创建集合时，集合中的元素都是唯一的，如果有相同的元素，输出时也只会显示此元素一次。

（2）获取元素

如果想要获取集合中的元素，就要使用 allObjects:方法，它将获取集合中所有元素，其语法形式如下：

- (NSArray *)allObjects;

其中，该方法的返回值类型为数组。

【示例 4-27】以下程序通过使用 allObjects:方法。获取集合中所有的元素，并输出。程序代码如下：

```
#import <Foundation/Foundation.h>
int main(int argc, const char * argv[])
{
    @autoreleasepool {
        NSSet *s=[NSSet setWithObjects:@"1",@"2",@"3", nil];
        NSLog(@"%@",[s allObjects]);
    }
    return 0;
}
```

运行结果如图 4.27 所示。

（3）判断集合是否相等

在多个不可变集合中，可以进行两个集合的比较操作。这时，要使用 isEqualToSet:方法，其语法形式如下：

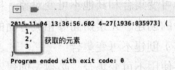

图 4.27　运行结果

- (BOOL)isEqualToSet:(NSSet *)otherSet;

其中，(NSSet *)otherSet 用来指定要比较的另一个集合。该方法的返回值为布尔类型，当 BOOL 值返回 1 时，则两个集合相等；当 BOOL 值返回 0 时，则两个集合不相等。

【示例 4-28】以下程序通过使用 isEqualToSet:方法判断两个集合是否相等，如果相等，输出"两个集合相等"；如果不相等，输出"两个集合不相等"。程序代码如下：

```
#import <Foundation/Foundation.h>
int main(int argc, const char * argv[])
{
    @autoreleasepool {
        NSSet *s1=[NSSet setWithObjects:@"1",@"2",@"3",nil];
        NSSet *s2=[NSSet setWithObjects:@"1",@"2",@"A",nil];
        //判断集合是否相等
        if([s1 isEqualToSet:s2]){
            NSLog(@"两个集合相等");
        }else{
            NSLog(@"两个集合不相等");
        }
    }
    return 0;
}
```

运行结果如图 4.28 所示。

（4）不可变集合的方法总结

除以上介绍的常用方法外，在不可变集合中还有很多方法，如表 4-11 所示。

图 4.28 运行结果

表 4-11　　　　　　　　　　　　　不可变集合的方法总结

方　　法	说　　明
+ (id)set;	创建一个空的集合
+ (id)setWithArray:(NSArray *)array;	通过使用一个数组来创建集合
+ (id)setWithObject:(id)object;	创建一个集合，并且这个集合带有一个元素
+(id)setWithObjects:obj1,obj2,…nil	使用一组元素对象创建新集合
+ (id)setWithSet:(NSSet *)set;	通过一个已创建的集合来创建另一个集合
-(id)initWithObjects:obj1,obj2,…nil	使用一组元素对象初始化新分配的集合
- (id)initWithArray:(NSArray *)array;	通过使用一个数组来初始化集合
- (id)initWithObjects:(id)firstObj, ...;	初始化一个集合，并且这个集合带有多个元素
- (id)initWithSet:(NSSet *)set;	通过一个已创建的集合来初始化另一个集合
-(NSUInteger)count	返回集合的元素个数
- (NSArray *)allObjects;	获取集合中的所有元素
- (id)anyObject;	由计算机随机获取集合中的任意一个元素
-(BOOL)containsObject:obj	确定集合是否包含元素对象 obj
-(NSEnumerartor *)objectEnumerator	返回集合中所有元素对象到一个 NSEnumerartor 类型的对象
-(BOOL)isSubsetOfSet:nsset	判断是否是一个集合 nsset 的子集
-(BOOL)intersectsSet:nsset	判断两个集合的交集是否存在至少一个元素
-(BOOL)isEqualToSet:nsset	判断两个集合是否相等

2. 可变的集合

在可变集合中，可以实现添加、删除、做交集等操作。下面主要讲解可变集合中的常见操作方法。

（1）创建可变集合

在使用可变集合之前，要先创建一个可变集合对象。当然，它在创建时可以使用不可变集合中的方法。但是可变集合也有自己的创建方法 setWithCapacity:，它的功能是创建一个可变集合，并且要为创建的可变集合分配固定大小的空间，其语法形式如下：

```
+ (id)setWithCapacity:(unsigned)numItems;
```

其中，(unsigned)numItems 用来指定可变集合分配的长度。如果要创建一个空间大小为 40 的可变集合 s，程序代码如下：

```
NSMutableSet *s=[NSMutableSet setWithCapacity:40];
```

（2）改变可变集合中的内容

创建好可变集合之后，无论此集合中是否有元素，都可以对其元素内容进行重新设置。要实现这个功能就要使用 setSet:方法，其语法形式如下：

```
- (void)setSet:(NSSet *)otherSet;
```

其中，(NSSet *)otherSet 用来指定集合。因为此方法是一次性设置集合的多个元素，所以将这多个元素放在一个集合中。

【示例 4-29】以下程序通过使用 setSet:方法将可变集合中的元素内容进行改变，并输出。程序代码如下：

```
#import <Foundation/Foundation.h>
int main(int argc, const char * argv[])
{
    @autoreleasepool {
        NSMutableSet *s=[NSMutableSet setWithObjects:@"1",@"2", nil];
        NSLog(@"设置前：%@",s);
        NSSet *set=[NSSet setWithObjects:@"A",@"B",@"C", nil];
        [s setSet:set];                                  //设置集合中元素的内容
        NSLog(@"设置后：%@",set);
    }
    return 0;
}
```

运行结果如图 4.29 所示。

（3）添加元素

如果想要为创建的可变集合添加新的元素，可以使用 addObject:方法，其语法形式如下：

```
- (void)addObject:(id)object;
```

其中，(id)object 用来指定要添加的元素。

【示例 4-30】以下程序通过使用 addObject:方法为可变集合添加两个元素，并输出。程序代码如下：

```
#import <Foundation/Foundation.h>
int main(int argc, const char * argv[])
{
    @autoreleasepool {
        NSMutableSet *s=[NSMutableSet set];
        NSLog(@"添加前：%@",s);
        //添加元素
        [s addObject:@"1"];
        [s addObject:@"2"];
        NSLog(@"添加后：%@",s);
    }
    return 0;
}
```

运行结果如图 4.30 所示。

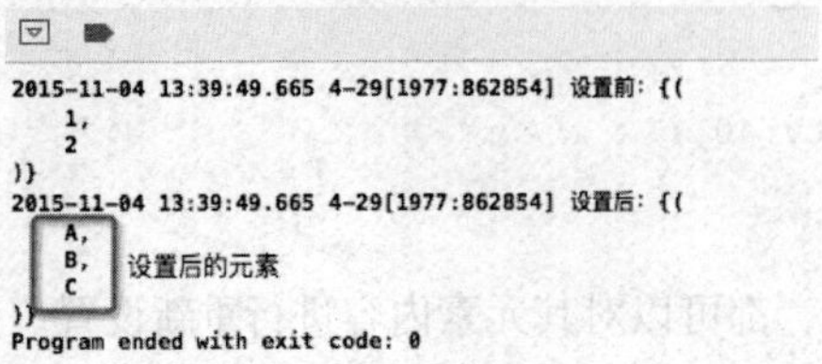

图 4.29　运行结果 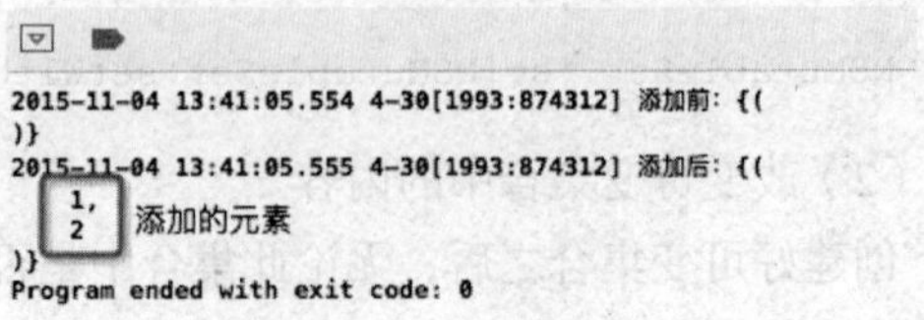　　　　　　　　　　　图 4.30　运行结果

使用 addObject:方法，每使用一次，可以添加一个新的元素到集合中，如果想要一次性添加多个元素，要使用 addObjectsFromArray:方法，其语法形式如下：

- (void)addObjectsFromArray:(NSArray *)array;

其中，(NSArray *)array 用来指定数组，此数组中用来放要进行添加的元素。

（4）删除元素

在可变集合中还可以对集合中的元素进行删除操作。要实现此功能，就要使用 removeObject:方法，它所实现的功能是删除可变集合中指定的元素，其语法形式如下：

- (void)removeObject:(id)object;

其中，(id)object 用来指定要删除的元素。

【示例 4-31】以下程序通过使用 removeObject:方法，将可变集合中的元素"B"删除，并输出删除后的结果。程序代码如下：

```
#import <Foundation/Foundation.h>
int main(int argc, const char * argv[])
{
    @autoreleasepool {
        NSMutableSet *s=[NSMutableSet setWithObjects:@"A",@"B",@"C", nil];
        NSLog(@"删除前：%@",s);
        [s removeObject:@"B"];           //删除元素
        NSLog(@"删除后：%@",s);
    }
    return 0;
}
```

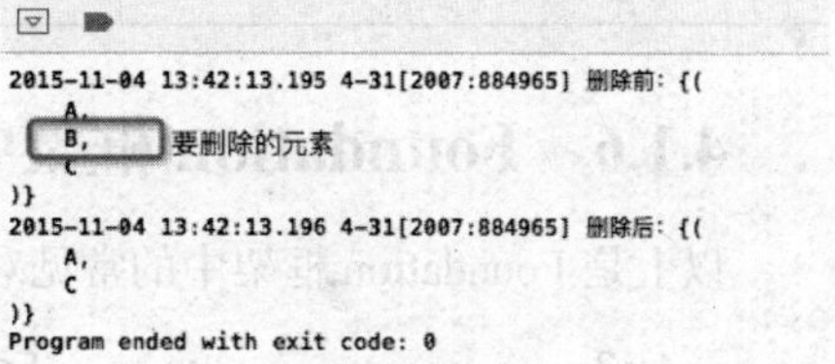

运行结果如图 4.31 所示。

图 4.31　运行结果

使用 removeObject:方法只是将指定的元素进行删除。如果想要一次性删除所有元素，就要使用 removeAllObjects:方法，其语法形式如下：

- (void)removeAllObjects;

（5）做交集

集合和集合之间是可以做交集的。所谓交集，就是只包含两个或两个以上集合中的相同元素。要实现交集，就要使用 intersectSet:方法，其语法形式如下：

- (void)intersectSet:(NSSet *)otherSet;

其中，(NSSet *)otherSet 用来设置集合。

【示例 4-32】以下程序通过使用 intersectSet:方法，求可变集合 s 和集合 a 的交集，并输出。程序代码如下：

```
#import <Foundation/Foundation.h>
int main(int argc, const char * argv[])
{
    @autoreleasepool {
        NSMutableSet *s1=[NSMutableSet setWithObjects:@"1",@"2",@"3", nil];
        NSSet *s2=[NSSet setWithObjects:@"1",@"2", nil];
        [s1 intersectSet:s2];                              //做交集
```

```
        NSLog(@"%@",s1);
    }
    return 0;
}
```

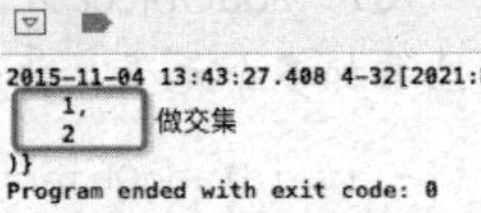

运行结果如图 4.32 所示。

（6）可变集合的方法总结

除了以上介绍的常用方法外，可变集合中还有很多方法，如表 4-12 所示。

图 4.32 运行结果

表 4-12　　　　　　　　　　　　可变集合的方法总结

方　法	说　明
-(id)setWithCapacity:size	创建一个有 size 大小的新集合
-(id)initWithCapacity:size	初始化一个新分配的集合，大小 size
-(void)addObject:Obj	将元素对象添加到集合中
-(void)removeObject:obj	从集合中删除指定的元素对象 obj
-(void)removeAllObjects	删除集合中所有的元素对象
-(void)unionSet:nsset	将 nsset（另一个集合）的所有元素对象添加到集合
-(void)minusSet:nsset	从集合中去掉所有 nsset（另一个集合）中的元素
-(void)interectSet:nsset	集合和 nsset（另一个集合）做交集

4.1.6　Foundation 框架中对象的总结

以上是 Foundation 框架中的常见对象。在此框架中还有很多对象，如表 4-13 所示。

表 4-13　　　　　　　　　　　　Foundation 框架的对象总结

NSAffineTransform	NSAppleEventDescriptor	NSAppleEventManager
NSAppleScript	NSArchiver	NSArray
NSAttributedString	NSAutoreleasePool	NSBundle
NSByteCountFormatter	NSByteOrder	NSCache
NSCalendar	NSCalendarDate	NSCharacterSet
NSClassDescription	NSCoder	NSComparisonPredicate
NSCompoundPredicate	NSData	NSDate
NSDateFormatter	NSDebug	NSDecimal
NSDecimalNumber	NSDictionary	NSDistantObject
NSDistributedLock	NSDistributedNotificationCenter	NSEnumerator
NSrror	NSException	NSExpression
NSFileCoordinator	NSFileHandle	NSFileManager
NSFilePresenter	NSFileVersion	NSFileWrapper
NSFormatter	NSGarbageCollector	NSGeometry
NSHashTable	NSHFSFileTypes	NSHost
NSHTTPCookie	NSHTTPCookieStorage	NSIndexPath
NSIndexSet	NSInvocation	NSJSONSerialization
NSKeyedArchiver	NSKeyValueCoding	NSKeyValueObserving

		续表
NSLinguisticTagger	NSLocale	NSLock
NSMapTable	NSMetadata	NSMetadataAttributes
NSMethodSignature	NSNetServices	NSNotification
NSNotificationQueue	NSNull	NSNumberFormatter
NSObjCRuntime	NSObject	NSObjectScripting
NSOperation	NSOrderedSet	NSOrthography
NSPathUtilities	NSPointerArray	NSPointerFunctions
NSPort	NSPortCoder	NSPortMessage
NSPortNameServer	NSPredicate	NSProcessInfo
NSProgress	NSPropertyList	NSProtocolChecker
NSProxy	NSRange	NSRegularExpression
NSRunloop	NSScanner	NSScriptClassDescription
NSScriptCoercionHandler	NSScriptCommand	NSScriptCommandDescription
NSScriptExecutionContext	NSScriptKeyValueCoding	NSScriptObjectSpecifiers
NSScStandardSuiteCommands	NSScriptSuiteRegistry	NSScWhoseTests
NSSet	NSSortDescriptor	NSSpellServer
NSStream	NSString	NSTask
NSTextCheckingResult	NSThread	NSTimer
NSTimeZone	NSUbiquitousKeyValueStore	NSUndoManager
NSURL	NSURLAuthenticationChallenge	NSURLCache
NSURLConnection	NSURLCredential	NSURLCredentialStorage
NSURLDownload	NSURLError	NSURLError
NSURLHandle	NSURLProtectionSpace	NSURLProtocol
NSURLRequest	NSUResponse	NSURLSession
NSUserDefaults	NSUserNotification	NSUserScriptTask
NSUUID	NSValue	NSValueTransformer
NSXMLDocument	NSXMLDTD	NSXMLDTDNode
NSXMLElement	NSXMLNode	NSXMLNodeOptions
NSXMLParser	NSXPCConnection	NSZone

4.2 Application 框架

Application 框架包含了程序和与图形用户界面交互所需的代码，它是基于 Foundation 创建的，也使用 "NS" 前缀。Application 框架只能在 Mac OS X 中使用。本节主要讲解如何在 OS X 中创建一个 Cocoa 应用程序。

4.2.1 Cocoa 应用程序项目的创建

要使用 Application 框架中的程序和与图形用户界面交互所需的代码，必须要创建一个基于 Cocoa Application 模板的应用程序。下面就来创建一个名为 4-33 的项目。

（1）在苹果操作系统中，单击桌面上的 "Xcode"，选择 "Create a new Xcode project" 选项。

（2）在弹出的"Choose a template for your new project:"对话框中，选择 OS X 下 Application 中的"Cocoa Application"模板，如图 4.33 所示。

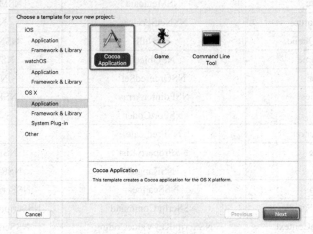

图 4.33　操作步骤 1

（3）单击"Next"按钮，弹出"Choose options for your new project:"对话框，在其中的"Product Name"对话框中输入项目名，这里输入了 4-33，Language 选择 Objective-C，其他默认选择，如图 4.34 所示。

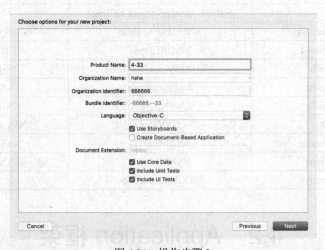

图 4.34　操作步骤 2

　　在 Product Name 中输入的项目名是由开发者自己决定的。

（4）单击"Next"按钮，在弹出的"保存位置"对话框中，单击"Create"按钮，一个 4-33 的项目就创建好了。

4.2.2　编写一个 Cocoa 应用程序

创建好 4-33 的项目之后，就可以使用 Application 框架中的程序和与图形用户界面交互所需的代码了。接下来在一个文本框中显示一个红色的字符串 I Love China，操作步骤如下。

第 4 章　Cocoa 基础

（1）单击打开 Main.storyboard 文件，其中包括 Application Scene、Window Controller Scene、View Controller Scene，如图 4.35 所示。

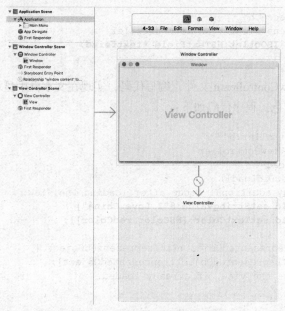

图 4.35　Main.storyboard 文件

（2）选择"View Controller Scene"，在"Show the Object Library"窗口中选择 Text Field 视图到 Window 设置界面，如图 4.36 所示。

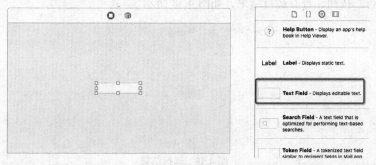

图 4.36　操作步骤 1

（3）选择 Xcode 右上角的"Show the Assistant editor"，将编辑栏分为两栏，一栏为 Main.storyboard，另一栏为 ViewController.h，按住 ctrl 键，用鼠标从 UITextField 到 ViewController.h 的@end 前连线，如图 4.37 所示。

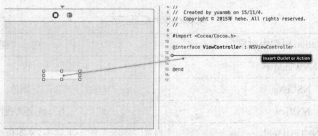

图 4.37　操作步骤 2

（4）松开鼠标，弹出填写 TextField 名称的弹出框，在 Name 一栏写入 TextField 的变量名 textfield，再单击"connect"按钮完成连线。完成后的 ViewController.h 的代码如下：

```
#import <Cocoa/Cocoa.h>
@interface ViewController : NSViewController
@property (weak) IBOutlet NSTextField *textfeied;
@end
```

（5）单击打开 ViewController.m 文件，编写代码，实现在文本框中显示 I Love China 字符串，并且字符串的颜色为红色。程序代码如下：

```
#import "ViewController.h"
@implementation ViewController
- (void)viewDidLoad {
    [super viewDidLoad];
        // Do any additional setup after loading the view.
    [_textfield setStringValue:@"I Love China"];
    [_textfield setTextColor:[NSColor redColor]];
}
    - (void)setRepresentedObject:(id)representedObject {
    [super setRepresentedObject:representedObject];
        // Update the view, if already loaded.
}
@end
```

在此程序中，没有加粗的代码是系统自动生成的代码，加粗的代码是编写的代码。

单击"运行"按钮，查看运行结果，如图 4.38 所示。

图 4.38　运行结果

4.2.3　Application 框架中对象的总结

在 Application 框架中经常会使用到颜色、文本框、按钮等视图。这里将常用视图为开发者做了一个总结，如表 4-14 所示。

表 4-14　　　　　　　　　　　　Application 框架总结

Application 框架中对象	功　　能
NSWindow	窗口
NSColor	颜色
NSView	自定义视图
NSTextField	文本框

续表

Application 框架中对象	功　　能
NSTextView	文本视图
NSImage	图像
NSImageView	图像视图
NSTableView	表视图
NSButton	按钮
NSDatePicker	日期选择器
NSProgressIndicator	进度条
NSComboBox	组合框

4.3　小　　结

本章主要讲解了 Cocoa 框架中的两个基本框架：Foundation 框架和 Application 框架。本章的重点是 Foundation 框架中的常见对象。通过对本章的学习，希望开发者可以独自使用 Foundation 框架和 Application 框架开发程序。

4.4　习　　题

一、选择题

1. 以下不属于 Objective-C 的 Fundation 框架的是（　　）。
   A. NSNumber　　　　　B. NSDate　　　　　C. NSInteger　　　　　D. NSString
2. NSArray 的声明方式有多种，以下错误的是（　　）。
   A. NSArray *array = [[NSArray alloc] init];
   B. NSArray *array = [NSArray arrayWithObjects:@"1",@"2",@"3", nil];
   C. NSArray *array = [NSArray arrayWithArray:array1];
   D. NSArray *array = [NSArray arrayWithFormat@"%@", @"array"];
3. 关于数组和集合，下面说法错误的是（　　）。
   A. 数组和集合都是无序的
   B. 数组里面的元素可以重复，而集合中的元素无重复
   C. 集合可以由数组来初始化
   D. 集合可以做交集和并集
4. 表达式 NSLog(@"%@", [@"Objective-C" appendString:@"I Love"])的输出结果是（　　）。
   A. I Love Objective-C　　　　　　　　B. Objective-C I Love
   C. Objective-C　　　　　　　　　　　D. I Love

5. 定义一个字符串 NSString *str = @"Hello World"; 下面可以将 str 转换成小写的语句是（   ）。

    A. [str uppercaseString]   B. [str lowercaseString]

    C. [str appendString:@ "hello world"]   D. [str insertString:@ "hello world"]

二、阐述题

1. 阐述 Fundation 框架中，NSArray、NSMutableArray、NSDictionary、NSMutableDictionary、NSSet、NSMutableSet 之间的区别和联系。

2. NSString 给出了许多有用的方法，请举例说出 NSString 和 NSRang 的结合运用。

三、上机练习

1. 一个班级分若干组，每个组有若干位同学，每位同学都有唯一学号、一个中文名和一个英文名，每一个组也有一个组名，班级也有班级名字。请用字符串、数组、字典等框架存储并且访问。

2. 编写一个 Cocoa 程序，熟悉工程配置及 Objective-C 语言的运用。

第 2 篇
界面设计篇

第5章
自定义视图和视图控制器

在 iPhone 或 iPad 中,用户能看到或者可以摸到的东西都是视图。自定义视图是开发者可以按照自己的思路设计的视图。视图控制器是用来对视图进行管理的。本章主要讲解存放视图的视图库、自定义视图的创建,以及视图控制器的创建等相关方面的内容。

5.1 视图库介绍

在创建好一个 iOS 应用程序的项目以后,单击打开画布的设计界面,这时在工具窗口的下半个窗口中,单击"Show the Object library"图标,就会显示出视图库,在视图库中存放了 iOS 9 开发中所需的所有视图,这些视图都是以扁平化风格设计的,如图 5.1 所示。

图 5.1 视图库 1

在视图库中存放的视图可以根据功能的不同将这些视图分类,如表 5-1 所示。

表 5-1 视图控制器的分类

名 称	功 能
Controls(控件)	用于接收用户输入的信息
Data View(视图)	用于显示信息
Gesture Recognizers(手势识别器)	用于识别轻击、轻扫、旋转和捏合
Objects&Controllers(控制器)	用于控制其他视图
Windows&Bars(其他)	用于显示其他各种视图

第 5 章 自定义视图和视图控制器

在视图库的最下边有两个图标,一个用来显示视图排列方式,另一个用于搜索视图,如图 5.2 所示。

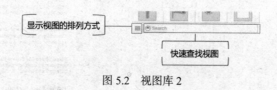

图 5.2 视图库 2

5.2 自定义视图的创建

自定义视图是一个空白视图,没有任何内容。开发者可以在此视图上添加各种视图,甚至和视图库中不一样的视图。如果想要在 iOS 模拟器上显示一个自定义视图,该如何显示呢?这时就要创建一个自定义视图。创建自定义视图有两种方式:一种是静态方式,另一种是动态方式。下面依次讲解这两种方式。

5.2.1 静态创建自定义视图

静态创建自定义视图就是以拖动的方法来创建。

【示例 5-1】使用静态创建自定义视图的方式在 iOS 中显示一个黄色视图,创建一个名为 5-1 的 iPhone 工程,操作步骤如下。

(1)单击打开 Main.storyboard 文件,编辑界面显示出 View Controller Scene。苹果从 Xcode 6 开始使用 SizeClass 加上 AutoLayout,用以适应更多的屏幕,所以此时看到的界面为一个正方形,如图 5.3 所示。

(2)AutoLayout 将在后续章节里介绍,这里先把界面还原到 iPhone 大小。具体方式是选择 "View Controller Scene",找到工具栏文件状态查看器,找到"Use Auto Layout",取消选择。此时会弹出一个确认框,选择"Disable Size Class"即可。取消 AutoLayout 后的界面是一个标准的 iPhone 页面。如图 5.4 所示。

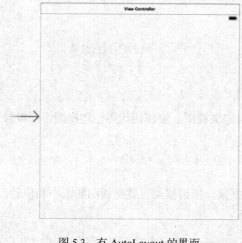

图 5.3 有 AutoLayout 的界面

图 5.4 Use Auto Layout 选择

（3）单击"Show the Object library"按钮，在显示的视图库中找到"View"视图，将其拖到画布的设计界面中，如图 5.5 所示。

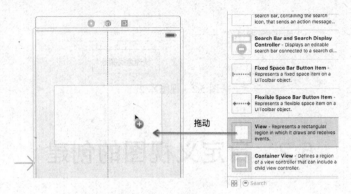

图 5.5　操作步骤 1

 在画布中出现的箭头是一个开始箭头，表示程序刚开始运行时加载的控制器。这时，一个自定义视图就创建好了，可以直接运行了。但是因为自定义视图的背景颜色默认为白色，所以在 iOS 模拟器上显示的自定义视图不明显。

（4）为了使自定义视图更明显，将视图背景设置为黄色。在工具窗口的上半个窗口中，单击"Show the Attributes inspector"图标，在"View"面板中对"Background"选项进行设置，将颜色设置为黄色，具体操作为：单击 Backgroud 后面的颜色选择下拉框，可选择常用颜色，若没有，则选择"Others"弹出颜色选择器，在颜色选择器中可以选择任意颜色。如图 5.6 所示。

单击"运行"按钮，运行结果如图 5.7 所示。

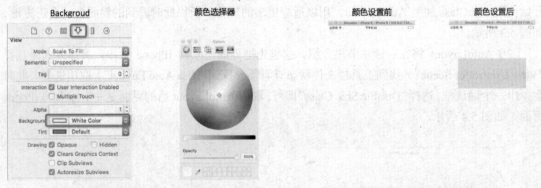

图 5.6　操作步骤 2　　　　　　　　　　　　图 5.7　运行结果

5.2.2　动态创建自定义视图

动态创建自定义视图可以理解为使用代码来创建自定义视图。要使用代码创建视图，一般最常使用的方法是 initWithFrame:方法，其语法形式如下：

- (id)initWithFrame:(CGRect)aRect;

其中，(CGRect)aRect 参数用来指定自定义视图的框架。所谓框架，就是视图的大小和位置。一般使用 CGRectMake:属性进行设置，其语法形式如下：

CGRectMake(CGFloat x, CGFloat y, CGFloat width ,CGFloat height)

其中，CGFloat x，CGFloat y 用来指定视图所在 X 轴和 Y 轴的位置，CGFloat width、CGFloat height 用来指定视图的宽和高。视图创建好以后，使用 addSubView:方法将视图添加到当前视图中才可以显示，其语法形式如下：

- (void)addSubview:(UIView *)view;

其中，(UIView *)view 参数用来指定要添加的视图。

【示例 5-2】以下程序通过使用 initWithFrame:方法创建一个位置为（10、50）、大小为 300×200 的红色视图。程序代码如下：

```
#import "ViewController.h"
@interface ViewController ()
@end
@implementation ViewController
- (void)viewDidLoad
{
    UIView *view=[[UIView alloc]initWithFrame:CGRectMake(10, 50, 300, 200)];
                    //创建自定义视图
    [view setBackgroundColor:[UIColor redColor]];
                    //设置背景颜色
    [self.view addSubview:view];
                    //添加到当前视图中
    [super viewDidLoad];
    // Do any additional setup after loading the view, typically from a nib.
}
- (void)didReceiveMemoryWarning
{
    [super didReceiveMemoryWarning];
    // Dispose of any resources that can be recreated.
}
@end
```

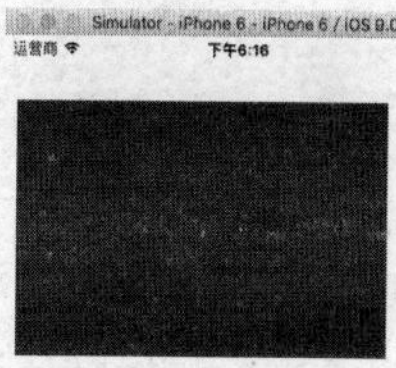

运行结果如图 5.8 所示。

图 5.8　运行结果

由于创建视图的背景颜色为白色，在 iOS 模拟器上显示出来没有效果，所以要将自定义视图的背景颜色改为其他容易识别的颜色。

5.3　视图控制器

视图控制器的功能就是对 iOS 应用程序通过的视图进行管理。因为在以上所讲的内容中都是单视图应用程序，即只有一个视图控制器的应用程序，所以可以很清晰地知道视图控制器由两个部分组成：一个是代码部分，另一个是用于设置视图的界面部分。本节主要讲解视图控制器的创建，以及如何在多个视图控制器中定义初始视图。

5.3.1　创建视图控制器

要使用视图控制器对视图进行管理，首先要创建一个视图控制器。创建视图控制器一般分为三大步骤：创建视图控制器的代码文件、创建视图控制器的设计界面、将代码文件和画布的设计界面关联。下面演示创建一个名为"AAViewController"的视图控制器。

1. 创建视图控制器的代码文件

视图控制器的代码文件中保存着实现文件和接口文件。

【示例 5-3】创建 AAViewController 控制器的代码文件。

(1) 创建工程 5-3，Main.storyboard 取消 AutoLayout，然后选择"File|New|File..."命令，在弹出的"Choose a template for your new file:"对话框中，选择 iOS 下 Source 中的"Cocoa Touch Class"模板，如图 5.9 所示。

(2) 单击"Next"按钮后，弹出"Choose options for your new file:"对话框。在 Class 这一项（文本框）中输入视图控制器的名称，在"Subclass of"下拉列表中选择该类所基于的父类"UIViewController"类，如图 5.10 所示。

图 5.9　操作步骤 1

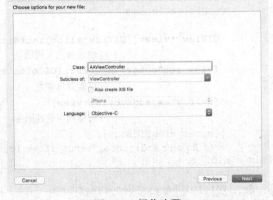
图 5.10　操作步骤 2

选中"Also create XIB file"复选框，将会在创建的视图控制器中添加一个设计界面，在 Xcode 7 之前，对于不使用 storyboard 故事面板的开发人员来说，创建 iOS 项目必须选择该项。但是由于在 Xcode 7 中编辑使用的是 storyboard 故事面板，所以此项就不选择了。

(3) 单击"Create"按钮，一个名为"AAViewController"的视图控制器就创建好了。该视图控制器没有设计界面。

2. 为视图控制器添加设计界面

在视图库中选择"ViewController"视图控制器，将其拖动到 Main.storyboard 文件的画布中，如图 5.11 所示。

在拖动新的视图控制器到画布中时，一定不要拖到原有的视图控制器中。这时，在拖动到画布中的视图控制器中，dock 工作区上方的区域是设计界面（场景）。

3. 设计界面和代码文件关联

要想将代码文件和设计界面结合，要单击打开 Main.storyboard 文件，单击画布中新创建的视图控制器（新的设计界面），在工具窗口的上半个窗口中选择"Show the Identify inspector"图标，在 Custom Class 下将 Class 这一项设置为使用类创建的视图控制器 AAViewController，如图 5.12 所示。

第 5 章　自定义视图和视图控制器

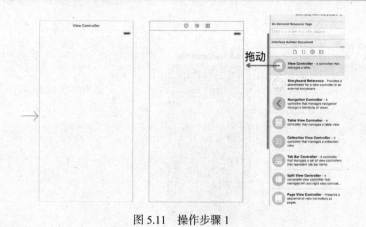

图 5.11　操作步骤 1　　　　　　　　　　　图 5.12　操作步骤 2

在将设计界面和代码文件进行关联以后，控制器 AAViewController 的设计界面就是画布中的界面。

5.3.2　定义初始视图

程序运行默认显示的第一个界面是 ViewController 控制器的视图。用户也可以指定为其他视图。要想将创建的 AAViewController 控制器中的视图进行显示，要实现以下操作步骤。

（1）在视图控制器的设计界面中，单击下面的"View Controller"图标。

（2）单击"Show the Attributes inspector"图标，在"View Controller"面板中，将 Initial Scene 中的"Is Initial View Controller"选项选中，如图 5.13 所示。

在选择"Is Initial View Controller"选项前，开始箭头指向"ViewController"视图控制器的设计界面；选择该选项后，开始箭头指向"AAViewController"视图控制器的设计界面，如图 5.14 所示。

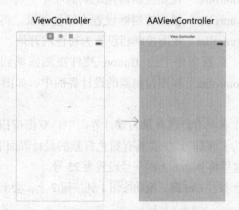

图 5.13　操作步骤 1　　　　　　　　　　　图 5.14　操作步骤 2

为了和"ViewController"视图控制器中的视图进行区分，而将"AAViewController"视图控制器中的视图背景设置为了绿色。

107

运行结果如图 5.15 所示。

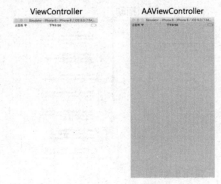

图 5.15 运行结果

5.4 视图的实现

准确地说，视图的实现实际是视图控制器的实现。本节将主要讲解通过控制视图控制器实现视图的各种变换，如切换、旋转。

5.4.1 切换视图

在 iOS 9 中，经常需要切换视图。例如，在观看手机上的图书时，如何使当前页变为下一页呢？这就要使用到视图的切换。

【示例 5-4】在 Xcode 7 中实现视图的切换。
（1）创建一个项目，命名为 5-4。
（2）单击打开 Main.storyboard 文件，将视图库中的"ViewController"视图控制器拖动到画布中。将原来的"ViewController"视图控制器设置为红色背景，将新的"ViewController"视图控制器设置为粉色的背景。
（3）将视图库中的 Button 控件视图拖动到两个"ViewController"视图控制器的设计界面中，如图 5.16 所示。

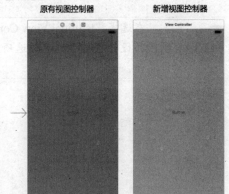

图 5.16 操作步骤 1

（4）在具有红色背景的设计界面中，双击按钮，将标题改为"按钮 1"。在具有粉色背景的设计界面中，双击按钮，将标题改为"按钮 2"，为了显示突出，这里将 Button 上的字号设置为 25 号。
（5）按住 Ctrl 键，拖动按钮 1 到按钮 2 上，会出现一个"Action Segue"对话框，如图 5.17 所示。

 在图中出现的"Action Segue"窗口会出现三个类型：push、modal、custom。以下是这三个类型的介绍。

❑ push：当第一个界面是"Navigation Controller"导航控制器时，使用该选项。
❑ modal：该选项表示模态转换，一般用于视图的切换。

❑ custom：用于自定义跳转方式。

在iOS 9 的 iPhone 开发中，"Action Segue"窗口会出现三个类型，在iOS 9 开发的 iPad 开发中会有 5 个类型，分别为 push、modal、popover、custom、replace。

（6）选择"Action Segue"对话框中的"modal"选项。这时会新增一个箭头，如图 5.18 所示。

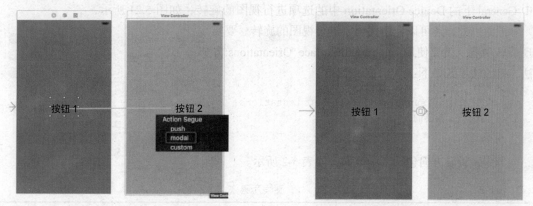

图 5.17　操作步骤 2　　　　　　　　　　　图 5.18　操作步骤 3

注意　　这时在图中出现的两个箭头。左边的箭头是开始箭头，它一直存在；右边的箭头就是 Segue 箭头，这时这个箭头表示视图的切换。

（7）按住 Ctrl 键拖动粉色背景设计界面的按钮 2 到按钮 1 上，会出现一个"Action Segue"对话框，选择其中的"modal"，这时画布的形式如图 5.19 所示。

注意　　在图中箭头的指向是"ViewController"视图控制器的执行流程。在程序开始执行时，首先执行的是红色背景的视图控制器的界面，单击按钮 1 就会执行粉色背景的视图控制器的界面，单击按钮 2 后就会回到红色背景的视图控制器的界面。

运行结果如图 5.20 所示。

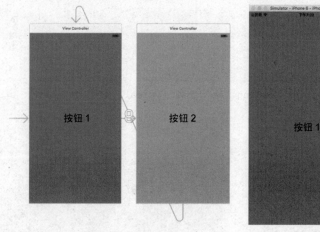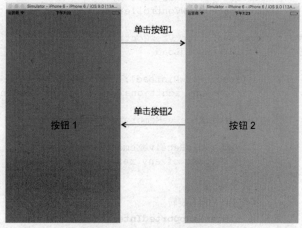

图 5.19　画布　　　　　　　　　　　　　图 5.20　运行结果

注意　　由于在 Xcode 7 中编辑界面直接使用的是 storyboard 故事面板，所以实现控制切换所需要的代码都省去了。

5.4.2 旋转视图

视图的旋转又被称为视图控制器的旋转，还可以称为屏幕的旋转。要实现旋转，其实是有很多方法的，例如，在前面就讲过可以使用 Windows+方向键实现屏幕旋转，还可以使用目标窗口中 General 下的 Device Orientation 中的选项进行视图的旋转，如图 5.21 所示，

除此以外，还可以使用代码来进行视图的旋转。要实现旋转功能，就要使用 supportedInterface Orientations:方法，其语法形式如下：

```
-(NSUInteger)supportedInterfaceOrientations{
    return 旋转的方向；
}
```

图 5.21 实现旋转

其中，旋转方向包括 7 个方向，如表 5-2 所示。

表 5-2　　　　　　　　　　　　　旋转方法

旋 转 方 向	功　　能
UIInterfaceOrientationMasAll	所有方向的旋转
UIInterfaceOrientationMaskAllButUpsideDown	所有方向的旋转，但 Home 键在屏幕的上方
UIInterfaceOrientationMaskLandscape	水平方向的旋转
UIInterfaceOrientationMaskLandscapeLeft	水平方向的旋转，但 Home 键在屏幕的左方
UIInterfaceOrientationMaskLandscapeRight	水平方向的旋转，但 Home 键在屏幕的右方
UIInterfaceOrientationMaskPortrait	垂直方向的旋转
UIInterfaceOrientationMaskPortraitUpsideDown	垂直方向的旋转，但 Home 键在屏幕的上方

【示例 5-5】以下程序通过使用 supportedInterfaceOrientations:方法实现视图的向右旋转。程序代码如下：

```
#import "ViewController.h"
@interface ViewController ()
@end
@implementation ViewController
- (void)viewDidLoad
{
    [super viewDidLoad];
    // Do any additional setup after loading the view, typically from a nib.
}
- (void)didReceiveMemoryWarning
{
    [super didReceiveMemoryWarning];
    // Dispose of any resources that can be recreated.
}
//实现视图的向右旋转
-(NSInteger)supportedInterfaceOrientations{
    return UIInterfaceOrientationMaskLandscapeRight;
}
@end
```

运行结果如图 5.22 所示。

图 5.22 运行结果

第 5 章 自定义视图和视图控制器

在旋转视图时,如果要实现重新定位视图或者是实现在视图旋转时停止播放媒体等功能,就要使用处理旋转的方法,在 iOS 9 以前,有关旋转的方法有:

- willRotateToInterfaceOrientation:duration:
- willAnimateRotationToInterfaceOrientation:duration:
- didRotateFromInterfaceOrientation:
- shouldAutomaticallyForwardRotationMethods

这几个方法在 iOS 9 中已经被废弃了,现在全部统一为

- viewWillTransitionToSize:withTransitionCoordinator:

旋转的概念不再被提倡使用。其实仔细想想,所谓旋转,不过就是一种 Size 的改变而已。以前的旋转,我们要关心从哪个方向到了哪个方向,而现在,我们只需要知道具体 Size 就行了。

【示例 5-6】以下程序运行后,在方向发生改变后,重新定位视图。其中,使用 willAnimateRotateToInterfaceOrientation:方法的操作步骤和程序代码如下。

(1)创建一个项目,命名为 5-6。

(2)单击打开 Main.storyboard 文件,将设计界面的背景颜色设置为绿色。在视图库中拖动一个 Buttom 控件到设计界面,双击 Button 将标题改为"按钮",这时设计界面的效果如图 5.23 所示。

(3)在工具窗口中的上半个窗口中,选择"Show the Size inspector"图标,记录下按钮的位置和大小,如图 5.24 所示。

(4)选择"View Controller"。在工具窗口中的上半个窗口中选择"Show the Attributes inspector"图标,在"Simulated Metrics"选项卡中将"Orientation"选项设置为"Landscape",如图 5.25 所示。

图 5.23 操作步骤 1

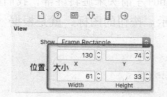
图 5.24 操作步骤 2

图 5.25 操作步骤 3

(5)回到设计界面,将按钮控制的位置进行移动,这时设计界面的效果如图 5.26 所示。

(6)单击 Xcode 右上角的"Show the Assistant editor"按钮,将编辑页面分为两栏,一边是 Main.storyboard,另外一边是 ViewController.h,将按钮连线到头文件中,如图 5.27 所示。

图 5.26 操作步骤 4

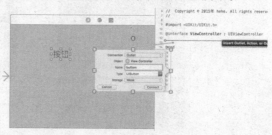
图 5.27 操作步骤 5

连线后的 ViewController.h 文件代码如下：

```
#import <UIKit/UIKit.h>
@interface ViewController : UIViewController
@property (weak, nonatomic) IBOutlet UIButton button;
@end
```

（7）单击打开 ViewController.m 文件，编写代码，程序代码如下：

```
#import "ViewController.h"
@interface ViewController ()
@end
@implementation ViewController
- (void)viewDidLoad
{
    [super viewDidLoad];
    // Do any additional setup after loading the view, typically from a nib.
}
- (void)didReceiveMemoryWarning
{
    [super didReceiveMemoryWarning];
    // Dispose of any resources that can be recreated.
}
-(void)viewWillTransitionToSize:(CGSize)size withTransitionCoordinator:(id <UIViewControllerTransitionCoordinator>)coordinator{
    if (size.height > size.width) {
        _button.frame = CGRectMake(100, 400, 61, 33);
    }else{
        _button.frame = CGRectMake(130, 74, 61, 33);
    }
}
@end
```

运行程序，我们通过 Command+左箭头来旋转屏幕，我们看到在坚直屏幕上和横屏屏幕上的按钮位置有变化，如图 5.28 所示。按钮的图标，就是根据 viewWillTransitionToSize:函数中的 _button.frame 进行调整的。

图 5.28　运行结果

5.5 小　　结

本章主要讲解了什么是视图库，如何使用静态的方式和使用动态的方式来创建自定义视图。本章的重点是如何创建多个视图控制器、如何定义初始视图，以及如何实现视图切换和旋转等内容。通过对本章的学习，希望开发者可以独立实现视图的一些功能。

5.6 习　　题

一、选择题

1. iOS 9 视图库的描述正确的是（　　）。
   A. 控件用于接收用户的输入信息
   B. 控制器用于显示信息
   C. 手势识别器用于识别对屏幕的轻击、轻扫、旋转和捏合
   D. 信息视图主要用来显示信息
2. 以下代码中，哪一个能创建一个宽 300、高 100 的视图（　　）。
   A. UIView *view = [[UIView alloc] init];
   B. UIView *view = [[UIView alloc] initWithFrame:(300, 100, 10, 20)];
   C. UIView *view = [[UIView alloc] initWithFrame:(10, 20, 300, 100)];
   D. UIView *view = [[UIView alloc] initWithFrame:(10, 20, 100, 300)];
3. 以下属于 iOS 9 中处理旋转的方法的是（　　）。
   A. - willRotateToInterfaceOrientation:duration:
   B. - willAnimateRotationToInterfaceOrientation:duration:
   C. - viewWillTransitionToSize:withTransitionCoordinator:
   D. - shouldAutomaticallyForwardRotationMethods

二、阐述题

请阐述生成视图的两种方法，并说出其共同点及区别。

三、上机练习

1. 创建一个 iOS 工程并在 Storyboard 中添加一个视图控制器，通过连线方法，使两个页面能够自由跳转。
2. 在视图控制器中添加一个 UIView，通过旋转 iPhone 设备（模拟器）的 UIView 呈现不同的背景色。

第 6 章 文字显示视图

在 iPhone 手机或者 iPad 中，经常会看到一些文字的显示。文字就是这些不会说话的设备的嘴巴。通过这些文字，可以很清楚地知道这些设备要表达的信息。本章将主要讲解用于显示文字的三个视图，分别为标签控件、文本框控件以及文本视图。

6.1 标签控件 Lable

如果要向 iPhone 手机用户显示少量的信息，就要使用到 UILable 标签控件。下面主要讲解标签控件的创建以及如何制作一个特别的标签。

6.1.1 创建标签

创建标签和在第 5 章讲解的创建自定义视图一样有两种方式：静态方式和动态方式。本节主要讲解这两种创建标签的方式。

1. 静态创建标签

静态创建标签和静态创建自定义视图的方法一样。单击打开 Main.storyboard 文件，将视图库中的 Lable 标签控件拖动到画布的设计界面中，运行结果如图 6.1 所示。（为了更好地显示，项目中默认将背景颜色换成淡绿色）。

在运行结果中可以看到，在标签中显示了一个 Lable 字符串。如果想要在标签中显示其他文字信息，可以在 Main.storyboard 文件的设计界面中双击标签控件，就可以输入内容了，运行结果如图 6.2 所示。

2. 动态创建标签

要动态创建标签，就要使用 initWithFrame:方法，其语法形式如下：

- (id)initWithFrame:(CGRect)aRect;

其中，(CGRect)aRect 参数用来指定标签的显示位置以及大小。

【示例 6-1】以下程序通过使用 initWithFrame:方法来创建一个位置及大小为（50,50,200,100）的标签控件。程序代码如下：

```
#import "ViewController.h"
@interface ViewController ()
```

```
@end
@implementation ViewController
- (void)viewDidLoad
{
    UILabel *label=[[UILabel alloc]initWithFrame:CGRectMake(50, 50, 200, 100)];//创建标签
    [self.view addSubview:label];
    [super viewDidLoad];
    // Do any additional setup after loading the view, typically from a nib.
}
- (void)didReceiveMemoryWarning
{
    [super didReceiveMemoryWarning];
    // Dispose of any resources that can be recreated.
}
@end
```

运行结果如图 6.3 所示。

> 使用代码创建的标签控件在 iOS 模拟器上是看不到的，因为它是透明的。为了让创建的背景标签可以在 iOS 模拟器上显示出来，将背景颜色设置为红色。所以，要在 addSubview:方法上面添加一行代码，程序代码如下：
>
> ```
> [label setBackgroundColor:[UIColor redColor]];
> ```
>
> 这时，在运行结果中就可以看到一个位置和大小为（50,50,200,100），颜色为红色的标签控件，如图 6.4 所示。

图 6.1　运行结果　　　图 6.2　运行结果　　　图 6.3　运行结果　　　图 6.4　设置背景的运行结果

6.1.2　制作特殊的标签

制作特殊的标签可以通过改变标签的属性来实现。要对标签的属性进行设置，一般有两种方法，一种是选择 "Show the Attributes inspector" 图标，在出现的 "Label" 窗口中对显示的信息进行设置，另一种是通过代码进行设置。

1. 使用 "Show the Attributes inspector" 图标

单击打开 Main.StoryBoard 文件，选择工具窗口的上半个窗口中的 "Show the Attributes

inspector"图标,在此图标显示的内容中进行设置。如果想要在标签控件中显示一个 Hello World 的红色字体,需要在此图标显示的内容的 Label 中将 Text 设置为 Hello World,将 Color 设置为红色,如图 6.5 所示。运行结果如图 6.6 所示。

图 6.5 操作步骤　　　　　　　　　　　　　　图 6.6 运行结果

2. 使用代码

除了使用"Show the Attributes inspector"方法改变标签的属性外,还可以使用代码来改变标签的属性。标签中的常用属性如表 6-1 所示。

表 6-1　　　　　　　　　　　　　　标签中的属性

属　性	功　能	语　法　形　式
text	Text 的类型	@property(nonatomic, copy) NSString *text
	文字的内容	
textColor	字的颜色设置	@property(nonatomic, retain) UIColor *textColor;
font	字体和字的大小设置	@property(nonatomic, retain) UIFont *font;
textAlignment	Label 的内容的对齐格式	@property(nonatomic) NSTextAlignment textAlignment;
Shadow	阴影的颜色	@property(nonatomic, retain) UIColor *shadowColor;
Shadow Offset	阴影的位置	@property(nonatomic) CGSize shadowOffset;

【示例 6-2】以下程序通过使用 UILable 的属性来创建一个特殊的标签。其中,标签显示的内容为 Hello World,文字的颜色为红色,字体是 Verdana,文字的大小为 30。程序代码如下:

```
#import "ViewController.h"
@interface ViewController ()
@end
@implementation ViewController
- (void)viewDidLoad
{
    UILabel *label=[[UILabel alloc]initWithFrame:CGRectMake(20, 20, 200, 100)];
                                                            //创建标签
    label.text=@"Hello World";                              //文字内容
    label.textColor=[UIColor redColor];                     //文字颜色
```

```
    label.font=[UIFont fontWithName:@"Verdana" size:30];
    //字体和大小
    [self.view addSubview: label];
    [super viewDidLoad];
     // Do any additional setup after loading the view,
typically from a nib.
}
- (void)didReceiveMemoryWarning
{
    [super didReceiveMemoryWarning];
    // Dispose of any resources that can be recreated.
}
@end
```

运行结果如图 6.7 所示。

图 6.7　运行结果

6.2　文本框控件

处理用户在其界面输入的单行文字时，就会使用到 UITextField 文本框视图。在使用文本框视图进行输入时，需要弹出键盘让用户输入相关信息。本节将主要讲解文本框视图的创建、如何制作特别的文本框，键盘的显示、键盘的类型设置、关闭键盘以及文本框视图的实现等相关内容。

6.2.1　创建文本框

要使用文本框，首先还是创建对应的文本框。文本框的创建同样有两种方式：静态方式和动态方式。

1．静态创建文本框

要实现静态方式创建文本框，很简单。单击打开 Main.storyboard 文件。在视图库中，拖动 Text Field 文本框视图到画布的设计界面中即可。运行结果如图 6.8 所示。

2．动态创建文本框

要使用动态方式创建文本框，就要使用到 initWithFrame:方法，其语法形式如下：

```
- (id)initWithFrame:(CGRect)aRect;
```

其中，(CGRect)aRect 参数用来指定文本框的显示位置以及大小。

【示例 6-3】以下程序通过使用 initWithFrame:方法来创建一个位置及大小为（50,50,200,50）的文本框控件。程序代码如下：

图 6.8　运行结果

```
#import "ViewController.h"
@interface ViewController ()
@end
@implementation ViewController
- (void)viewDidLoad
{
    UITextField *textfield=[[UITextField alloc]initWithFrame:CGRectMake(50, 50, 200,
50)];                                                               //创建文本框
```

```
    [self.view addSubview:textfield];
    [super viewDidLoad];
     // Do any additional setup after loading the view, typically from a nib.
}
- (void)didReceiveMemoryWarning
{
    [super didReceiveMemoryWarning];
    // Dispose of any resources that can be recreated.
}
@end
```

运行结果如图 6.9 所示。

图 6.8 和图 6.9 的运行结果是不一样的，那是因为动态创建的文本框中没有任何属性设置。在图 6.9 所示的运行结果中，为了让创建的背景文本框可以在 iOS 模拟器上显示，我们需要设置文本框的显示类型 borderStrle，要在 addSubview:方法上面添加一行代码，程序代码如下：

```
[textfield setBorderStyle:uiTextBorderStyleRoundedRect];
```

运行结果如图 6.10 所示。

图 6.9 运行结果　　　　　　　　　图 6.10 设置背景的运行结果

6.2.2 制作特殊的文本框

在图 6.10 中制作的就是一个特殊的文本框，除此之外，还可以使用属性来对文本框进行设置。设置属性有两种方法，一种是使用工具窗口的上半个窗口中的 "Show the Attributes inspector" 图标对显示的信息进行设置，另一种是使用代码进行设置。下面就来讲解使用代码设置属性。在文本框中可以设置的属性以及它的语法形式如表 6-2 所示。

表 6-2　　　　　　　　　　　　　　　文本框的属性

属　性	功　能	语 法 形 式
text	Text 的类型	@property(nonatomic, copy) NSString *text;
	文本框中的内容	
textColor	字体的颜色	@property(nonatomic, retain) UIColor *textColor;

第 6 章　文字显示视图

续表

属　　性	功　　能	语 法 形 式
Alignment	内容的对齐方式	@property(nonatomic) NSTextAlignment textAlignment;
Placeholder	占位符	@property(nonatomic, copy) NSString *placeholder;
Border Style	文本框的样式	@property(nonatomic) UITextBorderStyle borderStyle 其中，边框的样式有四个： UITextBorderStyleNone、 UITextBorderStyleLine、 UITextBorderStyleBezel、 UITextBorderStyleRoundedRect

【示例 6-4】以下程序通过 UITextField 的属性来创建一个特殊的文本框。其中，文本框显示的占位符内容为"请输入名称"，边框的样式为 UITextBorderStyleBezel。程序代码如下：

```
#import "ViewController.h"
@interface ViewController ()
@end
@implementation ViewController
- (void)viewDidLoad
{
    UITextField *textfield=[[UITextField alloc]initWithFrame:CGRectMake(20, 50, 250, 50)];
    textfield.placeholder=@"请输入名称";
                                //占位符的内容设置
    textfield.borderStyle= UITextBorderStyleRoundedRect;
                                //边框样式的设置
    [self.view addSubview: textfield];
    [super viewDidLoad];
     // Do any additional setup after loading the view, typically
from a nib.
}
- (void)didReceiveMemoryWarning
{
    [super didReceiveMemoryWarning];
    // Dispose of any resources that can be recreated.
}
@end
```

运行结果如图 6.11 所示。

图 6.11　运行结果

6.2.3　键盘的显示

由于文本框是为用户提供输入的，所以它和键盘就密不可分的。而在 iPhone 手机或者 iPad 中没有实体键盘，所以 iPhone 手机或者 iPad 中加入了虚拟键盘。如何在 iPhone 或者 iPad 中显示虚拟键盘呢？下面将为开发者讲解两种实现键盘显示的方法，一种是在 iOS 模拟器中单击文本框后显示键盘，另一种是在 iOS 模拟器运行时显示键盘。

1．单击文本框后显示

单击文本框后显示是最简单的方法。

【示例 6-5】实现在单击文本框后显示键盘，基本操作步骤如下。

（1）创建一个项目，命名为 6-5。

（2）单击打开 Main.storyboard 文件，从视图库中拖动一个 Text Field 文本框控件到设计界面。

119

(3)单击"运行"按钮,运行结果,在显示的 iOS 模拟器上单击文本框就可以显示键盘了,如图 6.12 所示。

2. 在 iOS 模拟器运行时显示

要实现在 iOS 模拟器运行时显示键盘,就要让文本框变为第一响应者,要实现此功能就要使用 becomeFirstResponder:方法,其语法形式如下:

```
-(BOOL)becomeFirstResponder;
```

【示例 6-6】以下程序通过使用 becomeFirstResponder:方法,将文本框视图变为第一响应者,在 iOS 模拟器运行时直接显示键盘。操作步骤如下。

(1)创建一个项目,命名为 6-6。

(2)单击打开 Main.storyboard 文件,将视图库中的 UIText Field 文本框控件拖动到设计界面。

(3)将编辑栏分为两栏,一边显示 Main.storyboard,另一边显示 ViewController.h 文件,将 textfield 连线到 ViewController.h 中,并命名为 textfield。连线 ViewController.h 的程序代码如下:

```
#import <UIKit/UIKit.h>
@interface ViewController : UIViewController
@property (weak, nonatomic) IBOutlet UITextField *textfield;
@end
```

(4)单击打开 ViewController.m 文件,编写代码,实现文本框控件成为第一响应者。程序代码如下:

```
#import "ViewController.h"
@interface ViewController ()
@end
@implementation ViewController
- (void)viewDidLoad
{
    [_textfield becomeFirstResponder];                    //成为第一响应者
    [super viewDidLoad];
     // Do any additional setup after loading the view, typically from a nib.
}
- (void)didReceiveMemoryWarning
{
    [super didReceiveMemoryWarning];
    // Dispose of any resources that can be recreated.
}
@end
```

运行结果如图 6.13 所示。

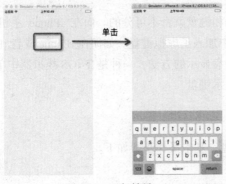

图 6.12　运行结果

图 6.13　运行结果

这时在 iOS 模拟器出现时，键盘就直接出现了，不需要进行单击文本框的操作。

6.2.4 设置键盘的显示类型

键盘的类型有很多种。例如，当用户编辑一个联系人时，键盘就会随着所输入的内容不同而发生变化。在输入联系人姓名时，键盘是图 6.13 所示的键盘；当要输入联系人的电话号码时，键盘就会变为数字键盘。在不同的地方使用不同类型的键盘，会使用户的操作变得简单。要实现键盘显示类型的设置其实很简单，就是要对文本框属性的第二大属性进行设置，一般称第二大属性为"输入设置"，如图 6.14 所示。

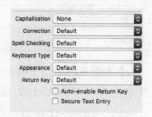

图 6.14 键盘输入设置

在 iOS 9 中，可以显示的键盘类型如表 6-3 所示。

表 6-3 键盘的类型

设置类型	设置项	功 能
Capitalization	None Words Sentences All Characters	设置键盘输入的单词、句子以及所有字符数据转换为大写
Correction	Default NO YES	设置键盘为那些拼写错误的单词提供建议
Keyboard	Default ASCⅡ Capable Numbers and Punctuation URL Number Pad Phone Pad Name Phone Pad E-mail Address Decimal Pad Twitter Web Search	针对输入不同类型的数据选择不同类型的键盘
Appearance	Default Alert	设置键盘的外观
Return Key	Default Go Google Join Next Route Search	键盘上显示不同类型的 Return 键（手机上的虚拟键盘上面的 Return 键）

续表

设 置 类 型	设 置 项	功 能
Return Key	Send	
	Yahoo	
	Done	
	Emergency Call	
Auto-enable Return Key		如果没有向文本域中输入数据，就会禁用 Return 键
Secure		将文本框的内容是为密码，并隐藏每个字符

【示例 6-7】以下程序通过对文本框的第二大属性进行设置，将键盘的类型设置为数字键盘，将它的外观变为 Alert 类型。操作步骤如下。

（1）创建一个项目，命名为 6-7。

（2）单击打开 Main.storyboard 文件，将视图库中的 Text Field 文本框控件拖动到设计界面中。

（3）选择工具窗口的上半个窗口中的"Show the Attributes inspector"图标，对文本框的第二大属性进行设置，将 Keyboard 设置为 Number Pad，将 Appearance 设置为 Dark，如图 6.15 所示。

单击"运行"按钮，运行结果如图 6.16 所示。

图 6.15　操作步骤

图 6.16　运行结果

6.2.5　关闭键盘

在使用完虚拟键盘后，还需要关闭键盘从而进行其他操作。下面介绍关闭键盘的两种方法，一种是通过使用键盘上的 return 键关闭键盘，另一种是通过触摸背景关闭键盘。

1. 使用 return 键关闭键盘

使用 iPhone 手机的用户可能都知道，在 App Store 中查找东西时，需要在输入框中输入要查找的内容名称，之后，选择键盘上的 return 按钮，键盘就会关闭，并且进行相关信息的搜索。

【示例 6-8】单击键盘上的 return 键后，退出键盘，操作步骤如下。

（1）创建一个项目，命名为 6-8。

（2）单击打开 Main.storyboard 文件，将视图库中的 UIText Field 文本框控件拖动到设计界面中。

（3）当 ViewController.h 文件和 Main.storyboard 文件同时打开时，按住 Ctrl 键拖动 Main.storyboard 文件中的设计界面的文本框到 ViewController.h 文件进行连线，将其命名为"textfield"，

单击"Connect"按钮，如图 6.17 所示。

（4）事件连线。同样打开 Main.storyboard 和 ViewController.h 文件，并且在 TextField 上按住 Ctrl 键并且单击，出现图 6.18 所示的事件选择器界面。其中 Sent Events 就是各种触发事件。我们选择其中的"Did End On Exit"，鼠标按住其右边的圆点并拖动到 ViewController.h 中，在弹出的对话框中在"Name"栏输入方法名"Close"。如图 6.19 所示。

图 6.17　操作步骤 1

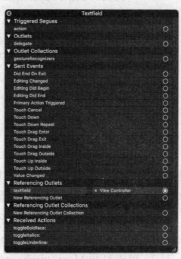

图 6.18　事件选择器

图 6.19　操作步骤 2

（5）此时 ViewController.h 文件中的程序代码如下：

```
#import <UIKit/UIKit.h>
@interface ViewController : UIViewController
@property (weak, nonatomic) IBOutlet UITextField *textfield;
-(IBAction)Close:(id)sender;
@end
```

（6）打开 ViewController.m 文件，发现文件中也多出一个方法。

```
- (IBAction)Close:(id)sender {
}
```

（7）在 ViewController.m 文件中编写代码，此代码实现的功能是取消第一响应。程序代码如下：

```
#import "ViewController.h"
@interface ViewController ()
```

```
@end
@implementation ViewController
- (void)viewDidLoad {
    [super viewDidLoad];
    // Do any additional setup after loading the view, typically from a nib.
}
- (void)didReceiveMemoryWarning {
    [super didReceiveMemoryWarning];
    // Dispose of any resources that can be recreated.
}
- (IBAction)Close:(id)sender {
    [_textfield resignFirstResponder];          //取消第一响应
}
@end
```

运行结果如图 6.20 所示。

2. 通过触摸背景关闭键盘

键盘上的 return 键可以用来关闭键盘，但是在有的键盘上是不会显示 return 键的，例如数字键盘。那么没有了 return 键后，键盘该如何关闭呢？这时就要通过触摸背景关闭键盘，一般在 iPhone 或者 iPad 中，这种方式是最常使用的。

【示例 6-9】通过触摸背景来实现关闭键盘。

（1）创建一个项目，命名为 6-9。

（2）单击打开 Main.storyboard 文件，将视图库中的 Button 控件拖动到设计界面，调整 Button 控件的大小，使其可以覆盖整个设计界面。

（3）将视图库中的 UIText Field 文本框控件拖动到设计界面中，并将 TextField 文本框的输入设置中的 Keyboard 设置为 Number Pad，如图 6.21 所示。

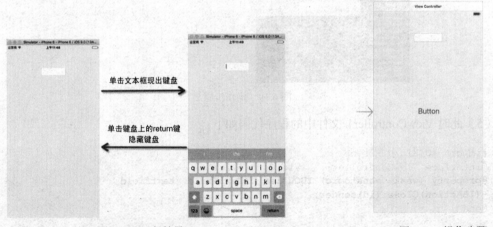

图 6.20　运行结果　　　　　　　　　　　　图 6.21　操作步骤 1

（4）双击 Button 控件中的标题进行删除。

（5）将编辑栏分栏显示，一边显示 ViewController.h，另一边显示 Main.storyboard。将 TextField 和 ViewController.h 进行连线，并命名为 "textfield"。

（6）将 UIButton 与 ViewController.h 进方法连线。选择 UIBtton，按住 Ctrl 键并单击鼠标，在弹出的事件选择器中选择 "Touch Up Inside"，将右边的小圆点用鼠标拖动到 ViewController.h 进行连线，在 Name 中填写方法名 "Close"，如图 6.22 所示。

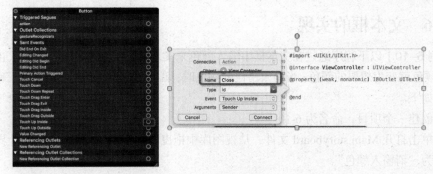

图 6.22　操作步骤 2

（7）连线完成后，ViewController.h 中的程序代码如下：

```
#import <UIKit/UIKit.h>
@interface ViewController : UIViewController
@property (weak, nonatomic) IBOutlet UITextField *textfield;
- (IBAction)Close:(id)sender;
@end
```

（8）单击打开 ViewController.m 文件，编写代码，实现取消第一响应者。程序代码如下：

```
#import "ViewController.h"
@interface ViewController ()
@end
@implementation ViewController
- (void)viewDidLoad
{
    [super viewDidLoad];
    // Do any additional setup after loading the view, typically from a nib.
}
- (void)didReceiveMemoryWarning
{
    [super didReceiveMemoryWarning];
    // Dispose of any resources that can be recreated.
}
- (IBAction)Close:(id)sender {
    [textfield resignFirstResponder];
}
@end
```

运行结果如图 6.23 所示。

图 6.23　运行结果

6.2.6 文本框的实现

【示例6-10】以下程序通过在文本框中输入颜色来实现背景颜色的变化。当输入正确的颜色时，背景颜色就变为想要的颜色；当输入错误的颜色时，就会在屏幕上出现"请输入正确的颜色"。操作步骤如下。

（1）创建一个项目，命名为6-10。

（2）单击打开 Main.storyboard 文件，从视图库中拖曳一个 Lable 标签控件到设计界面，双击将标题改为"请输入颜色"。

（3）从视图库中拖曳一个 TextField 文本框控件到设计界面，将它放在标签控件的右面。

（4）从视图库中拖曳 5 个 Lable 标签控件到设计界面，将其放在第一个标签控件的下面，双击，将标题分别改为："可以输入的颜色有："、red、yellow、blue、brown。

（5）从视图库中拖曳一个 UILabel 标签控件到设计界面，将其放到所有控件的下面，这时设计界面的效果如图 6.24 所示。

（6）将编辑栏分栏显示，一边显示 ViewController.h，另一边显示 Main.storyboard。将设计界面的文本框 TextField 控件、提示请输入正确颜色的 UILabel 进行连线，分别命名为 textfield 和 label。

（7）选择文本框 TextField，按住 Ctrl 键并单击鼠标，在方法选择器中选择"Did End On Exit"与 ViewController.h 进行方法连线，方法名为"Change"。

（8）连线完成后，ViewController.h 中的程序代码如下：

```
#import <UIKit/UIKit.h>
@interface ViewController : UIViewController
@property (weak, nonatomic) IBOutlet UITextField *textfield;
@property (weak, nonatomic) IBOutlet UILabel *label;
- (IBAction)Change:(id)sender;
@end
```

图 6.24　设计界面

（9）单击打开 ViewController.m 文件，编写代码，实现颜色的变化。程序代码如下：

```
#import "ViewController.h"
 @interface ViewController ()
@end   @implementation ViewController
- (void)viewDidLoad {
    [super viewDidLoad];
    // Do any additional setup after loading the view, typically from a nib.
    _label.hidden = YES;        //隐藏"请输入正确的颜色"
}
- (void)didReceiveMemoryWarning {
    [super didReceiveMemoryWarning];    // Dispose of any resources that can be recreated.
}
- (IBAction)Change:(id)sender {
     _label.hidden = YES;       //隐藏"请输入正确的颜色"
    if ([_textfield.text isEqualToString:@"red"]) {
       [self.view setBackgroundColor:[UIColor redColor]];
     }else if ([_textfield.text isEqualToString:@"blue"]){
       [self.view setBackgroundColor:[UIColor blueColor]];
     }else if ([_textfield.text isEqualToString:@"yellow"]){
```

```
    [self.view setBackgroundColor:[UIColor yellowColor]];
  }else if ([_textfield.text isEqualToString:@"brown"]){
    [self.view setBackgroundColor:[UIColor brownColor]];
  }else{
    _label.hidden = NO;       //显示"请输入正确的颜色"
  }
}
@end
```

运行结果如图 6.25 所示。

图 6.25　运行结果

6.3　文本视图

文本视图的功能和文本框视图的功能是一样的，也是对文字进行处理。不同的是，文本视图偏向支持大量文字的显示。同样在文本框中，也可以使用键盘。本节将主要讲解文本视图的创建、如何制作特别的文本视图、如何退出键盘以及文本视图的实现。

6.3.1　创建文本视图

创建文本视图同样还是有两种方法：静态创建文本视图和动态创建文本视图。下面主要讲解这两种创建文本视图的方法。

1．静态创建文本视图

【示例 6-11】单击打开 Main.storyboard 文件，将视图库中的 TextView 视图拖曳到用户设计界面，这时拖曳到用户界面的文本视图中就会有一些字符串，如图 6.26 所示。拖曳到设计界面后，文本视图就创建好了，单击"运行"按钮，就可以运行结果了，如图 6.27 所示。

 对 Main.storyboard 文件中拖动的 TextView 视图改变大小（TextView 视图的高不超过所有的字符串），这时 TextView 视图就可以变为滚动的了，会在 TextView 视图的右边出现一个滚动条。

图 6.26　设计界面　　　　　　　　　　　　图 6.27　运行结果

2. 动态创建文本视图

要动态创建文本视图还是要使用 initWithFrame:方法，其语法形式如下：

- (id)initWithFrame:(CGRect)aRect;

其中，(CGRect)aRect 参数用来指定文本框的显示位置以及大小。

【示例 6-12】以下程序通过使用 initWithFrame:方法来创建一个位置及大小为（50,50,250,200）的文本视图。程序代码如下：

```
#import "ViewController.h"
@interface ViewController ()
@end
@implementation ViewController
- (void)viewDidLoad
{
    UITextView *textview=[[UITextView alloc]initWithFrame:CGRectMake(50, 50, 250, 200)];     //创建文本视图
    [textview setBackgroundColor:[UIColor redColor]];              //设置背景颜色
    [self.view addSubview: textview];
    [super viewDidLoad];
    // Do any additional setup after loading the view, typically from a nib.
}
- (void)didReceiveMemoryWarning
{
    [super didReceiveMemoryWarning];
    // Dispose of any resources that can be recreated.
}
@end
```

　　在此代码中，如果不设置背景颜色，那么动态创建的文本视图背景是白色，如图 6.28 所示。

运行结果如图 6.29 所示。

第 6 章　文字显示视图

　　图 6.28　运行结果 1　　　　　　　　图 6.29　运行结果 2

6.3.2　制作特殊的文本视图

　　使用静态方式创建的文本视图和使用动态方式创建的文本视图为什么效果大不一样呢？这是因为在静态创建文本视图时，系统对文本视图的一些属性进行了设置，而动态创建的文本视图没有进行设置。如果想要实现静态方式创建文本视图的效果，必须要对动态创建的文本视图进行属性的设置。文本视图中所用的属性如表 6-4 所示。

表 6-4　　　　　　　　　　　　　　文本视图的属性

属　　性	功　　能	语　　法
text	文本视图中的文本内容	@property(nonatomic, copy) NSString *tex;
font	文本的字体	@property(nonatomic, retain) UIFont *font;
textColor	文本的颜色	@property(nonatomic, retain) UIColor *textColor;
editable	是否可以编辑	@property(nonatomic, getter=isEditable) BOOL editable;
textAlignment	文本的对齐方式	@property(nonatomic) NSTextAlignment textAlignment;

　　【示例 6-13】以下程序通过使用文本视图中的属性来设置一个文本颜色为棕色，文本内容为"The animal is the friend of our human beings. We live in the same earth. Animals and human beings can't be separated from each other. But some animals are getting less and less. So it's necessary for us to protect animals, especially wild animals. Some people kill wild animal because of money. It's illegal. Beside, because of the development of society, human needs more space to live in, so we explore the forest. Animals have less space to live in. The number of wild animals decreases year by year. It's high time to take actions to protect wild animals."，背景颜色为黄色的文本视图。操作步骤如下。

　　（1）创建一个项目，命名为 6-13。
　　（2）单击打开 Main.storyboard 文件，将视图库中的 TextView 文本视图拖动到设计界面中。
　　（3）将编辑栏分栏显示，一边显示 ViewController.h，另一边显示 Main.storyboard。将 TextView 与 ViewController.h 进行连线关联，变量取名为 textview。
　　连线完成后的 ViewController.h 程序代码如下：

```
#import <UIKit/UIKit.h>
@interface ViewController : UIViewController
```

```
@property (weak, nonatomic) IBOutlet UITextView *textview;
@end
```

（4）单击打开 ViewController.m 文件，编写代码，实现文本视图的特殊化。程序代码如下：

```
#import "ViewController.h"
@interface ViewController ()
@end
@implementation ViewController
- (void)viewDidLoad
{
    _textview.textColor=[UIColor brownColor];
    [textview setBackgroundColor:[UIColor yellowColor]];
    textview.text=@"The animal is the friend of our human beings. We live in the same earth. Animals and human beings can't be separated from each other. But some animals are getting less and less. So it's necessary for us to protect animals, especially wild animals. Some people kill wild animal because of money. It's illegal. Beside, because of the development of society, human needs more space to live in, so we explore the forest. Animals have less space to live in. The number of wild animals decreases year by year. It's high time to take actions to protect wild animals.";
    [super viewDidLoad];
    // Do any additional setup after loading the view, typically from a nib.
}
- (void)didReceiveMemoryWarning
{
    [super didReceiveMemoryWarning];
    // Dispose of any resources that can be recreated.
}
@end
```

运行结果如图 6.30 所示。

图 6.30　运行结果

6.3.3　文本视图中键盘的退出

由于在文本视图中也可以进行用户的输入，所以还是会使用到专门用于用户输入的虚拟键盘。虚拟键盘一旦打开后，就会很难关闭。下面主要讲解虚拟键盘的两种关闭方法。

1．使用 return 键

单击文本视图，会出现键盘。在使用 return 键时，会发现 return 键的功能是换行。如果想要将文本框中的键盘在单击 return 键后退出，就要将 return 键的功能进行改变。要实现此功能，就要使用 shouldChangeTextInRange:和 replacementText:方法，其语法形式如下：

```
-(BOOL)textView:(UITextView *)textView shouldChangeTextInRange:(NSRange)range replacementText:
(NSString *)text{
    语句
}
```

【示例 6-14】以下程序通过使用 return 键，将在文本视图中显示的键盘进行关闭。操作步骤如下：

（1）创建一个项目，命名为 6-14。

（2）单击打开 Main.storyboard 文件，将视图库中的 TextView 文本视图拖动到设计界面中。

（3）右键单击 TextView 视图，在弹出的"TextView"对话框中选择 Outlets 下的 delegate，将

它和 dock 中的 "View Controller" 图标进行关联, 如图 6.31 所示。

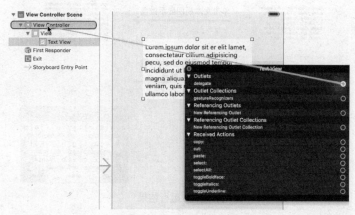

图 6.31　操作步骤 1

（4）单击打开 ViewController.h 文件, 编写代码, 实现协议在 ViewController 中的声明。程序代码如下:

```
#import <UIKit/UIKit.h>
@interface ViewController : UIViewController<UITextViewDelegate>{
}
@end
```

（5）单击打开 ViewController.m 文件, 编写代码, 实现在单击键盘上的 return 键后退出键盘。程序代码如下:

```
#import "ViewController.h"
@interface ViewController ()
@end
@implementation ViewController
- (void)viewDidLoad
{
    [super viewDidLoad];
    // Do any additional setup after loading the view, typically from a nib.
}
- (void)didReceiveMemoryWarning
{
    [super didReceiveMemoryWarning];
    // Dispose of any resources that can be recreated.
}
-(BOOL)textView:(UITextView *)textView shouldChangeTextInRange:(NSRange)range replacementText:
    (NSString *)text{
        if ([text isEqualToString:@"\n"]) {
            [textView resignFirstResponder];
            return NO;
        }
        return YES;
    }
@end
```

运行结果如图 6.32 所示。

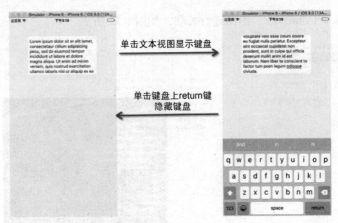

图6.32 运行结果

2. 使用菜单退出

在文本视图中选择某一行或者某一个字符串时,会出现一个菜单,如图6.33所示。

如果不想破坏键盘上的 return 键在文本视图中的换行功能,就可以在文本视图出现的菜单中添加一项,即用来专门退出键盘。

【示例6-15】以下程序通过在文本视图出现的菜单中添加一个"退出"命令,用来将键盘关闭。操作步骤如下:

(1)创建一个项目,命名为6-15。

(2)单击打开 Main.storyboard 文件,将视图库中的 TextView 文本视图拖动到设计界面中。

(3)将编辑栏分栏显示,一边显示 ViewController.h,另一边显示 Main.storyboard。将 TextView 与 ViewController.h 进行连线关联,变量取名为"textview"。

图6.33 文本视图中的菜单

连线完成后,ViewController.h 的程序代码如下:

```
#import <UIKit/UIKit.h>
@interface ViewController : UIViewController
@property (weak, nonatomic) UITextView *textview;
@end
```

(4)单击打开 ViewController.m 文件,编写代码,实现键盘的退出。程序代码如下:

```
#import "ViewController.h"
@interface ViewController ()
@end
@implementation ViewController
- (void)viewDidLoad
{
    //实现在文本视图中显示的菜单中添加一项"退出"
    UIMenuItem *menuitem=[[UIMenuItem alloc]initWithTitle:@"退出" action:@selector(chang:)];
    UIMenuController *menucontroller=[UIMenuController sharedMenuController];
    [menucontroller setMenuItems:[NSArray arrayWithObject:menuitem]];
    [super viewDidLoad];
```

```
        // Do any additional setup after loading the view, typically from a nib.
    }
//实现单击"退出"项,退出键盘
-(void)chang:(id)sender{
                                                  [_textview resignFirstResponder];
}
-(BOOL)canPerformAction:(SEL)action withSender:(id)sender{
    if (action==@selector(chang:)) {
      if(_textview.selectedRange.length>0)
        return YES;
    }
    return NO;
}
- (void)didReceiveMemoryWarning
{
    [super didReceiveMemoryWarning];
    // Dispose of any resources that can be recreated.
}
@end
```

运行结果如图 6.34 所示。

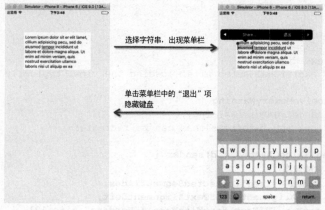

图 6.34　运行结果

6.3.4　文本视图的应用——阅读浏览器

在 iPhone 应用中,文本视图常用于 E-mail、读书浏览器中。接下来应用所学知识,制作一个阅读浏览器,此阅读浏览器中有两本书。可以使用两种不同的语言进行阅读。

【示例 6-16】阅读浏览器的操作步骤如下。

(1)创建一个项目,命名为 6-16。

(2)单击打开 Main.storyboard 文件,从视图库中拖曳两个 Lable 标签控件到设计界面,双击将标题分别改为"小红帽"和"灰姑娘"。

(3)将视图库中的两个 Segmented Control 分段控件拖曳到设计界面,双击将这两个分段控件的标题都改为"中文版"和英文版。

(4)将视图库中的 TextView 文本视图拖动到设计界面中,双击,将文本视图中的内容改为"等待中。。。"。在 Show the Attributes inspector 的 TextView 中将 Font 中的字体大小改为 32,将 Alignment 对齐方式改为居中对齐,设计界面的效果如图 6.35 所示。

图 6.35　设计界面的效果

（5）将编辑栏分栏显示，一边显示 ViewController.h，另一边显示 Main.storyboard。将 TextView 与 ViewController.h 进行连线关联，命名为"textview"。将两个 UISegmentedControl 也进行连线关联，取名为 seg1、seg2。再对 UISegmentedControl 进行方法连线。右键单击"UISegmentedControl"，在事件选择器中选择"Value Change"，连线到 ViewController.h，变量取名为"seg1ValueChanged" "seg2ValueChanged"。

连线后 ViewController.h 的程序代码如下：

```
#import <UIKit/UIKit.h>
@interface ViewController : UIViewController
@property (weak, nonatomic) IBOutlet UITextView *textview;
@property (weak, nonatomic) IBOutlet UISegmentedControl *seg1;
@property (weak, nonatomic) IBOutlet UISegmentedControl *seg2;
- (IBAction)seg1ValueChanged:(id)sender;
- (IBAction)seg2ValueChanged:(id)sender;
@end
```

（6）单击打开 ViewController.m 文件，编写代码，实现阅读浏览器的故事阅读。程序代码如下：

```
#import "ViewController.h"
@interface ViewController ()
@end
@implementation ViewController
- (void)viewDidLoad {
    [super viewDidLoad];
    // Do any additional setup after loading the view, typically from a nib.
}
- (void)didReceiveMemoryWarning {
    [super didReceiveMemoryWarning];
    // Dispose of any resources that can be recreated.
}
- (IBAction)seg1ValueChanged:(id)sender {
    //实现中英文的切换
    NSInteger index = _seg1.selectedSegmentIndex;
    _textview.textAlignment = NSTextAlignmentLeft;
    _textview.font = [UIFont fontWithName:@"Verdana" size:12];
    [_textview setBackgroundColor:[UIColor greenColor]];
    if (index == 0) {
        _textview.text = @"从前有个人见人爱的小姑娘，喜欢戴着外婆送给她的一顶红色天鹅绒的帽子，于是大家就叫她小红帽。有一天，母亲叫她给住在森林的外婆送食物，并嘱咐她不要离开大路，走得太远。小红帽在森林中遇见了狼，她从未见过狼，也不知道狼性凶残，于是把来森林中的目的告诉了狼。狼知道后诱骗小红帽去采野花，自己跑到林中小屋去把小红帽的外婆吃了。并假装成外婆，等小红帽来找外婆时，狼一口把她吃掉了。后来一个猎人把小红帽和外婆从狼肚里救了出来。";
    }else{
        _textview.text = @"Once upon a time there was a little girl everyone loves, likes wearing the grandmother gave her a red velvet hat, so everyone called her little red riding hood. One day, the mother asked her to send food to the grandma lives in the forest, and he asked her not to leave the road, go too far. The small red hat met the wolf in the forest, she had never seen the wolf, also did not know the wolf is cruel, then the purpose of the forest to tell the wolf. After the trick the wolf know red hat to pick the wild flower, he ran to the forest cabin to the small red hat grandmother to eat. And put on a grandmother, the small red hat looks for the grandmother, she ate a wolf. Later, a hunter to Little Red Riding Hood and grandmother out of the wolf's stomach.";
    }
}
- (IBAction)seg2ValueChanged:(id)sender {
    NSInteger index = _seg2.selectedSegmentIndex;
    _textview.textAlignment = NSTextAlignmentLeft;
    _textview.font = [UIFont fontWithName:@"Verdana" size:12];
```

```
        [_textview setBackgroundColor:[UIColor grayColor]];
        if (index == 0) {
            _textview.text = @"从前,有一位长得很漂亮的女孩,她有一位恶毒的继母与两位心地不好的姐姐。
她便经常受到继母与两位姐姐的欺负,被逼着去做粗重的工作,经常弄得全身满是灰尘,因此被戏称为"灰姑娘"。有
一天,城里的王子举行舞会,邀请全城的女孩出席,但继母与两位姐姐却不让灰姑娘出席,还要她做很多工作,使她失
望伤心。这时,有一位仙女出现了,帮助她摇身一变成为高贵的千金小姐,并将老鼠变成马夫,南瓜变成马车,又变了
一套漂亮的衣服和一双水晶(玻璃)鞋给灰姑娘穿上。灰姑娘很开心,赶快前往皇宫参加舞会。仙女在她出发前提醒她,
不可逗留至午夜十二点,十二点以后魔法会自动解除。灰姑娘答应了,她出席了舞会,王子一看到她便被她迷住了,立
即邀她共舞。欢乐的时光过得很快,眼看就要午夜十二点了,灰姑娘不得已要马上离开,在仓皇间留下了一只水晶鞋。
王子很伤心,于是派大臣至全国探访,找出能穿上这只水晶鞋的女孩,尽管有后母及姐姐的阻碍,大臣仍成功地找到了
灰姑娘。王子很开心,便向灰姑娘求婚,灰姑娘也答应了,两人从此过着幸福快乐的生活。";
        }else{
            _textview.text = @"Once upon a time, there was a very pretty girl, she has a wicked
stepmother and two a bad sister. She often bullied by her stepmother and two sisters, was
forced to do heavy work, often made the whole body is full of dust, so called cinderella.
One day, the prince held town party, invited the girl to attend, but the stepmother and two
sisters don't let Cinderella attend, but she did a lot of work, make her sad disappointment.
At this time, there is a fairy appeared, to help her become a noble lady, and mice into a
coachman, a pumpkin into a carriage, and became a beautiful dress and a pair of crystal (glass)
to put on the shoe of cinderella. Cinderella is happy, go to the palace ball. The fairy remind
her before she left, can't stay until midnight twelve point, twelve point after the magic will
automatically terminate. Cinderella promise, she attended the party, the prince saw she was
fascinated by her, immediately invited her to dance. Happy days passed quickly, we should see
twelve midnight, Cinderella had to leave, leave a crystal shoe in the panic room. The prince
was very sad, then sent to the minister to visit, find out to wear the glass shoe girl, despite
the stepmother and sister obstacles, Minister managed to find cinderella. The prince was very
happy to marry, Cinderella, Cinderella also promised, two people live happily ever after.";
        }
    }
@end
```

运行结果如图 6.36 所示。

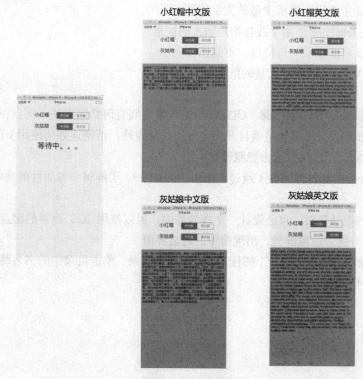

图 6.36　运行结果

6.4 小　　结

本章主要讲解了标签控件、文本框以及文本视图等相关方面的内容。本章的重点是在文本框以及文本视图中，键盘是如何退出的。通过对本章的学习，希望开发者可以掌握所学的知识，并且可以通过这些视图制作出一个简单的应用程序。

6.5 习　　题

一、选择题

1. 文本框 UITextField 的默认样式有四个，以下不属于其样式的是（　　）。
    A. UITextBorderStyleLine   B. UITextBorderStyleBezel
    C. UITextBorderSytleBar   D. UITextBorderStyleRoundedRect
2. iOS 默认的虚拟键盘属性有多种，下面虚拟键盘属性说法错误的是（　　）。
    A. Keyboard：设置键盘种类，可以根据不同的输入类型选择不同的键盘种类
    B. Return Key：设置键盘上 Return 键的显示样式，如显示 Go、Send、Join
    C. Appearance：键盘的外观设置
    D. Correction：将键盘上输入的字符全部转为大写
3. 下列说法错误的是（　　）。
    A. UILabel 主要用于显示少量的文字信息
    B. UITextField 主要是用于接收用户输入的信息
    C. UILabel 只能显示一行信息，不能换行显示
    D. UITextView 可以显示大量的信息

二、阐述题

1. 请阐述 UILabel、UITextField、UITextView 三者之间有何共同点和不同点。
2. UITextField 配合虚拟键盘是项目开发中常用到的控件，请阐述如何使用 UITextField 来显示及隐藏键盘，并尝试用多种方法去隐藏键盘。
3. 查看 UILabel 中的各种属性（通过 UILabel 头文件），了解每一种属性的功能及用法。

三、上机练习

1. 仿照手机的拨号界面，自己设计一个拨号界面，可以使用 iOS 自带的键盘，但需要实时显示号码，按下拨号键后隐藏键盘，出现简单的通话界面。
2. 结合上一章的内容，实现一个阅读器，第一页为目录，单击目录中的书名跳转到第二页显示书籍内容，并支持横竖屏显示。

第 7 章
图形图像

所谓图像，就是由数码相机、扫描仪、摄像机等输入设备捕捉实际的画面产生的数字图像。它们实际是由像素点阵构成的位图。所谓图形，就是指使用线构成的图画，它是矢量图。在手机软件开发中，使用图形图像可以使用户界面看起来更丰富多彩。本章将主要讲解用来显示图像的图像视图，以及如何通过代码来绘制路径、位图、文字等相关方面的内容。

7.1 图像视图

图像视图是专门用来显示图像的。本节主要讲解如何创建图像视图，以及如何在图像视图中显示图像。

7.1.1 创建图像视图

要使用图像视图，必须要先创建图像视图。创建图像视图的方式有两种：静态方式和动态方式。下面主要讲解如何使用动态方式创建图像视图。

1. 静态创建图像视图

【示例 7-1】在创建好的项目中，单击打开 Main.storyboard 文件。在视图库中找到 Image View 图像视图，将其拖动到设计界面，如图 7.1 所示。这样，一个图像视图就创建好了，如图 7.2 所示。

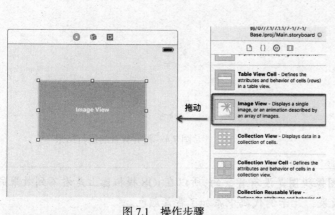

图 7.1 操作步骤

图 7.2 运行结果

2. 动态创建图像视图

要使用动态方式创建图像视图，最常使用到的方法是 initWithFrame:方法，其语法形式如下：

```
- (id)initWithFrame:(CGRect)aRect;
```

其中，(CGRect)aRect 用来设置图像视图的框架。

【示例 7-2】以下程序通过使用 initWithFrame:方法来创建一个位置及大小为（50,50,200,200）的图像视图。程序代码如下：

```
#import "ViewController.h"
@interface ViewController ()
@end
@implementation ViewController
- (void)viewDidLoad
{
    //创建图像视图
    UIImageView *imageview=[[UIImageView alloc]initWithFrame:CGRectMake(50, 50, 200, 200)];
    //设置背景颜色
    [imageview setBackgroundColor:[UIColor redColor]];
    //添加到当前的视图中
    [self.view addSubview: imageview];
    [super viewDidLoad];
    // Do any additional setup after loading the view, typically from a nib.
}
- (void)didReceiveMemoryWarning
{
    [super didReceiveMemoryWarning];
    // Dispose of any resources that can be recreated.
}
@end
```

运行结果如图 7.3 所示。

图 7.3 运行结果

图 7.4 没有背景的运行结果

使用动态方式创建的图像视图是没有背景的，所以在 iOS 模拟器上是看不到效果的，如图 7.4 所示。为了显示效果，此示例代码中添加了背景颜色。

7.1.2 显示图像

图像视图最重要的功能是显示图像,要实现此功能有三种方法。

1. 使用 Show the Attributes inspector

要在图像视图中显示图像,最简单的方式就是单击"Show the Attributes inspector"图标,进行 image 的设置。

【示例 7-3】以下程序通过单击"Show the Attributes inspector"图标,在出现的 Image View 面板下,对 image 进行设置,从而在图像视图中显示图像。操作步骤如下。

(1)创建一个项目,命名为 7-3。

(2)选择 Assets.xcassets,并在 dock 下面找到"+"并单击,选择"New Image Set",如图 7.5 所示。新建完 imageset 之后如图 7.6 所示。

图 7.5　操作步骤 1

(3)在工程项目文件夹的 Assets.xcassets 中,可以看到有一个 Image.imageset 文件夹,此文件夹就是我们创建 imageset 的时候自动创建的。我们可以把资源图片复制到里面。如图 7.7 所示。

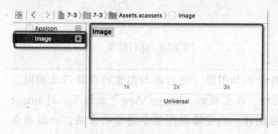

图 7.6　新建 imageset

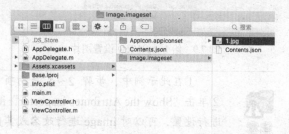

图 7.7　复制图片到 image.Imageset

(4)回到 Xcode 的 Assets.xcassets,可以看到 Unassigned 中已经存在我们刚才所复制的图片。我们将其拖动到 Image 中 2x 的图片框中去,如图 7.8 所示。

图 7.8　将图片加入到 Image 的 2x 图片框中

提示:Unassigned 代表未分配的图片,图片拷贝到相应文件夹后,在 Xcode 中 Assets.xcassets 相应的图片项中,则拷贝的图片会出现在 Unassigned 中,开发者需要将其拖动到 1x,2x 或 3x 中才算分配成功。

Image 中出现 1x、2x、3x、分别代表 1 倍图、2 倍图、3 倍图。1 倍图一般用于分辨率比较低,比较老旧的设备中,3x 存在于手机 iPhone 6 plus/6s plus 中,其他情况属于 2x 图。若三个尺寸的图只有一个或两个,苹果会在缺失的图片对应的机器上显示其他倍数图,造成的情况是 App 所占用内存高或者图片显示不清晰。

(5)单击打开 Main.storyBoard 文件,从视图库中拖动一个 Image View 视图到设计界面,并调整其大小。

（6）选择"Show the Attributes inspector"图标，在选择的内容中对 Image View 中的 Image 进行设置，将其设置为刚才在 Assets.xcassets 中添加的图片 Image，如图 7.9 所示。

单击"运行"按钮，运行结果如图 7.10 所示。

图 7.9　给 ImageView 设置图片

图 7.10　运行结果

①在此示例中，步骤 2～4 是向项目中添加图像，之后添加图像的步骤与此相同。
②单击"Show the Attributes inspector"图标，在出现的"Image View"面板下，对 image 进行设置，可以对 image 进行改名或其他操作。此图像视图显示图像的方法，一般用在静态创建图像视图中。

2. 使用 image 属性

要使用代码来指定在图像视图中显示的图像，就要使用 image 属性，其语法形式如下：

```
@property(nonatomic,readonly)UImage *image;
```

【示例 7-4】以下程序通过使用 image 属性，在图像视图中显示图像。操作步骤如下。

（1）创建一个项目，命名为 7-4。

（2）添加一个图像到创建项目 Assets.xcassets 中。

（3）单击打开 Main.storyBoard 文件，从视图库中拖动一个 Image View 视图到设计界面，并调整其大小。

（4）在编辑页面打开 ViewController.h 和 Main.storyborad 文件，ImageView 关联连线到 ViewController.h 中，并命名为"imageview"。连线完成后，ViewController.h 中的程序代码如下：

```
#import <UIKit/UIKit.h>
@interface ViewController : UIViewController
@property (weak, nonatomic) IBOutlet UIImageView *imageview;
@end
```

（5）单击打开 ViewController.m 文件，编写代码，实现在图像视图中显示图像。程序代码如下：

```
#import "ViewController.h"
@interface ViewController ()
@end
```

```
@implementation ViewController
- (void)viewDidLoad
{
    UIImage *image=[UIImage imageNamed:@"Image"];        //加载图像
    _imageview.image=image;                               //将图像视图显示的图像指定为加载的图像
    [super viewDidLoad];
    // Do any additional setup after loading the view, typically from a nib.
}
- (void)didReceiveMemoryWarning
{
    [super didReceiveMemoryWarning];
    // Dispose of any resources that can be recreated.
}
@end
```

运行结果如图 7.11 所示。

3. 使用 initWithImage:方法

initWithImage:实现的功能是在创建的图像视图中，初始化一张要显示的图像，其语法形式如下：

```
-(id)initWithImage:(UIImage *)image;
```

图 7.11 运行结果

【示例 7-5】以下程序通过使用 initWithImage:方法，在动态创建图像视图的时候，初始化一张显示的图像。操作步骤如下：

（1）创建一个项目，命名为 7-5。
（2）添加一个图像到创建项目 Assets.xcassets 中。
（3）单击打开 ViewController.m 文件，编写代码，实现在动态创建图像视图时初始化一张要显示的图像。程序代码如下：

```
#import "ViewController.h"
@interface ViewController ()
@end
@implementation ViewController
- (void)viewDidLoad
{
    UIImageView *imageview=[[UIImageView alloc]initWithImage:
[UIImage imageNamed: @"Image"]];    //创建
    [self.view addSubview:imageview];
    [super viewDidLoad];
    // Do any additional setup after loading the view, typically from a nib.
}
- (void)didReceiveMemoryWarning
{
    [super didReceiveMemoryWarning];
    // Dispose of any resources that can be recreated.
}
@end
```

图 7.12 运行结果

运行结果如图 7.12 所示。

在不指定图像视图的区域及大小时，图像视图以图像的大小进行显示。

7.2 设置独特的图像视图

在 iOS 9 应用程序中,图像视图并不是一成不变的,可以对图像视图进行位置的改变、缩放以及方向的旋转等操作,通过这些操作,可以使图像视图看起来与众不同。下面主要介绍图像视图的显示模式、改变位置、缩放、旋转等内容。

7.2.1 显示模式

为了使图像在显示的时候可以满足各种需要,视图提供了多种显示模式。创建好图像视图,并设置好显示的图像后,可以选择"Show the Attributes inspector"图标下的 View,在其中设置 Mode。"Mode"选项中提供了 13 种显示模式,分别为 Scale To Fill、Aspect Fit、Aspect Fill、Redraw、Center、Top、Bottom、Left、Right、Top Left、Top Right、Bottom Left、Bottom Right。在这 13 种显示模式中,最常用到的有三种,分别为 Scale To Fill、Aspect Fit 和 Aspect Fill,效果如图 7.13 所示。为了对比效果明显,现将 ImageView 背景颜色设置成黄色。

图 7.13 三种显示类型的效果

注意

Scale To Fill 会使图像全部显示出来,但是会导致图像变形。Aspect Fit 会保证图像比例不变,而且全部显示在图像视图中,这意味着图像视图会有部分空白。AspectFill 也保证图像比例不变,会填充整个图像视图,但是可能只有部分图像显示出来,一般不对 Mode 进行设置,默认为 Scale To Fill 模式。

图像的显示模式除了可以通过单击"Show the Attributes inspector"图标,在"View"面板下对 Mode 进行设置外,还可以使用 contentMode 属性进行设置,其语法形式如下:

```
@property(nonatomic) UIViewContentMode contentMode;
```

其中,显示类型有 UIViewContentModeScaleToFill、UIViewContentModeScaleAspectFit UIView ContentModeScaleAspectFill、UIViewContentModeRedraw、UIViewContentModeCenter UIViewContent ModeTop、UIViewContentModeBottom、UIViewContentModeLeft、UIViewContentModeRight、UIView ContentModeTopLeft、UIViewContentModeTopRight、UIViewContentModeBottomLeft、UIViewContent ModeBottomRight。

注意

在这些显示模式中凡是没有带 Scale 的，当图像尺寸超过图像视图的尺寸时，只有部分显示在图像视图中。

【示例 7-6】以下程序通过对 contentMode 属性进行设置，从而将图像视图的显示模式改变为 Aspect Fit 类型。操作步骤如下。

（1）创建一个项目，命名为 7-6。

（2）添加一个图像到创建项目 Assets.xcassets 中。

（3）单击打开 Main.storyBoard 文件，从视图库中拖动一个"Image View"视图到设计界面，并调整大小。

（4）选择"Show the Attributes inspector"图标，在 Image View 下，设置 image 为 Assets.xcassets 中的 Image。

（5）在编辑页面打开 ViewController.h 和 Main.storyborad 文件，ImageView 关联连线到 ViewController.h 中，并命名为"imageview"。连线完成后，ViewController.h 中的程序代码如下：

```
#import <UIKit/UIKit.h>
@interface ViewController : UIViewController
@property (weak, nonatomic) IBOutlet UIIMageView *imageview;
@end
```

（6）单击打开 ViewController.m 文件，编写代码，实现在图像视图中改变显示模式。程序代码如下：

```
#import "ViewController.h"
@interface ViewController ()
@end
@implementation ViewController
- (void)viewDidLoad
{
    _imageview.contentMode=UIViewContentModeScaleAspectFit;        //改变显示模式
    [super viewDidLoad];
     // Do any additional setup after loading the view, typically from a nib.
}
- (void)didReceiveMemoryWarning
{
    [super didReceiveMemoryWarning];
    // Dispose of any resources that can be recreated.
}
@end
```

运行结果如图 7.14 所示。

图 7.14 运行结果

7.2.2 改变位置

显示在 iOS 模拟器上的图像视图，位置并不是不可修改的。如果要修改，就要使用到三个属性，分别为 frame、center、transform。只要对这些属性中的任何一个进行改变，那么图像视图就会发生改变。

1. frame

frame 属性实现的功能是通过对图像视图左上角位置的改变来改变整个图像视图的位置，其语法形式如下：

```
@property(nonatomic) CGRect frame;
```

【示例 7-7】以下程序通过使用 frame 属性对图像视图的位置进行改变。操作步骤如下。

（1）创建一个项目，命名为 7-7。

（2）添加一个图像到创建项目 Assets.xcassets 中。

（3）单击打开 ViewController.m 文件，编写代码，实现图像视图位置的改变。程序代码如下：

```
#import "ViewController.h"
@interface ViewController ()
@end
@implementation ViewController
-(void)viewDidLoad
{
    UIImageView *imageview=[[UIImageView alloc]initWithFrame:CGRectMake(20, 20, 150, 150)];
    UIImage *image=[UIImage imageNamed:@"Image"];
    imageview.image=image;
    imageview.frame=CGRectMake(100, 100, 150, 150);                    //改变位置
    [self.view addSubview:imageview];
    [super viewDidLoad];
    // Do any additional setup after loading the view, typically from a nib.
}
-(void)didReceiveMemoryWarning
{
    [super didReceiveMemoryWarning];
    // Dispose of any resources that can be recreated.
}
@end
```

运行结果如图 7.15 所示。

注意

frame 属性不仅可以使位置发生变化，还可以使大小发生变化。如果想要将此示例中图片的大小和位置都发生变化，只需修改改变位置的 frame 属性，代码如下：

```
imageview.frame=CGRectMake(100, 100, 250, 250);
```

运行结果如图 7.16 所示。

图 7.15　运行结果　　　　　　　　　　　　图 7.16　运行结果

2. center

center 属性实现的功能是通过对图像视图中心点的位置的改变来改变图像视图的整个位置，其语法形式如下：

```
@property(nonatomic)CGPoint center;
```

【示例 7-8】以下程序通过使用 center 属性对图像视图的位置进行改变。操作步骤如下。

（1）创建一个项目，命名为 7-8。

（2）添加一个图像到创建项目 Assets.xcassets 中。

（3）单击打开 ViewController.m 文件，编写代码，实现图像视图位置的改变。程序代码如下：

```
#import "ViewController.h"
@interface ViewController ()
@end
@implementation ViewController
- (void)viewDidLoad
{
    UIImageView * imageview =[[UIImageView alloc]initWithFrame:CGRectMake(50, 50, 250, 250)];
    UIImage *image=[UIImage imageNamed:@"Image"];
    imageview.image=image;
    imageview.center=CGPointMake(0, 0);
    [self.view addSubview: imageview];
    [super viewDidLoad];
    // Do any additional setup after loading the view, typically from a nib.
}
- (void)didReceiveMemoryWarning
{
    [super didReceiveMemoryWarning];
    // Dispose of any resources that can be recreated.
}
@end
```

运行结果如图 7.17 所示。

3. transform

transform 属性的语法形式如下：

```
@property(nonatomic)CGAffineTransform transform;
```

要通过 transform 属性改变位置，就要对此属性中的 CGAffineTransformMakeTranslation 进行设置，其语法形式如下：

```
视图对象名.transform=CGAffineTransformMakeTranslation(CGFloat tx, CGFloat ty);
```

其中，tx、ty 是指将图像向 x 轴或者 y 轴方向移动多少的数值。

图 7.17　运行结果

【示例 7-9】以下程序通过使用 center 属性对图像视图的位置进行改变。操作步骤如下。

（1）创建一个项目，命名为 7-9。

（2）添加一个图像到创建项目 Assets.xcassets 中。

（3）单击打开 ViewController.m 文件，编写代码，实现图像视图位置的改变。程序代码如下：

```
#import "ViewController.h"
@interface ViewController ()
@end
@implementation ViewController
- (void)viewDidLoad
{
    UIImageView *imageview=[[UIImageView alloc]initWithFrame:CGRectMake(50, 50, 250, 250)];
    UIImage *image=[UIImage imageNamed:@"Image"];
    imageview.image=image;
    imageview.transform=CGAffineTransformMakeTranslation(20, 80);          //改变位置
    [self.view addSubview: imageview];
    [super viewDidLoad];
    // Do any additional setup after loading the view, typically from a nib.
}
- (void)didReceiveMemoryWarning
{
    [super didReceiveMemoryWarning];
    // Dispose of any resources that can be recreated.
}
@end
```

运行结果如图 7.18 所示。

图 7.18　运行结果

7.2.3　改变大小

在图像视图中，可以根据要显示图像的大小，对图像视图的大小进行改变。改变图像视图的大小有两种方法：一种是使用 frame 属性，另一种是使用 bounds 属性。frame 属性在 7.2.1 小节中讲解过了，以下主要讲解 bounds 属性。

frame 指的是该视图在设计界面坐标系统中的位置和大小。参照点是设计界面，即为相对坐标。bounds 和 frame 有所不同，bounds 指的是该视图本身内部的坐标系统中的位置和大小。参照点是本身的坐标系统，即为绝对坐标。bounds 属性的语法形式如下：

```
@property(nonatomic)CGRect bounds;
```

【示例 7-10】以下程序通过使用 bounds 属性对图像视图的大小进行改变。操作步骤如下。
（1）创建一个项目，命名为 7-10。
（2）添加一个图像到创建项目 Assets.xcassets 中。
（3）单击打开 ViewController.m 文件，编写代码，实现图像视图大小的改变。程序代码如下：

```
#import "ViewController.h"
@interface ViewController ()
@end
@implementation ViewController
- (void)viewDidLoad
{
    UIImageView *imageview=[[UIImageView alloc]initWithFrame:CGRectMake(100, 100, 100, 100)];
    UIImage *image=[UIImage imageNamed:@"Image"];
    imageview.image=image;
    imageview.bounds=CGRectMake(0, 0, 250, 250);                           //改变大小
    [self.view addSubview: imageview];
    [super viewDidLoad];
    // Do any additional setup after loading the view, typically from a nib.
```

```
}
- (void)didReceiveMemoryWarning
{
    [super didReceiveMemoryWarning];
    // Dispose of any resources that can be recreated.
}
@end
```

运行结果如图 7.19 所示。

图 7.19　运行结果

7.2.4　旋转

图像视图是可以进行旋转的。要想实现旋转功能，就要对 transform 属性的 CGAffineTransformMakeRotation 进行设置，其语法形式如下：

```
视图对象名.transform = CGAffineTransformMakeRotation(CGFloat angle);
```

其中，CGFloat angle 用来指定要旋转的角度，此角度是以弧度制为单位的。弧度和角度的之间的转换公式如下：

弧度=角度*π/180
角度=弧度/Π*180

【示例 7-11】以下程序通过使用 transform 属性使图像视图旋转 180 度。操作步骤如下。
（1）创建一个项目，命名为 7-11。
（2）添加一个图像到创建项目 Assets.xcassets 中。
（3）单击打开 ViewController.m 文件，编写代码，实现图像视图的旋转。程序代码如下：

```
#import "ViewController.h"
@interface ViewController ()
@end
@implementation ViewController
- (void)viewDidLoad
{
    UIImageView *imageview=[[UIImageView alloc]initWithFrame:CGRectMake(100, 100, 150, 150)];
    UIImage *image=[UIImage imageNamed:@"Image"];
    imageview.image=image;
    imageview.transform=CGAffineTransformMakeRotation(3.14159);    //实现图像视图的 180
```

度旋转

```
    [self.view addSubview: imageview];
    [super viewDidLoad];
     // Do any additional setup after
loading the view, typically from a nib.
}
- (void)didReceiveMemoryWarning
{
    [super didReceiveMemoryWarning];
    // Dispose of any resources that can
be recreated.
}
@end
```

运行结果如图 7.20 所示。

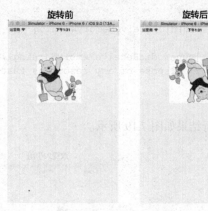

图 7.20　运行结果

7.2.5　缩放

transform 属性还可以实现的一个功能就是对图像视图的内容进行缩放。要实现此功能，就要对 transform 属性中的 CGAffineTransformMakeScale 进行设置。

图像视图对象.transform=CGAffineTransformMakeScale(CGFloat sx, CGFloat sy);

其中，CGFloat sx 与 CGFloat sy 分别表示将原来的宽度和高度缩放到多少倍。

【示例 7-12】以下程序通过使用 transform 属性将使用 initWithFrame:方法创建的图像视图放大 3 倍。操作步骤如下。

（1）创建一个项目，命名为 7-12。

（2）添加一个图像到创建项目 Assets.xcassets 中。

（3）单击打开 ViewController.m 文件，编写代码，实现图像视图的放大。程序代码如下：

```
#import "ViewController.h"
@interface ViewController ()
@end
@implementation ViewController
- (void)viewDidLoad
{
    UIImageView *imageview=[[UIImageView alloc]initWithFrame:CGRectMake(120, 180, 100, 100)];
    UIImage *image=[UIImage imageNamed:@"Image"];
    imageview.image=image;
    imageview.transform=CGAffineTransformMakeScale(3, 3);         //缩放
    [self.view addSubview: imageview];
    [super viewDidLoad];
     // Do any additional setup after
loading the view, typically from a nib.
}
- (void)didReceiveMemoryWarning
{
    [super didReceiveMemoryWarning];
    // Dispose of any resources that can be
recreated.
}
@end
```

运行结果如图 7.21 所示。　　　　　　　　　　　　　　图 7.21　运行结果

7.3 图像视图的应用——图片浏览器

通过图像视图可以实现图片的浏览。

【示例 7-13】实现一个简单的图片浏览器。

（1）创建一个项目，命名为 7-13。

（2）添加 4 个图像到创建项目 Assets.xcassets 中，分别重命名为 image1、image2、image3、image4。

（3）单击打开 Main.storyboard 文件，从视图库中拖动 5 个 Image View 图像视图到设计界面。

（4）在每一个图像视图中，都有放入图片。选择工具窗口的"Show the Attributes inspector"图标，在 Image View 下的 image 中进行设置就可以了。

（5）从视图库中拖动 1 个 Lable 标签控件到设计界面，双击将标签改为"图片浏览"。

（6）从视图库中拖动 4 个 Button 按钮控件到设计界面，去除 Button 上的文字并覆盖到下面 4 个 ImageView 上面。这时设计界面的效果如图 7.22 所示。

（7）在打开 Main.storyboard 文件的同时将 ViewController.h 文件打开，将 Main.storyboard 文件中拖到用户设计界面的 4 个按钮控件和 ViewController.h 文件进行动作的声明和关联连线。将 5 个 ImageView 进行变量声明和关联连线。

连线完成后 ViewController.h 的程序代码如下：

图 7.22　操作步骤 1

```
#import <UIKit/UIKit.h>
@interface ViewController : UIViewController
@property (weak, nonatomic) IBOutlet UIImageView *imageview;
@property (weak, nonatomic) IBOutlet UIImageView *imageview1;
@property (weak, nonatomic) IBOutlet UIImageView *imageview2;
@property (weak, nonatomic) IBOutlet UIImageView *imageview3;
@property (weak, nonatomic) IBOutlet UIImageView *imageview4;
- (IBAction)pressButton1:(id)sender;
- (IBAction)pressButton2:(id)sender;
- (IBAction)pressButton3:(id)sender;
- (IBAction)pressButton4:(id)sender;
@end
```

（8）单击打开 Viewcontroller.m 文件，编写代码，实现图片浏览器的操作。程序代码如下：

```
#import "ViewController.h"
@interface ViewController ()
@end
@implementation ViewController
- (void)viewDidLoad
{
    [super viewDidLoad];
    // Do any additional setup after loading the view, typically from a nib.
```

```
}
- (void)didReceiveMemoryWarning
{
    [super didReceiveMemoryWarning];
    // Dispose of any resources that can be recreated.
}
- (IBAction)pressButton1:(id)sender {
    _imageview1.transform=CGAffineTransformMakeScale(1.3, 1.3);
    _imageview2.transform=CGAffineTransformMakeScale(1.0, 1.0);
    _imageview3.transform=CGAffineTransformMakeScale(1.0, 1.0);
    _imageview4.transform=CGAffineTransformMakeScale(1.0, 1.0);
    UIImage *image=[UIImage imageNamed:@"image1"];
    _imageview.image=image;
}
- (IBAction)pressButton2:(id)sender {
    _imageview1.transform=CGAffineTransformMakeScale(1.0, 1.0);
    _imageview2.transform=CGAffineTransformMakeScale(1.3, 1.3);
    _imageview3.transform=CGAffineTransformMakeScale(1.0, 1.0);
    _imageview4.transform=CGAffineTransformMakeScale(1.0, 1.0);
    UIImage *image=[UIImage imageNamed:@"image2"];
    _imageview.image=image;
}
- (IBAction)pressButton3:(id)sender {
    _imageview1.transform=CGAffineTransformMakeScale(1.0, 1.0);
    _imageview2.transform=CGAffineTransformMakeScale(1.0, 1.0);
    _imageview3.transform=CGAffineTransformMakeScale(1.3, 1.3);
    _imageview4.transform=CGAffineTransformMakeScale(1.0, 1.0);
    UIImage *image=[UIImage imageNamed:@"image3"];
    _imageview.image=image;
}
- (IBAction)pressButton4:(id)sender {
_imageview1.transform=CGAffineTransformMakeScale(1.0, 1.0);
    _imageview2.transform=CGAffineTransformMakeScale(1.0, 1.0);
    _imageview3.transform=CGAffineTransformMakeScale(1.0, 1.0);
    _imageview4.transform=CGAffineTransformMakeScale(1.3, 1.4);
    UIImage *image=[UIImage imageNamed:@"image4"];
    _imageview.image=image;
}
@end
```

运行结果如图 7.23 所示。

图 7.23　运行结果

7.4 绘制图形术语简介

Quartz 2D 是一个二维图形绘制引擎。它是 iOS 自带的，通过这个绘制引擎，可以绘制出直线、矩形、圆等丰富多彩的图形。本节主要讲解在绘制图形时常用到的一些术语。

7.4.1 图形上下文

在 Quartz 2D 中，绘图是在图形上下文中进行的，可以将图形上下文理解为一个画布。一个图形上下文表示一个绘制目标，它包含绘制系统用于完成绘制指令的绘制参数和设备的相关信息。图形上下文定义基本图形属性，如颜色、剪切区域、线的宽度、样式信息、字体信息、合成选项等。（在 C++中，图形上下文一般称为图形句柄）。

7.4.2 图形上下文的分类

图形上下文可以根据功能、设备的不同分为 5 类。这 5 类图形上下文的名称和功能如表 7-1 所示。

表 7-1　　　　　　　　　　　　　　图形上下文分类

名　　称	功　　能
Bitmap graphics context（位图图形上下文）	允许用户绘制 RGB 或者 CMYK 颜色，或者调用一张位图的灰度
PDF graphics context（PDF 图形上下文）	可以让用户创建 PDF 文件。PDF 文件是 Adobe 公司的矢量绘图协议，可以直接打印
Window graphics context（窗口图形上下文）	可以让用户创建的图形上下文绘制到窗口，前提是用户必须要在此窗口中获取当前的图形上下文
Layer graphics context（图层图形上下文）	可以让用户的图形上下文绘制到图层中
PostScript graphics context	针对打印机

7.4.3 Quartz 2D 定义的数据类型

在 Quartz 2D 有一些特定的数据类型。Quartz 2D 根据这些数据类型创建相应的对象，并使用这些对象做一些操作以达到一定的图形输出效果。Quartz 2D 的数据类型以及功能如表 7-2 所示。

表 7-2　　　　　　　　　Quartz 2D 定义的数据类型以及功能

数 据 类 型	功　　能
CGPathRef	用于向量图，可创建路径，并进行填充或描画（stroke）
CGImageRef	用于处理图片
CGLayerRef	用于处理图层
CGShadingRef CGGradientRef	用于处理渐变
CGFunctionRef	用于定义回调函数，该函数包含一个随机的浮点值参数，当为阴影创建渐变时使用该类型

续表

数 据 类 型	功　能
CGColorRef CGColorSpaceRef	用于处理颜色
CGPatternRef	用于重绘图
CGImageSourceRef CGImageDestinationRef	用于在 Quartz 中移入或移出数据
CGFontRef	用于绘制字体
CGPDFDictionaryRef CGPDFObjectRef CGPDFPageRef CGPDFStream CGPDFStringRef and CGPDFArrayRef	用于访问 PDF 的元数据
CGPDFScannerRef CGPDFContentStreamRef	用于解析 PDF 格式
CGPSConverterRef	用于将 PostScript 转化成 PDF
CGDataConsumerRef	用于管理数据

7.4.4　获取当前的图形上下文

在使用 Quartz 2D 绘图时，一般都是在图形上下文中进行，所以在绘制图形时，最主要的工作就是要获取当前的图形上下文。要实现获取功能，就要使用 UIGraphicsGetCurrentContext()函数，其语法形式如下：

```
CGContextRef UIGraphicsGetCurrentContext();
```

其中，函数的返回值为 CGContextRef 类型。

7.4.5　使用 Quartz 2D 绘图的步骤

指定了在绘制图形中使用的术语后，下面来讲解使用 Quartz 2D 绘制图形的步骤。
（1）创建项目。
（2）在创建的项目中，创建一个基于 UIView 的类，类名为 draw（类名可以由开发者自己决定）。
（3）在创建新类的接口文件的 drawRect:方法中编写代码。程序代码如下：

```
#import "draw.h"
@implementation draw
// Only override drawRect: if you perform custom drawing.
// An empty implementation adversely affects performance during animation.
- (void)drawRect:(CGRect)rect
{
    //编写有关绘制图形的代码
}
@end
```

（4）代码写完毕后，单击打开 Main.storyboard 文件，单击设计界面，在工具窗口中选择"Show the Identity inspector"图标，在 Custom Class 下对 Class 进行设置，将其设置为创建的 draw 类，如图 7.24 所示。

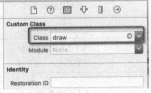

图 7.24　操作步骤

(5)这时运行结果就可以看到绘制的图形了。

7.5 绘制路径

路径是使用贝赛尔曲线所构成的一段闭合或者开放的曲线段。通过路径可以绘制出线段、矩形、圆等图形。本节主要介绍绘制线段、绘制矩形等相关方面的知识。

7.5.1 绘制线段

在绘制路径中,绘制线段是最简单的一种操作。要绘制线段可以使用两种方法:一种是通过两个点实现,另一种是通过多个点进行实现。

1. 使用两点法绘制线段

要通过两个点进行实现,必须要对线段的起点和终点进行设置。操作步骤如下:

(1)设置起点

要设置起点,就要使用CGContextMoveToPoint()函数,其语法形式如下:

```
void CGContextMoveToPoint(
    CGContextRef c,
    CGFloat x,
    CGFloat y
);
```

其中,CGContextRef c 用来指定图形上下文;CGFloat x 用来指定线段起点在 X 轴的位置;CGFloat y 用来指定线段起点在 Y 轴的位置。

(2)设置终点

要设置终点,就要使用CGContextAddLineToPoint()函数,其语法形式如下:

```
void CGContextAddLineToPoint(
    CGContextRef c,
    CGFloat x,
    CGFloat y
);
```

其中,CGContextRef c 用来指定图形上下文;CGFloat x 用来指定线段终点在 X 轴的位置;CGFloat y 用来指定线段终点在 Y 轴的位置。

(3)填充

设置好起点和终点之后,就可以进行绘制了,所谓绘制也就是填充,它的功能就像一支画笔,画出设置的线段,其语法形式如下:

```
void CGContextStrokePath(
    CGContextRef c
);
```

其中,CGContextRef c 用来指定当前的图形上下文。此填充在绘制路径中是必须使用的。

【示例7-14】以下程序通过使用CGContextMoveToPoint()和CGContextAddLineToPoint()函数绘制一条线段,起点为(50,150),终点为(260,150),操作步骤如下。

(1)创建一个名为 7-14 的项目。

（2）创建一个基于 UIView 的类，类名为 draw。
（3）单击打开 draw.m 文件，编写代码，实现绘制一个线段。程序代码如下：

```
#import "draw.h"
@implementation draw
// Only override drawRect: if you perform custom drawing.
// An empty implementation adversely affects performance during animation.
- (void)drawRect:(CGRect)rect
{
    CGContextRef context=UIGraphicsGetCurrentContext();      //获取图形上下文
    CGContextMoveToPoint(context, 50, 150);                  //设置起点
    CGContextAddLineToPoint(context, 260, 150);              //设置终点
    CGContextStrokePath(context);                            //填充
}
@end
```

（4）单击打开 Main.storyboard 文件，单击用户设计界面，选择右侧的"Show the Identity inspector"选项，将 Custom Class 中的 Class 设置为刚才创建的类 draw，就可以得到运行结果了，如图 7.25 所示。

2. 使用多点法绘制线段

要实现通过多个点绘制线段，就要使用 CGContextAddLines() 函数，其语法形式如下：

```
void CGContextAddLines(
    CGContextRef c,
    const CGPoint *points,
    size_t count
);
```

图 7.25　运行结果

其中，CGContextRef c 用来指定图形上下文；const CGPoint *points 用来指定线段的起点和终点，它是一个点数组；size_t count 用来指定数组中元素的个数。

【示例 7-15】以下程序通过使用 CGContextAddLines() 函数，实现通过多个点来绘制一条线段。操作步骤如下。

（1）创建一个名为 7-15 的项目。
（2）创建一个基于 UIView 的文件，文件名为 draw。
（3）单击打开 draw.m 文件，编写代码，实现使用多点法绘制一条折线。程序代码如下：

```
#import "draw.h"
@implementation draw
// Only override drawRect: if you perform custom drawing.
// An empty implementation adversely affects performance during animation.
- (void)drawRect:(CGRect)rect
{
    CGContextRef context=UIGraphicsGetCurrentContext();
    CGPoint lines[]={
        CGPointMake(10, 100),
        CGPointMake(70, 200),
        CGPointMake(130, 100),
        CGPointMake(190, 200),
        CGPointMake(250, 100),
        CGPointMake(310, 200),
    };
```

```
        CGContextAddLines(context, lines, sizeof(lines)/sizeof(lines[0]));
        CGContextStrokePath(context);
}
@end
```

（4）单击打开 Main.storyboard 文件，单击用户设计界面，选择右侧的 "Show the Identity inspector" 选项，将 Custom Class 中的 Class 设置为刚才创建的类 draw，就可以得到运行结果了，如图 7.26 所示。

图 7.26　运行结果

CGContextStrokePath()函数是连续填充的方法，它是不间断的。那么要绘制简单的线段又该如何设置呢？这时就要使用 CGContextStrokeLineSegments()函数，其语法形式如下：

```
void CGContextStrokeLineSegments(
CGContextRef c,
const CGPoint *points,
size_t count
);
```

其中，CGContextRef c 用来指定图形上下文；const CGPoint *points 用来指定线段的起点和终点，它是一个点的数组；size_t count 用来指定数组中元素的个数。

【示例 7-16】以下程序通过使用 CGContextStrokeLineSegments()函数，绘制 3 条平行线。操作步骤如下。

（1）创建一个名为 7-15 的项目。
（2）创建一个基于 UIView 的文件，文件名为 draw。
（3）单击打开 draw.m 文件，编写代码，实现绘制 3 条平行线。程序代码如下：

```
#import "draw.h"
@implementation draw
// Only override drawRect: if you perform custom drawing.
// An empty implementation adversely affects performance during animation.
- (void)drawRect:(CGRect)rect
{
    CGContextRef context=UIGraphicsGetCurrentContext();
    CGPoint addLines[]=
    {
```

```
        CGPointMake(10.0, 200),
        CGPointMake(50.0, 100),
        CGPointMake(90.0, 200),
        CGPointMake(130.0, 100),
        CGPointMake(170.0, 200),
        CGPointMake(210.0, 100),
    };
    //绘制
    CGContextStrokeLineSegments(context, addLines,sizeof(addLines)/ sizeof(addLines[0]));
}
@end
```

（4）单击打开 Main.storyboard 文件，单击用户设计界面，选择右侧的"Show the Identity inspector"选项，将 Custom Class 中的 Class 设置为刚才创建的类 draw，就可以得到运行结果了，如图 7.27 所示。

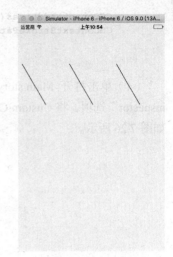

图 7.27　运行结果

7.5.2　绘制矩形

在 Quartz 2D 中，实现矩形的绘制要使用 CGContextAddRect()函数，其语法形式如下：

```
void CGContextAddRect(
    CGContextRef c,
    CGRect rect
);
```

其中，CGContextRef c 用来指定图形上下文；CGRect rect 用来指定矩形的位置及大小。

【示例 7-17】以下程序通过使用 CGContextAddRect()函数绘制一个位置及大小为（70，150，200，100）的矩形。操作步骤如下。

（1）创建一个名为 7-17 的项目。

（2）创建一个基于 UIView 的类，类名为 draw。

（3）单击打开 draw.m 文件，编写代码，实现绘制一个矩形。程序代码如下：

```
#import "draw.h"
@implementation draw
// Only override drawRect: if you perform custom drawing.
// An empty implementation adversely affects performance during animation.
- (void)drawRect:(CGRect)rect
{
    CGContextRef context=UIGraphicsGetCurrentContext();
    CGContextAddRect(context, CGRectMake(70, 150, 200, 100));
        //绘制矩形
    CGContextStrokePath(context);
}
@end
```

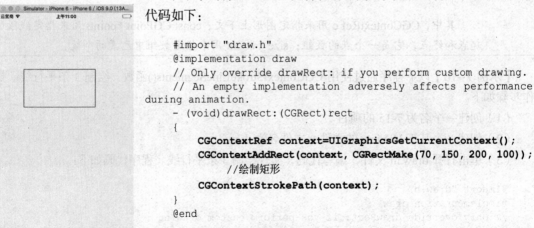

图 7.28　运行结果

（4）单击打开 Main.storyboard 文件，单击用户设计界面，选择右侧的"Show the Identity inspector"选项，将 Custom Class 中的 Class 设置为刚才创建的类 draw，就可以得到运行结果了，如图 7.28 所示。

7.5.3 路径函数总结

使用路径除了可以绘制线段、矩形之外，还可以绘制很多图形。例如，可以绘制平行线、圆、圆弧等。在 Quartz 2D 中常用的绘制路径的函数及功能如表 7-3 所示。

表 7-3　　　　　　　　　　　　　　　路径函数

指　令		功　能
绘制线段	CGContextMoveToPoint()	设置起点
	CGContextAddLineToPoint()	设置终点
	CGContextAddLines()	设置多个线段的点
绘制矩形	CGContextAddRect()	设置一个矩形的位置及大小
	CGContextAddRects()	设置多个矩形的位置及大小
绘制圆	CGContextAddEllipseInRect()	设置圆的位置及大小
绘制圆弧	CGContextAddArcToPoint()	设置圆弧的终点
	CGContextAddArc()	设置圆弧
绘制贝塞尔曲线	CGContextAddQuadCurveToPoint()	设置贝塞尔曲线
	CGContextAdd CurveToPoint()	
闭合当前路径	CGContextClosePath()	闭合当前的路径
描边或填充路径	CGContextStrokePath()	描边
	CGContextFillPath()	
	CGContextEOFillPath()	
	CGContextDrawPath()	
清除矩形	CGContextClearRect()	清除矩形

7.5.4 为图形添加特效

在绘制图形中，可以设置绘制图形的线宽、线条颜色及添加一个阴影等，可以将这些功能称为特效。

1. 设置线宽

在绘制图形时，线的宽度是有粗有细的，要实现线条的粗细不同，就要使用 CGContextSetLineWidth()函数，其语法形式如下：

```
void CGContextSetLineWidth(
    CGContextRef c,
    CGFloat width
);
```

其中，CGContextRef c 用来指定图形上下文，CGFloat width 用来指定线宽。

2. 设置线条的颜色

由于线条默认为黑色，因此要对线条的颜色进行设置，这里使用 CGContextSetRGBStrokeColor()函数，其语法形式如下：

```
void CGContextSetRGBStrokeColor(
    CGContextRef context,
```

```
    CGFloat red,
    CGFloat green,
    CGFloat blue,
    CGFloat alpha
);
```

其中，CGContextRef context 用来指定图形上下文，CGFloat red 用来指定红色的颜色分量，CGFloat green 用来指定绿色的颜色分量，CGFloat blue 用来指定蓝色的颜色分量，CGFloat alpha 用来指定透明度。颜色分量和透明度的数值范围为 0～1，其中 0 表示无颜色和完全透明，1 表示有颜色和不透明。

【示例 7-18】以下程序通过使用 CGContextSetLineWidth()函数和 CGContextSetRGBStrokeColor()函数对绘制的正方形的线宽和线的颜色进行设置，其中线宽为 10，线的颜色为红色。操作步骤如下。

（1）创建一个名为 7-18 的项目。

（2）创建一个基于 UIView 的类，类名为 draw。

（3）单击打开 draw.m 文件，编写代码，实现绘制一个正方形，其线宽为 10，颜色为绿色。程序代码如下：

```
#import "draw.h"
@implementation draw
// Only override drawRect: if you perform custom drawing.
// An empty implementation adversely affects performance during animation.
- (void)drawRect:(CGRect)rect
{
    CGContextRef context=UIGraphicsGetCurrentContext();
    CGContextSetLineWidth(context, 10);
    CGContextSetRGBStrokeColor(context, 0.0, 10.0, 0.0, 1.0);      //设置线条的颜色
    CGContextAddRect(context, CGRectMake(70, 150, 200, 200));
    CGContextStrokePath(context);
}
@end
```

（4）单击打开 Main.storyboard 文件，单击用户设计界面，选择右侧的 "Show the Identity inspector" 选项，将 Custom Class 中的 Class 设置为刚才创建的类 draw，就可以运行得到结果了，如图 7.29 所示。

3. 绘制渐变色

渐变色是指某个物体的颜色柔和晕染开来的色彩，从明到暗，或由深转浅，或是从一个色彩过渡到另一个色彩，充满变幻无穷的神秘浪漫气息。要想绘制渐变色，首先要创建渐变色，使用的函数是 CGGradientCreateWithColorComponents()函数，其语法形式如下：

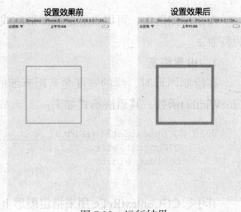

图 7.29　运行结果

```
CGGradienRef CGGradientCreateWithColorComponents(
    CGColorSpaceRef space,
    const CGFloat *components,
    const CGFloat *locations,
    size_t count
);
```

其中，CGColorSpaceRef space 用来指定色彩空间，这是一个色彩范围的容器；const CGFloat *components 用来指定颜色分量的数组，这个数组必须包含 CGFloat 类型的红、绿、蓝和 alpha 值；const CGFloat *locations 用来指定颜色数组各颜色的位置，它用来控制从一个颜色到另一个颜色过渡的速度；size_t count 用来指定位置数组的颜色数量。创建好线性渐变之后，就可以使用 CGContextDrawLinearGradient()函数绘制该线性渐变了，其语法形式如下：

```
void CGContextDrawLinearGradient(
    CGContextRef context,
    CGGradientRef gradient,
    CGPoint startPoint,
    CGPoint endPoint,
    CGGradientDrawingOptions options
);
```

其中，CGContextRef context 用来指定图形上下文；CGGradientRef gradient 用来指定使用 CGGradientCreateWithColorComponents()函数创建线性渐变对象的句柄；CGPoint startPoint 用来指定线性渐变的起点；CGPoint endPoint 用来指定线性渐变的终点；CGGradientDrawingOptions options 用来指定当起点或者终点不在图形上下文的边缘内时，该如何处理，其中 CGGradientDrawingOptions options 可以有三个值：kCGGradientDrawsAfterEndLocation、kCGGradientDrawsBeforeStartLocation 和 0。

【示例 7-19】以下程序通过使用 CGGradientCreateWithColorComponents()函数和 CGContextDrawLinearGradient()函数创建并绘制一个渐变。操作步骤如下。

（1）创建一个名为 7-19 的项目。
（2）创建一个基于 UIView 的类，类名为 draw。
（3）单击打开 draw.m 文件，编写代码，实现创建并绘制渐变色。程序代码如下：

```
#import "draw.h"
@implementation draw
// Only override drawRect: if you perform custom drawing.
// An empty implementation adversely affects performance during animation.
- (void)drawRect:(CGRect)rect
{
    CGContextRef context=UIGraphicsGetCurrentContext();
    CGColorSpaceRef color=CGColorSpaceCreateDeviceRGB();           //创建色彩空间
    //设置开始颜色
    UIColor *start=[UIColor blueColor];
    CGFloat *startColorComp=(CGFloat *)CGColorGetComponents([start CGColor]);
    //设置结束颜色
    UIColor *end=[UIColor yellowColor];
    CGFloat *endColorComp=(CGFloat *)CGColorGetComponents([end CGColor]);
    //创建颜色分量数组
    CGFloat colorComponents[8] = {
        startColorComp[0],
        startColorComp[1],
        startColorComp[2],
        startColorComp[3],
        endColorComp[0],
        endColorComp[1],
        endColorComp[2],
        endColorComp[3],
    };
```

```
//指定渐变的开始位置和结束位置
CGFloat colorIndices[2] = {
    0.0f,
    1.0f,
};
CGGradientRef gradient =CGGradientCreateWithColorComponents (color,(const CGFloat
*)&colorComponents,(const CGFloat *)&colorIndices,2);          //创建渐变
    CGPoint startPoint, endPoint;
    startPoint = CGPointMake(120,260);                           //设置渐变的起点
    endPoint = CGPointMake(200.0,220);                           //设置渐变的终点
    CGContextDrawLinearGradient (context, gradient,startPoint, endPoint, 0);
    //绘制渐变
}
@end
```

（4）单击打开 Main.storyboard 文件，单击用户设计界面，选择右侧的"Show the Identity inspector"选项，将 Custom Class 中的 Class 设置为刚才创建的类 draw，就可以运行得到结果了，如图 7.30 所示。

4．添加阴影

在绘制图形中，阴影是经常使用到的，例如，要绘制一个在太阳下面的圆环，这时圆环的下面会出现一个阴影，要想实现阴影的添加，就要使用 CGContextSetShadow()函数，其语法形式如下：

```
void CGContextSetShadow(
    CGContextRef context,
    CGSize offset,
    CGFloat blur
);
```

图 7.30　运行结果

其中，CGContextRef context 用来指定图形上下文；CGSize offset 用来指定阴影的偏移量；CGFloat blur 用来指定模糊值，数值范围为 0～100，数值越大，阴影越模糊。

【示例 7-20】以下程序通过使用 CGContextSetShadow()函数，为绘制的圆添加一个阴影。操作步骤如下。

（1）创建一个名为 7-20 的项目。
（2）创建一个基于 UIView 的文件，文件名为 draw。
（3）单击打开 draw.m 文件，编写代码，实现为圆添加阴影。程序代码如下：

```
#import "draw.h"
@implementation draw
// Only override drawRect: if you perform custom drawing.
// An empty implementation adversely affects performance during animation.
- (void)drawRect:(CGRect)rect
{
    CGContextRef context=UIGraphicsGetCurrentContext();
    CGContextSetLineWidth(context, 15);
    CGContextSetRGBStrokeColor(context, 0.0, 1.0, 0.0, 1.0);
    CGContextAddEllipseInRect(context, CGRectMake(30.0, 50.0, 250, 250));
    CGContextSetShadow(context, CGSizeMake(20, 20), 20);           //添加阴影
    CGContextStrokePath(context);
}
@end
```

（4）单击打开 Main.storyboard 文件，单击用户设计界面，选择右侧的"Show the Identity inspector"选项，将 Custom Class 中的 Class 设置为刚才创建的类 draw，就可以运行得到结果了，如图 7.31 所示。

图 7.31　运行结果

7.6　绘制位图

在 Quartz 2D 绘图引擎中，除了可以使用路径绘制出图形外，还可以生成位图。本节主要讲解如何绘制位图。

7.6.1　绘制单个位图

如果要实现单个位图的绘制，就要使用 CGContextDrawImage()函数，其语法形式如下：

```
void CGContextDrawImage(
    CGContextRef c,
    CGRect rect,
    CGImageRef image
);
```

其中，CGContextRef c 用来指定图形上下文；CGRect rect 用来指定绘制区域；CGImageRef image 用来指定相应绘制的位图。

【示例 7-21】以下程序通过使用 CGContextDrawImage()函数来绘制一个位图。操作步骤如下。

（1）创建一个名为 7-21 的项目。
（2）创建一个基于 UIView 的文件，文件名为 draw。
（3）添加一个图像到创建项目 Assets.xcassets 中。
（4）单击打开 draw.m 文件，编写代码，实现绘制单个位图。程序代码如下：

```
#import "draw.h"
@implementation draw
```

```
    // Only override drawRect: if you perform custom drawing.
    // An empty implementation adversely affects performance
during animation.
    - (void)drawRect:(CGRect)rect
    {
        UIImage *image=[UIImage imageNamed:@"Image"];
        CGContextRef context=UIGraphicsGetCurrentContext();
        CGRect imageRect=CGRectMake(50, 150, 100, 100);
        CGContextDrawImage(context, imageRect, image.CGImage);
    }
    @end
```

（5）单击打开 Main.storyboard 文件，单击用户设计界面，选择右侧的 Show the Identity inspector 选项，将 Custom Class 中的 Class 设置为刚才创建的类 draw，就可以运行得到结果了，如图 7.32 所示。

图 7.32　运行结果

7.6.2　绘制多个位图

如果想要实现多个位图的绘制，就要使用 CGContextDrawTiledImage()函数，其语法形式如下：

```
void CGContextDrawTiledImage(
    CGContextRef c,
    CGRect rect,
    CGImageRef image
);
```

其中，CGContextRef c 用来指定图形上下文；CGRect rect 用来指定绘制区域的位置及大小。

【示例 7-22】以下程序通过使用 CGContextDrawTiledImage()函数，实现绘制多个位图。操作步骤如下。

（1）创建一个项目名为 7-22 的项目。
（2）创建一个基于 UIView 的文件，文件名为 draw。
（3）添加一个图像到创建项目 Assets.xcassets 中。
（4）单击打开 draw.m 文件，编写代码，实现为圆添加阴影。程序代码如下：

```
#import "draw.h"
@implementation draw
// Only override drawRect: if you perform custom drawing.
// An empty implementation adversely affects performance during
animation.
    - (void)drawRect:(CGRect)rect
    {
        UIImage *image=[UIImage imageNamed:@"Image"];
        CGContextRef context=UIGraphicsGetCurrentContext();
        CGRect imageRect=CGRectMake(0, 60, 60, 60);
        CGContextClipToRect(context, CGRectMake(0, 60, 320, 250));
        CGContextDrawTiledImage(context, imageRect, image.CGImage);
    }
    @end
```

（5）单击打开 Main.storyboard 文件，单击用户设计界面，选择右侧的 "Show the Identity inspector" 选项，将 Custom Class 中的 Class 设置为刚才创建的类 draw，就可以运行得到结果了，如图 7.33 所示。

图 7.33　运行结果

7.7 绘制文字

要在 iOS 模拟器上显示文字有两种方法：一种是使用显示文字的视图；另一种是使用 Quartz 2D 绘图引擎绘制文字。本节主要讲解如何使用 Quartz 2D 绘图引擎绘制文字。

7.7.1 文字设置

要想实现文字的绘制，首先要对文字的字体以及大小等内容进行设置。

1. 设置文字的字体

在 iOS 中文字的字体是很多的，如果要实现某一个特定字体的显示，就要对字体进行设置，使用 CGContextSetFont() 函数，可以实现此功能，其语法形式如下：

```
void CGContextSetFont (
    CGContextRef c,
    CGFontRef font
);
```

其中，**CGContextRef c** 用来指定图形上下文；**CGFontRef font** 用来指定文字的字体。

2. 设置文字的大小

要实现字体大小的设置，就要使用 CGContextSetFontSize() 方法，其语法形式如下：

```
void CGContextSetFontSize {
    CGContextRef c,
    CGFloat size
};
```

其中，**CGContextRef c** 用来指定图形上下文；**CGFloat size** 用来指定文字的大小。

7.7.2 设置转换矩阵

如果想要让文字进行放大、缩小、旋转、平移等操作，可以使用 CGContextSetTextMatrix() 函数实现，其语法形式如下：

```
void CGContextSetTextMatrix(
    CGContextRef c,
    CGAffineTransform t
);
```

其中，**CGContextRef c** 用来指定图形上下文；**CGAffineTransform t** 用来指定文字的转换矩阵。

7.7.3 填充字体

```
void CGContextShowGlyphsAtPositions(
    CGContextRef context,
    const CGGlyph glyphs[],
    const CGPoint positions[],
    size_t count
);
```

163

其中，CGContextRef c 用来指定图形上下文；const CGGlyph glyphs[]用来指定 Quartz 字形的数组；const CGPoint positions[]用来指定字形的位置，这个数组中的每一项和 Quartz 字形数组中的每一项相对应；size_t count 用来指定字形数组元素的个数。

【示例 7-23】以下程序通过使用 CGContextSetFont()函数、CGContextSetFontSize()函数、CGContextShowGlyphsAtPositions()函数绘制一个 y，其大小为 100，字体为 Helvetica。操作步骤如下：

（1）创建一个名为 7-23 的项目。
（2）创建一个基于 UIView 的文件，文件名为 draw。
（3）单击打开 draw.m 文件，编写代码，实现文字的绘制。程序代码如下：

```
#import "draw.h"
@implementation draw
// Only override drawRect: if you perform custom drawing.
// An empty implementation adversely affects performance during animation.
- (void)drawRect:(CGRect)rect
{
    CGContextRef context=UIGraphicsGetCurrentContext();
    CGFontRef font=CGFontCreateWithFontName((CFStringRef)@"Helvetica");   //定义字体
    CGContextSetFont(context, font);                                      //设置文字字体
    CGContextSetFontSize(context, 100.0);                                 //设置字体大小
    CGContextSetTextMatrix(context, CGAffineTransformMakeScale
(1.0, -1.0));                                //设置矩阵转换
    //定义位置
    CGPoint points[]={
        CGPointMake(150, -200),
    };
    CGGlyph glyhs[1]={92};            //y在Quartz中所对应的ID
    CGContextShowGlyphsAtPositions(context, glyhs, points,
3);                                //绘制文字
}
@end
```

（4）单击打开 Main.storyboard 文件，单击用户设计界面，选择右侧的 Show the Identity inspector 选项，将 Custom Class 中的 Class 设置为刚才创建的类 draw，就可以运行得到结果了，如图 7.34 所示。

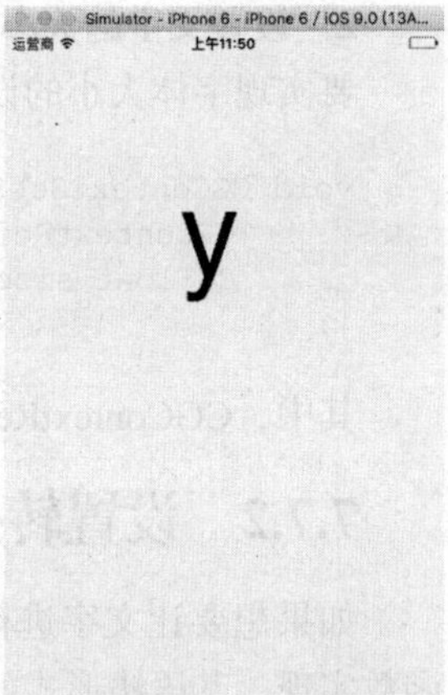

图 7.34 运行结果

7.7.4 设置绘制模式

开发者可能在网上看到过绘制出来的字体有的是描边的，而有些则没有描边效果，要实现这些效果，就要使用 CGContextSetTextDrawingMode()函数。它的功能是对字体的绘制模式进行设置，其语法形式如下：

```
void CGContextSetTextDrawingMode(
    CGContextRef c,
    CGTextDrawingMode mode
);
```

其中，CGContextRef c 用来指定图形上下文；CGTextDrawingMode mode 用来指定字体的绘制模式，其中包括三种绘制模式。

❑ kCGTextFill：填充。

❑ kCGTextStroke：描边。
❑ kCGTextFillStroke：既填充又描边。

【示例 7-24】以下程序通过使用 CGContextSetTextDrawingMode()函数，绘制三个不同模式的文字。操作步骤如下：

（1）创建一个名为 7-24 的项目。
（2）创建一个基于 UIView 的文件，文件名为 draw。
（3）单击打开 draw.m 文件，编写代码，实现用三种绘制模式进行绘制。程序代码如下：

```
#import "draw.h"
@implementation draw
// Only override drawRect: if you perform custom drawing.
// An empty implementation adversely affects performance during animation.
- (void)drawRect:(CGRect)rect
{
    CGContextRef context=UIGraphicsGetCurrentContext();
    CGFontRef font=CGFontCreateWithFontName((CFStringRef)@"Helvetica");
    CGContextSetFont(context, font);
    CGContextSetFontSize(context, 100.0);
    CGContextSetRGBFillColor(context, 0.0, 1.0, 0.0, 1.0);
    CGContextSetRGBStrokeColor(context, 1.0, 0.0, 0.0, 1.0);
    CGContextSetTextMatrix(context, CGAffineTransformMakeScale(1.0, -1.0));
    CGPoint points1[]={
        CGPointMake(20, -100),
        CGPointMake(120, -200),
        CGPointMake(220, -300)
    };
    CGGlyph glyhs[23]={90,91,92};
    //填充
    CGContextSetTextDrawingMode(context, kCGTextFill);
    CGContextShowGlyphsAtPositions(context, &glyhs[0], &points1 [0], 1);
    //描边
    CGContextSetTextDrawingMode(context, kCGTextStroke);
    CGContextShowGlyphsAtPositions(context, &glyhs[1], &points1 [1], 1);
    //既填充又描边
    CGContextSetTextDrawingMode(context, kCGTextFillStrokeClip);
    CGContextShowGlyphsAtPositions(context,&glyhs[2],&points1 [2], 1);
}
@end
```

（4）单击打开 Main.storyboard 文件，单击用户设计界面，选择右侧的"Show the Identity inspector"选项，将 Custom Class 中的 Class 设置为刚才创建的类 draw，就可以运行得到结果了，如图 7.35 所示。

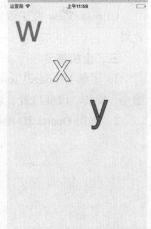

图 7.35　运行结果

7.8　小　　结

本章主要介绍了图像视图和绘制图形等相关方面的内容。本章的重点是设置独特的图像视图、绘制路径、绘制位图、绘制文字等内容。通过对本章的学习，希望开发者可以使用学习过的知识创建出一个独特的用户界面。

7.9 习 题

一、选择题

1. 处理图像视图的方法有多种，下面描述错误的是（　　）。
   A. Frame、Bound、Center 都可以改变 ImageView 的位置和大小
   B. CGAffineTransformMakeRotation 是用来旋转 ImageView 的方法
   C. CGAffineTransformMakeScale 是用来缩放 ImageView 的方法
   D. contentMode 是设置图像的显示模式的属性
2. Quartz 2D 是 iOS 自带的一个 2D 图形绘制引擎，下面说法错误的是（　　）。
   A. UIGraphicsGetCurrentContext 可以获取图形上下文
   B. 图形上下文定义基本图形属性，如颜色、剪切区域、线的宽度和样式信息等
   C. Quartz 2D 也可以绘制部分 3D 图形
   D. CGPathRef 用于向量图，可创建路径，并进行填充或描边
3. 利用 Quartz 2D 绘制路径，下面说法错误的是（　　）。
   A. CGContextAddLineToPoint 可以绘制一条线段
   B. CGContextAddLines 可以一次绘制多条线段
   C. CGContextStrokePath 是连续填充的方法
   D. CGContextStrokeLineSegments 是连续填充的方法

二、阐述题

UIImageView 在工程中很常用，请阐述其属性 contentMode 设置为不同值时所显示出的各种效果。

三、上机练习

1. 了解 UIImageVIew 的各个属性和方法，实现一个图片浏览器，需要实现的功能有：放大、缩小、旋转、改变位置、切换图片等。
2. 利用 Quartz 2D 绘制三角形、矩形、圆等简单的几何图形。

第 8 章
网页操作

用户可以通过网页获取信息，并显示对应的内容。在 iOS 9 中主要通过使用 UIWebView 视图来对网页进行操作。本章主要讲解网页视图的创建、加载内容、设置独特的网页、添加导航等相关方面的内容。

8.1 网页视图的创建

要想使用网页视图进行一系列的操作，必须要对其进行创建。网页视图的创建分为两种：一种是使用静态的方式创建；另一种是使用动态的方式创建。第一种方法开发者已经相当熟悉了，在创建好的项目中，单击打开 Main.Storyboard 文件，从视图库中找到 WebView 网页视图，将其拖动到设计界面并调整大小，如图 8.1 所示。这时一个网页视图就用静态的方式创建好了，如图 8.2 所示。

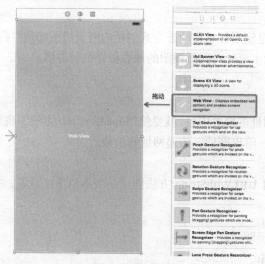

图 8.1 操作步骤

图 8.2 运行结果

使用静态方式创建的网页视图的背景色是白色的，所以在运行结果中看不到任何效果。

要想实现用动态的方式创建网页视图，必须要使用 initWithFrame:方法，其语法形式如下：

```
- (id)initWithFrame:(CGRect)aRect;
```

其中，(CGRect)aRect 用来指定网页视图的框架。

【示例 8-1】以下程序通过使用 initWithFrame:方法创建一个位置及大小为（20,50,270,200）的网页视图。程序代码如下：

```
#import "ViewController.h"
@interface ViewController ()
@end
@implementation ViewController
- (void)viewDidLoad
{
    UIWebView *webview=[[UIWebView alloc]initWithFrame:CGRectMake(20, 50, 270, 200)];         //创建
    [self.view addSubview:webview];
    [super viewDidLoad];
    // Do any additional setup after loading the view, typically from a nib.
}
- (void)didReceiveMemoryWarning
{
    [super didReceiveMemoryWarning];
    // Dispose of any resources that can be recreated.
}
@end
```

运行结果如图 8.3 所示。

图 8.3　运行结果

8.2　加载内容

网页视图最重要的功能就是加载网页,但是使用静态和动态方式创建的网页视图都是空白的,如何在网页视图中进行网页的加载呢？本节就主要针对网页视图的加载做详细的讲解。

8.2.1　加载网页内容

如果想要在空白的网页视图中加载一个网址的网页内容,就要使用 loadRequest:方法实现此功能。使用 loadRequest:方法需要完成三个步骤：给出网址、传递网址和加载。

1. 给出网址

要加载指定网址的网页内容，必须要使用 URLWithString:方法创建一个 NSURL 对象，并初始化一个网址,其语法形式如下：

```
+(id)URLWithString:(NSString *)URLString;
```

其中，NSString *用来指定网址，是一个字符串。

2. 传递网址

给出网址后，通过使用 requestWithURL:方法，将网址传递给 NSURLRequest 对象，其语法形式如下：

```
+(id)requestWithURL:(NSURL *)theURL;
```

其中，(NSURL *)theURL 用来指定 NSURL 对象。

3. 加载网址

将网址传递到 NSURLRequest 对象中后，就可以使用加载方法 loadRequest:将 NSURLRequest 对象进行加载，其语法形式如下：

```
-(void)loadRequest:(NSURLRequest *)request;
```

其中，(NSURLRequest *)request 用来指定 NSURLRequest *对象。

【示例 8-2】以下程序通过使用 loadRequest:方法，加载一个网址为 "https://www.baidu.com" 的网页。操作步骤如下。

（1）创建一个项目，命名为 8-2。

（2）单击打开 Main.storyboard 文件，在视图库中拖动 WebView 网页视图到设计界面并调整其大小为整个屏幕大小。

（3）在编辑页面的同时打开 ViewController.h 和 Main.storyboard 文件，将 webview 连线到 ViewController.h 进行关联，并命名为"webview"。

连线完成后 ViewController.h 的程序代码如下：

```
#import <UIKit/UIKit.h>
@interface ViewController : UIViewController
@property (weak, nonatomic) IBOutlet UIWebview *webview;
@end
```

（4）单击打开 ViewController.m 文件，编写代码，实现加载指定网址的网页内容。程序代码如下：

```
#import "ViewController.h"
@interface ViewController ()
@end
@implementation ViewController
- (void)viewDidLoad
{
    //创建 NSURL 对象，给出网址
    NSURL *url=[NSURL URLWithString:@"https://www.baidu.com"];
    //创建 NSURLRequest 对象，传递网址
    NSURLRequest *request=[NSURLRequest requestWithURL:url];
    //加载网址对应的网页内容
    [_webview loadRequest:request];
    [super viewDidLoad];
     // Do any additional setup after loading the view, typically from a nib.
}
- (void)didReceiveMemoryWarning
{
    [super didReceiveMemoryWarning];
    // Dispose of any resources that can be recreated.
}
@end
```

运行结果如图 8.4 所示。

图 8.4　运行结果

　此处所用的网页地址是 https，大家可以试试用地址 http://www.baidu.com，会发现页面一片空白，在打印出来的 log 中有如下提示：App Transport Security has blocked a cleartext HTTP (http://) resource load since it is insecure. Temporary exceptions can be configured via your app's Info.plist file。这是因为在 iOS 9 中，所有的 HTTP 连接都被认为是不安全连接，系统会自动禁止其连接网络，而使用 HTTPS 则能正常访问。若想使用 HTTP，可以在 Info.plist 中设置例外。在项目文件中找到 Info.plist，加入 NSAppTransport Security，并且设置例外，当设置 NSAllowArbitraryLoads 时，代表允许所有 HTTP 连接网络，如图 8.5 所示。后面示例中都会允许所有 HTTP 连接。

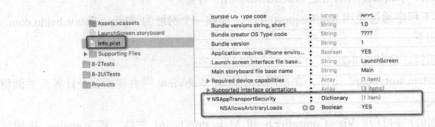

图 8.5　允许所有 HTTP 连接

8.2.2　加载 HTML 代码

除了加载网上已有的网页内容，开发者还可以使用 HTML 代码编写特定的网页内容，将该内容显示给用户。要加载使用 HTML 代码编写的内容，就要使用 loadHTMLString:方法，其语法形式如下：

```
-(void)loadHTMLString:(NSString *)string baseURL:(NSURL *)baseURL;
```

其中，(NSString *)string 用来指定字符串对象，此对象中包含了使用 HTML 代码编写的网页内容。(NSURL *)baseURL 用来指定基准的 URL，它是一个绝对的地址，一般这一项设置为 nil。

【示例 8-3】以下程序通过使用 loadHTMLString:方法，加载一个使用 HTML 代码编写的网页内容。操作步骤如下：

（1）创建一个项目，命名为 8-3。

（2）单击打开 Main.storyboard 文件，在视图库中拖动 WebView 网页视图到设计界面并调整其大小，使其覆盖整个页面。

（3）在编辑页面的同时打开 ViewController.h 和 Main.storyboard 文件，将 webview 连线到 ViewController.h 进行关联，并命名为 webview。

连线完成后 ViewController.h 的程序代码如下：

```
#import <UIKit/UIKit.h>
@interface ViewController : UIViewController
@property (weak, nonatomic) IBOutlet UIWebView *webview;
@end
```

（4）单击打开 ViewController.m 文件，编写代码，实现加载使用 HTML 代码编写的网页内容。程序代码如下：

```
#import "ViewController.h"
@interface ViewController ()
@end
@implementation ViewController
- (void)viewDidLoad
```

```
{
    NSString *html=@"This is <font color=blue><font size=35>HTML";
    [_webview loadHTMLString:html baseURL:nil];
    [super viewDidLoad];
    // Do any additional setup after loading the view, typically from a nib.
}
- (void)didReceiveMemoryWarning
{
    [super didReceiveMemoryWarning];
    // Dispose of any resources that can be recreated.
}
@end
```

运行结果如图 8.6 所示。

图 8.6 运行结果

8.3 设置独特的网页

使用网页视图加载的网页，显示出来都是同一种风格。当网页上的内容很多时，手机屏幕就变成了滚动的。那么是否可以将网页上所有内容一次性都显示在手机屏幕上，或者是否可以对网页中的内容进行辨别呢？本节就主要讲解如何设置一个独特的网页。

8.3.1 自动识别网页内容

使用网页视图加载的网页内容，默认只能识别电话号码，而识别不了其他内容，如邮箱、网址等。如果要让网页视图识别其他内容，可以对 dataDetectorTypes 属性进行设置，其语法形式如下：

```
@property(nonatomic) UIDataDetectorTypes dataDetectorTypes;
```

其中，网页中可自动识别的内容包括电子邮件、电话号码、网址、日期等，如表 8-1 所示。

表 8-1   自动识别网页中的内容

内容	功能
UIDataDectorTypeAddress	识别电子邮件
UIDataDectorTypeAll	识别网页中的所有内容
UIDataDectorTypeCalendarEvent	识别日期
UIDataDectorTypelink	识别网址
UIDataDectorTypeNone	不识别网页中的任何内容
UIDataDectorTypePhoneNumber	识别电话号码

 当不对 dataDetectorTypes 属性进行任何设置时，默认可以识别电话号码。

【示例 8-4】以下程序通过对 dataDetectorTypes 属性进行设置，对加载的网页中的内容进行全部识别。操作步骤如下。

（1）创建一个项目，命名为 8-4。

（2）单击打开 Main.storyboard 文件，在视图库中拖动 WebView 网页视图到设计界面，并调整其大小，使其覆盖整个页面。

（3）在编辑页面的同时打开 ViewController.h 和 Main.storyboard 文件，将 webview 连线到 ViewController.h 进行关联，并命名为"webview"。

连线完成后 ViewController.h 的程序代码如下：

```
#import <UIKit/UIKit.h>
@interface ViewController : UIViewController
@property (weak, nonatomic) IBOutlet UIWebView *webview;
@end
```

（4）单击打开 ViewController.m 文件，编写代码，实现网页内容的全部识别。程序代码如下：

```
#import "ViewController.h"
@interface ViewController ()
@end
@implementation ViewController
- (void)viewDidLoad
{
    NSURL *url=[NSURL URLWithString:@"https://www.baidu.com"];
    NSURLRequest *request=[NSURLRequest requestWithURL:url];
    [_webview loadRequest:request];
    webview.dataDetectorTypes=UIDataDetectorTypeAll;
    [super viewDidLoad];
     // Do any additional setup after loading the view, typically from a nib.
}
- (void)didReceiveMemoryWarning
{
    [super didReceiveMemoryWarning];
    // Dispose of any resources that can be recreated.
}
@end
```

运行结果如图 8.7 所示。

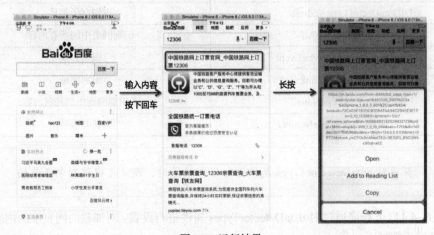

图 8.7　运行结果

8.3.2 自动缩放

自动缩放,就是当手机的网页中加载的内容相当多时,网页视图不会变为滚动的形式,而是自动将网页中的内容进行合理的缩小,使其在固定的网页视图中放下。要实现这个功能,就要对 scalesPageToFit 属性进行设置,其语法形式如下:

```
@property(nonatomic)BOOL scalesPageToFit;
```

其中,此属性是通过布尔值进行设定的,当 BOOL 值为 YES 或者为 1 时,视图可以进行自动缩放并且用户可以改变其大小;当 BOOL 值为 NO 或者为 0 时,视图不可以进行自动缩放并且用户不可以改变其大小。

【示例 8-5】以下程序通过使用 scalesPageToFit 属性,将网页视图设置为可以进行自动缩放。操作步骤如下:

(1)创建一个项目,命名为 8-5。

(2)单击打开 Main.storyboard 文件,在视图库中拖动 WebView 网页视图到设计界面,并调整其大小,使其覆盖整个页面。

(3)在编辑页面时同时打开 ViewController.h 和 Main.storyboard 文件,将 webview 连线到 ViewController.h 进行关联,并命名为 "webview"。

连线完成后 ViewController.h 的程序代码如下:

```
#import <UIKit/UIKit.h>
@interface ViewController : UIViewController
@property (weak, nonatomic) IBOutlet UIWebView *webview;
@end
```

(4)单击打开 ViewController.m 文件,编写代码,实现网页内容的自动缩放。程序代码如下:

```
#import "ViewController.h"
@interface ViewController ()
@end
@implementation ViewController
- (void)viewDidLoad
{
    NSURL *url=[NSURL URLWithString:@"https://www.hao123.com"];
    NSURLRequest *request=[NSURLRequest requestWithURL:url];
    [_webview loadRequest:request];
    _webview.scalesPageToFit=YES;
    [super viewDidLoad];
    // Do any additional setup after loading the view, typically from a nib.
}
- (void)didReceiveMemoryWarning
{
    [super didReceiveMemoryWarning];
    // Dispose of any resources that can be recreated.
}
@end
```

运行结果如图 8.8 所示。

图 8.8　运行结果

8.4　添加导航

在计算机上，用户打开谷歌浏览器或者 Internet 浏览器，在这些浏览器的最上方，都会有一个导航栏，如图 8.9 所示。在这个导航栏中用户可以很方便地进行有关网页的操作，例如前进、后退、输入网址等。既然在计算机的浏览器中有导航栏，那么在手机的浏览器中是否也有导航栏呢？答案当然是有！本节主要讲解如何添加导航栏。

图 8.9　Internet 浏览器的导航

8.4.1　导航动作

导航动作，就是可以在网页视图中执行前进、后退、重载等功能的命令。在 UIWebView 类的内部会管理这些导航动作。UIWebView 类的内部导航动作如表 8-2 所示。

表 8-2　　　　　　　　　　　　　　　　导航动作

方　　法	功　　能
goBack	后退
goForward	前进
reload	重载
stopLoading	取消重载

【示例 8-6】以下程序通过使用导航动作对打开的任意网页进行前进和后退操作。操作步骤如下。
（1）创建一个项目，命名为 8-6。
（2）单击打开 Main.storyboard 文件，从视图库中拖动两个 Button 按钮控件到设计界面，双击将标题改为 "后退" 和 "前进"。

（3）从视图库中拖曳一个 Text Field 文本框控件到设计界面。

（4）从视图库中拖曳一个 WebView 网页视图到设计界面并调整其大小。这时设计界面的效果如图 8.10 所示。

（5）右键单击设计界面的 WebView 视图，在弹出的"WebView"对话框中，选择 Received Actions 下的 goBack，如图 8.11 所示。

（6）将 goBack 动作和设计界面的"后退"按钮进行关联，在弹出的对话框中选择"Touch Up Inside"选项，如图 8.12 所示。

图 8.10　操作步骤 1

图 8.11　操作步骤 2

图 8.12　操作步骤 3

（7）右键单击设计界面的 WebView 视图，在弹出的"WebView"对话框中，选择 Received Actions 下的 goForward。

（8）将 goForward 动作和设计界面的"前进"按钮进行关联，在弹出的对话框中选择"Touch Up Inside"。

（9）在打开 Main.stroyboard 文件的同时打开 ViewController.h 文件，将 Main.stroyboard 文件在设计界面中的 TextField 文本框控件和 ViewController.h 文件进行动作 Did End On Exit 关联，并命名为 willLoad。如

（10）在打开 Main.stroyboard 文件的同时打开 ViewController.h 文件，将 Main.stroyboard 文件在设计界面中的 TextField 和 WebView 进行变量连线关联。

（11）连线完成后 ViewController.h 中程序代码如下：

```
#import <UIKit/UIKit.h>
@interface ViewController : UIViewController
@property (weak, nonatomic) IBOutlet UIWebView *webview;
@property (weak, nonatomic) IBOutlet UITextField *textfield;
- (IBAction)willLoad:(id)sender;
@end
```

（12）单击打开 ViewController.m 文件，编写代码，实现在单击键盘上的 return 键时，加载在文本框中输入的网址。程序代码如下：

```
#import "ViewController.h"
@interface ViewController ()
@end
```

```
@implementation ViewController
- (void)viewDidLoad
{
    [super viewDidLoad];
     // Do any additional setup after loading the view, typically from a nib.
}
- (void)didReceiveMemoryWarning
{
    [super didReceiveMemoryWarning];
    // Dispose of any resources that can be recreated.
}
- (IBAction)willLoad:(id)sender {
    NSURL *url=[NSURL URLWithString:_textfield.text];
    NSURLRequest *request=[NSURLRequest requestWithURL:url];
    [_webview loadRequest:request];
    webview.scalesPageToFit=YES;
}
@end
```

运行结果如图 8.13 所示。

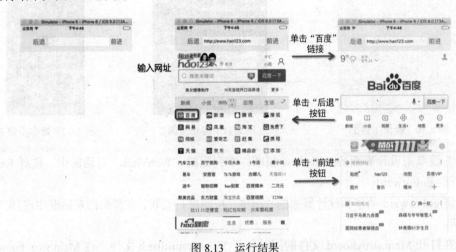

图 8.13　运行结果

8.4.2　加载时常用方法

在网页视图中加载网页内容时，是需要一段时间的，一般称这个时间为加载过程。在这段过程中，为了让用户不会感到无聊，或者提醒用户该页面正在进行加载，就需要一个加载控件。一般加载控件是很多的，但是在 iPhone 中最常用的就是 Activity Indicator View 加载控件，如图 8.14 所示。

图 8.14　Activity Indicator View 加载控件

1．开始加载时

当开始加载时，所调用的函数为 webViewDidStartLoad()，它的语法形式如下：

```
-(void)webViewDidStartLoad:(UIWebView *)webView{…}
```

2．加载后

当加载结束后，所调用的函数为 webViewDidFinishLoad()，它的语法形式如下：

```
- (void)webViewDidFinishLoad:(UIWebView *)webView{…}
```

3. 长时间加载

当由于某些原因，长时间处于加载过程中时，就是加载失败了，所调用的函数是didFailLoadWithError()，它的语法形式如下：

- (void)webView:(UIWebView *)webView didFailLoadWithError:(NSError *)error{…}

这些函数都在一个名为 UIWebViewDelegate 的协议中。

8.5 网页视图的应用——网页浏览器

网页视图的经典应用是实现网页浏览器。下面将介绍一个网页浏览器的实现。此浏览器具有一个导航栏，可以在导航栏中进行前进、后退等操作。

【示例8-7】在导航栏的下方，还有一些常用的网址，单击某一个网址就会进入相应的网页，并且可以对此浏览器进行背景的切换。操作步骤如下。

（1）创建一个项目，命名为8-7。

（2）添加图片到 Assets.xcassets 中。

（3）单击打开 Main.storyboard 文件夹，从视图库中拖动 ImageView 图像视图到设计界面，调整大小，在 Show the Attributes inspector 下将 ImageView 中的 Image 设置为image2，如图8.15所示。

（4）从视图库中拖动两个 Button 按钮控件到设计界面。更改按钮的图标，在 Show the Attributes inspector 下将 Button 中的 Image 设置为image12、image13，如图8.16所示。

（5）从视图库中拖动一个 TextFiled 文本框控件到设计界面，放在两个按钮的后面，并和 ViewController.h 连线关联，命名为"textfield"。

（6）从视图库中拖动一个 Button 按钮控件到设计界面，放在文本框控件的后面。双击此控件，将其标题改为 go，这时设计界面的效果如图8.17所示。

图8.15 操作步骤1

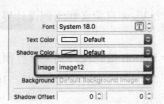
图8.16 操作步骤2

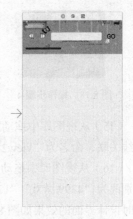
图8.17 操作步骤3

步骤（3）~（5）实现的主要功能是指定网页浏览器的导航栏。

（7）从视图库中拖动一个 WebView 网页视图到设计界面，将其放在导航栏的下面，调整大小，并和 ViewController.h 连线关联，命名为"webview"。

（8）右键单击设计界面的 WebView 视图，在弹出的"WebView"对话框中，选择 Received Actions 下的 goBack，将其和导航栏中向左的箭头按钮进行关联，在弹出的对话框中选择"Touch Up Inside"。

（9）右键单击设计界面的 WebView 视图，在弹出的"WebView"对话框中，选择 Received Actions 下的 goForward，将其和导航栏中向右的箭头按钮进行关联，在弹出的对话框中选择"Touch Up Inside"。

（10）选择设计界面的文本框视图，按住 Ctrl 键，将其拖动到设计界面下面的 dock 中的"View Controller"图标中，在弹出的菜单中选择"detegate"，如图 8.18 所示。

（11）在打开 Main.storyboard 文件的同时将 ViewController.h 文件打开，将标题为"GO"的按钮和 ViewController.h 文件进行动作 load:的声明和关联。

（12）从视图库中拖动一个 ImageView 图像视图到设计界面，将其放在导航栏的下面，将其调整为和网页视图一样的大小，在 Show the Attributes inspector 中，将 Image View 下的 Image 设置为 image3，并和 ViewController.h 连线，命名为"imageview"。

（13）从视图库中拖动一个 View 自定义视图到设计界面，调整大小，并和 ViewController.h 连线关联，命名为"view1"。

（14）从视图库中拖动 6 个 Button 按钮控件到设计界面的自定义视图中，双击将标题分别改为"百度""新浪""搜狐""腾讯""网易""优酷"，并将它们的 Tag 设置为 101~106。将按钮的文字设置为黑色，这时设计界面的效果如图 8.19 所示，Tag 设置如图 8.20 所示。

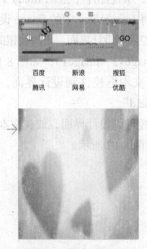
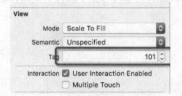

图 8.18　操作步骤 4　　　　图 8.19　操作步骤 6　　　　图 8.20　操作步骤 7

（15）从视图库中拖动第二个 View 自定义视图到设计界面，调整大小，并和 ViewController.h 连线关联，命名为"view2"。

（16）从视图库中拖动 2 个 Button 按钮控件到设计界面的第二个自定义视图中，双击将标题分别改为"4399 游戏""17173"，并将其 Tag 设置为 107、108，将按钮的文字颜色设置为黑色，这时设计界面的效果如图 8.21 所示。

（17）将标题为"百度""新浪""搜狐""腾讯""网易""优酷""4399 游戏""17173"的按钮和 ViewController.h 文件进行动作的声明和关联，现将其都关联到一个方法 loadWithButton 上。当连线"百度"的 Button 时，会生成一个方法 loadWithButton，则后面的按钮都将连线到此方法上。

（18）从视图库中拖动一个 Button 按钮控件到设计界面的第二个自定义视图的下面，调整大小，将其平铺剩下的界面，将其 Tag 设置为 201。

（19）将此按钮和 ViewController.h 文件进行动作 hiddenView 的声明和关联。

（20）从视图库中拖动第三个自定义视图到设计界面，调整大小，在 Show the Attributes inspector 中，将 View 下的 Background 设置为没有任何颜色。

（21）在视图库中拖动三个 Image View 视图到第三个自定义视图中，在 Show the Attributes inspector 中，将 Image View 下的 Image 设置为没有使用到的图片。

（22）从视图库中拖动四个 Button 按钮控件到第三个自定义视图中，将三个按钮放在三个图形视图的上方，双击将按钮的标题去掉，将第四个按钮放在最左边，双击将标题改为"默认"，Tag 设置为 301，其他三个 Tag 分别设置成 302、303、304。

（23）将这四个自定义视图中的按钮和 ViewController.h 文件进行动作的 changeImage 声明和关联。

（24）从视图库中拖曳一个 Activity Indicator View 控件到设计界面，在 Show the Attributes inspector 中，将 Activity Indicator View 下的 Style 设置为 Large White，将 Color 设置为红色，如图 8.22 所示。设计界面的最终效果如图 8.23 所示。

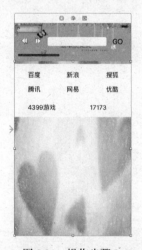
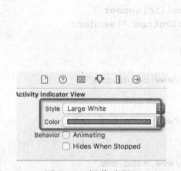
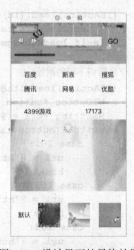

图 8.21　操作步骤 8　　　　图 8.22　操作步骤 8　　　　图 8.23　设计界面的最终效果

（25）在 Show the Attributes inspector 中，将所有 UIView 下的 Background 设置为没有任何颜色，如果 8.24 所示。

（26）连线完成后 ViewController.h 中的程序代码如下：

图 8.24　设置

```
#import <UIKit/UIKit.h>
@interface ViewController : UIViewController<UIWebViewDelegate>
    @property (weak, nonatomic) IBOutlet UIWebView *webview;
    @property (weak, nonatomic) IBOutlet UIActivityIndicatorView *activityIndicatorView;
    @property (weak, nonatomic) IBOutlet UITextField *textfield;
    @property (weak, nonatomic) IBOutlet UIImageView *imageview;
    @property (weak, nonatomic) IBOutlet UIView *view1;
    @property (weak, nonatomic) IBOutlet UIView *view2;
    @property (weak, nonatomic) IBOutlet UIView *view3;

    - (IBAction)load:(id)sender;
```

```
- (IBAction)loadWithButton:(id)sender;
- (IBAction)changeImage:(id)sender;
- (IBAction)hiddenView:(id)sender;
@end
```

（27）单击打开 ViewController.m 文件，编写代码，实现网页浏览器中的功能。程序代码如下：

```
#import "ViewController.h"
@interface ViewController ()
@end
@implementation ViewController
- (void)viewDidLoad {
    [super viewDidLoad];
    // Do any additional setup after loading the view, typically from a nib.
    [_activityIndicatorView setHidden:YES];
    [_webview setUserInteractionEnabled:YES];
    _webview.delegate = self;
    [_view3 setHidden:YES];
}
- (void)didReceiveMemoryWarning {
    [super didReceiveMemoryWarning];
    // Dispose of any resources that can be recreated.
}
- (IBAction)load:(id)sender {
    [_textfield restorationIdentifier];
    [self loadWebPageWithString:_textfield.text];
}
//跳转到不同的网址
- (IBAction)loadWithButton:(id)sender {
    UIButton *button = (UIButton *)sender;
    NSString *url = @"";
    switch (button.tag) {
        case 101:
            url = @"http://www.baidu.com";
            break;
        case 102:
            url = @"http://www.sina.com.cn";
            break;
        case 103:
            url = @"http://www.sohu.com";
            break;
        case 104:
            url = @"http://www.qq.com";
            break;
        case 105:
            url = @"http://www.163.com";
            break;
        case 106:
            url = @"http://www.youku.com";
            break;
        case 107:
            url = @"http://www.4399.com";
            break;
        case 108:
            url = @"http://www.17173.com";
            break;
        default:
            url = @"http://www.baidu.com";
            break;
    }
```

```objc
        NSURLRequest *request = [NSURLRequest requestWithURL:[NSURL URLWithString:url]];
        [_webview loadRequest:request];
        [_view1 setHidden:YES];
        [_view2 setHidden:YES];
        _webview.scalesPageToFit = YES;
        _imageview.hidden = YES;
}
- (IBAction)changeImage:(id)sender {
        UIButton *button = (UIButton *)sender;
        NSString *image = @"";
        switch (button.tag) {
            case 301:
                image = @"image3";
                break;
            case 302:
                image = @"image4";
                break;
            case 303:
                image = @"image5";
                break;
            case 304:
                image = @"image6";
                break;
                
            default:
                image = @"image3";
                break;
        }
        [_imageview setImage:[UIImage imageNamed:image]];
        _view3.hidden = YES;
}
- (IBAction)hiddenView:(id)sender {
        _view3.hidden = NO;
}
//加载网址
- (void) loadWebPageWithString:(NSString *)urlString{
        NSURL *url = [NSURL URLWithString:urlString];
        NSURLRequest *request = [NSURLRequest requestWithURL:url];
        [_webview loadRequest:request];
}
#pragma mark - WebViewDelegate
//加载结束调用
- (void)webViewDidFinishLoad:( UIWebView *)webView{
        [_activityIndicatorView stopAnimating];
        _activityIndicatorView.hidden = YES;
}
//加载开始调用
- (void) webViewDidStartLoad:( UIWebView *)webView{
        _activityIndicatorView.hidden = NO;
        [_activityIndicatorView startAnimating];
}
@end
```

运行结果如图 8.25 所示。

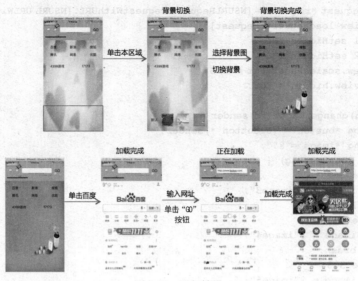

图 8.25　运行结果

8.6　小　　结

本章主要讲解了网页视图的两种创建方式、加载内容、设置独特的网页、添加导航等相关方面的内容。本章的重点是网页视图的实现。通过本章的学习，希望读者可以独立创建一个使用网页视图实现的应用程序。

8.7　习　　题

一、选择题

1. iOS WebView 可以自动识别网页内容，下面说法错误的是（　　）。

    A. UIDataDectorTypeAddress 可以识别电子邮件

    B. 当不对 dataDetectorTypes 进行设置时，代表所有都不能识别

    C. UIDataDectorTypePhoneNumber 可以识别电话号码

    D. UIDataDectorTypelink 可以识别网址

2. 以下不属于 UIWebViewDelegate 中的方法是（　　）。

    A. webViewDidStartLoad　　　　　　B. webViewDidFinishLoad

    C. didFailLoadWithError　　　　　　D. webViewDidLoadWithError

二、阐述题

浏览器是我们平时用手机时经常用到的工具，请列举目前浏览器所具有的功能及其用到的实现方法（用本章知识回答）。

三、上机练习

实现一个网页浏览器，需要的功能有：前进、后退、加载输入的网址、加载图标、识别电话号码、识别网页、支持缩放。

第 9 章 表视图

表视图用于显示大量的数据，如通讯录。用户可以从中进行选择或者轻按对应项以显示更多的信息。在 iOS 9 应用程序中最常用的一种视图就是表视图。本章将主要讲解表视图的创建、表视图的内容填充、设置表单元、响应表视图、创建分组表等内容。

9.1 创建表视图

表视图在使用之前，必须要进行创建。创建表视图有两种方式：静态方式和动态方式。

1. 静态创建表视图

在以前讲解的使用静态方式创建视图时，从视图库中拖动到设计界面的视图和程序运行时的视图相同。但是表视图是不一样的。

【示例 9-1】要想使用静态创建方式创建表视图，可在项目中单击打开 Main.Storyboard 文件，从视图库中拖动 TableView 表视图到设计界面，如图 9.1 所示。创建好表视图后，就可以运行了，如图 9.2 所示。

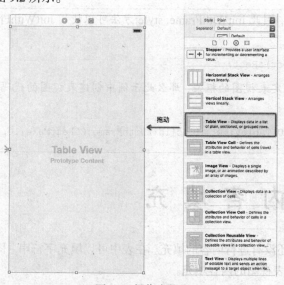

图 9.1 操作步骤

图 9.2 运行结果

2. 动态创建表视图

要实现动态创建表视图，就要使用 initWithFrame: style:方法，其语法形式如下：

```
- (id) initWithFrame:(CGRect)frame style:(UITableViewStyle)style;
```

其中，(CGRect)frame 用来指定表视图的框架；(UITableViewStyle)style 用来指定表视图的风格。表视图的风格有两种：一种是 UITableViewStylePlain（不分组表视图），另一种是 UITableViewStyleGrouped（分组表视图）。一般情况下默认为 UITableViewStylePlain 风格的表视图。下面的内容都是有关于 UITableViewStylePlain 风格的表视图。关于 UITableViewStyleGrouped 风格的表视图，会在后续章节讲解。

【示例 9-2】以下程序通过使用 initWithFrame: style:方法来创建一个位置及大小为（10，10，355，270）的不分组的表视图。程序代码如下：

```
#import "ViewController.h"
@interface ViewController ()
@end
@implementation ViewController
- (void)viewDidLoad
{
    UITableView *tableview=[[UITableView alloc]initWithFrame:CGRectMake(10, 10, 355, 270)
    style:UITableViewStylePlain];          //创建表视图
    [self.view addSubview: tableview];
    [super viewDidLoad];
    // Do any additional setup after loading the view, typically from a nib.
}
- (void)didReceiveMemoryWarning
{
    [super didReceiveMemoryWarning];
    // Dispose of any resources that can be recreated.
}
@end
```

运行结果如图 9.3 所示。

图 9.3　运行结果

由于创建的是默认的表视图，因此 initWithFrame: style:方法可以使用 initWithFrame:方法来替换，其语法形式如下：

```
- (id)initWithFrame:(CGRect)aRect;
```

其中，(CGRect)aRect 用来指定表视图的框架，那么此示例中创建表视图的代码就可以简化为：

```
UITableView *tableview=[[UITableView alloc]initWithFrame:CGRectMake(10, 10, 355, 270) ];
```

9.2　内容填充

在图 9.3 中创建的只是一个空的表，还没有进行内容的填充。在表中可以填充字符串、图片，还可以添加页眉页脚等。本节将主要讲解表视图的内容填充。

9.2.1　填充内容的步骤

要想在表视图中进行字符串、图片等内容的填充，必须要实现以下三个步骤。

1. 设置表视图的节数

所谓节数，是针对分组表的，即在分组表中要分为几组，对应的每一组就是一个节，如图9.4所示。

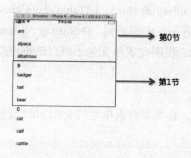

图 9.4　分组表

在一个分组表中，最开始的节被称为第 0 节。

一般设置节数，需要使用 numberOfSectionsInTableView:方法，其语法形式如下：

- (NSInteger)numberOfSectionsInTableView:(UITableView *)tableView;

一般不对此方法进行设置，默认为只有 1 节，即不分组的表视图。

2. 设置表视图的行数

知道了表视图的节数后，就可以设置在表视图要填充的行数。一般使用 tableView: rOfRowsInSection:方法对表视图的行数进行设置，其语法形式如下：

-(NSInteger)tableView:(UITableView *)table numberOfRowsInSection:(NSInteger)section;

其中，(UITableView *)table 用来指定表视图；(NSInteger)section 用来指定索引号，此索引号实现的功能是识别表视图中的节。

3. 插入表单元

在将表视图的节数和行数都设置好之后，就要插入表单元了。UITableViewCell 称为表单元。在表视图中，每一行都是一个表单元的实例，所有的表单元就构成了一个表。如果没有表单元，那么表就是空白的。要实现在表视图特定的位置插入一个表单元，就要使用 tableView:cellForRowAtIndexPath:方法，其语法形式如下：

-(UITableViewCell *)tableView:(UITableView *)tableView cellForRowAtIndexPath:(NSIndexPath *)indexPath;

其中，(UITableView *)tableView 用来指定表视图；(NSIndexPath *)indexPath 用来指定一个索引路径，指定在表视图中的行。在 tableView:cellForRowAtIndexPath:方法中，需要注意，要插入表单元，首先要对其进行创建，其语法形式如下：

```
- (id)initWithStyle:(UITableViewCellStyle)style reuseIdentifier:(NSString *)reuseIdentifier;
```

其中，(UITableViewCellStyle)style 用来指定表单元的显示风格，这些风格有 UITableViewCellStyleDefault、UITableViewCellStyleValue1、UITableViewCellStyleValue2、UITableViewCellStyleSubtitle。对于这些风格，会在下一节中讲解到。(NSString *)reuseIdentifier 是一个字符串，用于识别它是否可以重用，如果为 nil，说明此表单元是不可以被重用的。

9.2.2 填充字符串

要在表视图中填充字符串，必须要对表单元的 textLabel 属性进行设置，其语法形式如下：

```
@property(nonatomic,readonly,retain)UILabel *textLabel;
```

【示例 9-3】以下程序实现的功能是在表视图中添加字符串。操作步骤如下。
（1）创建一个项目，命名为 9-3。
（2）单击打开 Main.storyboard 文件，从视图库中拖动 TableView 表视图到设计界面。
（3）右键单击 TableView 表视图，在弹出的 "TableView" 对话框中，选择 Outlets 下的 dataSource，将此项和设计界面下 dock 中的 View Controller 进行关联，如图 9.5 所示。

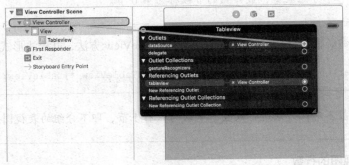

图 9.5 操作步骤

（4）打开 ViewController.h 和 Main.storyboard 文件，将 TableView 和 ViewController.h 进行变量连线并命名为 "tableview"。连线完成后 ViewController.h 中的程序代码如下：

```
#import <UIKit/UIKit.h>
@interface ViewController : UIViewController<UITableViewDataSource>{
    NSArray *array;
}
@property (weak, nonatomic) IBOutlet UITableView *tableview;
@end
```

 在协议被关联后，可以在 ViewController.h 文件中对协议的遵守省略不写。为了让开发者知道程序遵守的是什么样的协议，在本章中对程序遵守的协议都进行了书写。

（5）单击打开 ViewController.m 文件，编写代码，实现在表视图中添加字符串。程序代码如下：

```
#import "ViewController.h"
@interface ViewController ()
@end
@implementation ViewController
- (void)viewDidLoad
```

```
    array=[[NSArray alloc]initWithObjects:@"A",@"B",@"C",@"D",@"E",@"F",nil];
    [super viewDidLoad];
     // Do any additional setup after loading the view, typically from a nib.
}
//设置表视图的节数
- (NSInteger)numberOfSectionsInTableView:(UITableView *)tableView {
    return 1;
}
//设置表视图的行数
- (NSInteger)tableView:(UITableView *)tableView numberOfRowsInSection:(NSInteger)section {
    return [array count];
}
//插入表单元
- (UITableViewCell *)tableView:(UITableView *)tableView cellForRowAtIndexPath:(NSIndexPath*)indexPath {
    static NSString *CellIdentifier = @"Cell";
    UITableViewCell *cell = [tableView dequeueReusableCellWithIdentifier:CellIdentifier];
    if (cell == nil) {
        cell = [[UITableViewCell alloc] initWithStyle:UITableViewCellStyleDefault reuseIdentifier:CellIdentifier];
                                        //创建表单元
    }
    cell.textLabel.text = [array objectAtIndex:indexPath.row];
    return cell;
}
- (void)didReceiveMemoryWarning
{
    [super didReceiveMemoryWarning];
    // Dispose of any resources that can be recreated.
}
@end
```

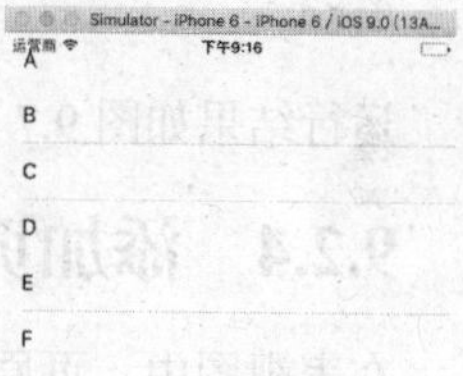

运行结果如图 9.6 所示。

图 9.6 运行结果

9.2.3 填充图片

在表视图中除了可以填充字符串外，还可以填充一些图片。这时需要对 imageView 属性进行设置，其语法形式如下：

```
@property(nonatomic,readonly,retain)UIImageView *imageView;
```

【示例 9-4】以下程序通过使用 imageView 属性，在示例 9-3 运行的表视图中添加图片。程序代码如下：

```
#import "ViewController.h"
@interface ViewController ()
@end
@implementation ViewController
- (void)viewDidLoad
{
    array=[[NSArray alloc]initWithObjects:@"A",@"B",@"C",@"D",@"E",@"F",nil];
    [super viewDidLoad];
     // Do any additional setup after loading the view, typically from a nib.
}
……
```

```objc
- (UITableViewCell *)tableView:(UITableView *)tableView cellForRowAtIndexPath:
(NSIndexPath *)indexPath {
    static NSString *CellIdentifier = @"Cell";
    UITableViewCell *cell = [tableView dequeueReusableCellWithIdentifier:CellIdentifier];
    if (cell == nil) {
        cell = [[UITableViewCell alloc] initWithStyle:UITableViewCellStyleDefault reuseIdentifier:CellIdentifier];
    }
    UIImage *image=[UIImage imageNamed:@"3.jpg"];
    cell.imageView.image=image;
    cell.textLabel.text = [array objectAtIndex:indexPath.row];
    return cell;
}
- (void)didReceiveMemoryWarning
{
    [super didReceiveMemoryWarning];
    // Dispose of any resources that can be recreated.
}
@end
```

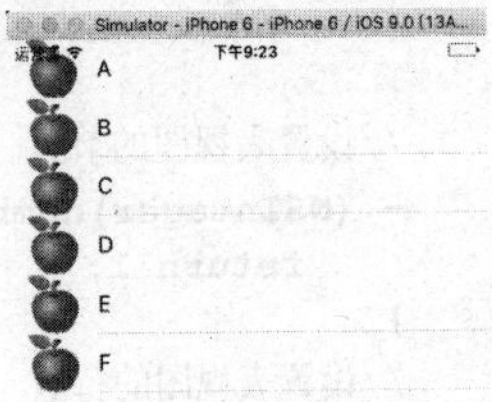

运行结果如图 9.7 所示。

图 9.7 运行结果

9.2.4 添加页眉页脚

在表视图中，页眉页脚是经常出现的。页眉通常显示文档的附加信息，常用来插入时间、日期、页码、单位名称、徽标等。页眉还可以添加文档注释等内容。页眉在页面的顶部，页脚在页面的底部。要添加页眉，就要使用 tableView:titleForHeaderInSection:方法，其语法形式如下：

```
-(NSString *)tableView:(UITableView *)tableView titleForHeaderInSection:(NSInteger)section;
```

要添加页脚，要使用 tableView:titleForFooterInSection:方法，其语法形式如下：

```
-(NSString *)tableView:(UITableView *)tableView titleForFooterInSection:(NSInteger)section;
```

【示例 9-5】以下程序通过使用 tableView: titleForHeaderInSection:方法和 tableView: titleForFooterInSection:方法，实现为示例 9-2 运行的表视图添加页眉页脚。程序代码如下：

```objc
#import "ViewController.h"
@interface ViewController ()
@end
@implementation ViewController
- (void)viewDidLoad
{
    array=[[NSArray alloc]initWithObjects:@"A",@"B",@"C",@"D",@"E",@"F",nil];
    [super viewDidLoad];
    // Do any additional setup after loading the view, typically from a nib.
}
......
//页眉
-(NSString *)tableView:(UITableView *)tableView titleForHeaderInSection:(NSInteger)section{
    return @"开头";
}
//页脚
-(NSString *)tableView:(UITableView *)tableView titleForFooterInSection:(NSInteger)section{
```

```
        return @"结尾";
    }
    @end
```

运行结果如图 9.8 所示。

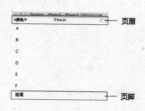

图 9.8　运行结果

9.2.5　添加索引

使用索引，可快速访问数据库表中的特定信息。索引是对数据库表中一列或多列的值进行排序的一种结构。要实现索引的添加，就要使用 sectionIndexTitlesForTableView:方法，其语法形式如下：

```
-(NSArray *)sectionIndexTitlesForTableView:(UITableView *)tableView;
```

【示例 9-6】以下程序通过使用 sectionIndexTitlesForTableView:方法，为示例 9-3 的运行结果添加索引。程序代码如下：

```
ViewController.h
#import <UIKit/UIKit.h>
@interface ViewController : UIViewController<UITableViewDataSource>{
    NSArray *array1;
    NSArray *array2;
}
@property (weak, nonatomic) IBOutlet UITableView *tableview;
@end
ViewController.m
#import "ViewController.h"
@interface ViewController ()
@end
@implementation ViewController
- (void)viewDidLoad
{
    array1=[[NSArray alloc]initWithObjects:@"A",@"B",@"C",@"D",@"E",@"F",nil];
    array2=[[NSArray alloc]initWithObjects:@"a",@"b",@"c",@"d",@"e",@"f", nil];
    [super viewDidLoad];
    // Do any additional setup after loading the view, typically from a nib.
}
……
//索引
-(NSArray *)sectionIndexTitlesForTableView:(UITableView *)tableView{
```

```
        return array2;
}
- (void)didReceiveMemoryWarning
{
    [super didReceiveMemoryWarning];
    // Dispose of any resources that can be recreated.
}
@end
```

运行结果如图9.9所示。

图9.9 运行结果

9.3 设置表单元

在表视图中,表单元是可以进行设置的。通过对表单元的设置,可以对创建的表整体进行改变。本节将主要讲解如何对表单元进行设置。

9.3.1 设置显示风格

表单元的风格不是一成不变的。在iOS 9开发中为开发者提供了四种表单元的风格。这些风格需要靠表单元的UILabel实现。每一个表单元都由两个UILable组成。这两个UILable分别为textLable和detailTextLable。在上面几节中,每一个TableViewell中只需要一个textLable。

【示例9-7】以下程序通过使用两个UILable,实现UITableViewCellStyleValue1风格表单元的显示。操作步骤如下。

(1)创建一个项目,命名为9-7。

(2)单击打开Main.storyboard文件,从视图库中拖动TableView表视图到设计界面并调整其大小。

(3)右键单击TableView表视图,在弹出的"TableView"对话框中选择Outlets下的dataSource,将此项和设计界面下dock中的View Controller进行关联。

(4)打开ViewController.h和Main.storyboard,文件将TableView和ViewController.h进行变

量连线并命名为"tableview"。连线完成后 ViewController.h 中的程序代码如下：

```objc
#import <UIKit/UIKit.h>
@interface ViewController : UIViewController<UITableViewDataSource>{
    NSArray *array1;
    NSArray *array2;
}
@property (weak, nonatomic) IBOutlet UITableView *tableview;
@end
```

（5）单击打开 ViewController.m 文件，编写代码，实现表单元风格的改变。程序代码如下：

```objc
#import "ViewController.h"
@interface ViewController ()
@end
@implementation ViewController
- (void)viewDidLoad
{
    array1=[[NSArray alloc]initWithObjects:@"A",@"B",@"C",@"D",@"E",@"F",nil];
    array2=[[NSArray alloc]initWithObjects:@"a",@"b",@"c",@"d",@"e",@"f" ,nil];
    [super viewDidLoad];
    // Do any additional setup after loading the view, typically from a nib.
}
- (NSInteger)numberOfSectionsInTableView:(UITableView *)tableView {
    return 1;
}
- (NSInteger)tableView:(UITableView *)tableView numberOfRowsInSection:(NSInteger) section {
    return [array1 count];
}
- (UITableViewCell *)tableView:(UITableView *)tableView cellForRowAtIndexPath: (NSIndexPath *)indexPath {
    static NSString *CellIdentifier = @"Cell";
    UITableViewCell *cell = [tableView dequeueReusableCellWithIdentifier:CellIdentifier];
    if (cell == nil) {
        cell = [[UITableViewCell alloc] initWithStyle:UITableViewCellStyleValue1 reuseIdentifier:
    CellIdentifier];                           //创建表单元
    }
    cell.textLabel.text =[array1 objectAtIndex:indexPath.row];
                                    //textLable 中显示的内容
    cell.detailTextLabel.text=[array2 objectAtIndex:indexPath.row];
                                    // detailTextLabel 中显示的内容
    return cell;
}
- (void)didReceiveMemoryWarning
{
    [super didReceiveMemoryWarning];
    // Dispose of any resources that can be recreated.
}
@end
```

运行结果如图 9.10 所示。

图 9.10 所示为表单元显示风格的 UITableViewCellStyleValue1 风格。 图 9.10 运行结果
在 iOS 9 开发中为开发者提供了 4 种表单元的风格，这些风格的运行如图 9.11 所示。

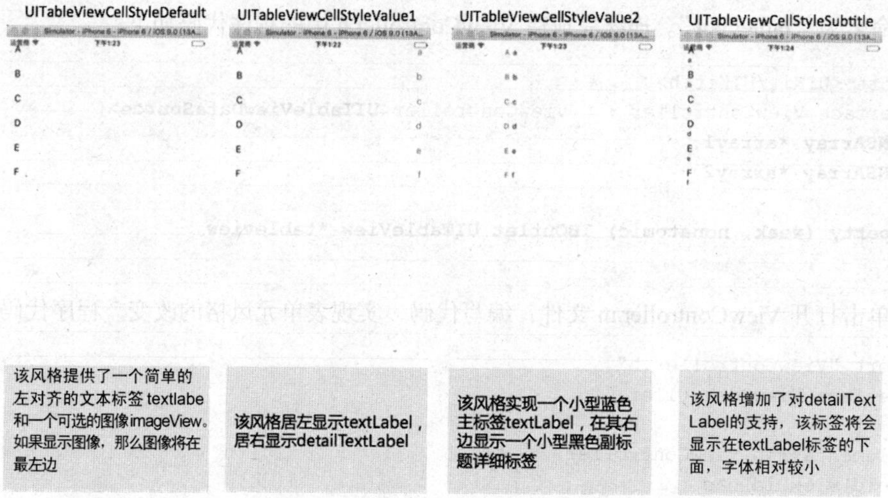

UITableViewCellStyleDefault	UITableViewCellStyleValue1	UITableViewCellStyleValue2	UITableViewCellStyleSubtitle
该风格提供了一个简单的左对齐的文本标签textlabe和一个可选的图像imageView。如果显示图像，那么图像将在最左边	该风格居左显示textLabel，居右显示detailTextLabel	该风格实现一个小型蓝色主标签textLabel，在其右边显示一个小型黑色副标题详细标签	该风格增加了对detailTextLabel的支持，该标签将会显示在textLabel标签的下面，字体相对较小

图 9.11 四种风格

9.3.2 设置标记

在每一个表单元的后面，都可以为此单元添加一个标记，这个标记可以让用户知道表单元是否被选中，表单元后面是否有详细的介绍等。要为表单元添加标记，可以对 accessoryType 属性进行设置，其语法形式如下：

```
@property(nonatomic)UITableViewCellAccessoryType accessoryType;
```

在 iOS 9 中，表单元的标记有 5 种，分别为：UITableViewCellAccessoryCheckmark、UITableViewCellAccessoryDetaiButton、UITableViewCellAccessoryDetailDisclosureButton、UITableViewCellAccessoryDisclosureIndicator、UITableViewCellAccessoryNone。一般情况下，默认为 UITableViewCellAccessoryNone。

【示例 9-8】以下程序通过使用 accessoryType 属性，在表单元中将标记设置为 UITableViewCellAccessoryCheckmark 格式的。操作步骤如下。

（1）创建一个项目，命名为 9-8。
（2）单击打开 Main.storyboard 文件，从视图库中拖动 TableView 表视图到设计界面。
（3）右键单击 TableView 表视图，在弹出的"TableView"对话框中选择 Outlets 下的 dataSource，将此项和设计界面下 dock 中的 View Controller 进行关联。
（4）打开 ViewController.h 和 Main.storyboard 文件，将 TableView 和 ViewController.h 进行变量连线并命名为"tableview"。连线完成后 ViewController.h 中的程序代码如下：

```
#import <UIKit/UIKit.h>
@interface ViewController : UIViewController<UITableViewDataSource>{
    NSArray *array;
}
@property (weak, nonatomic) IBOutlet UITableView *tableview;
@end
```

（5）单击打开 ViewController.m 文件，编写代码，实现在表单元中标记的设置。程序代码如下：

```
#import "ViewController.h"
@interface ViewController ()
```

```
@end
@implementation ViewController
- (void)viewDidLoad
{
    array1=[[NSArray alloc]initWithObjects:@"A",@"B",@"C",@"D",@"E",@"F",nil];
    [super viewDidLoad];
    // Do any additional setup after loading the view, typically from a nib.
}
- (NSInteger)numberOfSectionsInTableView:(UITableView *)tableView {
    return 1;
}
- (NSInteger)tableView:(UITableView *)tableView numberOfRowsInSection:(NSInteger)section {
    return [array1 count];
}
- (UITableViewCell *)tableView:(UITableView *)tableView cellForRowAtIndexPath:(NSIndexPath *)indexPath {
    static NSString *CellIdentifier = @"Cell";
    UITableViewCell *cell = [tableView dequeueReusableCellWithIdentifier:CellIdentifier];
    if (cell == nil) {
        cell = [[UITableViewCell alloc] initWithStyle:UITableViewCellStyleDefault reuseIdentifier:CellIdentifier];
    }
    cell.accessoryType=UITableViewCellAccessoryCheckmark;          //设置标记
    cell.textLabel.text = [array1 objectAtIndex:indexPath.row];
    return cell;
}
- (void)didReceiveMemoryWarning
{
    [super didReceiveMemoryWarning];
    // Dispose of any resources that can be recreated.
}
@end
```

运行结果如图 9.12 所示。

除了默认的标记风格和在示例中显示的标记风格外，剩下的标记风格如图 9.13 所示。

图 9.12 运行结果 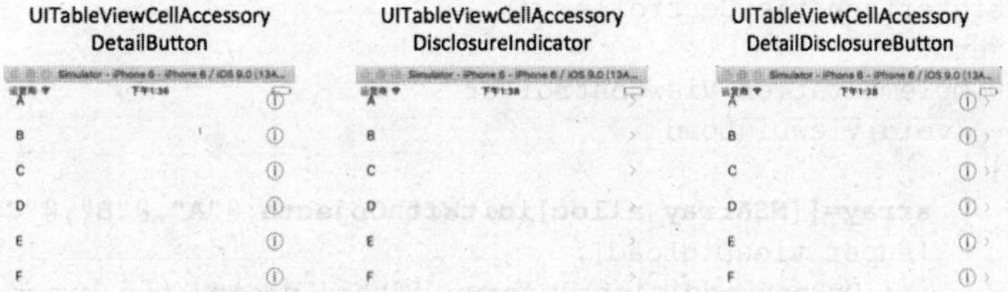   图 9.13 运行结果

9.3.3 设置行高

在表视图中，表单元的高度是可以进行更改的。要想对表单元的高度进行更改，必须要使用

tableView: heightForRowAtIndexPath:方法，其语法形式如下：

```
-(CGFloat)tableView:(UITableView *)tableView heightForRowAtIndexPath:(NSIndexPath *)indexPath;
```

其中，(UITableView *)tableView 用来指定表视图；(NSIndexPath *)indexPath 用来指定索引路径，实现指定表视图中的行。

【示例 9-9】以下程序通过使用 tableView:heightForRowAtIndexPath:方法。对表单元的行高进行设置。操作步骤如下。

（1）创建一个项目，命名为 9-9。

（2）单击打开 Main.storyboard 文件，从视图库中拖动 TableView 表视图到设计界面。

（3）右键单击 TableView 表视图，在弹出的"TableView"对话框中选择 Outlets 下的 dataSource，将此项和设计界面下 dock 中的 View Controller 进行关联。

（4）右键单击 TableView 表视图，在弹出的"TableView"对话框中选择 Outlets 下的 delegate，将此项和设计界面下 dock 中的 View Controller 进行关联，如图 9.14 所示。

（5）打开 ViewController.h 和 Main.storyboard 文件，将 TableView 和 ViewController.h 进行变量连线并命名为"tableview"。连线完成后 ViewController.h 中的程序代码如下：

图 9.14 操作步骤

```
#import <UIKit/UIKit.h>
@interface ViewController : UIViewController<UITableViewDataSource,UITableViewDelegate>{
    NSArray *array;
}
@property (weak, nonatomic) IBOutlet UITableView *tableview;
@end
```

（6）单击打开 ViewController.m 文件，编写代码，实现在表单元中行高的设置。程序代码如下：

```
#import "ViewController.h"
@interface ViewController ()
@end
@implementation ViewController
- (void)viewDidLoad
{
    array=[[NSArray alloc]initWithObjects:@"A",@"B",@"C",@"D",@"E",@"F",nil];
    [super viewDidLoad];
    // Do any additional setup after loading the view, typically from a nib.
}
- (NSInteger)numberOfSectionsInTableView:(UITableView *)tableView {
    return 1;
}
- (NSInteger)tableView:(UITableView *)tableView numberOfRowsInSection:(NSInteger) section {
    return [array count];
}
- (UITableViewCell *)tableView:(UITableView *)tableView cellForRowAtIndexPath:(NSIndexPath *)indexPath {
    static NSString *CellIdentifier = @"Cell";
    UITableViewCell *cell = [tableView dequeueReusableCellWithIdentifier:CellIdentifier];
    if (cell == nil) {
        cell = [[UITableViewCell alloc] initWithStyle:UITableViewCellStyleDefault reuseIdentifier:CellIdentifier];
    }
```

```
        cell.textLabel.text = [array objectAt
Index:indexPath.row];
        return cell;
}
    //设置行高
    -(CGFloat)tableView:(UITableView *)table
View heightForRowAtIndexPath:(NSIndexPath *)index
Path{
        return 150;
}
    - (void)didReceiveMemoryWarning
{
    [super didReceiveMemoryWarning];
    // Dispose of any resources that can be recreated.
}
@end
```

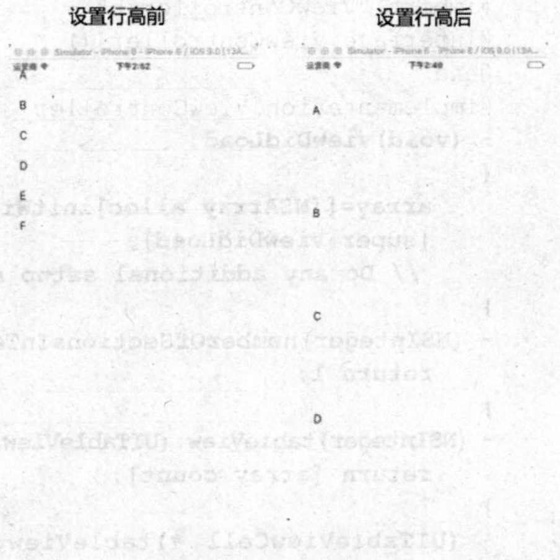

图 9.15 运行结果

运行结果如图 9.15 所示。

9.4 响应表视图

在表视图中，可以进行表单元的选择、删除、添加、移动等操作，这些功能被称为响应表视图。本节将主要讲解表视图响应中的操作。

9.4.1 选择行

在表单元中，如果想要在选择相应的行后，让选择的行进行一个响应，就要使用 tableView:didSelectRowAtIndexPath:方法，其语法形式如下：

```
-(void)tableView:(UITableView *)tableView didSelectRowAtIndexPath:(NSIndexPath *)indexPath;
```

其中，(UITableView *)tableView 用来指定表视图；(NSIndexPath *)indexPath 用来指定一个索引路径，用于指定在表视图中新的选择行。

【示例 9-10】以下程序通过使用 tableView:didSelectRowAtIndexPath:方法，实现为所选择的行添加标记。操作步骤如下。

（1）创建一个项目，命名为 9-10。

（2）单击打开 Main.storyboard 文件，从视图库中拖动 TableView 表视图到设计界面。

（3）右键单击 TableView 表视图，在弹出的"TableView"对话框中选择 Outlets 下的 dataSource 和 delegate，将它们分别和设计界面下 dock 中的 View Controller 进行关联。

（4）打开 ViewController.h 和 Main.storyboard 文件，将 TableView 和 ViewController.h 进行变量连线并命名为"tableview"。连线完成后，ViewController.h 中的程序代码如下：

```
#import <UIKit/UIKit.h>
@interface ViewController : UIViewController<UITableViewDataSource,UITableViewDelegate>{
    NSArray *array;
}
@property (weak, nonatomic) IBOutlet UITableView *tableview;
@end
```

（5）单击打开 ViewController.m 文件，编写代码，实现为所选的行添加标记。程序代码如下：

```objc
#import "ViewController.h"
@interface ViewController ()
@end
@implementation ViewController
- (void)viewDidLoad
{
    array=[[NSArray alloc]initWithObjects:@"A",@"B",@"C",@"D",@"E",@"F",nil];
    [super viewDidLoad];
    // Do any additional setup after loading the view, typically from a nib.
}
- (NSInteger)numberOfSectionsInTableView:(UITableView *)tableView {
    return 1;
}
- (NSInteger)tableView:(UITableView *)tableView numberOfRowsInSection:(NSInteger) section {
    return [array count];
}
- (UITableViewCell *)tableView:(UITableView *)tableView cellForRowAtIndexPath:(NSIndexPath *)indexPath {
    static NSString *CellIdentifier = @"Cell";
    UITableViewCell *cell = [tableView dequeueReusableCellWithIdentifier:CellIdentifier];
    if (cell == nil) {
        cell = [[UITableViewCell alloc] initWithStyle:UITableViewCellStyleDefault reuseIdentifier:CellIdentifier];
    }
    cell.textLabel.text = [array objectAtIndex:indexPath.row];
    return cell;
}
//选择行
- (void)tableView:(UITableView *)tableView didSelectRowAtIndexPath:(NSIndexPath *)indexPath{
    UITableViewCell *cellView = [tableView cellForRowAtIndexPath:indexPath];
    if (cellView.accessoryType == UITableViewCellAccessoryNone) {
        cellView.accessoryType=UITableViewCellAccessoryCheckmark;
    }
    else {
        cellView.accessoryType = UITableViewCellAccessoryNone;
        [tableView deselectRowAtIndexPath:indexPath animated:YES];
    }
}
- (void)didReceiveMemoryWarning
{
    [super didReceiveMemoryWarning];
    // Dispose of any resources that can be recreated.
}
@end
```

运行结果如图 9.16 所示。

图 9.16　运行结果

9.4.2 删除行

在表视图中,每一行都是可以被删除的,但是在进行删除时,必须要使用 setEditing 属性将表视图变为可以进行编辑的,其语法形式如下:

```
@property(nonatomic, getter=isEditing) BOOL editing;
```

其中,将 setEditing 属性设置为 YES,表明表视图是可以进行编辑的,将 setEditing 属性设置为 NO,表明表视图是不可以进行编辑的。之后必须要使用 tableView:commitEditingStyle:forRowAtIndexPath:方法在表视图的指定行提交插入和删除的数据源,语法形式如下:

```
- (void)tableView:(UITableView *)tableView commitEditingStyle:(UITableViewCellEditingStyle)editingStyle forRowAtIndexPath:(NSIndexPath *)indexPath;
```

其中,(UITableView *)tableView 用来指定表视图;(UITableViewCellEditingStyle)editingStyle 用来指定插入或删除行对应的表单元编辑风格;(NSIndexPath *)indexPath 用来指定一个索引路径。

最后就可以使用 deleteRowsAtIndexPaths:方法进行删除了,其语法形式如下:

```
- (void)deleteRowsAtIndexPaths:(NSArray *)indexPaths withRowAnimation:
(UITableViewRowAnimation)animation;
```

其中,(NSArray *)indexPaths 用来指定数组,确定要删除的行;(UITableViewRowAnimation) animation 用来指定一个动画。

【示例 9-11】以下程序通过使用 tableView:commitEditingStyle:forRowAtIndexPath:方法和 deleteRows AtIndexPaths:方法将指定的行删除。操作步骤及程序代码如下:

(1)创建一个项目,命名为 9-11。
(2)单击打开 Main.storyboard 文件,从视图库中拖动 TableView 表视图到设计界面。
(3)右键单击 TableView 表视图,在弹出的 "TableView" 对话框中选择 Outlets 下的 dataSource 和 delegate,将它们分别和设计界面下 dock 中的 View Controller 进行关联。
(4)打开 ViewController.h 和 Main.storyboard 文件,将 TableView 和 ViewController.h 进行变量连线并命名为 "tableview"。连线完成后 ViewController.h 中的程序代码如下:

```
#import <UIKit/UIKit.h>
@interface ViewController : UIViewController<UITableViewDelegate,UITableViewDataSource>{
    NSMutableArray *array;
}
@property (weak, nonatomic) IBOutlet UITableView *tableview;
@end
```

(5)单击打开 ViewController.m 文件,编写代码,在表视图中实现删除所选的行。程序代码如下:

```
#import "ViewController.h"
@interface ViewController ()
@end
@implementation ViewController
- (void)viewDidLoad
{
    array=[[NSMutableArray alloc]initWithObjects:@"A",@"B",@"C",@"D",@"E",@"F",nil];
    [_tableview setEditing:YES];
    [super viewDidLoad];
```

```objc
    // Do any additional setup after loading the view, typically from a nib.
}
- (NSInteger)numberOfSectionsInTableView:(UITableView *)tableView {
    return 1;
}
- (NSInteger)tableView:(UITableView *)tableView numberOfRowsInSection:(NSInteger) section {
    return [array count];
}
- (UITableViewCell *)tableView:(UITableView *)tableView cellForRowAtIndexPath:(NSIndexPath *)indexPath {
    static NSString *CellIdentifier = @"Cell";
    UITableViewCell *cell = [tableView dequeueReusableCellWithIdentifier:CellIdentifier];
    if (cell == nil) {
        cell = [[UITableViewCell alloc] initWithStyle:UITableViewCellStyleDefault reuseIdentifier:CellIdentifier];
    }
    cell.textLabel.text = [array objectAtIndex:indexPath.row];
    return cell;
}
-(void)tableView:(UITableView *)tableView commitEditingStyle:(UITableViewCellEditingStyle)editingStyle forRowAtIndexPath:(NSIndexPath *)indexPath{
    if(editingStyle==UITableViewCellEditingStyleDelete){
        [array removeObjectAtIndex:indexPath.row];              //删除选择行的数组元素
        [_tableview deleteRowsAtIndexPaths:[NSArray arrayWithObject:indexPath] withRowAnimation:UITableViewRowAnimationAutomatic];   //删除行
    }
}
- (void)didReceiveMemoryWarning
{
    [super didReceiveMemoryWarning];
    // Dispose of any resources that can be recreated.
}
@end
```

运行结果如图 9.17 所示。

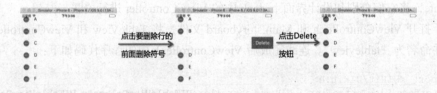

图 9.17 运行结果

9.4.3 添加行

有删除必有添加，那么如何在表视图中实现添加行呢？这时要使用 insertRowsAtIndexPaths: 方法，其语法形式如下：

```
- (void)insertRowsAtIndexPaths:(NSArray *)indexPaths withRowAnimation:
(UITableViewRowAnimation)animation;
```

其中，(NSArray *)indexPaths 用来指定一个数组，用于识别表视图中的行；(UITableViewRowAnimation)animation 用来指定动画。

【示例 9-12】以下程序通过使用 insertRowsAtIndexPaths:方法，实现在表视图的任意位置添加行。操作步骤如下：

（1）创建一个项目，命名为 9-12。

（2）单击打开 Main.storyboard 文件，从视图库中拖动 TableView 表视图到设计界面。

（3）右键单击 TableView 表视图，在弹出的"TableView"对话框中选择 Outlets 下的 dataSource 和 delegate，将它们分别和设计界面下 dock 中的 View Controller 进行关联。

（4）打开 ViewController.h 和 Main.storyboard 文件，将 TableView 和 ViewController.h 进行变量连线并命名为"tableview"。连线完成后 ViewController.h 中的程序代码如下：

```
#import <UIKit/UIKit.h>
@interface ViewController : UIViewController<UITableViewDataSource,UITableViewDelegate>{
    NSMutableArray *array;
    NSIntager index;
}
@property (weak, nonatomic) IBOutlet UITableView *tableview;
@end
```

（5）单击打开 ViewController.m 文件，编写代码，实现在表视图中添加行。程序代码如下：

```
#import "ViewController.h"
@interface ViewController ()
@end
@implementation ViewController
- (void)viewDidLoad
{
    array=[[NSMutableArray alloc]initWithObjects:@"A",@"B",@"C",@"D",@"E",@"F",nil];
    [_tableview setEditing:YES];
    [super viewDidLoad];
    // Do any additional setup after loading the view, typically from a nib.
}
- (NSInteger)numberOfSectionsInTableView:(UITableView *)tableView {
    return 1;
}
- (NSInteger)tableView:(UITableView *)tableView numberOfRowsInSection:(NSInteger) section {
    return [array count];
}
- (UITableViewCell *)tableView:(UITableView *)tableView cellForRowAtIndexPath:
(NSIndexPath *)indexPath {
    static NSString *CellIdentifier = @"Cell";
    UITableViewCell *cell = [tableView dequeueReusableCellWithIdentifier:CellIdentifier];
    if (cell == nil) {
        cell = [[UITableViewCell alloc] initWithStyle:UITableViewCellStyleDefault
reuseIdentifier:CellIdentifier];
    }
    cell.textLabel.text = [a objectAtIndex:indexPath.row];
    return cell;
}
//设置表单元的编辑风格
-(UITableViewCellEditingStyle)tableView:(UITableView *)tableView editingStyleForRow
AtIndexPath:
    (NSIndexPath *)indexPath{
    return UITableViewCellEditingStyleInsert;
}
```

```
-(void)tableView:(UITableView *)tableView commitEditingStyle:(UITableViewCellEditing
Style)editingStyle forRowAtIndexPath:(NSIndexPath *)indexPath{
    //判断表单元的编辑风格
    if(editingStyle==UITableViewCellEditingStyleInsert)
    {
        index=index+1;
        NSInteger row=[indexPath row];                          //设置当前的行
        NSArray *insert=[NSArray arrayWithObjects:indexPath, nil];
        NSString *str=[NSString stringWithFormat:@"%i",index];
        [array insertObject:str atIndex:row];                   //添加元素
        //插入
        [_tableview insertRowsAtIndexPaths:insert withRowAnimation:UITableViewRowAnimation
Right];
    }
}
- (void)didReceiveMemoryWarning
{
    [super didReceiveMemoryWarning];
    // Dispose of any resources that can be recreated.
}
@end
```

运行结果如图 9.18 所示。

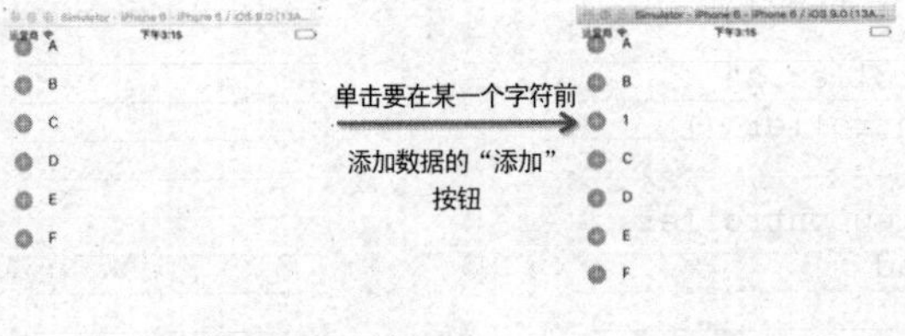

图 9.18　运行结果

9.4.4　移动行

在表视图中，表单元是可以进行移动的。要实现移动，必须要使用 tableView:moveRowAtIndexPath:toIndexPath:方法，其语法形式如下：

```
- (void)tableView:(UITableView *)tableView moveRowAtIndexPath:(NSIndexPath *)sourceIndexPath
toIndexPath:(NSIndexPath *)destinationIndexPath;
```

其中，(UITableView *)tableView 用来指定表视图；(NSIndexPath *)sourceIndexPath 用来指定要移动行的索引路径；(NSIndexPath *)destinationIndexPath 用来指定行移动到目标位置的索引路径。

【示例 9-13】以下程序通过使用 moveRowAtIndexPath:方法，实现在表视图移动任意行。操作步骤如下。

（1）创建一个项目，命名为 9-13。

（2）单击打开 Main.storyboard 文件，从视图库中拖动 TableView 表视图到设计界面。

（3）右键单击 TableView 表视图，在弹出的"TableView"对话框中选择 Outlets 下的 dataSource

和 delegate，将它们分别和设计界面下的 dock 中的 View Controller 进行关联。

（4）打开 ViewController.h 和 Main.storyboard 文件，将 TableView 和 ViewController.h 进行变量连线并命名为"tableview"。连线完成后 ViewController.h 中的程序代码如下：

```
#import <UIKit/UIKit.h>
@interface ViewController : UIViewController<UITableViewDelegate,UITableViewDataSource>{
    NSMutableArray *array;
}
@property (weak, nonatomic) IBOutlet UITableView *tableview;
@end
```

（5）单击打开 ViewController.m 文件，编写代码，实现移动表视图中的行。程序代码如下：

```
#import "ViewController.h"
@interface ViewController ()
@end
@implementation ViewController
- (void)viewDidLoad
{
    array=[[NSMutableArray alloc]initWithObjects:@"A",@"B",@"C",@"D",@"E",@"F",nil];
    [_tableview setEditing:YES];
    [super viewDidLoad];
    // Do any additional setup after loading the view, typically from a nib.
}
- (NSInteger)numberOfSectionsInTableView:(UITableView *)tableView {
    return 1;
}
- (NSInteger)tableView:(UITableView *)tableView numberOfRowsInSection:(NSInteger) section {
    return [array count];
}
- (UITableViewCell *)tableView:(UITableView *)tableView cellForRowAtIndexPath:(NSIndexPath *)indexPath {
    static NSString *CellIdentifier = @"Cell";
    UITableViewCell *cell = [tableView dequeueReusableCellWithIdentifier:CellIdentifier];
    if (cell == nil) {
        cell = [[UITableViewCell alloc] initWithStyle:UITableViewCellStyleDefault reuseIdentifier:CellIdentifier];
    }
    cell.textLabel.text = [array objectAtIndex:indexPath.row];
    return cell;
}
-(UITableViewCellEditingStyle)tableView:(UITableView *)tableView editingStyleForRowAtIndexPath:(NSIndexPath *)indexPath{
    return UITableViewCellEditingStyleNone;
}
//移动行
-(void)tableView:(UITableView *)tableView moveRowAtIndexPath:(NSIndexPath *)sourceIndexPath toIndexPath:(NSIndexPath *)destinationIndexPath{
    NSInteger fromRow = [sourceIndexPath row];          //获取需要移动的行
    NSInteger toRow = [destinationIndexPath row];       //获取需要移动的位置
    id object = [array objectAtIndex:fromRow];          //读取需要移动行的数据
    [array removeObjectAtIndex:fromRow];
    [array insertObject:object atIndex:toRow];
}
- (void)didReceiveMemoryWarning
{
    [super didReceiveMemoryWarning];
    // Dispose of any resources that can be recreated.
```

}
@end

运行结果如图 9.19 所示。

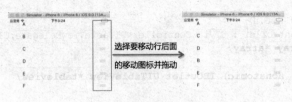

图 9.19　运行结果

9.4.5　缩进

为了让表视图看起来美观，我们还可以让表单元进行缩进。这时，要使用 tableView:indentationLevelForRowAtIndexPath:方法，其语法形式如下：

```
-(NSInteger)tableView:(UITableView *)tableView  indentationLevelForRowAtIndexPath:
(NSIndexPath *)indexPath;
```

【示例 9-14】以下程序通过使用 tableView: indentationLevelForRowAtIndexPath:方法，实现表视图中单元格的缩进。操作步骤如下：

（1）创建一个项目，命名为 9-14。

（2）单击打开 Main.storyboard 文件，从视图库中拖动 TableView 表视图到设计界面。

（3）右键单击 TableView 表视图，在弹出的"TableView"对话框中选择 Outlets 下的 dataSource 和 delegate，将它们分别和设计界面下的 dock 中的 View Controller 进行关联。

（4）打开 ViewController.h 和 Main.storyboard 文件，将 TableView 和 ViewController.h 进行变量连线并命名为 tableview。连线完成后 ViewController.h 中的程序代码如：

```
#import <UIKit/UIKit.h>
@interface ViewController : UIViewController<UITableViewDataSource,UITableViewDelegate>{
    NSMutableArray *array;
}
@property (weak, nonatomic) IBOutlet UITableView *tableview;
@end
```

（5）单击打开 ViewController.m 文件，编写代码，实现表视图中表单元的缩进。程序代码如下：

```
#import "ViewController.h"
@interface ViewController ()
@end
@implementation ViewController
- (void)viewDidLoad
{
    array=[[NSMutableArray alloc]initWithObjects:@"A",@"B",@"C",@"D",@"E",@"F",nil];
```

```objc
    [super viewDidLoad];
    // Do any additional setup after loading the view, typically from a nib.
}
- (NSInteger)numberOfSectionsInTableView:(UITableView *)tableView {
    return 1;
}
- (NSInteger)tableView:(UITableView *)tableView numberOfRowsInSection:(NSInteger)section {
    return [array count];
}
- (UITableViewCell *)tableView:(UITableView *)tableView cellForRowAtIndexPath:(NSIndexPath *)indexPath {
    static NSString *CellIdentifier = @"Cell";
    UITableViewCell *cell = [tableView dequeueReusableCellWithIdentifier:CellIdentifier];
    if (cell == nil) {
        cell = [[UITableViewCell alloc] initWithStyle:UITableViewCellStyleDefault reuseIdentifier:CellIdentifier];
    }
    cell.textLabel.text = [array objectAtIndex:indexPath.row];
    return cell;
}
//设置缩进
-(NSInteger)tableView:(UITableView *)tableView indentationLevelForRowAtIndexPath: (NSIndexPath *)indexPath{
    return [indexPath row]%3;
}
- (void)didReceiveMemoryWarning
{
    [super didReceiveMemoryWarning];
    // Dispose of any resources that can be recreated.
}
@end
```

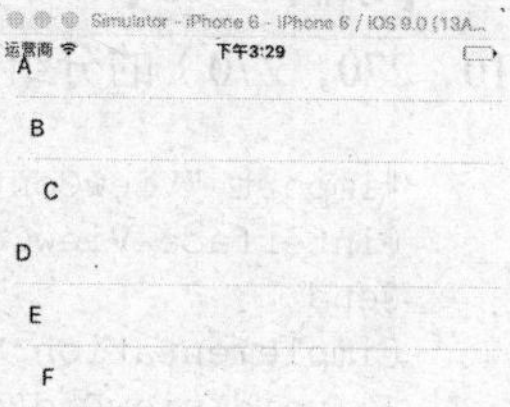

运行结果如图 9.20 所示。

图 9.20 运行结果

> **注意**：在此程序中表视图的缩进是在 0 和 2 之间变换的。

9.5 创建分组表

分组就是将信息或者数据按照某种规律分为几个部分，从而便于查找。例如，在 QQ 中，用户可以将好友分为陌生人、亲人、朋友等。表视图也一样，当里面存放的数据很多时，就要使用到分组表视图。分组表视图的创建有两种方式：静态方式和动态方式。

1. 静态创建分组表

使用静态创建分组表的方式和使用在 9.1 节讲到的静态创建表视图的方式是一样的。分组表其实是表视图的一种形式。以下，就要如何来创建一个分组表的操作步骤。

【示例 9-15】本示例展示如何将 TableView 的 style 设置成 Grouped。

（1）创建一个项目，命名为 9-15。

（2）单击打开 Main.storyboard 文件，将视图库中的 TableView 表视图拖动到设计界面中。

（3）在工具窗口中选择"Show the Attributes inspector"图标，在 TableView 下，将 Style 由默

认的 Plain 设置为 Grouped，如图 9.21 所示。

单击"运行"按钮，就可以看到创建的分组表了，如图 9.22 所示。（由于没有填充数据，因此看不到分组效果。填充分组数据，可以参考 9.6 节中的内容。）

2. 动态创建分组表

使用代码动态创建分组表实际上使用的方法还是创建表视图的方法 initWithFrame: style:方法，其语法形式如下：

- (id) initWithFrame:(CGRect)frame style:(UITableViewStyle)style;

其中，(CGRect)frame 用来指定表视图的框架；(UITableViewStyle)style 用来指定表视图的风格，由于创建的是分组表视图，所以这时要使用 UITableViewStyleGrouped（分组表视图）。

【示例 9-16】以下程序通过使用 initWithFrame: style:方法，来创建一个位置及大小为（10，10，270，270）的分组表。程序代码如下：

```
#import "ViewController.h"
@interface ViewController ()
@end
@implementation ViewController
- (void)viewDidLoad
{
    UITableView *tableview=[[UITableView alloc]initWithFrame:CGRectMake(10, 10, 300, 370) style:UITableViewStyleGrouped];                    //创建分组表
    [self.view addSubview:tableview];
    [super viewDidLoad];
     // Do any additional setup after loading the view, typically from a nib.
}
- (void)didReceiveMemoryWarning
{
    [super didReceiveMemoryWarning];
    // Dispose of any resources that can be recreated.
}
@end
```

运行结果如图 9.23 所示。（由于没有填充数据，因此看不到分组效果。填充分组数据，可以参考 9.6 节中的内容。）

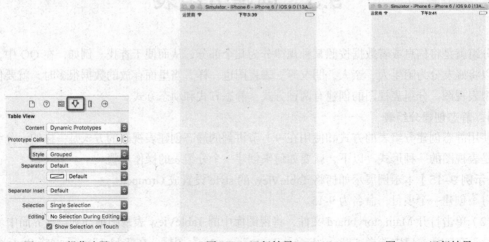

图 9.21　操作步骤　　　　　　图 9.22　运行结果　　　　　　图 9.23　运行结果

9.6 填充分组表

使用 Style 属性中的 Grouped 可以实现分组表视图的创建，通过使用 Plain 也可以实现分组表的功能。本节将主要讲解 Grouped 风格的分组表的内容填充和如何使用 Plain 风格来实现分组表的功能。

9.6.1 填充 Grouped 风格的分组表

在图 9.19 所示的运行结果中是看不到分组效果的，那是因为没有在分组表中输入数据。

【示例 9-17】以下程序实现在 Grouped 风格的分组表中添加字符串，具体步骤如下。

（1）创建一个项目，命名为 9-17。
（2）单击打开 Main.storyboard 文件，从视图库中拖动 TableView 表视图到设计界面。
（3）在 Show the Attributes inspector 中，将 TableView 下的 Style 设置为 Grouped。
（4）右键单击 TableView 表视图，在弹出的 TableView 对话框中选择 Outlets 下的 dataSource，将它和设计界面下的 dock 中的 View Controller 进行关联。
（5）单击打开 ViewController.h 文件，编写代码，实现遵守协议以及数组的声明。程序代码如下：

```
#import <UIKit/UIKit.h>
@interface ViewController : UIViewController<UITableViewDataSource>{
    NSArray *array1;
    NSArray *array2;
    NSArray *array3;
    NSArray *array4;
}
@end
```

（6）单击打开 ViewController.m 文件，编写代码，实现分组表的填充。程序代码如下：

```
#import "ViewController.h"
@interface ViewController ()
@end
@implementation ViewController
- (void)viewDidLoad
{
    array1=[NSArray arrayWithObjects:@"ant",@"alpaca",@"albatross",nil];
    array2=[NSArray arrayWithObjects:@"badger",@"bat",@"bear", nil];
    array3=[NSArray arrayWithObjects:@"cat",@"calf",@"cattle", nil];
    array4=[NSArray arrayWithObjects:@"A",@"B",@"C", nil];
    [super viewDidLoad];
    // Do any additional setup after loading the view, typically from a nib.
}
//设置表视图节中的行数
- (NSInteger)tableView:(UITableView *)tableView numberOfRowsInSection:(NSInteger)section
{
    return 3;
}
- (UITableViewCell *)tableView:(UITableView *)tableView cellForRowAtIndexPath:(NSIndexPath *)indexPath
```

```
{
    static NSString *CellIdentifier = @"Cell";
    UITableViewCell *cell = [tableView dequeueReusableCellWithIdentifier:CellIdentifier];
    if (cell==nil)
    {
        cell = [[UITableViewCell alloc] initWithStyle:UITableViewCellStyleSubtitle reuseIdentifier:CellIdentifier];
    }
    if (indexPath.section==0)
    {
        cell.textLabel.text = [array1 objectAtIndex:indexPath.row];
    }
    if (indexPath.section==1)
    {
        cell.textLabel.text = [array2 objectAtIndex:indexPath.row];
    }
    if (indexPath.section==2)
    {
        cell.textLabel.text = [array3 objectAtIndex:indexPath.row];
    }
    return cell;
}
//设置表视图中的节数
- (NSInteger )numberOfSectionsInTableView:(UITableView *)tableView
{
    return array3.count;
}
//获取节的名称
- (NSString *)tableView:(UITableView *)tableView titleForHeaderInSection:(NSInteger) section
{
    return [array4 objectAtIndex:section];
}
- (void)didReceiveMemoryWarning
{
    [super didReceiveMemoryWarning];
    // Dispose of any resources that can be recreated.
}
@end
```

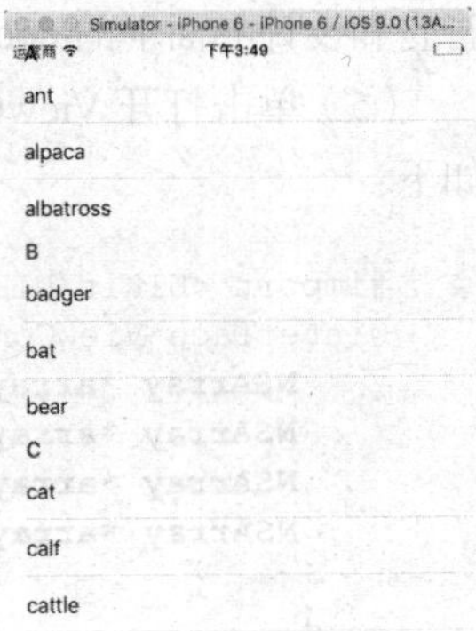

运行结果如图 9.24 所示。

图 9.24 运行结果

9.6.2 填充 Plain 风格的分组表

在不分组的表中，也可以使用页眉将表视图进行分组。

【示例 9-18】以下程序实现的功能是将不分组的表视图变为分组表视图，操作步骤如下。

（1）创建一个项目，命名为 9-18。

（2）单击打开 Main.storyboard 文件，从视图库中拖动 TableView 表视图到设计界面。

（3）右键单击 TableView 表视图，在弹出的"TableView"对话框中选择 Outlets 下的 dataSource，将它和设计界面下的 dock 中的 View Controller 进行关联。

（4）选择菜单栏中的"File|New|File..."命令，在弹出的"Choose a template for your new file:" 对话框中选择"Property List"模板，如图 9.25 所示。

（5）单击"Next"按钮，弹出"保存位置"对话框，在"Save As"中输入保存的文件名，再将 Targets 的第一项选中，如图 9.26 所示。

图 9.25　操作步骤 1

图 9.26　操作步骤 2

　步骤（4）～（5）是创建一个 1.plist 文件。

（6）单击打开桌面的 1.plist 文件，向此文件中输入内容，如图 9.27 所示。

（7）单击打开 ViewController.h 文件，编写代码，实现遵守协议以及字典和数组的声明。程序代码如下：

```
#import <UIKit/UIKit.h>
@interface ViewController : UIViewController
<UITableViewDataSource>{
    NSDictionary *dictionary;
    NSArray *array;
}
@end
```

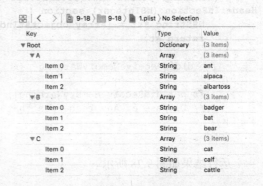

图 9.27　操作步骤 3

（8）单击打开 ViewController.m 文件，编写代码，实现在 Plain 风格的表视图中填写数据。程序代码如下：

```
#import "ViewController.h"
@interface ViewController ()
@end
@implementation ViewController
- (void)viewDidLoad
{
    NSString *path=[[NSBundle mainBundle]pathForResource:@"1" ofType:@"plist"];
    dictionary = [[NSDictionary alloc] initWithContentsOfFile:path];
    array = [[dictionary allKeys] sortedArrayUsingSelector:@selector(compare:)];
    [super viewDidLoad];
    // Do any additional setup after loading the view, typically from a nib.
}
```

```
//设置节数
-(NSInteger)numberOfSectionsInTableView:(UITableView *)tableView{
    return [array count];
}
//设置每一节的行数
-(NSInteger)tableView:(UITableView *)tableView numberOfRowsInSection:(NSInteger)section{
    NSString *year=[array objectAtIndex:section];
    NSArray *moviesSection=[dictionary objectForKey:year];
    return [moviesSection count];
}
- (UITableViewCell *)tableView:(UITableView *)tableView cellForRowAtIndexPath:(NSIndexPath *)indexPath {
    static NSString *CellIdentifier = @"Cell";
    UITableViewCell *cell = [tableView dequeueReusableCellWithIdentifier:CellIdentifier];
    if (cell == nil) {
        cell = [[UITableViewCell alloc] initWithStyle:UITableViewCellStyleDefault reuseIdentifier:CellIdentifier];
    }
    NSString *str=[array objectAtIndex:[indexPath section]];
    NSArray *movieSection=[dictionary objectForKey:str];
    cell.textLabel.text=[movieSection objectAtIndex:[indexPath row]];
    return cell;
}
//返回块中的名称
- (NSString *)tableView:(UITableView *)tableView titleForHeaderInSection:(NSInteger) section {
    NSString *st = [array objectAtIndex:section];
    return st;
}
- (void)didReceiveMemoryWarning
{
    [super didReceiveMemoryWarning];
    // Dispose of any resources that can be recreated.
}
@end
```

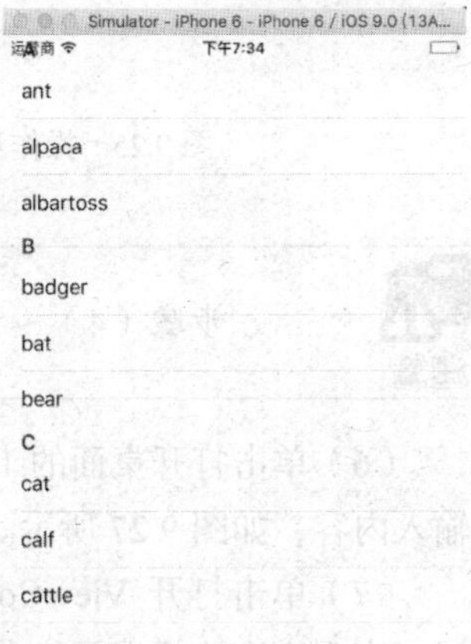

运行结果如图 9.28 所示。

图 9.28 运行结果

9.7 表视图的实现

在表视图中，最常见的就是搜索功能，如果想要快速地查找到一行数据，就要使用搜索功能。只要在搜索栏中输入想要的数据就可以很快找到此数据了。

【示例 9-19】以下程序实现在表视图中添加数据搜索功能。操作步骤如下。

（1）创建一个项目，命名为 9-19。

（2）单击打开 Main.storyboard 文件，从视图库中拖动 TableView 表视图到设计界面。

（3）右键单击 TableView 表视图，在弹出的"TableView"对话框中选择 Outlets 下的 dataSource 和 delegate，将它们分别和设计界面下的 dock 中的 View Controller 进行关联。

（4）从视图库中拖动 Search Bar 搜索视图到设计界面的 TableView 表视图上，这时设计界面的效果如图 9.29 所示。

（5）按住 Ctrl 键，将 Search Bar 搜索视图拖动到 dock 中的 View Controller 图标中，在弹出的对话框中选择 delegate。

（6）单击打开 ViewController.h 文件，编写代码，实现遵守协议以及数组、动作等的声明。打开 ViewController.h 和 Main.storyboard 文件，将 TableView 和 ViewController.h 进行变量连线并命名为 tableview。连线完成后 ViewController.h 中的程序代码如下：

图 9.29　设计界面的效果

```
#import <UIKit/UIKit.h>
@interface ViewController : UIViewController{
    NSDictionary *dictionary;
    NSArray *array;
    BOOL isSearchOn;
    BOOL canSelectRow;
    NSMutableArray *listOfMovies;
    NSMutableArray *searchResult;
}
@property (weak, nonatomic) IBOutlet UITableView *tableview;
@property (weak, nonatomic) IBOutlet UISearchBar *searchBar;
- (void) searchMoviesTableView;
@end
```

（7）单击打开 ViewController.m 文件，编写代码，实现在表视图中添加搜索功能。程序代码如下：

```
#import "ViewController.h"
@interface ViewController ()
@end
@implementation ViewController
- (void)viewDidLoad
{
    NSString *path=[[NSBundle mainBundle]pathForResource:@"1" ofType:@"plist"];
    dictionary = [[NSDictionary alloc] initWithContentsOfFile:path];
    array = [[dictionary allKeys] sortedArrayUsingSelector:@selector(compare:)];
    _tableview.tableHeaderView = _searchBar;
    _searchBar.autocorrectionType = UITextAutocorrectionTypeYes;
    listOfMovies = [[NSMutableArray alloc] init];
    for (NSString *year in array)
    {
        NSArray *movies = [dictionary objectForKey:year];
        for (NSString *title in movies)
        {
            [listOfMovies addObject:title];
        }
    }
    searchResult = [[NSMutableArray alloc] init];
    isSearchOn = NO;
    canSelectRow = YES;
    [super viewDidLoad];
    // Do any additional setup after loading the view, typically from a nib.
}
- (NSIndexPath *)tableView:(UITableView *)theTableView willSelectRowAtIndexPath:(NSIndexPath *)indexPath {
    if (canSelectRow)
        return indexPath;
```

```objc
        else
            return nil;
    }
//当用户在搜索栏中进行输入时
- (void)searchBar:(UISearchBar *)searchBar textDidChange:(NSString *)searchText {
    if ([searchText length] > 0) {
        isSearchOn = YES;
        canSelectRow = YES;
        _tableview.scrollEnabled = YES;
        [self searchMoviesTableView];
    }
    else {
        isSearchOn = NO;
        canSelectRow = NO;
        _tableview.scrollEnabled = NO;
    }
    [_tableview reloadData];
}
- (void)searchBarSearchButtonClicked:(UISearchBar *)searchBar {
    [self searchMoviesTableView];
}
//查找搜索结果
- (void) searchMoviesTableView {
    [searchResult removeAllObjects];
    for (NSString *str in listOfMovies)
    {
        NSRange titleResultsRange = [str rangeOfString:_searchBar.text options:NSCaseInsensitiveSearch];
        if (titleResultsRange.length > 0)
            [searchResult addObject:str];
    }
}
-(NSInteger)numberOfSectionsInTableView:(UITableView *)tableView{
    if (isSearchOn)
        return 1;
    else
        return [array count];
}
-(NSInteger)tableView:(UITableView *)tableView numberOfRowsInSection:(NSInteger)section{
    if (isSearchOn) {
        return [searchResult count];
    } else
    {
        NSString *year = [array objectAtIndex:section];
        NSArray *movieSection = [dictionary objectForKey:year];
        return [movieSection count];
    }
    
}
- (UITableViewCell *)tableView:(UITableView *)tableView cellForRowAtIndexPath:(NSIndexPath *)indexPath {
    static NSString *CellIdentifier = @"Cell";
    UITableViewCell *cell = [tableView dequeueReusableCellWithIdentifier:CellIdentifier];
    if (cell == nil) {
        cell = [[UITableViewCell alloc] initWithStyle:UITableViewCellStyleDefault reuseIdentifier:CellIdentifier];
    }
    if (isSearchOn) {
        NSString *cellValue = [searchResult objectAtIndex:indexPath.row];
        cell.textLabel.text = cellValue;
```

```
        } else {
            NSString *year = [array objectAtIndex:[indexPath section]];
            NSArray *movieSection = [dictionary objectForKey:year];
            cell.textLabel.text = [movieSection objectAtIndex:[indexPath row]];
        }
        return cell;
}
- (NSString *)tableView:(UITableView *)tableView titleForHeaderInSection:(NSInteger)section {
    NSString *year = [array objectAtIndex:section];
    if (isSearchOn)
        return nil;
    else
        return year;
}

- (void)didReceiveMemoryWarning
{
    [super didReceiveMemoryWarning];
    // Dispose of any resources that can be recreated.
}
@end
```

运行结果如图 9.30 所示。

图 9.30　运行结果

9.8　小　　结

本章主要讲解了表视图的创建、设置表单元、创建分组表视图，以及分组表视图的内容填充等内容。本章重点是响应表视图。通过对本章的学习，希望开发者可以使用表视图来实现一些相关的应用。

9.9　习　　题

一、选择题

1．下面不属于 UITableViewDataSourceDelegate 的方法是（　　）。

A. numberOfSectionsInTableView　　　　B. numberOfRowsInSection
C. sectionIndexTitlesForTableView　　　　D. cellForRowAtIndexPath

2. UITableView 有多种显示风格，其中不属于系统自带风格的是（　　）。

　　A. UITableViewCellStyleValue1　　　　B. UITableViewCellStyleValue2
　　C. UITableViewCellStyleValue3　　　　D. UITableViewCellStyleSubTitle

3. UITableView 是 iOS 开发中使用频率最高的控件之一，下面有关 UITableView 的说法错误的是（　　）。

　　A. UITableView 继承自 UIScrollView
　　B. 要用代码显示一个 UITableView 的时候，必须先添加 UITableViewDataSourceDelegate 协议
　　C. 要用代码显示一个 UITableView 的时候，必须先添加 UITableViewDelegate 协议
　　D. UITableView 有两种风格：单一分组和多个分组

二、阐述题

1. 请阐述 UITableViewDataSourceDelegate 协议中各方法的意义。

2. 为了提高运行性能，UITableView 使用了 UITableViewCell 的重用机制，请查找资料，阐述 Cell 的重用机制原理以及如何提高性能。

三、上机练习

利用 UITableView 实现一个网上商城的简易购物车列表，需要实现的功能有：添加、删除商品，不同商家商品分组显示，可以选择任意一个或多个商品进行支付，单击任意商品进入商品详情页面。

第 10 章 导航控制器和标签栏控制器

当一个 iOS 9 应用程序中包含很多界面时,可以使用导航控制器和标签栏控制器管理这些界面,方便用户切换使用。本章将主要讲解导航控制器的创建、导航控制器的设置、标签栏控制器的创建以及设置。

10.1 导航控制器

在 iPhone 手机中经常会用到导航控制器,如通讯录。导航控制器(UINavigationController)提供了一种简单的途径,可以让用户在多个数据视图中进行切换,以及回到起点。本节将主要讲解导航控制器的组成、创建等内容。

10.1.1 导航控制器的组成

一个导航控制器一般由三部分组成,如图 10.1 所示。

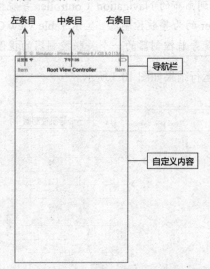

图 10.1 导航控制器视图的构成

- ❑ 导航栏:一个导航栏(UINavigationBar)是一个矩形视图,它出现在顶部,并显示左条目、中条目、右条目。一般情况下,中条目是一个标题。
- ❑ 自定义内容:即导航栏和导航工具栏中间的部分。

10.1.2 导航控制器的创建

在使用导航控制器之前,首先要学会如何创建导航控制器。创建导航控制器的方法有两种:静态方式和动态方式。由于使用静态方式创建导航控制器比较简单、快速,所以一般使用静态方式。

【示例10-1】使用静态方式创建导航控制器。

(1)创建一个项目,命名为10-1。

(2)单击打开 Main.storyboard 文件,将画布中的 View Controller 视图控制器删除(主要将 View Controller 的设计界面删除)。

(3)从视图库中拖动 Navigation Controller 导航控制器到画布中,并选择 Is Initial View Controller,将 Navigation Controller 设置为第一启动视图,如图10.2所示。

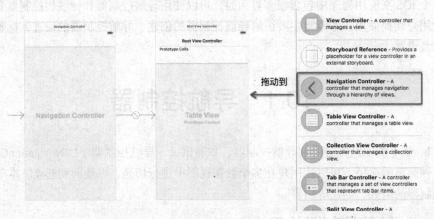

图10.2 操作步骤

 在图10.2中拖动到画布的 Navigation Controller 导航控制器一共有两个控制器。显示 Navigation Controller 的为导航控制器,显示 Table View Controller 的为表视图控制器,它(表视图控制器)是导航控制器的一个关联控制器的视图。

(4)单击"运行"按钮,运行结果如图10.3所示。

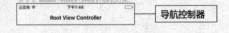

图10.3 运行结果

10.1.3 改变导航控制器的关联视图

导航控制器的关联视图很多,并不是只有 Table View Controller 表视图控制器的视图。那么如何改变导航控制器的关联视图呢?下面主要讲解如何将图 10.2 所示的导航控制器的关联视图,由 Table View Controller 表视图控制器的视图,变为 View Controller 视图控制器的视图,具体步骤如下。

(1)回到 Main.storyboard 文件,从视图库中拖动一个 View Controller 视图控制器到画布中,并设置其背景色,这时画布的效果如图 10.4 所示。

(2)按住 Ctrl 键拖动 Navigation Controller 导航控制器到 View Controller 视图控制器中,在弹出的"Manual Segue"对话框中选择 Relationship Segue 下的 root view,这时画布中的效果如图 10.5 所示。运行结果如图 10.6 所示。

图 10.4 操作步骤 1

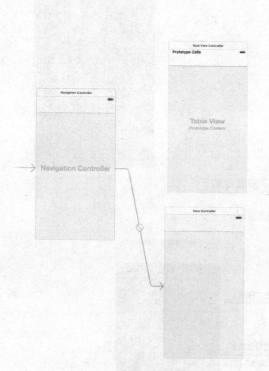

图 10.5 操作步骤 3

图 10.6 运行结果

10.1.4 实现导航

导航控制器可以让用户使用内置动画在视图之间实现移动。

【示例 10-2】以下程序主要实现的功能就是通过导航控制器实现视图之间的移动，从而实现导航功能，操作步骤如下。

（1）创建一个项目，命名为 10-2。

（2）单击打开 Main.storyboard 文件，从视图库中拖曳一个 Navigation Controller 导航控制器到画布中。

（3）在工具栏中，选择"Show the Attributes inspector"图标，在 View Controller 面板下选择 Is Initial View Controller。

（4）将 Navigation Controller 导航控制器关联的 Table View Controller 表视图控制器的视图删除。

（5）将 Navigation Controller 导航控制器关联的视图变为 View Controller 视图控制器的视图。

（6）将 View Controller 视图控制器的设计界面的背景颜色设置为绿色，再拖曳一个 Button 按钮控件到 View Controller 视图控制器的设计界面，双击将按钮的标题改为"按钮"。

（7）从视图库中再拖曳一个 View Controller 视图控制器到画布中，将其背景颜色设置为蓝色。

（8）按住 Ctrl 键拖动标题为"按钮"的按钮控件到背景为蓝色的 View Controller 视图控制器的设计界面上。在弹出的"Action Segue"对话框中，选择"push"。这时的画布效果如图 10.7 所示。

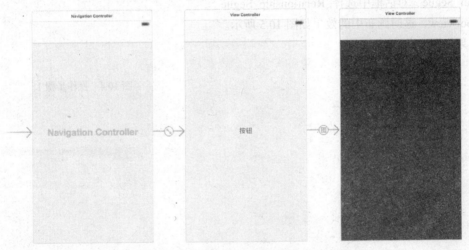

图 10.7　步骤效果

（9）单击"运行"按钮，运行结果如图 10.8 所示。

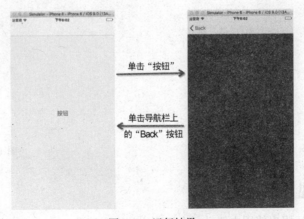

图 10.8　运行结果

10.1.5 添加标题

在一个导航控制器中，如果想要再显示一些字符串，以便用户可以理解现在所处的位置或者其他等，可以使用两种方法来实现：一种是在"Show the Attributes inspector"图标中，对 Navigation Item 下的 Title 属性进行设置，如图 10.9 所示；另一种是使用代码对 Title 属性进行设置。

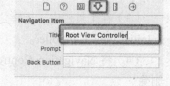

图 10.9 设置

【示例 10-3】以下程序通过使用代码对 Title 属性进行设置，实现在导航控制器中添加一个"首页"的字符串。操作步骤及程序代码如下：

（1）创建一个项目，命名为 10-3。

（2）单击打开 Main.storyboard 文件，从视图库中拖曳一个 Navigation Controller 导航控制器到画布中。

（3）在工具栏中，选择"Show the Attributes inspector"图标，在 View Controller 面板下选择"Is Initial View Controller"。

（4）将 Navigation Controller 导航控制器关联的 Table View Controller 表视图控制器的视图删除。

（5）将 Navigation Controller 导航控制器关联的视图变为 View Controller 视图控制器的视图，并把新建的 ViewController 的 Class 设置为 ViewController。

（6）单击打开 ViewController.m 文件，编写代码，实现在标题中显示"首页"。程序代码如下：

```
#import "ViewController.h"
@interface ViewController ()
@end
@implementation ViewController
- (void)viewDidLoad
{
    self.title=@"首页";                         //添加字符串
    [super viewDidLoad];
     // Do any additional setup after loading the view, typically from a nib.
}
- (void)didReceiveMemoryWarning
{
    [super didReceiveMemoryWarning];
    // Dispose of any resources that can be recreated.
}
@end
```

运行结果如图 10.10 所示。

图 10.10 运行结果

10.1.6 设置导航栏颜色

导航栏默认有半透明的模糊效果，但有时候为了整体效果，可能需要修改导航栏的颜色，方法有两种：一种是使用 setBackgroundColor 属性进行设置；另一种是使用 tintColor 方法。

1. 使用 setBackgroundColor 属性进行设置

使用 setBackgroundColor 属性，只是将导航栏的背景颜色进行设置，但是不会对导航栏中"返回"按钮的颜色进行设置。

【示例10-4】以下程序通过对 setBackgroundColor 属性进行设置，实现导航栏背景颜色的设置。操作步骤如下。

（1）创建一个项目，命名为 10-4。

（2）单击打开 Main.storyboard 文件，从视图库中拖曳一个 Navigation Controller 导航控制器到画布中。

（3）在工具栏中，选择"Show the Attributes inspector"图标，在 View Controller 面板下选择 Is Initial View Controller。

（4）将 Navigation Controller 导航控制器关联的 Table View Controller 表视图控制器的视图删除。

（5）将 Navigation Controller 导航控制器关联的视图变为 View Controller 视图控制器的视图，并把新建的 ViewController 的 Class 设置为 ViewController。

（6）从视图库中拖曳一个 Button 按钮控件到 View Controller 视图控制器的设计界面。

（7）从视图库中再拖曳一个 View Controller 视图控制器到画布中。

（8）按住 Ctrl 键拖动 Button 按钮控件到第二个 View Controller 视图控制器的设计界面上。在弹出的"Action Segue"对话框中，选择 push。这时的画布效果如图 10.11 所示。

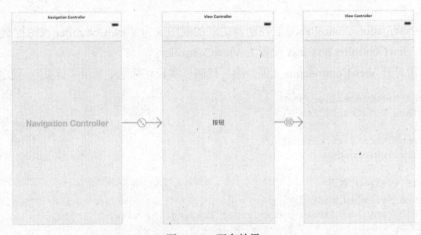

图 10.11　画布效果

（9）单击打开 ViewController.m 文件，编写代码，实现导航栏背景颜色的改变。程序代码如下：

```
#import "ViewController.h"
@interface ViewController ()
@end
@implementation ViewController
- (void)viewDidLoad
{
    self.title=@"首页";
    UINavigationBar *naBar=self.navigationController.navigationBar;
    [naBar setBackgroundColor:[UIColor redColor]];
    [super viewDidLoad];
     // Do any additional setup after loading the view, typically from a nib.
}
- (void)didReceiveMemoryWarning
{
    [super didReceiveMemoryWarning];
    // Dispose of any resources that can be recreated.
```

}
@end

运行结果如图 10.12 所示。

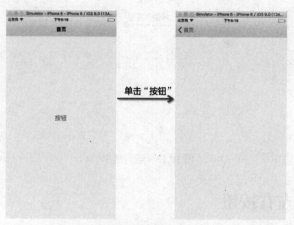

图 10.12　运行结果

 使用 setBackgroundColor 属性只可以改变导航栏的颜色，不能修改返回按钮的颜色。

2. tintColor

使用 tintColor 属性进行导航栏背景颜色的更改和使用 setBackgroundColor 属性更改颜色正好相反。它实现的功能是指定导航栏中的返回按钮进行颜色更改，其语法形式如下：

```
@property(nonatomic,retain)UIColor *tintColor;
```

【示例 10-5】以下程序通过对 tintColor 属性进行设置，实现对示例 10-2 的导航栏按钮颜色的设置。程序代码如下：

```
#import "ViewController.h"
@interface ViewController ()
@end
@implementation ViewController
- (void)viewDidLoad
{
    self.title=@"首页";
    UINavigationBar *naBar=self.navigationController.navigationBar;
    naBar.tintColor=[UIColor redColor];
    [super viewDidLoad];
     // Do any additional setup after loading the view, typically from a nib.
}
- (void)didReceiveMemoryWarning
{
    [super didReceiveMemoryWarning];
    // Dispose of any resources that can be recreated.
}
@end
```

运行结果如图 10.13 所示。

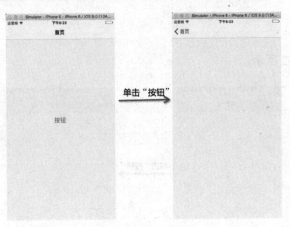

图 10.13　运行结果

10.1.7　添加左右按钮

在导航栏中，除了可以有默认的返回按钮外，还可以有其他按钮。要添加按钮，有两种方法：一种是静态添加按钮；另一种是使用代码动态添加按钮。

1．静态添加按钮

静态添加按钮非常简单，就是在视图库中找到 Bar Button Item 视图，将它拖动和 Navigation Controller 导航控制器相关联的视图控制器的视图导航栏中就可以了。

【示例 10-6】以下程序通过使用静态添加按钮的方式，在导航控制器的导航栏中添加一个按钮。操作步骤如下。

（1）创建一个项目，命名为 10-6。

（2）单击打开 Main.storyboard 文件，从视图库中拖曳一个 Navigation Controller 导航控制器到画布中。

（3）在工具栏中，选择 Show the Attributes inspector 图标，在 View Controller 面板下选择 Is Initial View Controller。

（4）将 Navigation Controller 导航控制器关联的 Table View Controller 表视图控制器的视图删除。

（5）将 Navigation Controller 导航控制器关联的视图变为 View Controller 视图控制器的视图。

（6）在视图库中找到 Bar Button Item 视图，将其拖动到 View Controller 视图控制器的设计界面的导航栏中，如图 10.14 所示。

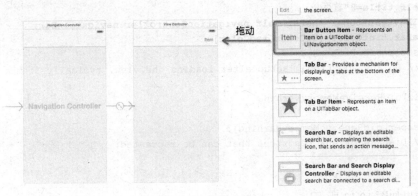

图 10.14　操作步骤

（7）这时就在导航控制器的导航栏中添加了一个按钮。运行结果如图 10.15 所示。

图 10.15　运行结果

　　由于添加的按钮所实现的功能是不一样的，因此索引在 iOS 9 中又提供了一些按钮的标识，可以让用户一看到这些按钮，就知道按钮的功能。iOS 9 提供的按钮标识如表 10-1 所示。

表 10-1　　　　　　　　　　　　　　　按钮标识

风　　格	图 标 形 式
Add	+
Edit	Edit
Done	Done
Cancel	Cancel
Save	Save
Undo	Undo
Redo	Redo
Compose	✎
Reply	↩
Action	↑
Organize	📁
Trash	🗑
Bookmarks	📖
Search	■
Refresh	↻
Stop	×
Camera	📷
Play	▶
Pause	∥

续表

风　　格	图 标 形 式
Rewind	◄◄
Fast Forword	►►
Page Curl	无
Custom	自定义

要想将在导航控制器中添加的按钮设置为 Add 风格，就要单击添加的按钮，选择"Show the Attributes inspector"图标，在 Bar Button Item 下对 Identifier 进行设置，将其设置为 Add，如图 10.16 所示。运行结果如图 10.17 所示。

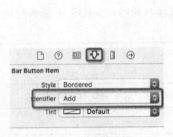

图 10.16　操作步骤

图 10.17　运行结果

2．动态添加按钮

要想实现在导航栏中动态添加按钮，首先要创建按钮。创建按钮的方法有两种：一种是使用 initWithBarButtonSystemItem:target:action:方法，另一种是使用 initWithTitle:style: target:action:方法。

（1）initWithBarButtonSystemItem:target:action:方法

initWithBarButtonSystemItem:target:action:方法实现的功能是动态创建一个具有系统识别标识的按钮，其语法形式如下：

```
-(id)initWithBarButtonSystemItem:(UIBarButtonSystemItem)systemItem    target:(id)target
action:(SEL)action;
```

其中，(UIBarButtonSystemItem)systemItem 用来指定按钮的标识；(id)target 用来指定接收动作的对象；(SEL)action 用来指定动作。

（2）initWithTitle:style: target:action:方法

initWithTitle:style: target:action:方法实现的功能是动态创建一个具有一定风格的按钮，其语法形式如下：

```
- (id)initWithTitle:(NSString *)title style:(UIBarButtonItemStyle)style target:(id)target
action:(SEL)action;
```

其中，(NSString *)title 用来设置按钮的标题；(UIBarButtonItemStyle)style 用来指定按钮的风格，其风格有三种，分别为：UIBarButtonItemStylePlain、UIBarButtonItemStyleDone、UIBarButtonItem

StyleBordered。(id)target 用来指定接收动作的对象；(SEL)action 用来指定动作。

创建好按钮以后，就可以添加按钮了，这时需要指定按钮是左边的、还是右边的，或者是后面的。要想指定这些方向，需要对方向属性进行设置，方向属性如表 10-2 所示。

表 10-2　　　　　　　　　　　　　　方向属性

属　　性	功　　能
@property(nonatomic,retain)UIBarButtonItem *rightBarButtonItem;	在导航栏的右边添加按钮
@property(nonatomic,retain)UIBarButtonItem *leftBarButtonItem;	在导航栏的左边添加按钮
@property(nonatomic,retain)UIBarButtonItem *backBarButtonItem;	在导航栏的后面添加按钮

【示例 10-7】以下程序通过使用动态添加按钮的方式，在导航栏的左右两边各添加一个按钮。操作步骤如下：

（1）创建一个项目，命名为 10-7。

（2）单击打开 Main.storyboard 文件，从视图库中拖曳一个 Navigation Controller 导航控制器到画布中。

（3）在工具栏中，选择"Show the Attributes inspector"图标，在 View Controller 面板下选择 Is Initial View Controller。

（4）将 Navigation Controller 导航控制器关联的 Table View Controller 表视图控制器的视图删除。

（5）将 Navigation Controller 导航控制器关联的视图变为 View Controller 视图控制器的视图。

（6）单击打开 ViewController.m 文件，编写代码，实现在导航栏中添加一左一右的两个按钮。程序代码如下：

```
#import "ViewController.h"
@interface ViewController ()
@end
@implementation ViewController
- (void)viewDidLoad
{
    //添加左边的按钮
    UIBarButtonItem *leftitem=[[UIBarButtonItem alloc]initWithTitle:@"aa" style:UIBarButtonItemStylePlain target:self action:nil];
     self.navigationItem.leftBarButtonItem=leftitem;
    //添加右边的按钮
    UIBarButtonItem *rightitem=[[UIBarButtonItem alloc]initWithBar ButtonSystemItem:
UIBarButtonSystemItemAdd target:self action:nil];
    self.navigationItem.rightBarButtonItem= rightitem;
    [super viewDidLoad];
     // Do any additional setup after loading the view, typically from a nib.
}
- (void)didReceiveMemoryWarning
{
    [super didReceiveMemoryWarning];
    // Dispose of any resources that can be recreated.
}
@end
```

运行结果如图 10.18 所示。

图 10.18　运行结果

10.1.8 设置返回按钮

在默认情况下,下一页的返回按钮的文字是上一页的标题,如果在上一页中没有标题,那么返回按钮就是"Back"。需要注意的是返回按钮也是可以修改为其他文字的。要实现此功能,还是要创建一个按钮,创建好后使用 backBarButtonItem 属性进行设置,这时返回按钮就进行修改了。

【示例 10-8】以下程序通过使用 backBarButtonItem 属性,对 10.1.4 节中的返回按钮的标题进行设置。程序代码如下:

```
#import "ViewController.h"
@interface ViewController ()
@end
@implementation ViewController
- (void)viewDidLoad
{
    UIBarButtonItem *leftitem=[[UIBarButtonItem alloc]initWithTitle:@"aa" style:UIBarButtonItemStylePlain target:self action:nil];          //创建按钮
    self.navigationItem.backBarButtonItem=leftitem;
    [super viewDidLoad];
    // Do any additional setup after loading the view, typically from a nib.
}
- (void)didReceiveMemoryWarning
{
    [super didReceiveMemoryWarning];
    // Dispose of any resources that can be recreated.
}
@end
```

运行结果如图 10.19 所示。

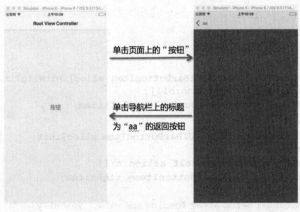

图 10.19 运行结果

10.2 标签栏控制器

标签栏控制器(UITabBarController)实现的功能是让用户在不同视图之间进行切换。下面主要讲解标签栏控制器的一些基本内容。

10.2.1 标签栏控制器的创建

标签栏控制器的创建方式有三种：第一种是静态创建方式，第二种是动态创建方式，第三种是创建一个 Tabbed Application 模板类型的项目。

1. 静态创建标签栏视图控制器

要想静态创建标签栏视图控制器，必须要从视图库中将 Tab Bar Controller 标签栏控制器拖动到画布中。

【示例 10-9】以下程序通过使用静态创建方式创建一个标签栏。操作步骤如下。

（1）创建一个项目，命名为 10-9。

（2）单击打开 Main.storyboard 文件，将原有的 View Controller 视图控制器删除。

（3）从视图库中拖动 Tab Bar Controller 标签栏控制器到画布中。画布效果如图 10.20 所示。

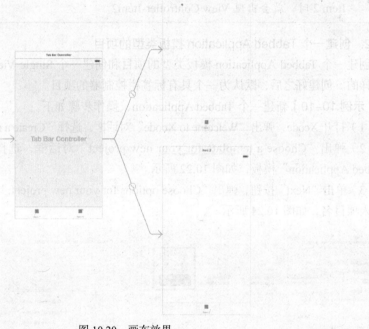

图 10.20　画布效果

一个标签栏控制器对应的是两个视图控制器。

（4）这时，一个 Tab Bar Controller 标签栏控制器就创建好了。在工具栏中，选择"Show the Attributes inspector"图标，在 View Controller 面板下选择 Is Initial View Controller。

（5）单击"运行"按钮运行结果如图 10.21 所示。

在此运行结果中，就可以实现单击标签栏中的条目，出现对应的视图。为了使开发者用户看到单击条目出现的不同效果，将 View Controller-Item1 视图控制器的背景颜色设置为绿色，将 View Controller-Item2 视图控制器的背景颜色设置为蓝色。运行结果如图 10.22 所示。

图 10.21　运行结果　　　　　　　图 10.22　运行结果

当单击标签栏中的 Item 1 时，就会出现 View Controller-Item1，当单击标签栏中的 Item 2 时，就会出现 View Controller-Item2。

2. 创建一个 Tabbed Application 模板类型的项目

创建一个 Tabbed Application 模板类型的项目和创建一个 Single View Application 模板的项目是一样的。创建好之后，默认为一个具有标签栏控制器的项目。

【示例 10-10】新建一个 Tabbed Application，操作步骤如下。

（1）打开 Xcode，弹出"Welcome to Xcode"对话框，选择"Create a new Xcode project"选项。

（2）弹出"Choose a template for your new project"对话框，选择 iOS 下 Application 中的"Tabbed Application"模板，如图 10.22 所示。

（3）单击"Next"按钮，弹出"Choose options for your new project:"对话框，在 Product Name 中输入项目名，如图 10.24 所示。

图 10.23　操作步骤 1　　　　　　　图 10.24　操作步骤 2

由于在第一次使用 Xcode 时，很多内容都是填写或者选择好的，例如 Company Identifier、Devices 等，所以就不需要开发者再进行填写或选择了，它会保存第一次填写或者选择的内容。

（4）单击"Next"按钮，在弹出的"保存位置"对话框中，单击"Create"按钮，这时一个

Tabbed Application 模板类型的项目就创建好了。这时创建好的项目会自动带有两个视图控制器：FirstViewController 和 SecondViewController。运行结果如图 10.25 所示。

图 10.25　运行结果

10.2.2　设置标签栏控制器

对标签栏的属性进行设置，有两种方法：一种是选择"Show the Attributes inspector"图标后，对出现的内容进行设置，如图 10.26 所示；另一种是使用代码进行标签栏控制器的设置。下面主要讲解使用代码设置标签栏控制器。

1．设置条目标题

一个标签栏条目对应一个视图，当用户选择一个条目时，相应的视图就会出现。为了用户可以分清这些视图，可以为条目添加标题。添加标题除了可以选择"Show the Attributes inspector"图标，对出现的 Bar item 面板中的 Title 进行设置外，还可以使用代码对 Title 属性进行设置。

【示例 10-11】以下程序通过代码对 Title 属性进行设置，从而将条目的默认名称进行更改。操作步骤如下。

图 10.26　设置标签栏控制器

（1）创建一个项目，命名为 10-11。

（2）单击打开 Main.storyboard 文件，从视图库中拖曳一个 Tab Bar Controller 标签栏控制器到画布中。

（3）在工具栏中，选择"Show the Attributes inspector"图标，在 View Controller 面板下选择 Is Initial View Controller。

（4）将画布中原有的 View Controller 视图控制器进行删除。

（5）创建一个基于 UIViewController 类的 FirstViewController 类和一个基于 UIViewController 类的 SecondViewController 类。

（6）回到 Main.storyboard 文件，单击 Item1 Scene 视图控制器设计界面下的 dock 中的 Item1 图标，在工具栏中选择 Show the Identity inspector 图标，将 Custom Class 下的 Class 设置为创建的 FirstViewController 类。

（7）单击 Item2 Scene 视图控制器设计界面下的 dock 中的 Item-2 图标，在工具栏中选择

"Show the Identity inspector"图标，将 Custom Class 下的 Class 设置为创建的 SecondViewController 类。

（8）将 First View Controller-Item1 视图控制器的背景颜色设置为颜色，将 Second Controller-Item2 视图控制器的背景颜色设置为颜色。

（9）单击打开 FirstViewController.m 文件，编写代码，实现 First View Controller-Item1 视图控制器的视图所对应条目标题的改变。程序代码如下：

```
#import "FirstViewController.h"
@interface FirstViewController ()
@end
@implementation FirstViewController
- (void)viewDidLoad
{
    self.title=@"第一个视图";                                    //设置条目标题
    [self.tabBarItem setTitleTextAttributes:[NSDictionary dictionaryWithObjectsAndKeys:[UIColor blackColor], UITextAttributeTextColor,[UIFont fontWithName:nil size:18], UITextAttributeFont,nil] forState:UIControlStateNormal];
    [super viewDidLoad];
    // Do any additional setup after loading the view.
}
- (void)didReceiveMemoryWarning
{
    [super didReceiveMemoryWarning];
    // Dispose of any resources that can be recreated.
}
@end
```

（10）单击打开 SecondViewController.m 文件，编写代码，实现 Second View Controller-Item2 视图控制器的视图所对应条目标题的改变。程序代码如下：

```
#import "SecondViewController.h"
@interface SecondViewController ()
@end
@implementation SecondViewController
- (void)viewDidLoad
{
    self.title=@"第二个视图";                                    //设置条目标题
    [self.tabBarItem setTitleTextAttributes:[NSDictionary dictionaryWithObjectsAndKeys:[UIColor blackColor], UITextAttributeTextColor,[UIFont fontWithName:nil size:18],UITextAttributeFont, nil] forState:UIControlStateNormal];
    [super viewDidLoad];
    // Do any additional setup after loading the view.
}
- (void)didReceiveMemoryWarning
{
    [super didReceiveMemoryWarning];
    // Dispose of any resources that can be recreated.
}
@end
```

运行结果如图 10.27 所示。

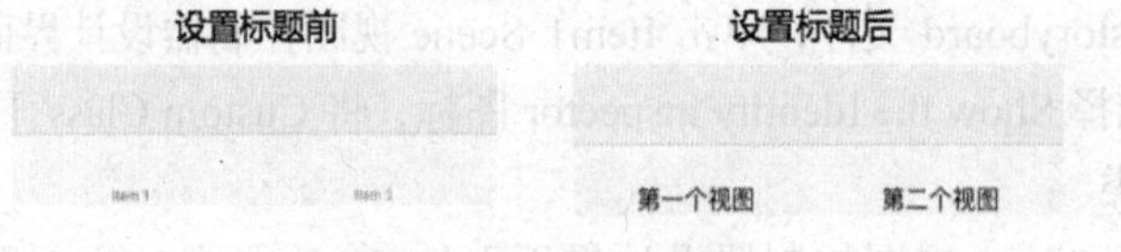

图 10.27 运行结果

2. 添加图片

为了突出每一个标签栏中的条目，可以在此条目中添加图片。在 iOS 9 中为标签栏条目添加图片有两种方法：一种是使用 iOS 9 提供的自带图片，另一种是使用自己的图片。下面主要讲解这两种添加图片的方法。

（1）系统自带图片

initWithTabBarSystemItem: tag:方法实现的功能就是为题目添加 iOS 9 系统自带的图片，其语法形式如下：

```
-(id)initWithTabBarSystemItem:(UITabBarSystemItem)systemItem tag:(NSInteger)tag;
```

其中，(UITabBarSystemItem)systemItem 用来指定标签栏条目的图片，这些图片是系统自带的，如表 10-3 所示；(NSInteger)tag 用来指定一个标签，是一个整数，可以用来识别在应用程序中的对象。

表 10-3　　　　　　　　　　　　　　自带的图片

自 带 图 片	图 片 形 式
More	More
Favorites	Favorites
Featured	Featured
Top Rated	Top Rated
Recents	Recents
Contacts	Contacts
History	History
Bookmarks	Bookmarks
Search	Search
Downloads	Downloads
Most Recent	Most Recent
Most Viewed	Most Viewed

【示例 10-12】以下程序通过使用代码实现在标签栏中添加字段图片。操作步骤如下：

（1）创建一个项目，命名为 10-12。

（2）单击打开 Main.storyboard 文件，从视图库中拖曳一个 Tab Bar Controller 标签栏控制器到画布中。

（3）在工具栏中，选择"Show the Attributes inspector"图标，在 View Controller 面板下选择 Is Initial View Controller。

（4）将画布中的原有 View Controller 视图控制器进行删除。

（5）创建一个基于 UIViewController 类的 FirstViewController 类。

（6）回到 Main.storyboard 文件，单击 Item1 Scene 视图控制器设计界面下的 dock 中的 Item1 图标，在工具栏中选择"Show the Identity inspector"图标，将 Custom Class 下的 Class 设置为创建的 FirstViewController 类。

（7）单击 Item2 Scene 视图控制器设计界面下的 dock 中的 Item-2 图标，在工具栏中选择"Show the Identity inspector"图标，将 Custom Class 下的 Class 设置为创建的 SecondViewController 类。

（8）单击打开 FirstViewController.m 文件，编写代码，实现在 View Controller-Item1 视图控制器的视图所对应的条目中添加图片。程序代码如下：

```
#import "FirstViewController.h"
@interface FirstViewController ()
@end
@implementation FirstViewController
- (void)viewDidLoad
{
    //添加系统图片
    UITabBarItem *item=[[UITabBarItem alloc]initWithTabBarSystemItem:UITabBarSystemItemSearch tag:1];
    self.tabBarItem=item;
    [super viewDidLoad];
     // Do any additional setup after loading the view, typically from a nib.
}
- (void)didReceiveMemoryWarning
{
    [super didReceiveMemoryWarning];
    // Dispose of any resources that can be recreated.
}
@end
```

（9）单击打开 SecondViewController.m 文件，编写代码，实现在 First View Controller-Item2 视图控制器的视图所对应的条目中添加图片。程序代码如下：

```
#import "SecondViewController.h"
@interface SecondViewController ()
@end
@implementation SecondViewController
- (void)viewDidLoad
{
    //添加系统图片
    UITabBarItem *item=[[UITabBarItem alloc]initWithTabBarSystemItem:UITabBarSystem ItemMostViewed tag:1];
    self.tabBarItem=item;
    [super viewDidLoad];
     // Do any additional setup after loading the view.
}
- (void)didReceiveMemoryWarning
{
    [super didReceiveMemoryWarning];
    // Dispose of any resources that can be recreated.
}
@end
```

运行结果如图 10.28 所示。

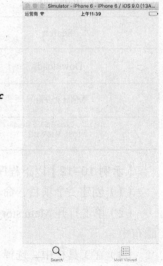

图 10.28 运行结果

3. 自定义图片

当然，如果开发者不喜欢这些图片，或者这些图片不能够表达自己想要表达的意思。开发者可以自己定义要在标签栏条目中添加的图片，这时要使用 initWithTitle: image: tag:方法，其语法形式如下：

- (id)initWithTitle:(NSString *)title image:(UIImage *)image tag:(NSInteger)tag;

其中，(NSString *)title 用来指定条目的名称；(UIImage *)image 用来指定需要添加的图片；(NSInteger)tag 用来指定一个标签，是一个整数，可以用来识别在应用程序中的对象。

【示例10-13】以下程序通过使用 initWithTitle:方法，实现将自定义的图片添加到标签栏条目中。操作步骤如下。

（1）创建一个项目，命名为 10-13。

（2）添加两个图片到创建项目的 Supporting Files 文件夹中。

（3）单击打开 Main.storyboard 文件，从视图库中拖曳一个 Tab Bar Controller 标签栏控制器到画布中。

（4）在工具栏中，选择 "Show the Attributes inspector" 图标，在 View Controller 面板下选择 Is Initial View Controller。

（5）将画布中原有的 View Controller 视图控制器进行删除。

（6）创建一个基于 UIViewController 类的 FirstViewController 类。

（7）回到 Main.storyboard 文件，单击 Item1 Scene 视图控制器设计界面下的 dock 中的 Item1 图标，在工具栏中选择 "Show the Identity inspector" 图标，将 Custom Class 下的 Class 设置为创建的 FirstViewController 类。

（8）单击 Item2 Scene 视图控制器设计界面下的 dock 中的 Item-2 图标，在工具栏中选择 "Show the Identity inspector" 图标，将 Custom Class 下的 Class 设置为创建的 SecondViewController 类。

（9）在 Assets.xcassets 中添加两个图片 First、Second。

（10）单击打开 ViewController.m 文件，编写代码，实现在 View Controller-Item1 视图控制器的视图所对应的条目中添加图片。程序代码如下：

```
#import "FirstViewController.h"
@interface FirstViewController ()
@end
@implementation FirstViewController
- (void)viewDidLoad
{
    /添加图片
    UITabBarItem *item=[[UITabBarItem alloc]initWithTitle:@"first" image:[UIImage imageNamed:@"first"] tag:1];
    self.tabBarItem= item;
    [super viewDidLoad];
    // Do any additional setup after loading the view, typically from a nib.
}
- (void)didReceiveMemoryWarning
{
    [super didReceiveMemoryWarning];
    // Dispose of any resources that can be recreated.
}
@end
```

（11）单击打开 FirstViewController.m 文件，编写代码，实现在 First View Controller-Item1 视

图控制器的视图所对应的条目中添加图片。程序代码如下：

```
#import "FirstViewController.h"
@interface FirstViewController ()
@end
@implementation FirstViewController
- (id)initWithNibName:(NSString *)nibNameOrNil bundle:(NSBundle *)nibBundleOrNil
{
    self = [super initWithNibName:nibNameOrNil bundle:nibBundleOrNil];
    if (self) {
        // Custom initialization
    }
    return self;
}
- (void)viewDidLoad
{
    //添加图片
    UITabBarItem *item=[[UITabBarItem alloc]initWithTitle:
@"Second" image:[UIImage imageNamed:
@"Second"] tag:1];
    self.tabBarItem=item;
    [super viewDidLoad];
    // Do any additional setup after loading the view.
}
- (void)didReceiveMemoryWarning
{
    [super didReceiveMemoryWarning];
    // Dispose of any resources that can be recreated.
}
@end
```

运行结果如图 10.29 所示。

图 10.29 运行结果

4. 添加条目

在标签栏中，条目的个数是可以改变的。在标签栏中添加条目的个数，其实就是添加视图控制器的个数。

【示例 10-14】以下程序实现的功能是为标签栏添加条目。实现在三个视图中间进行切换。操作步骤如下。

（1）创建一个项目，命名为 10-14。

（2）单击打开 Main.storyboard 文件，从视图库中拖曳一个 Tab Bar Controller 标签栏控制器到画布中。

（3）在工具栏中，选择"Show the Attributes inspector"图标，在 View Controller 面板下的 Is Initial View Controller。

（4）按住 Ctrl 键拖动 Tab Bar Controller 标签栏控制器到 View Controller 视图控制器中，在弹出的"Manual Segue"对话框中选择 Relationship Segue 下的 view controllers。

（5）在 View Controller-Item1 视图控制器中，单击设计界面中的标签栏，在工具窗口中选择"Show the Attributes inspector"图标，将 Tab Bar Item 中的 Identifier 设置为 Favorites。从视图库中拖曳一个 Lable 标签控件到此设计界面中，双击将标题改为 First View，调整大小。

（6）在 View Controller-Item2 视图控制器中，单击设计界面中的标签栏，在工具窗口中选择"Show the Attributes inspector"图标，将 Tab Bar Item 中的 Identifier 设置为 Bookmarks。从视图库中拖曳一个 Lable 标签控件到此设计界面中，双击将标题改为 Second View，调整大小。

（7）在 View Controller-Item 视图控制器中，单击设计界面中标签栏，从工具窗口中选择 Show the Attributes inspector 图标，将 Tab Bar Item 中的 Identifier 设置为 Search。从视图库中拖曳一个 Lable 标签控件到此设计界面中，双击将标题改为 Third View，调整大小。这时的画布效果如图 10.30 所示。

运行结果如图 10.31 所示。

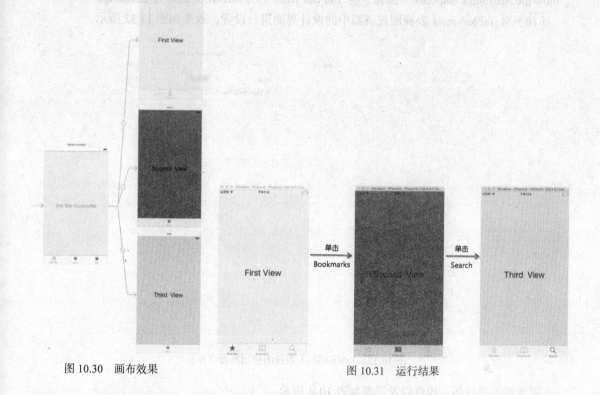

图 10.30　画布效果　　　　　　　　图 10.31　运行结果

10.3　导航控制器和标签栏控制器应用——电话簿

在手机程序中到处可以看到导航控制器和标签栏控制。

【示例 10-15】以下程序实现一个电话簿的管理应用程序，操作步骤如下。

（1）创建一个项目，命名为 10-15。

（2）单击打开 Main.storyboard 文件，从视图库中拖曳一个 Tab Bar Controller 标签栏控制器到画布中。

（3）在工具栏中，选择"Show the Attributes inspector"图标，在 View Controller 下选择 Is Initial View Controller。

（4）将画布中原有的 View Controller 视图控制器删除，再将 Tab Bar Controller 标签栏控制器关联的两个 View Controller-Item1 和 View Controller-Item2 视图控制器的视图删除。

（5）从视图库中拖曳一个 Navigation Controller 导航控制器到画布中。

（6）将 Tab Bar Controller 标签栏控制器关联的视图变为 Navigation Controller 导航控制器。

（7）创建一个基于 UITableViewController 类的 TableView1 类。

（8）回到 Main.storyboard 文件，单击和 Navigation Controller 导航控制器关联的表视图控制器的设计界面下的 dock 中的 Table View Controller 图标，在工具栏中选择"Show the Identity inspector"图标，将 Custom Class 下的 Class 设置为创建的 TableView1 类。这时此表视图控制器就变为了 TableView1。选择 dock 中的 TableViewCell，在其 Identifier 中填入"Cell"。

（9）在 Navigation Controller 导航控制器中，单击设计界面中的标签栏，在工具窗口中选择"Show the Attributes inspector"图标，将 Tab Bar Item 中的 Identifier 设置为 Contacts。

（10）对 Table View1 表视图控制器中的设计界面进行设置，效果如图 13.32 所示。

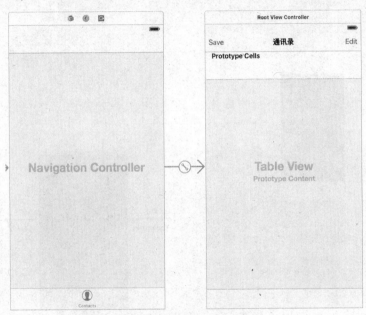

图 10.32　Table View1 表视图控制器设计界面

需要添加的视图、控件以及设置如表 10-4 所示。

表 10-4　　　　　　　　　　添加的视图、控件以及设置

视图、控件	Show the Attributes inspector	其　他
导航栏	在 Navigation Item 面板下，将 Title 设置为"通讯录"	
Bar Button Item 视图	在 Bar Button Item 面板下，将 Identifier 设置为 Edit	
Bar Button Item 视图	在 Bar Item 面板下，将 Title 设置为 Save	
Table View 视图		将 dataSource 和 delegate 分别和设计界面下的 dock 中的 Table View 进行关联

（11）在打开 Main.storyboard 文件的同时，打开 TableView1.h 文件，将标题为"Edit"的按钮和 TableView1.h 文件进行动作 aa:的声明和关联。将标题为"Save"的按钮和 TableView1.h 文件进行动作 bb:的声明和关联。

（12）在 TableView1.h 文件中编写代码，实现遵守的协议和可变数组的声明，对"Edit"和"Save"按钮进行方法连线。程序代码如下：

```
#import <UIKit/UIKit.h>
@interface TableView1 : UITableViewController<UITableViewDataSource,UITableViewDelegate>{
    NSMutableArray *array;
}
- (IBAction)Edit:(id)sender;
- (IBAction)Save:(id)sender;
@end
```

（13）单击打开 TableView1.m 文件，编写代码，实现表视图中内容的显示、编辑和保存。程序代码如下：

```
#import "TableView1.h"
@interface TableView1 ()
@end
@implementation TableView1
- (id)initWithStyle:(UITableViewStyle)style
{
    self = [super initWithStyle:style];
    if (self) {
        // Custom initialization
    }
    return self;
}
- (void)viewDidLoad
{
    array=[[NSMutableArray alloc]initWithObjects:@"ant",@"alpaca",@"albatross",@"badger",@"bat",@"bear",@"cat",@"calf",@"cattle", nil];
    [super viewDidLoad];
    // Uncomment the following line to preserve selection between presentations.
    // self.clearsSelectionOnViewWillAppear = NO;
    // Uncomment the following line to display an Edit button in the navigation bar for this view controller.
    // self.navigationItem.rightBarButtonItem = self.editButtonItem;
}
- (void)didReceiveMemoryWarning
{
    [super didReceiveMemoryWarning];
    // Dispose of any resources that can be recreated.
}
#pragma mark - Table view data source
- (NSInteger)numberOfSectionsInTableView:(UITableView *)tableView
{
    return 1;
}
- (NSInteger)tableView:(UITableView *)tableView numberOfRowsInSection:(NSInteger)section
{
    return [array count];
}
- (UITableViewCell *)tableView:(UITableView *)tableView cellForRowAtIndexPath:(NSIndexPath *)indexPath
{
    static NSString *CellIdentifier = @"Cell";
    UITableViewCell *cell = [tableView dequeueReusableCellWithIdentifier:CellIdentifier];
    if (cell == nil) {
        cell = [[UITableViewCell alloc] initWithStyle:UITableViewCellStyleDefault reuseIdentifier:CellIdentifier];
    }
    cell.textLabel.text=[array objectAtIndex:[indexPath row]];
    return cell;
}
```

```
//实现编辑
- (IBAction)Edit:(id)sender {
    [self setEditing:YES];
}
//退出编辑
- (IBAction)Save:(id)sender {
    [self setEditing:NO];
}
//实现删除
-(void)tableView:(UITableView *)tableView commitEditingStyle:(UITableViewCellEditingStyle)editingStyle forRowAtIndexPath:(NSIndexPath *)indexPath{
    if(editingStyle==UITableViewCellEditingStyleDelete){
        [array removeObjectAtIndex:indexPath.row];
        [tableView deleteRowsAtIndexPaths:[NSArray arrayWithObject:indexPath] withRowAnimation:UITableViewRowAnimationAutomatic];
    }
}
@end
```

（14）从视图库中拖一个 Table View Controller 表视图控制器到画布中。将 Tab Bar Controller 标签栏控制器关联的另一个视图变为添加的 Table View Controller 表视图控制器。

（15）创建一个基于 UITableViewController 类的 TableView2 类。

（16）单击新拖的 Table View Controller 表视图控制器的设计界面下 dock 中的"Table View Controller"图标，在工具栏中选择"Show the Identity inspector"图标，将 Custom Class 下的 Class 设置为创建的 TableView2 类。这时在画布中的这个表视图控制器就变为了 TableView2。

（17）在 TableView2 表视图控制器中，单击设计界面中的标签栏，在工具窗口中选择"Show the Attributes inspector"图标，将 Tab Bar Item 中的 Identifier 设置为 Search。

（18）创建一个 1.plist 的文件，里面的内容如图 10.33 所示。

Key	Type	Value
▼ Root	Dictionary	(3 items)
▼ A	Array	(3 items)
Item 0	String	ant
Item 1	String	alpaca
Item 2	String	albatross
▼ B	Array	(3 items)
Item 0	String	badger
Item 1	String	bat
Item 2	String	bear
▼ C	Array	(3 items)
Item 0	String	cat
Item 1	String	calf
Item 2	String	cattle

图 10.33　1.plist 文件

（19）右键单击 Table View2 表视图控制器设计界面中的表视图，在弹出的"Table View"对话框中，选择 Outlets 下的 dataSource 和 delegate，将它们分别和设计界面下的 dock 中的 Table View 进行关联。

（20）从视图库中拖动 Search Bar 搜索视图到设计界面的 Table View2 表视图控件器的设计界面上。这时画布的效果如图 10.34 所示。

（21）按住 Ctrl 键，将 Search Bar 搜索视图拖动到 dock 中的 View Controller 图标中，在弹出的对话框中选择"delegate"。

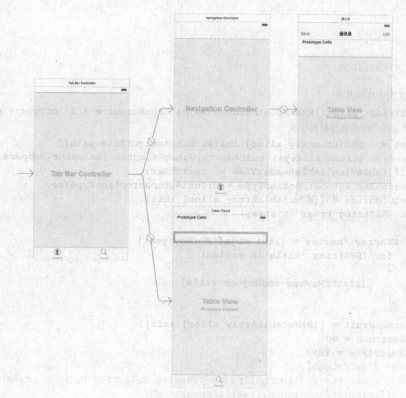

图 10.34 画布效果

（22）单击打开 TableView1.h 文件，编写代码，实现遵守协议以及变量和数组、动作等的声明。将 Main.Storyborad 中的 SearchBar 变量关联到 TableView2.h 中，完成后 TableView2.h 的程序代码如下：

```
#import <UIKit/UIKit.h>
@interface TableView2 : UITableViewController<UITableViewDelegate,UITableViewDataSource, UISearchBarDelegate>{
    NSDictionary *list;
    NSArray *array;
    BOOL isSearchOn;
    BOOL canSelectRow;
    NSMutableArray *listOfMovies;
    NSMutableArray *searchResult;
}
@property (weak, nonatomic) IBOutlet UISearchBar *searchBar;
@end
```

（23）单击打开 TableView2.m 文件，编写代码，实现在表视图中添加搜索功能。程序代码如下：

```
#import "TableView2.h"
@interface TableView2 ()
@end
@implementation TableView2
- (id)initWithStyle:(UITableViewStyle)style
{
    self = [super initWithStyle:style];
    if (self) {
```

```objc
        // Custom initialization
    }
    return self;
}
- (void)viewDidLoad
{
    //获取文件的路径
    NSString *path=[[NSBundle mainBundle]pathForResource:@"1" ofType:@"plist"];
    //将文件中的内容加载到字典中
    list = [[NSDictionary alloc] initWithContentsOfFile:path];
    array = [[list allKeys] sortedArrayUsingSelector:@selector(compare:)];
    self.tableView.tableHeaderView = _searchBar;
    _searchBar.autocorrectionType = UITextAutocorrectionTypeYes;
    listOfMovies = [[NSMutableArray alloc] init];
    for (NSString *year in array)
    {
        NSArray *movies = [list objectForKey:year];
        for (NSString *title in movies)
        {
            [listOfMovies addObject:title];
        }
    }
    searchResult = [[NSMutableArray alloc] init];
    isSearchOn = NO;
    canSelectRow = YES;
    [super viewDidLoad];
    // Uncomment the following line to preserve selection between presentations.
    // self.clearsSelectionOnViewWillAppear = NO;
    // Uncomment the following line to display an Edit button in the navigation bar for this view controller.
    // self.navigationItem.rightBarButtonItem = self.editButtonItem;
}
- (void)didReceiveMemoryWarning
{
    [super didReceiveMemoryWarning];
    // Dispose of any resources that can be recreated.
}
#pragma mark - Table view data source
- (NSIndexPath *)tableView :(UITableView *)theTableView willSelectRowAtIndexPath:(NSIndexPath *)indexPath {
    if (canSelectRow)
        return indexPath;
    else
        return nil;
}
- (void)searchBar:(UISearchBar *)searchBar textDidChange:(NSString *)searchText {
    if ([searchText length] > 0) {
        isSearchOn = YES;
        canSelectRow = YES;
        self.tableView.scrollEnabled = YES;
        [self searchMoviesTableView];
    }
    else {
        isSearchOn = NO;
        canSelectRow = NO;
        self.tableView.scrollEnabled = NO;
    }
    [self.tableView reloadData];
}
- (void)searchBarSearchButtonClicked:(UISearchBar *)searchBar {
```

```objc
        [self searchMoviesTableView];
    }
- (void) searchMoviesTableView {
    [searchResult removeAllObjects];
    for (NSString *str in listOfMovies)
    {
        NSRange titleResultsRange = [str rangeOfString:_searchBar.text options:NSCaseInsensitiveSearch];
        if (titleResultsRange.length > 0)
            [searchResult addObject:str];
    }
}
-(NSInteger)numberOfSectionsInTableView:(UITableView *)tableView{
    if (isSearchOn)
        return 1;
    else
        return [array count];
}
-(NSInteger)tableView:(UITableView *)tableView numberOfRowsInSection:(NSInteger)section{
    if (isSearchOn) {
        return [searchResult count];
    } else
    {
        NSString *year = [array objectAtIndex:section];
        NSArray *movieSection = [list objectForKey:year];
        return [movieSection count];
    }
}
- (UITableViewCell *)tableView:(UITableView *)tableView cellForRowAtIndexPath:(NSIndexPath *)indexPath {
        static NSString *CellIdentifier = @"Cell";
        UITableViewCell *cell = [tableView dequeueReusableCellWithIdentifier:CellIdentifier];
        if (cell == nil) {
            cell = [[UITableViewCell alloc] initWithStyle:UITableViewCellStyleDefault reuseIdentifier:CellIdentifier];
        }
        if (isSearchOn) {
            NSString *cellValue = [searchResult objectAtIndex:indexPath.row];
            cell.textLabel.text = cellValue;
        } else {
            NSString *year = [array objectAtIndex:[indexPath section]];
            NSArray *movieSection = [list objectForKey:year];
            cell.textLabel.text = [movieSection objectAtIndex:[indexPath row]];
        }
        return cell;
}
- (NSString *)tableView:(UITableView *)tableView titleForHeaderInSection:(NSInteger)section {
    NSString *year = [array objectAtIndex:section];
    if (isSearchOn){
        [_searchBar resignFirstResponder];
        return nil;
    }else{
        return year;
    }
}
@end
```

运行结果如图 10.35 所示。

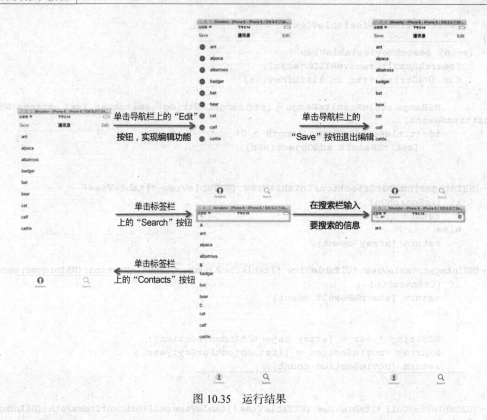

图 10.35　运行结果

10.4　小　结

本章主要讲解了两个控制器：一个导航控制器和一个标签栏控制器。本章的重点是如何使用导航控制器实现导航、设置导航控制器、设置标签栏控制器等内容。通过对本章的学习，希望开发者在进行视图切换时可以使用这两个控制器。

10.5　习　题

一、选择题

1. 在新建的导航控制器中会自带一个 UITableViewController 的视图，若需要根据需求改变自带的 Controller，只需要按住 Ctrl 键拖动 Navigation Controller 导航控制器到 View Controller 视图控制器中，在弹出的"Manual Segue"对话框中选择（　　）即可。

　　A．root view　　　　　　B．push　　　　　　C．modal　　　　　　D．custom

2. 导航栏自带返回按钮的颜色可以用（　　）修改。

　　A．setBackgroundColor　　　　　　　　　B．setTintColor

　　C．setTitleColor　　　　　　　　　　　　D．setItemColor

3. 标签栏控制器（UITabBarController）实现的功能是让用户在不同视图之间进行切换，下面方法不能创建 UITabBarController 的是（　　）。

  A. 从视图库中拖动 Tab Bar Controller 标签栏控制器到 Main.storyboard 中

  B. 使用代码 [[UITabBarController alloc] init];

  C. 创建工程的时候，创建一个 Tabbed Application 模板类型的项目

  D. 使用代码[[UINavigationController alloc] init];

二、阐述题

很多工程中，UINavigationController 和 UITabBarController 都会一起使用，请试着阐述这两个 Controller 的创建方式的相同点和不同点。

三、上机练习

创建一个基于 Tabbed Application 模板类型的工程，在 TabBarController 中设置三个 TabBarItem，分别为首页、历史、个人，并设置对应的图标。每一个 Item 对应的 Controller 都要为 Navigation Controller。首页和历史使用 UITableView 方式展现。

第 11 章 自动布局

自动布局就是根据设备的高宽进行自动适配，比起以前，苹果在这一方面有很大的改进。以前 iOS 开发做界面的适配一般使用 AutoresizingMask，或者干脆用代码进行适配。在前面的章节中，关闭了自动布局，是为了能更专注控件本身。现在把自动布局单独列出一章进行讲解。

11.1 自动布局的基本原理

在平面直角坐标系中，要准确描述一个控件，需要确定以下四个布局属性（Layout Attribute），即水平位置 x、垂直位置 y、宽度 w、高度 h（暂不考虑旋转）。只有在上述 4 个布局属性都明确的情况下，该视图才能正确添加到界面中。我们姑且称这种方式为"显式坐标定位方式"。这也是旧的界面布局方式。

11.1.1 旧的界面布局方式的缺点

在项目开发中，一个界面有许多控件，按显式坐标定位方式，对每一个控件进行设置，不仅麻烦，而且效率低下，如果此时要对某一个控件进行调整，可能导致其他相关联的控件都要进行调整。若是有些项目支持旋转，那情况更加复杂了。这种方式大大增加了开发的难度。

为了解决这个问题，苹果给出了 AutoresizingMask，就是在创建视图的同时给出其相对于父视图的"对齐方式与缩放系数"，当父视图发生变化时，通过每个子视图的 AutoresizingMask 就可自动得出新的位置，而无须开发者提供。但这种方法也有其缺陷，如：其描述界面的变化规则不够灵活，很多变化规则根本无法精确描述。变化规则只能基于父视图与子视图之间，无法建立同级视图或者跨级视图之间的关系。

在 iPhone 6/iPhone 6 Plus 出来后，苹果的设备尺寸更加多样化，若再加上各种设备的旋转，其适配难度更加巨大，苹果也意识到了这样的问题，因此引入了自动布局（Auto Layout）与布局约束（Layout Constraint）的概念，来解决上面遇到的问题。

11.1.2 自动布局的原理

自动布局（Auto Layout）是对 AutoresizingMask 的进一步改进，它允许开发者在界面上的任意两个视图间建立精确的线性变化规则。同样，每一个控件自动布局后的位置也由至少四个布局属性确定，分别是左约束、右约束、上约束、下约束（或者确定高宽、中心位置）。

自动布局是灵活的，只要约束能唯一确定控件的位置及大小就可以，同时也可以与父控件、同级控件、设置界面进行约束，这样解决了 AutoresizingMask 所造成的不便。但这个方式在设备旋转的时候，仍旧有问题存在，于是苹果又推出了新的布局方式 SizeClass 与 Auto Layout 一起使用。

11.1.3 SizeClass

在界面适配中，比较难处理的是设备的旋转，各种设备有不同的尺寸，旋转过后，尺寸变化比较大。以前为了更加清楚，一个页面要创建多个 xib 文件来适配，这样的缺点是一个界面对应多个 xib 界面，比较难以维护。当 SizeClass 出来后，屏幕高宽属性就被淡化了，只需注意屏幕是属于宽松型还是紧凑型。将 SizeClass 和 Auto Layout 组合使用，以后即使再有不同尺寸的设备推出，也不用重新适配了。图 11.1 就是 SizeClass 对于设备屏幕的划分。

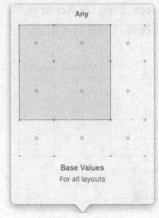

图 11.1　SizeClass

自动布局添加方式有三种：①使用 Xcode 的 Interface Builder 界面设计器添加并设置约束；②通过代码逐条添加约束；③通过可视化格式语言 VFL 添加约束。下面主要来讲解前两种方式。

11.2　自　动　布　局

11.2.1　开启自动布局

在新建的 iOS 工程中，Auto Layout 是默认开启的。本章以前的例子手动关闭了 Auto Layout。在关闭情况下想开启也很简单，在 Storyboard 中选中 ViewController，在 Show the File inspector 的 Interface Bullder Document 中，选中和取消 Use Auto Layout，即可开启和关闭 Auto Layout。如图 11.2 所示。

图 11.2　开启/关闭 Auto Layout

　　　　SizeClass 的状态依附于 Auto Layout，若要开启 SizeClass，必须开启 Auto Layout，但 Auto Layout 可以单独开启。

开启 Auto Layout 后，ViewController 界面变成正方形界面，如图 11.3 所示。

 苹果之所以在开启 Auto Layout 之后，把编辑界面做成四方形的形状，就是想让开发者忘记设备尺寸，同时也意味着，这是任意尺寸。

Xcode 提供了很多 Auto Layout 相关的工具，主要有 Align 菜单、Pin 菜单、Resolve Auto Lauout Issues 菜单，在 Xcode 菜单栏的 Editor 中可以找到，为了方便起见，在界面编辑器的右下角也可以找到。如图 11.4 所示。

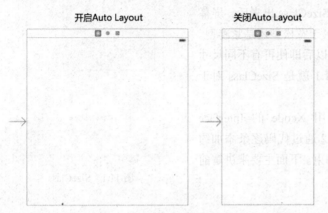

图 11.3　Auto Layout 状态所对应的 ViewController 界面

图 11.4　Align、Pin 等菜单

11.2.2　界面预览

每次编辑 Storyboard 后都要运行才能看到界面的真实运行情况，这严重影响着开发效率。Xcode 提供了 Storyboard 预览功能，能实时看到添加约束后的情况。开启界面预览的方法如下。

（1）在 Storyboard 界面单击 Xcode 右上角的 Show the Assistant editor，将编辑界面分为两栏，toryboard 在左边。

（2）在右边栏中选择"PreView→Main.Storyboard(Preview)"命令，右边则出现预览界面。如图 11.5 所示。

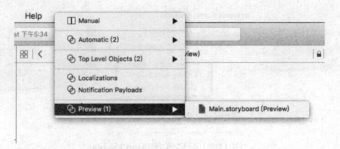

图 11.5　开启预览界面

（3）右边栏中已经出现一个 iPhone 4-inch 的预览图，若要显示更多尺寸界面的预览图，可单击其左下角的"+"号，选择要显示的预览图。如图 11.6 所示。

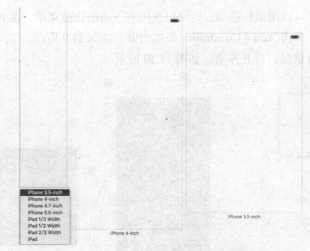

图 11.6　开启多个尺寸的预览界面

11.2.3　添加自动布局

1．添加自动布局

学习自动布局，可以从最基础的单个控件的自动布局开始。

【示例 11-1】以下程序实现只有一个 View 的自动布局。

（1）创建一个项目，命名为 11-1。

（2）单击打开 Main.storyboard 文件，从视图库中拖曳一个 View 控件到设计界面。

（3）为了显示明确，将 ViewControler 的背景设为淡绿色，View 的背景设为红色，如图 11.7 所示。

（4）选择 View，按住 Ctrl 键，单击 View 并向 ViewController 拖动，松开鼠标，在弹出的对话框中显示要约束的类型，选择 Leading Space To Container Margin。

（5）用同样的方法，按住 Ctrl 键，将 View 和 ViewController 进行连线，并选择 Vertical Spaciong to Top Layout Guide、Trailing Space To Container Margin、Verical Spaciong to Bottom Layout Guide。这四个选项代表 View 对 ViewController 的上、下、左、右进行约束，约束完成后如图 11.8 所示。

图 11.7　操作步骤 1

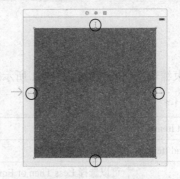
图 11.8　连线进行约束

在图 11.8 中出现四条蓝色的线（即图中圆圈标注的 4 条线），蓝色的线代表 View 和 ViewController 的四个约束，蓝色的线代表约束已经确定，若是红色的线，代表 View 约束后其位置不唯一，需要检查。

添加约束时，除了可以用鼠标连线，也可以使用右下角的快捷菜单，在 Pin 菜单中的上、下、左、右添加约束，然后单击 Add 4 Constraints 添加约束。如图 11.9 所示。

在预览中查看约束情况，打开预览，如图 11.10 所示。

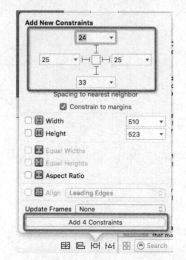

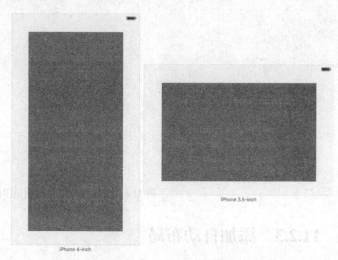

图 11.9　Pin 菜单快捷添加　　　　　　　　图 11.10　不同界面预览情况

这个例子演示的是一个 View 设置与父视图 ViewController 各边界的距离固定，View 的大小随着设备变化而变化，但离每个边界的距离不变。

2. 修改自动布局

每个约束添加后，还可以再编辑。在 dock 中，View 的下面多了一项 Contraints，其中就保存着每一个约束，单击其中一个可以对其进行编辑，如图 11.11 所示。

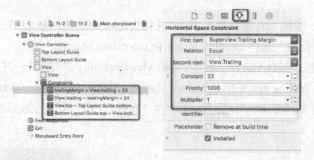

图 11.11　约束编辑

约束编辑选项的参数如表 11-1 所示。

表 11-1　　　　　　　　　　　　　　约束参数

First Item	约束的首个控件
Second Item	约束的第二个控件
Relation	可以选择 Less Than or Equal、Equal、Greater Than or Equal，分别代表小于等于（<=）、等于（=）、大于等于（>=）
Constant	具体的约束值，比如距离多少像素，也可以选择 Use Canvas Value，代表根据控件实际宽度
Piority	优先级
Multilmer	比例

示例 11-1 中，对 View 距离 ViewController 顶部的约束增加为 100，可以选择向上的约束，将 Constant 修改为 100。

选择控件，单击"Show the Size inspector"图标，可以看到本控件的约束情况，双击单个约束可以跳到约束编辑页面，如图 11.12 所示。

3．多个控件自动布局

刚才添加的自动布局只有一个控件，现在添加多个控件进行自动布局。

【示例 11-2】在 ViewController 中添加三个 UIView，其中上面两个 View 等高等宽，上面的两个 View 和下面的一个 View 等高。

（1）创建一个项目，命名为 11-2。

（2）单击打开 Main.storyboard 文件，从视图库中拖曳三个 UIView 控件到设计界面，分别为 view1、view2、view3，分别设置为不同颜色。

（3）调整三个 View 的位置，使 view1 和 view2 同宽同高，占屏幕上方，view3 和 view1、view 同高，占屏幕下方。view 和屏幕边界、view 和 view 之间相隔都为 20 像素。如图 11.13 所示。

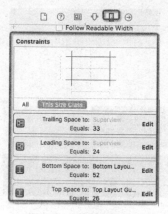

图 11.12　控件约束总览

图 11.13　操作步骤 1

（4）添加 view 和屏幕边界约束，使每个 view 都和屏幕边界距离 20 像素。选择 view1，打开 Pin 菜单栏，在其左、上添加约束。用同样的方法，给 view2 添加上、右方向约束，view3 添加左、右、下方向的约束。图 11.14 所示为 view3 当前的约束。

（5）添加三个 view 之间的约束，view1 和 view2 等高等宽，view1 和 view3 等高。按住 Shift 键，选择 view1 和 view2，打开 Pin 菜单，选择 Equal Widths 和 Equal Heights。并添加到约束。按住 Shift 键，选择 view1 和 view3，打开 Pin 菜单，选择 Equal Heights，并添加到约束。

（6）最后添加每个 view 之间间隔 20 像素。按住 Ctrl 键，用鼠标选择 view1，并拖动至 view2，在弹出来的选项中选择 Horizontal Spacing，添加约束。用同样的方法，按住 Ctrl 键，用鼠标选择 view1，并拖动至 view3，在弹出来的选项中选择 Vertical Spacing。至此，全部约束已全部添加完成。

（7）所有约束添加完成后，约束线条都已是绿色。图 11.15 中还存在一些黄色提示，代表当前 view 的大小和位置与正常约束状态下的大小和位置不一致。单击 Resolve Auto Layout Issues，从 All Views In View Controller 中选择 Update Frame 来刷新所有 View 的位置和大小。完成后，view1 的 Frame(20, 20, 270, 270)、view2 的 Frame(310, 20, 270, 270)、view3 的 Frame(20, 310, 560, 270) 已达到要求。

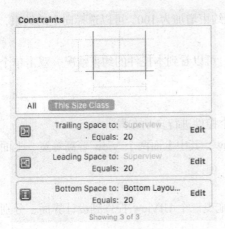

图 11.14　view3 的约束

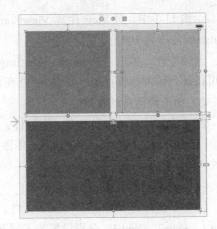

图 11.15　约束和 Frame 不一致

对当前 Main.Storyboard 进行界面预览，无论哪种界面，如何旋转，各个 view 的高宽都会以约束进行变换。结果如图 11.16 所示。

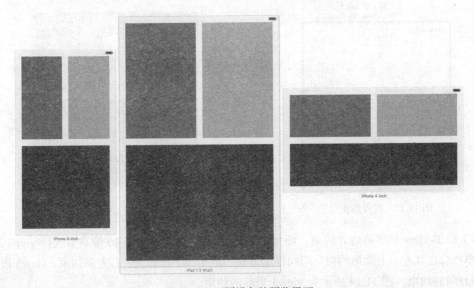

图 11.16　不同设备的预览界面

11.2.4　代码添加自动布局

苹果推荐开发者使用 Storyboard 进行 Auto Layout，但也增加了代码的布局方法，让开发者有多种选择方式。利用代码进行布局，会比较复杂，下面就进行简单的代码自动布局。

在 UIKit 中，每一个布局约束都是一个 NSLayoutContraint 实例，约束的实现方法为：

```
+(instancetype)constraintWithItem:(id)firstItem attribute:(NSLayoutAttribute) firstAttribute relatedBy:(NSLayoutRelation)relation toItem:(id)secondItem attribute:(NSLayoutAttribute) secondAttribute multiplier:(CGFloat)multiplier constant:(CGFloat) constant;
```

 如果使用 Auto Layout，则不能使用 AutoresizingMask，在代码中关闭 AutoresizingMask 的方法为：

```
self.view.translatesAutoresizingMaskIntoConstraints = NO;
```

【示例 11-3】在 ViewController 中，添加两个 View，让其高度相同，宽度比例为 7∶3。
（1）创建一个项目，命名为 11-3。
（2）在 UIViewController.m 中添加如下代码：

```
#import "ViewController.h"
@interface ViewController ()
@end
@implementation ViewController
- (void)viewDidLoad {
    [super viewDidLoad];
    // Do any additional setup after loading the view, typically from a nib.
    //新建 view1 view2, 可以不使用 initWithFrame
    UIView *view1 = [[UIView alloc] init];
    [view1 setBackgroundColor:[UIColor redColor]];
    [self.view addSubview:view1];
    view1.translatesAutoresizingMaskIntoConstraints = NO;   //取消 AutoresizingMask 约束
    UIView *view2 = [[UIView alloc] init];
    [view2 setBackgroundColor:[UIColor greenColor]];
    [self.view addSubview:view2];
    view2.translatesAutoresizingMaskIntoConstraints = NO;   //取消 AutoresizingMask 约束
    //添加 view1 的自动布局约束
    //view1 和 viewcontroller 左距离 20 像素
    NSLayoutConstraint *leftconstraint = [NSLayoutConstraint constraintWithItem:view1 attribute:NSLayoutAttributeLeft relatedBy:NSLayoutRelationEqual toItem:self.view attribute:NSLayoutAttributeLeft multiplier:1. constant:20.];
    //view1 和 viewcontroller 上距离 20 像素
    NSLayoutConstraint *topconstraint = [NSLayoutConstraint constraintWithItem:view1 attribute:NSLayoutAttributeTop relatedBy:NSLayoutRelationEqual toItem:self.view attribute:NSLayoutAttributeTop multiplier:1. constant:20.];
    //view1 和 viewcontroller 底距离 20 像素
    NSLayoutConstraint *bottomconstraint = [NSLayoutConstraint constraintWithItem:view1 attribute:NSLayoutAttributeBottom relatedBy:NSLayoutRelationEqual toItem:self.view attribute:NSLayoutAttributeBottom multiplier:1. constant:-20.];
    //view2 和 viewcontroller 上距离 20 像素
    NSLayoutConstraint *view2topconstraint = [NSLayoutConstraint constraintWithItem:view2 attribute:NSLayoutAttributeTop relatedBy:NSLayoutRelationEqual toItem:self.view attribute:NSLayoutAttributeTop multiplier:1. constant:20.];
    //view2 和 viewcontroller 右距离 20 像素
    NSLayoutConstraint *rightconstraint = [NSLayoutConstraint constraintWithItem:view2 attribute:NSLayoutAttributeRight relatedBy:NSLayoutRelationEqual toItem:self.view attribute:NSLayoutAttributeRight multiplier:1. constant:-20.];
    //view1 和 view2 等高
    NSLayoutConstraint *heightconstraint = [NSLayoutConstraint constraintWithItem:view1 attribute:NSLayoutAttributeHeight relatedBy:NSLayoutRelationEqual toItem:view2 attribute:NSLayoutAttributeHeight multiplier:1. constant:0.];
    //view1 和 view 距离 20 像素
    NSLayoutConstraint *widthconstraint = [NSLayoutConstraint constraintWithItem:view1 attribute:NSLayoutAttributeRight relatedBy:NSLayoutRelationEqual toItem:view2 attribute:NSLayoutAttributeLeft multiplier:1. constant:-20.];
    //view 和 view2 宽度 7∶3
    NSLayoutConstraint *mutiplierconstraint = [NSLayoutConstraint constraintWithItem:view1 attribute:NSLayoutAttributeWidth relatedBy:NSLayoutRelationEqual toItem:view2 attribute:NSLayoutAttributeWidth multiplier:2.33 constant:0.];
    //添加约束到 self
    [self.view addConstraints:@[leftconstraint, topconstraint, bottomconstraint, view2topconstraint, rightconstraint, heightconstraint, widthconstraint, mutiplierconstraint]];
}
- (void)didReceiveMemoryWarning {
```

```
    [super didReceiveMemoryWarning];
    // Dispose of any resources that can be recreated.
}
@end
```

运行结果如图 11.17 所示。

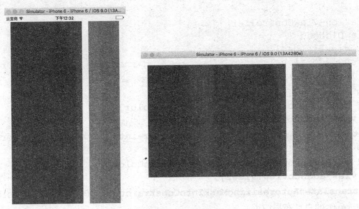

图 11.17　运行结果

11.3　SizeClass

　　Auto Layout 可以自动根据屏幕尺寸来决定控件大小和位置，可对设备进行横竖屏切换，但是屏幕高宽变化巨大，Auto Layout 很难适应，可能原来的布局已经不适用了。按以前的方法，可新建一个 xib 文件来适配新的布局。可这样就违背了自动布局的概念了，所以苹果在 iOS 8 中推出 SizeClass 和 Auto Layout 搭配来进行自动布局。

　　苹果提出了 Size Class（尺寸类型）的概念，用于在概念上表示水平或垂直方向的大小。Size Class 共有 3 种类型，大的称为 Regular（标准尺寸类型），小的称为 Compact（紧凑尺寸类型），任意的称为 Any（任意尺寸）。不同设备的高和宽都表现为这三种类型中的一种，一个 Storyboard 可以管理九种不同尺寸的屏幕大小。表 11-2 给出了苹果各设备所规定的尺寸类型。

表 11-2　　　　　　　　　　　　　　iOS 不同设备的尺寸类型

设备及方位	垂直方向尺寸类型	水平方向尺寸类型
iPad 横屏或竖屏	Regular（+）	Regular（+）
iPhone 3.5/4/4.7/5.5 寸（所有 iPhone）竖屏	Regular（+）	Compact（−）
iPhone 3.5/4/4.7 寸横屏	Compact（−）	Compact（−）
iPhone 5.5 寸（6Plus/6sPlus）横屏	Compact（−）	Regular（+）

　　对表 11-2 进行总结：

　　（1）所有的 iPad 不管什么方位都是[Regular（+），Regular（+）]。

　　（2）所有的 iPhone 在竖屏时都是[Compact（−），Regular（+）]。

　　（3）在横屏时只有 iPhone 6 Plus 和 6s Plus 是[Regular（+），Compact（−）]，其余的 iPhone 都是[Compact（−），Compact（−）]。

第 11 章　自动布局

【示例 11-4】创建一个程序，添加一个 UIImageView 和 UITextView，在 iPhone 为垂直方向时，为竖直并排显示，在 iPhone 为水平方向时，为横向并排显示。

（1）创建一个项目，命名为 11-4。

（2）在 Assets.xcassets 中新建一个 Image Set 并添加图片。

（3）在 Main.storyboard 中添加一个 ImageView 和一个 TextView，对 ImageView 设置图片。

（4）从表 11-2 中得知，所有 iPhone 在竖屏状态下，垂直方向的尺寸为 Regular，在横屏状态下，垂直方向的尺寸为 Compact，所以在本例子中取水平方向为 Any 即可。在 SizeClass 中选取垂直为 Regular，水平为 Any 进行编辑，如图 11.18 所示。

（5）在 SizeClass 的 Regular Height 的界面中给 ImageView 和 TextView 添加约束，给 ImageView 固定高宽分别为 W:150、H:150，如图 11.19 所示。同样 TextView 固定高宽分别为 W:300、H:150。

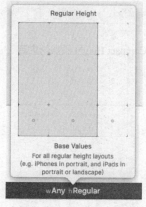

图 11.18　Regular Height

图 11.19　ImageView 固定高宽

（6）将这两个控件固定在 ViewController 竖直方向的中间，按住 Ctrl 键，单击 ImageView 拖动至父视图，选择 Center Horizontallly in Container。同样 TextView 也如此选择。

（7）将 ImageView 水平的中心值固定为 ViewController 水平中心值向上 120 像素，TextView 水平中心值固定为 ViewController 水平中心值向下 120 像素。按住 Ctrl 键，单击 ImageView 拖动至父视图，选择 Center Vertically in Conainer，并选择这个约束，编辑其 Constant 值为-120。并刷新 ImageView 的 Frame。同样 TextView 约束选择 Center Vertically in Conainer 并设置 Constant 为 120，并刷新 TextView 的 Frame。完成后的约束如图 11.20 所示。

（8）添加 iPhone 横屏约束，将 SizeClass 切换至 Compact Height，如图 11.21 所示。同样固定 ImageView 和 TextView 的高宽。

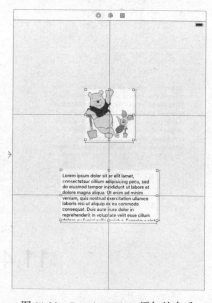

图 11.20　Regular Height 添加约束后

（9）固定 ImageView 和 TextView 的垂直中心值为 ViewController 的中心值。按住 Ctrl 键，单击 ImageView 拖动至父视图，选择 Center Vertically in Container。同样 TextView 也如此选择。

（10）固定 ImageView 和 TextView 的横坐标值。按住 Ctrl 键，单击 ImageView 拖动至父视图，选择 Leading Space to Container Margin。按住 Ctrl 键，单击 TextView 拖动至父视图，选择 Trailing Space to Container Margin。完成后的约束如图 11.22 所示。

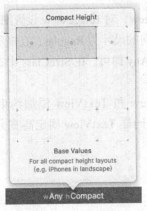

图 11.21　Compact Height

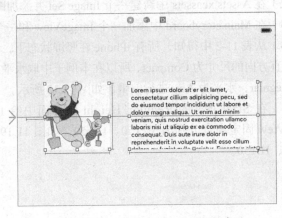

图 11.22　Compact Height 添加约束后

运行程序，结果如图 11.23 所示。

图 11.23　运行结果

11.4　图片裁剪

在项目中经常遇到对图片拉伸以致图片失真的问题。在 Xcode 的 Assets.xcassets 中，可以对部分图片进行处理，使得一些图片无论如何拉伸都不会失真。下面就介绍如何在 Assets.xcassets 中设置图片裁剪。

自定义进度条是经常使用到的功能，例如给出一个图片作为进度条的图片，如图 11.24 所示。将此 image 放到 Assets.xcassets 中并命名为 image，并且在 Main.storyboard 中创建一个 ImageView，并设置图片为进度条图片 image。

进度条可能会由窄至宽地拉伸，当 image 的宽拉伸时，拉伸得到的图片如图 11.25 所示。

图 11.24　进度条图片　　　　　　　图 11.25　被拉升的进度条

可以看到，图 11.25 中拉伸的 image 效果并不理想，而且像进度条这种宽度不固定的，所给定的资源图片的宽度如何固定就成了问题。如果能够保证 image 的两侧不变，每次用红色填充 image 中间的地方，则可以保证 image 拉伸而不会变形。

【示例 11-5】在 Assets.xcassets 中设置图片的 Slicing。

（1）创建一个项目，命名为 11-4。

（2）在 Assets.xcassets 中新建一个 Image Set 新添加的图片 image。

（3）在 Assts.xcassets 的编辑页面右下角单击 Show Slicing，出现 Start Slicing，如图 11.26 所示。

（4）单击 Start Slicing 之后，出现三个按钮，分别为：水平方向 Slices、水平和垂直方向 Slices、垂直方向 Slices。在此选择第一个，水平方向 Slices。

（5）选择之后，界面出现三条竖线。其中左竖线和中间竖线之间代表的是填充所用到的重复的部分，中间竖线和右竖线之间代表的是隐藏的部分。Xcode 基本上能自动识别出哪些是需要隐藏的，哪些是用来重复绘制的部分，如图 11.28 所示。

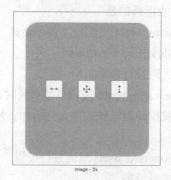
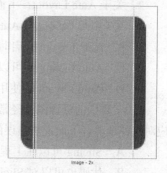

图 11.26　Start Slicing　　　　　图 11.27　选择 Slices 的方向　　　　　图 11.28　水平方向 Slices

（6）在 Main.storyboard 中添加一个 UIImageView，将其 image 设置为 Assets.xcassets 中 Slices 的 image。将 ImageView 的宽进行拉伸，如图 11.29 所示，并未出现变形。

图 11.29　ImageView 横向拉伸结果

若图片在水平方向和垂直方向都需要拉伸，则在 Start Slicing 中选择中间的即可。

Xcode 的图片裁剪区域只针对纯色的图片。

11.5 小　　结

本章主要讲解了 Xcode 界面布局的一些功能：Auto Layout、SizeClass、图片裁剪。相比以往的方法，利用这几种方法进行界面开发和适配可以事半功倍。苹果一直在完善这方面内容，以后也许会有新的技术出现，但整体布局框架暂时不会出现大的改变，大家可以放心使用。

11.6 习　　题

一、选择题

1. 相比于旧的"显示坐标定位方式"布局，Auto Layout 的优点显而易见，下面不属于其优点的是（　　）。
    A. Auto Layout 的设计界面为一个 600×600 的正方形，就是告诉开发者，可以忘记设备尺寸，尽情地去进行界面开发
    B. Auto Layout 可以根据不同的设备高宽进行布局，这一点以前的"显示坐标定位方式"或者 AutoresizingMask 都做不到
    C. Auto Layout 搭配 SizeClass 使用，连设备旋转也可以用一个 xib 轻松搞定
    D. Auto Layout 可以与父控件、同级控件进行约束，更加灵活要可靠。

2. 关于 Auto Layout，下面说法正确的是（　　）。
    A. Auto Layout 与 AutoresizingMask 搭配使用效率更高
    B. Auto Layout 开启时，必须开启 SizeClass
    C. Auto Layout 不可以用代码进行自动布局
    D. Auto Layout 在使用 Main.storyboard 进行自动布局时，可以通过界面预览来进行观察

3. 工程中的资源图片经常会被拉伸而导致效果大打折扣，Xcode 的 Slicing 功能可以很好地应对这种情况，下面说法错误的是（　　）。
    A. Slicing 可以在工程的 Assets.xcassets 里面进行设置
    B. 代码也可以对 Slicing 进行设置
    C. Slicing 可以分为上下、左右拉伸
    D. Slicing 可以对非纯色部分进行拉伸

二、阐述题

请阐述"显示坐标定位方式"与 Auto Layout+SizeClass 的优劣。

三、上机练习

1. 请使用 Auto Layout 对工程进行自动布局，创建 5 个 UIView，在 Controller 的四个角落以及正中间各一个，无论在什么设备上，view 的相对位置都不变。

2. 请使用 Auto Layout+SizeClass 进行自动布局，在 iPhone 的竖屏上，UIImageView 和 UILabel 为垂直排列并处于垂直的中心，在 iPhone 的横屏上，两者属于水平排列。

第 3 篇
应用篇

第 12 章
提醒处理

有时，当应用程序运行时需要将发生变化的信息告知用户，或者发生内部错误事件需要用户进行操作等要引起用户的注意。这时就要采用特殊的界面显示提示信息。在 iOS 8 以前常使用的是 UIAlertView（对话框视图）和 UIActionSheet（动作表单）。在 iOS 8 以后，苹果将这两种合并为一个 UIAlertController 了。本章将主要讲解 UIAlertController。

12.1 对话框视图

当想要向用户显示一条消息时，对话框就可以派上用场了。它的功能是显示需要引起用户注意的信息，一般显示一条信息，或者是显示一条信息和几个按钮。本节将主要讲解如何创建、显示、响应不同形式的对话框视图。

12.1.1 创建对话框视图

要对对话框视图进行操作，首先要做的工作就是创建该对象。需要注意，在视图库没有对话框视图，所以必须使用动态创建对话框视图的方式。这种创建方式，需要使用 alertControllerWithTitle: message: preferredStyle:方法，其语法形式如下：

+ (instancetype)alertControllerWithTitle:(nullable NSString *)title message:(nullable NSString *)message preferredStyle:(UIAlertControllerStyle)preferredStyle;

其中，(NSString *)title 用来显示初始化并设置出现在对话框视图顶端的标题；(NSString *)message 用来指定将出现在对话框内容区域的字符串；(UIAlertControllerStyle) preferredStyle 用来指定显示类型。对话框视图的值为：UIAlertControllerStyleAlert。

在对话框下一般有一个或多个按钮，需要使用 UIAlertAction 进行添加，其语法形式为：

+ (instancetype)actionWithTitle:(nullable NSString *)title style:(UIAlertActionStyle)style handler:(void (^ __nullable)(UIAlertAction *action))handler;

一般对话框视图的形式如图 12.1 所示。

图 12.1 对话框视图

12.1.2　显示对话框视图

创建好对话框视图之后，对话框视图还不可以进行显示，它和正常的 ViewController 一样需要 presentViewController，其语法形式如下：

- (void)presentViewController:(UIViewController *)viewControllerToPresent animated:(BOOL)flag completion:(void (^ __nullable)(void))completion

【示例 12-1】以下程序通过使用 alertControllerWithTitle: message: preferredStyle 方法创建一个对话框视图，其中，对话框视图的标题为"标题"，内容区域的信息为"这是一个默认样式"，添加按钮"取消"，类型为 Cancel，最后使用 present:方法，将创建的对话框视图进行显示。操作步骤如下。

（1）创建一个项目，命名为 12-1。
（2）单击打开 Main.storyboard 文件，从视图库中拖曳一个 Button 按钮控件到设计界面。
（3）将此按钮控件和 ViewController.h 文件进行动作 pressButton:的声明和关联。
（4）单击打开 ViewController.m 文件，编写代码，实现在单击按钮后，会出现一个对话框视图。程序代码如下：

```
#import "ViewController.h"
@interface ViewController ()
@end
@implementation ViewController
- (void)viewDidLoad
{
    [super viewDidLoad];
    // Do any additional setup after loading the view, typically from a nib.
}
- (void)didReceiveMemoryWarning
{
    [super didReceiveMemoryWarning];
    // Dispose of any resources that can be recreated.
}
- (IBAction)pressButton:(id)sender {
    UIAlertController *alertcontroller = [UIAlertController alertControllerWithTitle:@"标题" message:@"这是一个默认样式" preferredStyle:UIAlertControllerStyleAlert];
    UIAlertAction *cancel = [UIAlertAction actionWithTitle:@"取消" style:UIAlertActionStyleCancel handler:nil];
    [alertcontroller addAction:cancel];
    [self presentViewController:alertcontroller animated:YES completion:nil];
}
@end
```

运行结果如图 12.2 所示。

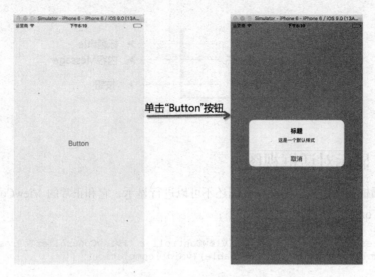

图 12.2 运行结果

12.1.3 对话框视图的设置

在 iOS 9 中对话框视图不是以一种固定的格式进行显示。例如，可以在对话框视图中添加多个按钮、可以在对话框视图中输入信息等。要实现这些形式的对话框视图，必须要对对话框视图进行设置。下面主要讲解如何实现对对话框视图的设置。

1. 设置具有多个按钮的对话框视图

在对话框视图中显示多个按钮，需要添加多个 UIAlertAction，并要设置其响应方法。

【示例 12-2】以下程序通过使用 alertControllerWithTitle: message: preferredStyle 方法创建 AlertController,并添加两个按钮到对话框视图。其中，对话框视图的标题为 "标题"，内容区域的信息为 "这是一个默认样式"，默认按钮是 "确定"，新增按钮为 "取消"，最后使用 present:方法将创建的对话框视图进行显示。操作步骤如下。

（1）创建一个项目，命名为 12-2。

（2）单击打开 Main.storyboard 文件，从视图库中拖曳一个 Button 按钮控件到设计界面。

（3）将设计界面的按钮控件和 ViewController.h 文件进行动作 pressButton:的声明和关联。

（4）单击打开 ViewController.m 文件，编写代码，实现在单击按钮后，会出现一个对话框视图。程序代码如下：

```
#import "ViewController.h"
@interface ViewController ()
@end
@implementation ViewController
- (void)viewDidLoad
{
    [super viewDidLoad];
    // Do any additional setup after loading the view, typically from a nib.
}
- (void)didReceiveMemoryWarning
{
    [super didReceiveMemoryWarning];
    // Dispose of any resources that can be recreated.
}
```

```
- (IBAction)pressButton:(id)sender {
    UIAlertController *alertcontroller = [UIAlertController alertControllerWithTitle:
@"标题" message:@"这是一个默认样式" preferredStyle:UIAlertControllerStyleAlert];
    UIAlertAction *confirm = [UIAlertAction actionWithTitle:@"确定" style:UIAlert
ActionStyleCancel handler:nil];
    UIAlertAction *cancel = [UIAlertAction actionWithTitle:@"取消" style:UIAlertAction
StyleDefault handler:nil];
    [alertcontroller addAction:cancel];
    [alertcontroller addAction:confirm];
    [self presentViewController:alertcontroller animated:YES completion:nil];
}
@end
```

运行结果如图 12.3 所示。

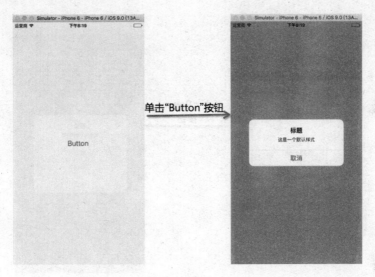

图 12.3　运行结果

注意

当有两个按钮时，Cancel 类型按钮位于左边；当具有三个或者三个以上的按钮时，Cancel 类型的按钮位于什么位置呢？将示例 12-2 的两个按钮变为三个按钮，这时程序代码如下：

```
#import "ViewController.h"
@interface ViewController ()
@end
@implementation ViewController
- (void)viewDidLoad
{
    [super viewDidLoad];
    // Do any additional setup after loading the view, typically from a nib.
}
- (void)didReceiveMemoryWarning
{
    [super didReceiveMemoryWarning];
    // Dispose of any resources that can be recreated.
}
- (IBAction)pressButton:(id)sender {
    UIAlertController *alertcontroller = [UIAlertController alertControllerWithTitle:@"
标题" message:@"这是一个默认样式" preferredStyle:UIAlertControllerStyleAlert];
```

```
        UIAlertAction *confirm = [UIAlertAction actionWithTitle:@"确定" style:UIAlertAction
StyleCancel handler:nil];
        UIAlertAction *cancel = [UIAlertAction actionWithTitle:@"取消" style:UIAlertAction
StyleDefault handler:nil];
        UIAlertAction *button = [UIAlertAction actionWithTitle:@"按钮" style:UIAlertAction
StyleDefault handler:nil];
        [alertcontroller addAction:cancel];
        [alertcontroller addAction:confirm];
        [alertcontroller addAction:button];
        [self presentViewController:alertcontroller animated:YES completion:nil];
}
@end
```

运行结果如图 12.4 所示。

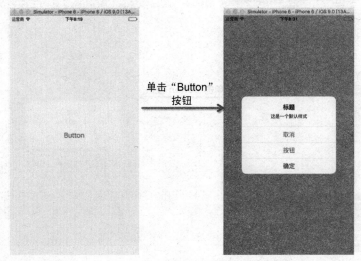

图 12.4　运行结果

2. 设置具有文本框的对话框视图

要设置具有文本框的对话框视图，就要对 AlertController 添加文件框。

【示例 12-3】以下程序通过对添加文本框进行设置，在对话框视图中显示两个文本框。操作步骤及程序代码如下。

（1）创建一个项目，命名为 12-3。

（2）单击打开 Main.storyboard 文件，从视图库中拖曳一个 Button 按钮控件到设计界面。

（3）将此按钮控件和 ViewController.h 文件进行动作 pressButton:的声明和关联。

（4）单击打开 ViewController.m 文件，编写代码，实现在单击按钮后，会出现一个对话框视图。程序代码如下：

```
#import "ViewController.h"
@interface ViewController ()
@end
@implementation ViewController
- (void)viewDidLoad
{
    [super viewDidLoad];
    // Do any additional setup after loading the view, typically from a nib.
```

```
}
- (void)didReceiveMemoryWarning
{
    [super didReceiveMemoryWarning];
    // Dispose of any resources that can be recreated.
}
- (IBAction)pressButton:(id)sender {
    UIAlertController *alertcontroller = [UIAlertController alertControllerWithTitle:@"
标题" message:@"这是一个默认样式" preferredStyle:UIAlertControllerStyleAlert];
    [alertcontroller addTextFieldWithConfigurationHandler:^(UITextField * __nonnull
textField) {
        textField.placeholder = @"登录";
    }];
    [alertcontroller addTextFieldWithConfigurationHandler:^(UITextField * __nonnull
textField) {
        textField.placeholder = @"密码";
        textField.secureTextEntry = YES;   //密码样式输出
    }];
    
    UIAlertAction *confirm = [UIAlertAction actionWithTitle:@"确定" style:UIAlertAction
StyleCancel handler:^(UIAlertAction * __nonnull action) {
    }];
    [alertcontroller addAction:confirm];
    [self presentViewController:alertcontroller animated:YES completion:nil];
}
@end
```

运行结果如图 12.6 所示。

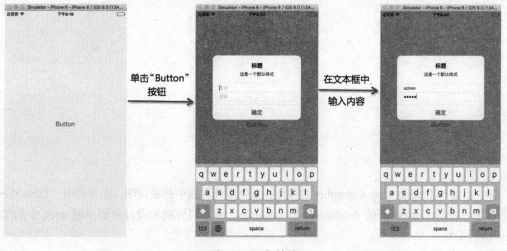

图 12.5　运行结果

12.1.4　响应提醒视图

在 12.1.3 节中，讲到了对话框视图可以有多个按钮，这多个按钮会实现对应的功能操作。我们可以在 AlertAction 中添加对按钮的处理。

【示例 12-4】以下程序对对话框视图中被选中的按钮进行响应。操作步骤如下。

（1）创建一个项目，命名为 12-4。

（2）单击打开 Main.storyboard 文件，从视图库中拖曳一个 Navigation Controller 导航控制器到画布中。

（3）删除在画布中原有的 View Controller 视图控制器。

（4）创建一个基于 UITableViewController 类的 tableViewController 类。

（5）回到 Main.storyboard 文件，单击和 Navigation Controller 导航控制器关联的表视图控制器的设计界面下的 dock 中的 Table View Controller 图标，在工具栏中选择 Show the Identity inspector 图标，将 Custom Class 下的 Class 设置为创建的 tableViewController 类。这时此表视图控制器就变为了 tableViewController。

（6）在 table View Controlle 表视图控制器中，单击导航栏，在工具栏中选择"Show the Attributes inspector"图标，在 Navigation Item 下将 Title 设置为"通讯录"。

（7）在 table View Controller 表视图控制器的设计界面的导航栏中，在右边放一个 Bar Button Item 视图，选择"Show the Attributes inspector"图标，在 Bar Button Item 下对 Identifier 进行设置，将其设置为 Edit。

（8）在 table View Controller 表视图控制器的设计界面的导航栏中，在左边放一个 Bar Button Item 视图，双击将标题改为 Exit。这时画布的效果如图 12.6 所示。

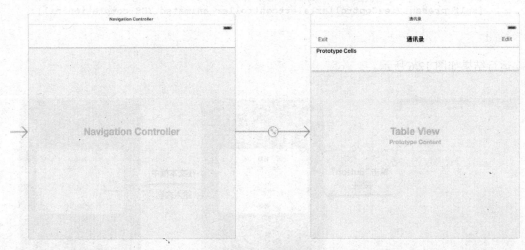

图 12.6　画布效果

（9）右键单击 table View Controller 表视图控制器设计界面中的表视图，在弹出的"Table View"对话框中，选择 Outlets 下的 dataSource 和 delegate，将它们分别和设计界面下的 dock 中的 Table View 进行关联。

（10）选择 Table View Cell，在 Identifier 中填入"Cell"。

（11）在打开 Main.storyboard 文件的同时，打开 table View Controller 文件，将标题为 Edit 的按钮和 table View Controller 文件进行动作 pressEdit:的声明和关联。将标题为 Exit 的按钮和 table View Controller 文件进行动作 pressExit:的声明和关联。

（12）在 tableViewController.h 文件中编写代码，实现遵守的协议和可变数组的声明。程序代码如下：

```
#import <UIKit/UIKit.h>
@interface tableViewController : UITableViewController<UITableViewDataSource,
UITableViewDelegate>{
```

```
    NSMutableArray *array;
}
- (IBAction)pressEdit:(id)sender;
- (IBAction)pressExit:(id)sender;
@end
```

（13）单击打开 tableViewController.m 文件，编写代码，实现响应对话框视图。程序代码代码如下：

```
import "tableViewController.h"
@interface tableViewController ()
@end
@implementation tableViewController
- (id)initWithStyle:(UITableViewStyle)style
{
    self = [super initWithStyle:style];
    if (self) {
        // Custom initialization
    }
    return self;
}
- (void)viewDidLoad
{
    array=[[NSMutableArray alloc]initWithObjects:@"ant",@"alpaca",@"albatross",@"badger",@"bat",@"bear",@"cat",@"calf",@"cattle", nil];
    [super viewDidLoad];
    // Uncomment the following line to preserve selection between presentations.
    // self.clearsSelectionOnViewWillAppear = NO;
    // Uncomment the following line to display an Edit button in the navigation bar
    for this view controller.
    // self.navigationItem.rightBarButtonItem = self.editButtonItem;
}
- (void)didReceiveMemoryWarning
{
    [super didReceiveMemoryWarning];
    // Dispose of any resources that can be recreated.
}
#pragma mark - Table view data source
- (NSInteger)numberOfSectionsInTableView:(UITableView *)tableView
{
    return 1;
}
- (NSInteger)tableView:(UITableView *)tableView numberOfRowsInSection:(NSInteger)section
{
    return [array count];
}
- (UITableViewCell *)tableView:(UITableView *)tableView cellForRowAtIndexPath:(NSIndexPath *)indexPath
{
    static NSString *CellIdentifier = @"Cell";
    UITableViewCell *cell = [tableView dequeueReusableCellWithIdentifier:CellIdentifier];
    if (cell == nil) {
        cell = [[UITableViewCell alloc] initWithStyle:UITableViewCellStyleDefault reuseIdentifier:CellIdentifier];
    }
    cell.textLabel.text=[array objectAtIndex:[indexPath row]];
    return cell;
}
```

```
//显示对话框视图
- (IBAction)aa:(id)sender {
    UIAlertView *a=[[UIAlertView alloc]initWithTitle:@"编辑" message:@"请选择项目" delegate:self cancelButtonTitle:@"Canel" otherButtonTitles:@"Delete",@"Add",nil];
    [a show];
}
//实现响应
-(void)alertView:(UIAlertView *)alertView clickedButtonAtIndex:(NSInteger)buttonIndex{
    NSString *b=[alertView buttonTitleAtIndex:buttonIndex];
    //判断是否选择了"Delete"按钮
    if([b isEqualToString:@"Delete"]){
        [self setEditing:YES];
    }
    //判断是否选择了"Add"按钮
    if([b isEqualToString:@"Add"]){
        UIAlertView *a1=[[UIAlertView alloc]initWithTitle:@"添加" message:@"确定要添加新联系人吗" delegate:self cancelButtonTitle:@"OK" otherButtonTitles:nil];
        [a1 show];
    }
}
//取消编辑
- (IBAction)pressExit:(id)sender {
    [self setEditing:NO];
}

- (IBAction)pressEdit:(id)sender {
    UIAlertController *alertcontroller = [UIAlertController alertControllerWithTitle:@"编辑" message:@"请选择项目" preferredStyle:(UIAlertControllerStyle)UIAlertControllerStyleAlert];
    UIAlertAction *addaction = [UIAlertAction actionWithTitle:@"Add" style:UIAlertActionStyleDefault handler:^(UIAlertAction * _Nonnull action) {
        UIAlertController *addcontroller = [UIAlertController alertControllerWithTitle:@"添加" message:@"确定要添加新联系人吗?" preferredStyle:UIAlertControllerStyleAlert];
        UIAlertAction *okaction = [UIAlertAction actionWithTitle:@"OK" style:UIAlertActionStyleCancel handler:^(UIAlertAction * _Nonnull action) {
            
        }];
        [addcontroller addAction:okaction];
        [self presentViewController:addcontroller animated:YES completion:nil];
    }];
    UIAlertAction *deleteaction = [UIAlertAction actionWithTitle:@"Delete" style:UIAlertActionStyleDefault handler:^(UIAlertAction * _Nonnull action) {
        [self setEditing:YES];
    }];
    UIAlertAction *cancelaction = [UIAlertAction actionWithTitle:@"Cancel" style:UIAlertActionStyleCancel handler:^(UIAlertAction * _Nonnull action) {
        
    }];
    [alertcontroller addAction:addaction];
    [alertcontroller addAction:deleteaction];
    [alertcontroller addAction:cancelaction];
    
    [self presentViewController:alertcontroller animated:YES completion:nil];
}
@end
```

运行结果如图12.7所示。

第 12 章 提醒处理

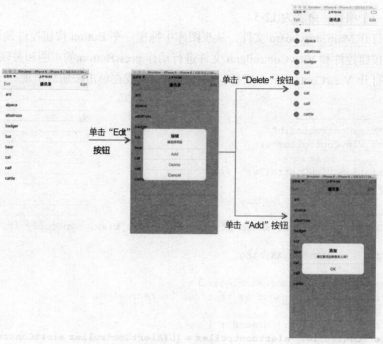

图 12.7 运行结果

12.2 动作表单

虽然对话框视图可以显示多个按钮，但是它最主要的功能还是用于显示消息，以告知用户应用程序中的状态或者条件发生了变化。如果想要在显示消息的时候，为用户提供多种选择，那么就要使用到动作表单（UIAlertControllerStyleActionSheet 类型）。本节将主要讲解如何创建动作表单，如何将创建的动作表单进行显示以及响应动作表单。

12.2.1 动作表单的创建

要对动作表单进行使用，还是要先对动作表单进行创建，其创建方法与对话框视图一样，只是 UIAlertControllerStyle 不一样。一般动作表单的形式如图 12.8 所示。

图 12.8 动作表单

12.2.2 显示动作表单

【示例 12-5】以下程序将 Style 设置为 UIAlertControllerStyleActionSheet，创建一个动作表单。操作步骤如下。

265

（1）创建一个项目，命名为 12-5。

（2）单击打开 Main.storyboard 文件，从视图库中拖曳一个 Button 按钮控件到设计界面。

（3）将此按钮控件和 ViewController.h 文件进行动作 pressButton:的声明和关联。

（4）单击打开 ViewController.m 文件，编写代码，实现在单击按钮后出现一个动作表单。程序代码如下：

```
#import "ViewController.h"
@interface ViewController ()
@end
@implementation ViewController
- (void)viewDidLoad
{
    [super viewDidLoad];
     // Do any additional setup after loading the view, typically from a nib.
}
- (void)didReceiveMemoryWarning
{
    [super didReceiveMemoryWarning];
    // Dispose of any resources that can be recreated.
}
- (IBAction)pressButton:(id)sender {
     UIAlertController *alertcontroller = [UIAlertController alertControllerWithTitle:@"提示" message:@"删除数据不可回复" preferredStyle:UIAlertControllerStyleActionSheet];
     UIAlertAction *cancelAction = [UIAlertAction actionWithTitle:@"OK" style:UIAlertActionStyleCancel handler:nil];
     UIAlertAction *deleteAction = [UIAlertAction actionWithTitle:@"Destory" style:UIAlertActionStyleDestructive handler:nil];
     UIAlertAction *Action1 = [UIAlertAction actionWithTitle:@"1" style:UIAlertActionStyleDefault handler:nil];
     UIAlertAction *Action2 = [UIAlertAction actionWithTitle:@"1" style:UIAlertActionStyleDefault handler:nil];
    [alertcontroller addAction:cancelAction];
    [alertcontroller addAction:deleteAction];
    [alertcontroller addAction:Action1];
    [alertcontroller addAction:Action2];
    [self presentViewController:alertcontroller animated:YES completion:nil];  //实现显示
}
@end
```

运行结果如图 12.9 所示。

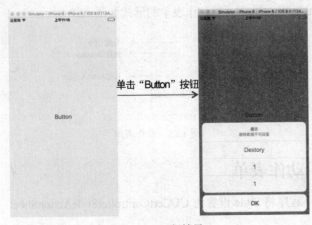

图 12.9　运行结果

12.2.3 侧边显示动作表单

在常规宽度的设备上，上拉菜单是以弹出框的形式展现。弹出框必须要有一个能够作为源视图或者栏按钮项目的描点(anchor point)。在 iOS 8 或以后的版本中，不再需要小心翼翼地计算出弹出框的大小，UIAlertController 将会根据设备大小自适应弹出框的大小。并且在 iPhone 或者紧缩宽度的设备中，它将会返回 nil 值。

【示例 12-6】以下 iPad 程序中，从源视图的侧边显示动作表单。

（1）创建一个 iPad 项目，命名为 12-6。
（2）单击打开 Main.storyboard 文件，从视图库中拖曳一个 Button 按钮控件到设计界面。
（3）将此按钮控件和 ViewController.h 文件进行动作 pressButton:的声明和关联。
（4）单击打开 ViewController.m 文件，编写代码，实现在单击按钮后出现一个动作表单。程序代码如下：

```
#import "ViewController.h"
@interface ViewController ()
@end
@implementation ViewController
- (void)viewDidLoad {
    [super viewDidLoad];
    // Do any additional setup after loading the view, typically from a nib.
}

- (void)didReceiveMemoryWarning {
    [super didReceiveMemoryWarning];
    // Dispose of any resources that can be recreated.
}
- (IBAction)pressButton:(id)sender {
    UIAlertController *alertcontroller = [UIAlertController alertControllerWithTitle:@"提示" message:@"删除数据不可回复" preferredStyle:UIAlertControllerStyleActionSheet];
    UIAlertAction *deleteAction = [UIAlertAction actionWithTitle:@"删除" style:UIAlertActionStyleDestructive handler:nil];
    UIAlertAction *Action1 = [UIAlertAction actionWithTitle:@"保存" style:UIAlertActionStyleDefault handler:nil];
    [alertcontroller addAction:deleteAction];
    [alertcontroller addAction:Action1];
    
    [self presentViewController:alertcontroller animated:YES completion:nil];
    
    UIPopoverPresentationController *popover = alertcontroller.popoverPresentationController;
    if (popover){
        popover.sourceView = sender;
        popover.sourceRect = [(UIButton *)sender bounds];
        popover.permittedArrowDirections = UIPopoverArrowDirectionAny;
    }
}
@end
```

程序运行结果如图 12.10 所示。

UIAlertController 在使用弹出框的时候自动移除了"取消"按钮。用户通过单击弹出框的外围部分来实现取消操作，因此取消按钮便不再必需。

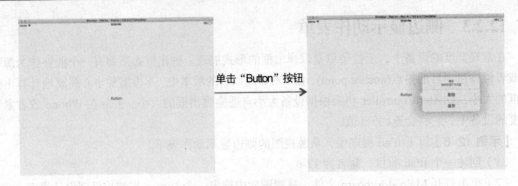

图 12.10　运行结果

12.2.4　响应动作表单

响应动作表单的方法和响应对话框表单的方法一致。

【示例 12-7】以下程序对动作表单中被选中的按钮进行响应。操作步骤码如下。

（1）创建一个项目，命名为 12-7。

（2）单击打开 Main.storyboard 文件，从视图库中拖动一个 Label 标签控件到设计界面。双击将标题改为"小红帽"。将字体大小设置为 33。添加 Label 约束，使其垂直居中显示。

（3）从视图库中拖一个 Text View 文本视图到设计界面，双击将里面的文件改为"请选择以何种语言讲解小红帽的故事"。添加 TextView 约束。

（4）从视图库中拖曳一个 Button 按钮控件到设计界面。双击该按钮，将标题改为"请选择语言"。添加 Button 的约束。最终设计界面的效果如图 12.11 所示。

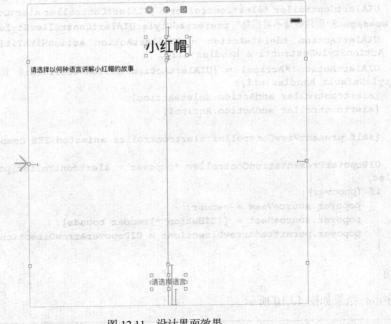

图 12.11　设计界面效果

（5）在打开 Main.storyboard 文件的同时将 ViewController.h 文件打开，将设计界面的 Button 按钮控件和 ViewController.h 文件进行动作 pressChangeLanguage:的声明以及关联。

（6）将 Main.storyboard 中的 Label 和 TextView 与 ViewController.h 进行变量连线关联。ViewController.h 文件中程序代码如下：

```
#import <UIKit/UIKit.h>
@interface ViewController : UIViewController
@property (weak, nonatomic) IBOutlet UILabel *label;
@property (weak, nonatomic) IBOutlet UITextView *textview;
- (IBAction)pressChangeLanguage:(id)sender;
@end
```

（7）单击打开 ViewController.m 文件，编写代码，实现响应动作表单。程序代码如下：

```
#import "ViewController.h"
@interface ViewController ()
@end
@implementation ViewController
- (void)viewDidLoad
{
    [super viewDidLoad];
    // Do any additional setup after loading the view, typically from a nib.
}
- (void)didReceiveMemoryWarning
{
    [super didReceiveMemoryWarning];
    // Dispose of any resources that can be recreated.
}
- (IBAction)pressChangeLanguage:(id)sender {
    UIAlertController *alertcontroller = [UIAlertController alertControllerWithTitle:@"语言选择" message:nil preferredStyle:UIAlertControllerStyleActionSheet];
    UIAlertAction *chinaaction = [UIAlertAction actionWithTitle:@"中文" style:UIAlertActionStyleDefault handler:^(UIAlertAction * __nonnull action) {
        _label.text = @"小红帽";
        _textview.text = @"从前有个人见人爱的小姑娘，喜欢戴着外婆送给她的一顶红色天鹅绒的帽子，于是大家就叫她小红帽。有一天，母亲叫她给住在森林的外婆送食物，并嘱咐她不要离开大路，走得太远。小红帽在森林中遇见了狼，她从未见过狼，也不知道狼性凶残，于是把来森林中的目的告诉了狼。狼知道后诱骗小红帽去采野花，自己跑到林中小屋去把小红帽的外婆吃了。并假扮成外婆，等小红帽来找外婆时，狼一口把她吃掉了。后来一个猎人把小红帽和外婆从狼肚里救了出来。";
    }];
    UIAlertAction *englishaction = [UIAlertAction actionWithTitle:@"英文" style:UIAlertActionStyleDefault handler:^(UIAlertAction * __nonnull action) {
        _label.text = @"Little Red Riding Hood";
        _textview.text = @"Once there was a cute little girl, like wearing grandmother gave her a red velvet hat, so everyone called her Little Red Riding Hood. One day, the mother called her grandmother to live in the forest to send food, and asked her not to leave the road, too far. Little Red Riding Hood meets the wolf in the forest, she had never seen a wolf, ferocious wolf did not know, so the purpose of the forest to tell the wolves. After tricking Little Red Riding Hood Wolf know go to pick wildflowers, he went to the cabin in the woods to go to eat Little Red Riding Hood's grandmother. And loaded into a grandmother, grandmother, etc. Little Red Riding Hood came when a wolf eats her. Later, a hunter from the Little Red Riding Hood and the wolf grandmother goes rescued.";
    }];
    UIAlertAction *xinaaction = [UIAlertAction actionWithTitle:@"希腊语" style:UIAlertActionStyleDefault handler:^(UIAlertAction * __nonnull action) {
        _label.text = @"κοκκινοσκουφίτσα";
        _textview.text = @"Κάποτε υπήρχε ένα χαριτωμένο κοριτσάκι, όπως και φορώντας τη γιαγιά της έδωσε ένα κόκκινο καπέλο βελούδο, έτσι ώστε ο καθένας που ονομάζεται Little Red Riding Hood της. Μια μέρα, η μητέρα κάλεσε τη γιαγιά της για να ζήσει στο δάσος για την αποστολή τροφίμων, και της ζήτησε να μην αφήσει το δρόμο, πολύ μακριά. Κοκκινοσκουφίτσα συναντά τον λύκο μέσα στο δάσος, που ποτέ δεν είχε δει ένας λύκος, άγριος λύκος δεν ήξερε,
```

έτσι ώστε ο σκοπός του δάσους για να πει τους λύκους. Μετά την εξαπάτηση Little Red Riding Hood Wolf ξέρει να πάει για να πάρει αγριολούλουδα, πήγε στην καλύβα στο δάσος για να πάει να φάει τη γιαγιά Κοκκινοσκουφίτσα του. Και φορτώνονται σε μια γιαγιά, η γιαγιά, κλπ. Μικρή Red Riding Hood ήρθε όταν ένας λύκος την τρώει. Αργότερα, ένας κυνηγός από το Little Red Riding Hood και η γιαγιά λύκος πηγαίνει διασωθεί.";
　　}];
　　UIAlertAction *cancelaction = [UIAlertAction actionWithTitle:@"OK" style:UIAlertActionStyleCancel handler:nil];
　　[alertcontroller addAction:chinaaction];
　　[alertcontroller addAction:englishaction];
　　[alertcontroller addAction:xinaaction];
　　[alertcontroller addAction:cancelaction];
　　[self presentViewController:alertcontroller animated:YES completion:nil];
}
@end

运行结果如图 12.12 所示。

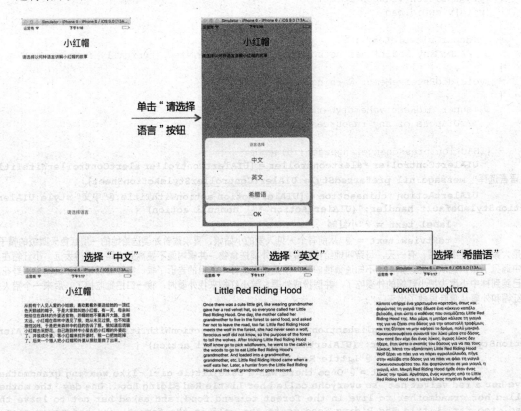

图 12.12　运行结果

12.3　小　　结

本章主要讲解了两个处理提醒的操作：一种是对话框视图；另一种是动作表单。本章的重点是对话框视图和动作表单的创建、显示以及响应。通过对本章的学习，希望开发者可以在自己创建的应用程序中使用到这两个视图。

12.4 习　　题

一、选择题

1. UIAlertControllerStyle 的值为 UIAlertControllerStyleAlert 的时候，可添加 UIAlertAction，说法正确的是（　　）。

　　A. 最多可添加两个 UIAlertAction

　　B. 可以添加多个 UIAlertActionStyleCancel 类型的 UIAlertAction

　　C. 可以添加输入框类型的 UIAlertAction

　　D. UIAlertActionStyleCancel 类型的 UIAlertAction 永远位于第一个

2. UIAlertControllerStyleActionSheet 类型的提醒框在位于 iPad 上可以设置其侧边栏显示，下面说法不正确的是（　　）。

　　A. 侧边动作表单只能在 iPad 上设置，iPhone 上不能调用此方法

　　B. 侧边动作表单也可以在 iPhone 上设置，只是返回的 popoverPresentationController 为 nil

　　C. 侧边动作表单在 iPad 上不需要添加"Cancel"按钮

　　D. 侧边动作表单会根据设备大小自适应弹出框的大小

二、阐述题

UIAlertView 以及 UIActionSheet 同样兼容 iOS 8 上以的 SDK，请学习并比较其与 UIAlertController 的优劣。

三、上机练习

创建一个地址选择器工程，通过 UIAlertController 中的 UIAlertControllerStyleActionSheet 可以选择省、市、区，通过 UIAlertControllerStyleAlert 来进行各种提示操作。

第 13 章 选择操作

在 iPhone 或者 iPad 中，很多应用程序都会让使用它的用户做出选择。为了方便用户操作，在 iOS 中专门提供了两个控件，实现常见的选择操作，一种是日期选择器，另一种是自定义选择器。这些选择器将多个待选择的项放在一个规定的视图中进行滚动选择。本章将主要讲解这两种选择器。

13.1 日期选择器

日期选择器是为了方便用户输入时间和日期而提供的用户控件。用户只要滚动日期选择器就可以在其中找到对应的时间。本节将主要讲解日期选择器的创建、定制日期选择器等内容。

13.1.1 日期选择器的创建

由于日期选择器被包含在视图库中，所以它的创建方式有两种：一种是静态创建日期选择器，另一种是使用动态的方式创建日期选择器。

【示例 13-1】以下程序使用静态方式创建日期选择器。打开 Main.storyboard 文件，将视图库中的 Date Picker 日期选择器拖动到设计界面中，如图 13.1 所示。这时日期选择器就使用静态方式创建好了。运行结果如图 13.2 所示。

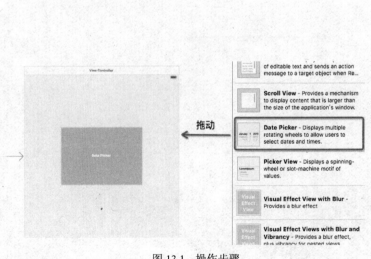

图 13.1　操作步骤

图 13.2　运行结果

要实现动态创建日期选择器，必须要使用 initWithFrame:方法，其语法形式如下：

- (id)initWithFrame:(CGRect)aRect;

其中，(CGRect)aRect 用来指定日期选择器的框架。

【示例 13-2】以下程序通过使用 initWithFrame:方法，实现动态创建一个日期选择器。程序代码如下：

```
#import "ViewController.h"
@interface ViewController ()
@end
@implementation ViewController
- (void)viewDidLoad
{
    //创建日期选择器
    UIDatePicker *date=[[UIDatePicker alloc]initWithFrame:
CGRectMake(10, 50, 355, 180)];
    [self.view addSubview:date];
    [super viewDidLoad];
     // Do any additional setup after loading the view, typically
from a nib.
}
- (void)didReceiveMemoryWarning
{
    [super didReceiveMemoryWarning];
    // Dispose of any resources that can be recreated.
}
@end
```

运行结果如图 13.3 所示。

图 13.3　运行结果

13.1.2　定制日期选择器

日期选择器无论是动态创建，还是静态创建，其中的设置都是默认的。如果想要改变在静态方式下创建的日期选择器的默认设置，可以对"Show the Attributes inspector"选项下 Data Picker 中的内容进行设置，如图 13.4 所示。但是要对动态创建的日期选择器进行设置，必须使用代码方式对日期选择器进行设置。下面主要讲解如何使用代码定制日期选择器。

图 13.4　Data Picker 设置

1．设置显示模式

在 iOS 9 开发中，日期选择器可以实现 4 种模式的显示风格，要实现显示模式的改变，需要对 datePickerMode 属性进行设置，其语法形式如下：

```
@property(nonatomic) UIDatePickerMode datePickerMode;
```

其中，日期选择器的显示模式有四种，如图 13.5 所示。

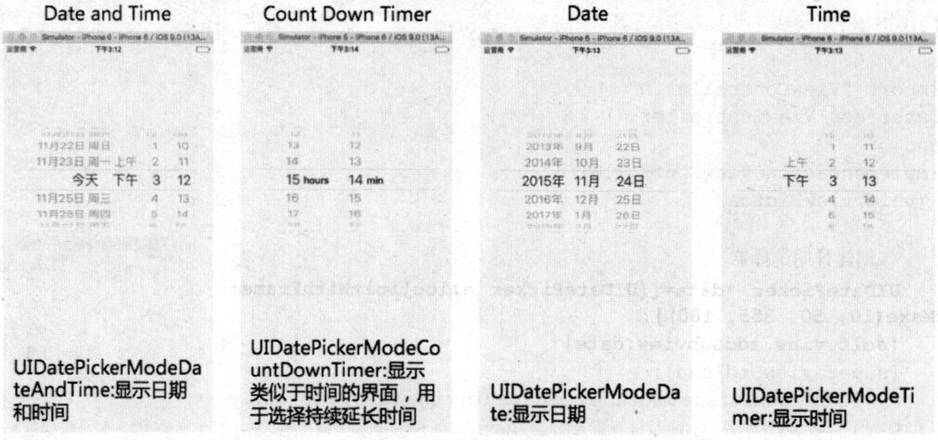

图 13.5　显示模式

【示例 13-3】以下程序通过对 datePickerMode 属性进行设置，将日期选择器的模式设置为 UIDatePickerModeCountDownTimer。程序代码如下：

```objc
#import "ViewController.h"
@interface ViewController ()
@end
@implementation ViewController
- (void)viewDidLoad
{
    UIDatePicker *date=[[UIDatePicker alloc]initWithFrame:CGRectMake(10, 100, 355, 180)];
    date.datePickerMode=UIDatePickerModeCountDownTimer;           //设置模式
    [self.view addSubview: date];
    [super viewDidLoad];
    // Do any additional setup after loading the view, typically from a nib.
}
- (void)didReceiveMemoryWarning
{
    [super didReceiveMemoryWarning];
    // Dispose of any resources that can be recreated.
}
@end
```

运行结果如图 13.6 所示。

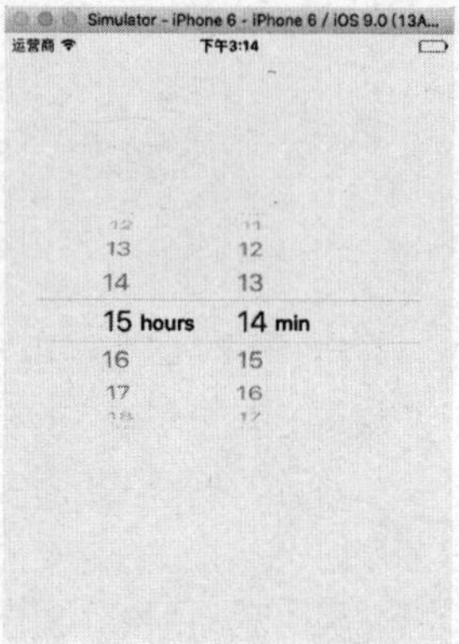

2. 设置语言环境

在日期选择器中，可以根据用户群体的不同，进行相应的语言环境设置。对语言环境的设置，需要通过 locale 属性实现，其语法形式如下：

图 13.6　运行结果

```
@property(nonatomic, retain) NSLocale *locale;
```

【示例 13-4】以下程序通过对 locale 属性进行设置，将日期选择器的语言环境变为英语。程序代码如下：

```
#import "ViewController.h"
@interface ViewController ()
@end
@implementation ViewController
- (void)viewDidLoad
{
    UIDatePicker * date =[[UIDatePicker alloc]initWithFrame:CGRectMake(10, 100, 355, 180)];
    NSLocale *lan=[[NSLocale alloc]initWithLocaleIdentifier:@"en"];
    date.locale=lan;                            //设置语言环境
    [self.view addSubview: date];
    [super viewDidLoad];
     // Do any additional setup after loading the view, typically from a nib.
}
- (void)didReceiveMemoryWarning
{
    [super didReceiveMemoryWarning];
    // Dispose of any resources that can be recreated.
}
@end
```

运行结果如图 13.7 所示。

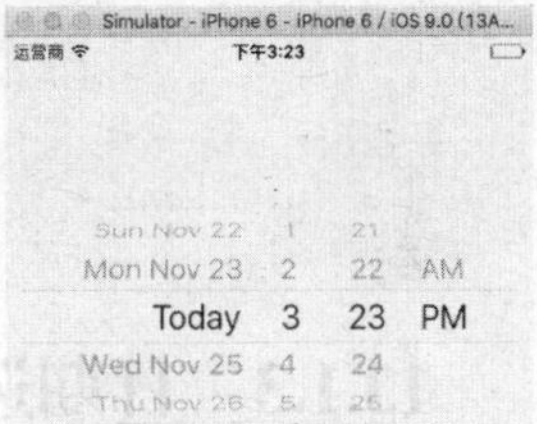

3. 设置时间间隔

日期选择器每个选项的时间间隔是可以指定的，这需要通过 minuteInterval 属性实现，其语法形式如下：

```
@property(nonatomic) NSInteger minuteInterval;
```

图 13.7 运行结果

【示例 13-5】以下程序通过对 minuteInterval 属性进行设置，将日期选择器显示的时间间隔变为 10。程序代码如下：

```
#import "ViewController.h"
@interface ViewController ()
@end
@implementation ViewController
- (void)viewDidLoad
{
    UIDatePicker *date=[[UIDatePicker alloc]initWithFrame:CGRectMake(10, 100, 355, 180)];
    date.minuteInterval=10;                     //设置时间间隔
    [self.view addSubview:date];
    [super viewDidLoad];
     // Do any additional setup after loading the view, typically from a nib.
}
- (void)didReceiveMemoryWarning
{
    [super didReceiveMemoryWarning];
    // Dispose of any resources that can be recreated.
}
@end
```

运行结果如图 13.8 所示。

图 13.8　运行结果

13.1.3　日期选择器应用——生日管理器

【示例 13-6】以下程序通过日期选择器实现一个生日管理器的应用程序。

（1）创建一个项目，命名为 13-5。

（2）在 Assets.xcassets 中新建 ImageSet 并添加图片。

（3）单击打开 Main.storyboard 文件，从视图库中拖动一个 Navigation Controller 导航控制器到画布中。

（4）在工具栏中，选择"Show the Attributes inspector"图标，选择 View Controller 下的 Is Initial View Controller。

（5）将 Navigation Controller 导航控制器关联的 Table View Controller 表视图控制器的视图删除。

（6）从视图库中拖曳一个 View Controller 视图控制器到画布中。

（7）将 Navigation Controller 导航控制器关联的视图变为新添加的 View Controller 视图控制器的视图。

（8）创建一个基于 UIViewController 类的 aaViewController 类。

（9）回到 Main.storyboard 文件，单击和 Navigation Controller 导航控制器关联的视图控制器的设计界面下的 dock 中的 View Controller 图标，在工具栏中选择"Show the Identity inspector"图标，将 Custom Class 下的 Class 设置为创建的 aaViewController 类。这时此视图控制器就变为了 Aa View Controller。

（10）对 Aa View Controller 的设计界面进行设计，效果如图 13.9 所示。

添加的视图、控件以及属性设置如表 13-1 所示。

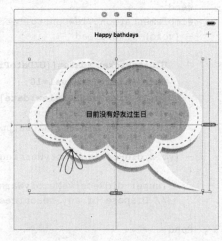

图 13.9　Aa View Controller 视图控制器的设计界面

表 13-1　　　　　　　　　　　　视图、控件以及属性设置

视图、控件	Show the Attributes inspector
Aa View Controller 视图控制器的导航栏	在 Navigation Item 面板下将 Title 设置为 Happy bathdays
Bar Button Item 视图	在 Bar Button Item 面板下将 Identifier 设置为 Add
Image View 视图	在 Image View 面板下将 Image 设置为添加的图片
Label 标签控件	在 label 面板下将 Text 设置为 "目前没有好友过生日"

（11）在 Aa View Controller 视图控制器的设计界面中，按住鼠标拖动导航栏中的 "+" 按钮到画布中 View Controller 视图控制器上，选择 Push。

（12）对 View Controller 控制器的设计界面进行设计，并且做好约束，其效果如图 13.10 所示。

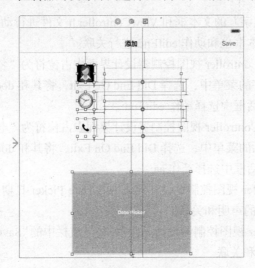

图 13.10　View Controller 视图控制器的设计界面

添加的视图、控件以及设置如表 13-2 所示。

表 13-2　　　　　　　　　　　　视图、控件以及设置

视图、控件	Show the Attributes inspector	其他
View Controller 视图控制器的导航栏	在 Navigation Item 面板下将 Title 设置为 "添加"	
Bar Button Item 视图	在 Bar Item 面板下将 Title 设置为 Save	
三个 Image View 视图	在 Image View 面板下将 Image 设置为添加的图片	
Text Field 文本框控件	在 Text Field 面板下将 Placeholder 设置为 "名字"	
Text Field 文本框控件	在 Text Field 面板下将 Placeholder 设置为 "时间"	
Text Field 文本框控件	在 Text Field 面板下将 Placeholder 设置为 "电话"	
Button 按钮控件		放在 Placeholder 设置为 "时间" 的文本框上
Date Picker 日期选择器	在 Date Picker 面板下将 Mode 设置为 Date	

（13）在打开 Main.storyboard 文件的同时打开 ViewController.h 文件，将占位符为 "时间" 的文本框上的按钮和 ViewController.h 文件进行动作 selectDate: 的声明和关联。删除按钮的标题。这时整个画布的效果如图 13.11 所示。

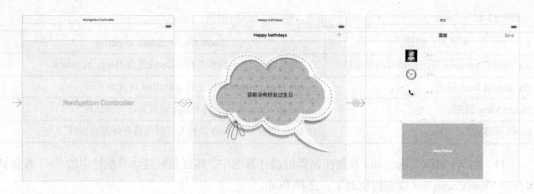

图 13.11　画布效果

（14）将占位符为"名字"的文本框和 ViewController.h 文件进行动作 editEnd:的关联和声明。将占位符为"电话"的文本框也和动作 editEnd:进行关联。

（15）右键单击 View Controller 视图控制器设计界面中占位符为"名字"的文本框，在弹出的 Round Style Text Field-名字的菜单中，选择 Did End On Exit，将其和 dock 中的 View Controller 图标进行关联，在弹出的对话框中选择动作 editEnd:。

（16）右键单击 View Controller 视图控制器设计界面中占位符为"电话"的文本框，在弹出的 Round Style Text Field-电话的菜单中，选择 Did End On Exit，将其和 dock 中的 View Controller 图标进行关联，在弹出的对话框中选择动作 aa:。

（17）将 View Controller 视图控制器设计界面中的 Date Picker 日期选择器和 ViewController.h 文件进行动作 dateChange:的声明和关联。

（18）在 View Controller 视图控制器设计界面中，将导航栏中的"Save"按钮和 ViewController.h 文件进行动作 save:的声明和关联。

（19）将 Main.storyboard 与 ViewController.h 进行变量关联。关联后的 ViewController.h 文件的程序代码如下：

```
#import <UIKit/UIKit.h>
@interface ViewController : UIViewController
@property (weak, nonatomic) IBOutlet UITextField *nameTextField;
@property (weak, nonatomic) IBOutlet UITextField *phoneTextField;
@property (weak, nonatomic) IBOutlet UITextField *timeTextField;
@property (weak, nonatomic) IBOutlet UIDatePicker *datePicker;
@property(strong,nonatomic)NSString *string;
- (IBAction)editEnd:(id)sender;
- (IBAction)selectDate:(id)sender;
- (IBAction)dateChange:(id)sender;
- (IBAction)save:(id)sender;
@end
```

表 13-3　　　　　　　　　　　　　　变量的关联

声明的插座变量	进行关联的对象
nameTextField	占位符为"名字"的文本框
timeTextField	占位符为"时间"的文本框
phoneTextField	占位符为"电话"的文本框
datePicker	日期选择器

（20）单击打开 ViewController.m 文件，编写代码，实现生日管理器的一些功能。程序代码如下：

```objc
#import "ViewController.h"
#import "aaViewController.h"
@interface ViewController ()
@end
@implementation ViewController
@synthesize string;
- (void)viewDidLoad
{
    [_datePicker setHidden:YES];
    [super viewDidLoad];
    // Do any additional setup after loading the view, typically from a nib.
}
- (void)didReceiveMemoryWarning
{
    [super didReceiveMemoryWarning];
    // Dispose of any resources that can be recreated.
}
//实现虚拟键盘的关闭
- (IBAction)editEnd:(id)sender {
    [_nameTextField resignFirstResponder];
    [_phoneTextField resignFirstResponder];
}
//实现日期选择器的显示
- (IBAction)selectDate:(id)sender {
    [_datePicker setHidden:NO];
    [_timeTextField resignFirstResponder];
}
//实现在日期选择器中将选择的日期显示在文本框中
- (IBAction)dateChange:(id)sender {
    NSDateFormatter *formatter=[[NSDateFormatter alloc]init];
    [formatter setDateFormat:@"YYYY/MM/dd"];
    NSString *str=[formatter stringFromDate:p.date];
    _timeTextField.text=str;
    [_datePicker setHidden:YES];
}
//实现保存
- (IBAction)save:(id)sender {
    if(_nameTextField.text.length==0||_timeTextField.text.length==0||_phoneTextField.text.length==0){
        UIAlertController *alertcontroller = [UIAlertController alertControllerWithTitle:@"提示" message:@"你的信息不完整" preferredStyle:UIAlertControllerStyleAlert];
        UIAlertAction *cancel = [UIAlertAction actionWithTitle:@"OK" style:UIAlertActionStyleCancel handler:nil];
        [alertcontroller addAction:cancel];
        [self presentViewController:alertcontroller animated:YES completion:nil];
    }else{
        UIAlertController *alertcontroller = [UIAlertController alertControllerWithTitle:@"提示" message:@"成功添加好友信息" preferredStyle:UIAlertControllerStyleAlert];
        UIAlertAction *cancel = [UIAlertAction actionWithTitle:@"OK" style:UIAlertActionStyleCancel handler:nil];
        [alertcontroller addAction:cancel];
        [self presentViewController:alertcontroller animated:YES completion:nil];
        [self.navigationController popToRootViewControllerAnimated:YES];
    }
}
@end
```

运行结果如图 13.12 所示。

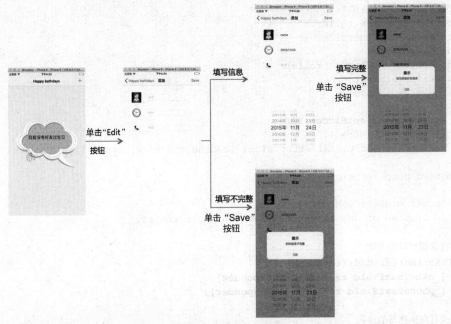

图 13.12　运行结果

13.2　自定义选择器

日期选择器主要的功能是针对日期进行选择。但是如果要想实现其他选择，该如何做呢？这时就需要使用到自定义选择器，它可以实现所有的选择操作。

13.2.1　自定义选择器的创建

创建自定义选择器，有两种方法：静态方式和动态方式。在使用静态方式创建自定义选择器时需要注意：拖动到用户设计界面的自定义选择器和运行的结果是有区别的。

【示例 13-7】设计界面的效果如图 13.13 所示，运行结果如图 13.14 所示。

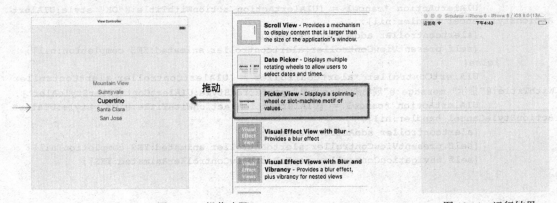

图 13.13　操作步骤　　　　　　　　　　　　　　图 13.14　运行结果

从图 13.13 所示的视图库中拖动到设计界面的自定义选择器是有一些字符串的。但是在运行结果中只显示了一个选择条件，没有内容，这里就需要开发者自己填充内容。

在动态创建自定义选择器时，需要使用 initWithFrame:方法，其语法形式如下：

- (id)initWithFrame:(CGRect)aRect;

其中，(CGRect)aRect 用来指定自定义选择器的框架。

【示例 13-8】以下程序通过使用 initWithFrame:方法，实现以动态方式创建一个自定义选择器。程序代码如下：

```
#import "ViewController.h"
@interface ViewController ()
@end
@implementation ViewController
- (void)viewDidLoad
{
    UIPickerView *pickerview=[[UIPickerView alloc]initWithFrame:
CGRectMake(0, 20, 355, 200)];
    [self.view addSubview: pickerview];
    [super viewDidLoad];
    // Do any additional setup after loading the view,
typically from a nib.
}
- (void)didReceiveMemoryWarning
{
    [super didReceiveMemoryWarning];
    // Dispose of any resources that can be recreated.
}
@end
```

运行结果如图 13.15 所示。

图 13.15 运行结果

13.2.2 定制自定义选择器

在 13.2.1 节中可以知道自定义选择器无论是动态创建，还是静态创建，其中的设置都是默认的。那么如何将这种默认的设置进行更改呢？下面就来讲解如何定制自定义选择器。

1. 填充内容

自定义选择器主要的任务就是实现选择，但是在 13.2.1 节中所创建的自定义选择器都是没有内容的。这时就需要在自定义选择器中填充一些可供用户选择的内容。这些内容可以是字符串，也可以是图片。

【示例 13-9】以下程序实现的功能是为静态创建的自定义选择器填充字符串。操作步骤如下。

（1）创建一个项目，命名为 13-8。

（2）单击打开 Main.storyboard 文件，从视图库中拖曳一个 Picker View 自定义选择器到设计界面。

（3）右键单击拖动到设计界面的自定义选择器，在弹出的 Picker 菜单中选择 Outlets 下的 dataSource 和 delegate，将它们和设计界面下的 dock 中的 View Controller 图标进行关联。

（4）单击打开 ViewController.h 文件，编写代码，实现协议的遵守以及数组的声明。程序代码如下：

```
#import <UIKit/UIKit.h>
@interface ViewController : UIViewController<UIPickerViewDelegate,UIPickerViewDataSource>{
    NSArray *array;
}
@end
```

（5）单击打开 ViewController.m 文件，编写代码，实现在自定义选择器中添加字符串。程序代码如下：

```
#import "ViewController.h"
@interface ViewController ()
@end
@implementation ViewController
- (void)viewDidLoad
{
    array=[[NSArray alloc] initWithObjects:@"A",@"B",@"C",@"D",@"E",@"F",nil];
    [super viewDidLoad];
}
//设置自定义选择器显示的栏
-(NSInteger)numberOfComponentsInPickerView:(UIPickerView *)pickerView
{
    return 1;
}
//设置自定义选择器在每一栏中返回的行数
-(NSInteger)pickerView:(UIPickerView *)pickerView numberOfRowsInComponent:(NSInteger)component
{
    return [array count];
}
//填充内容
- (NSString *)pickerView:(UIPickerView *)pickerView titleForRow:(NSInteger)row forComponent:(NSInteger)component {
    return [array objectAtIndex:row];
}
@end
```

运行结果如图 13.16 所示。

2．设置分栏

日期选择器也是自定义选择器的一种，但是日期选择器是如何实现分栏的呢？要实现分栏，就要使用到 numberOfComponentsInPickerView:方法，它主要用于设置自定义选择器显示的分栏数。

【示例 13-10】以下程序实现的功能是将自定义选择器分为两栏。操作步骤如下。

（1）创建一个项目，命名为 13-9。

（2）单击打开 Main.storyboard 文件，从视图库中拖曳一个 Picker View 自定义选择器到设计界面。

图 13.16　运行结果

（3）右键单击拖动到设计界面的自定义选择器，在弹出的 Picker 菜单中选择 Outlets 下的 dataSource 和 delegate，将它们和设计界面下的 dock 中的 View Controller 图标进行关联。

（4）单击打开 ViewController.h 文件，编写代码，实现协议的遵守以及数组的声明。程序代码如下：

```
#import <UIKit/UIKit.h>
@interface ViewController : UIViewController<UIPickerViewDelegate,UIPickerViewDataSource>{
    NSArray *array1;
    NSArray *array2;
}
@end
```

（5）单击打开 ViewController.m 文件，编写代码，实现自定义选择器的分栏。程序代码如下：

```
#import "ViewController.h"
@interface ViewController ()
@end
@implementation ViewController
- (void)viewDidLoad
{
    array1=[[NSArray alloc]initWithObjects:@"A",@"B",@"C",@"D",@"E",@"F", nil];
    array2=[[NSArray alloc]initWithObjects:@"able",@"ant",@"at",@"bey",@"book",@"breed",@"car",@"cat",@"day",@"data",@"ear" ,@"earth",nil];
    [super viewDidLoad];
    // Do any additional setup after loading the view, typically from a nib.
}
- (NSInteger)numberOfComponentsInPickerView:(UIPickerView *)pickerView {
    return 2;
}
- (NSInteger)pickerView:(UIPickerView *)pickerView numberOfRowsInComponent:(NSInteger)component {
    if (component == 0) {
        return [array1 count];
    }else {
        return [array2 count];
    }
}
//填充内容
- (NSString *)pickerView:(UIPickerView *)pickerView titleForRow:(NSInteger)row forComponent:(NSInteger)component {
    if (component == 0) {
        return [array1 objectAtIndex:row];
    }else{
        return [array2 objectAtIndex:row];
    }
}
@end
```

运行结果如图 13.17 所示。

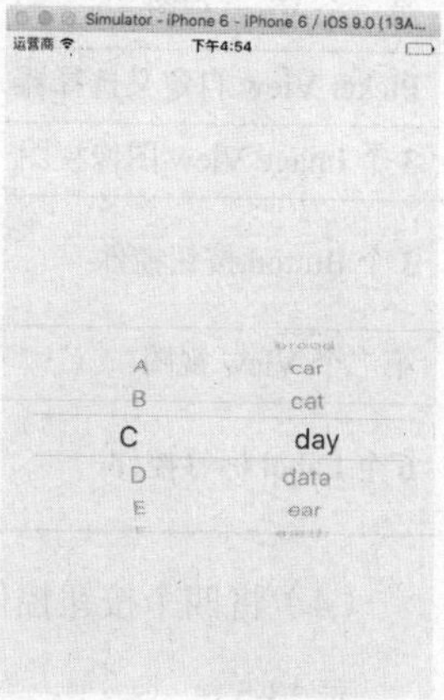

图 13.17　运行结果

13.2.3　自定义选择器应用——更换头像

【示例 13-11】以下程序通过自定义选择器实现一个更换头像的应用程序。

（1）项目一个项目，命名为 13-10。

（2）在 Assets.xcassets 中新建 ImageSet 并添加图片。

（3）单击打开 Main.storyboard 文件，对 View Controller 视图控制器中的设计界面进行设置，首先设置的是标题栏，并且添加约束。效果如图 13.18 所示。

图 13.18 设计界面的效果

添加的控件与视图如表 13-4 所示。

表 13-4 添加的控件与视图

视图、控件	Show the Attributes inspector	其 他
2 个 Image View 图像视图	在 Image View 面板下将 Image 设置为添加的图片	
Button 按钮控件	在 Button 面板下将 Title 设置为"更换头像" 在 View 面板下将 Background 设置为米黄色	
第一个 Label 标签控件	在 Label 面板下将 Text 设置为 Love,将 Font 设置为 47.0	
第二个 Label 标签控件	在 Label 面板下将 Text 设置为 *********	
第一个 View 视图	在 View 面板下将 Background 设置为粉色	
Picker View 自定义选择器		
3 个 Image View 图像视图		
3 个 Button 按钮控件	设置 button 的 tag 为 101、102、103	放到 3 个 Image View 视图上,双击删除标题
第二个 View 视图	在 View 面板下将 Background 设置为蓝色	
6 个 Label 标签控件	在 Label 面板下将 Text 分别设置为"账 号""1234567890""Q 年""1 年""所在地""中国"	

(4)将四个按钮控件和 ViewController.h 文件进行动作的声明和关联,如表 13-5 所示。

表 13-5 动作的声明和关联

控 件	声明和关联的动作
标题为"更换头像"的按钮	changeImage:
有标题的按钮	setImage:

(5)在 ViewController.h 文件中编写代码,实现协议的遵守以及插座变量和数组的声明。程序代码如下:

```
#import <UIKit/UIKit.h>
@interface ViewController : UIViewController<UIPickerViewDataSource,UIPickerViewDelegate>{
```

```
    NSArray *array;
}
@property (weak, nonatomic) IBOutlet UIView *view1;
@property (weak, nonatomic) IBOutlet UIView *view2;
@property (weak, nonatomic) IBOutlet UIImageView *headImage;
@property (weak, nonatomic) IBOutlet UIImageView *image1;
@property (weak, nonatomic) IBOutlet UIImageView *image2;
@property (weak, nonatomic) IBOutlet UIImageView *image3;
- (IBAction)changeImage:(id)sender;
- (IBAction) setImage:(id)sender;
@end
```

（6）将 ViewController.h 文件声明的插座变量（.h 和 storyboard 连线关联的变量）和设计界面对应的视图关联，如表 13-6 所示。

表 13-6　　　　　　　　　　　　　　插座变量的关联

插 座 变 量	设计界面的视图、控件
view1	粉色视图
view2	蓝色视图
headImage	最大的 Image View 视图
image1	最下方的左边第一个 Image View 视图
image2	最下方的左边第二个 Image View 视图
image3	最下方的左边第三个 Image View 视图

（7）单击打开 ViewController.m 文件，编写代码，实现头像的更换。程序代码如下：

```
#import "ViewController.h"
@interface ViewController ()
@end
@implementation ViewController
- (void)viewDidLoad
{
    array=[NSArray arrayWithObjects:@"龙猫",@"流氓兔",@"阿狸",@"鸣人" ,@"脸谱",@"字体",nil];
    [super viewDidLoad];
    // Do any additional setup after loading the view, typically from a nib.
}
-(NSInteger)numberOfComponentsInPickerView:(UIPickerView *)pickerView
{
    return 1;
}
-(NSInteger)pickerView:(UIPickerView *)pickerView numberOfRowsInComponent:(NSInteger)component
{
    return [array count];
}
- (NSString *)pickerView:(UIPickerView *)pickerView titleForRow:(NSInteger)row forComponent:
(NSInteger)component {
    return [array objectAtIndex:row];
}
-(void)pickerView:(UIPickerView *)pickerView didSelectRow:(NSInteger)row
      inComponent:(NSInteger)component{
    NSInteger index = [pickerView selectedRowInComponent:0];
    [self imageWithIndex:index];
}
```

```
- (void)imageWithIndex:(NSInteger)index{
    if (index == 4) {
        _image1.image = [UIImage imageNamed:[NSString stringWithFormat:@"%ld1.gif", (long)index]];
        _image2.image = [UIImage imageNamed:[NSString stringWithFormat:@"%ld2.gif", (long)index]];
        _image3.image = [UIImage imageNamed:[NSString stringWithFormat:@"%ld3.gif", (long)index]];
    }else{
        _image1.image = [UIImage imageNamed:[NSString stringWithFormat:@"%ld1", (long)index]];
        _image2.image = [UIImage imageNamed:[NSString stringWithFormat:@"%ld2", (long)index]];
        _image3.image = [UIImage imageNamed:[NSString stringWithFormat:@"%ld3", (long)index]];
    }
}

- (IBAction)setImage:(id)sender {
    UIButton *button = (UIButton *)sender;
    if (button.tag == 101) {
        _headImage.image = _image1.image;
    }else if(button.tag == 102){
        _headImage.image = _image2.image;
    }else{
        _headImage.image = _image3.image;
    }
    [_view2 setHidden:NO];
}

- (IBAction)chamgeImage:(id)sender {
    [_view2 setHidden:YES];
}
@end
```

运行结果如图 13.19 所示。

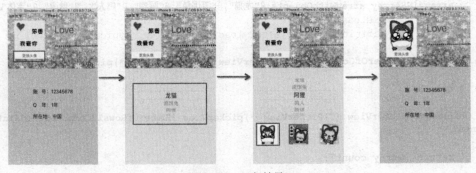

图 13.19　运行结果

13.3　小　结

本章主要讲解了在 iOS 9 中进行选择时常用的两个选择器，一种是日期选择器，另一种是自定义选择器。本章的重点是如何定制日期选择器和自定义选择器。通过对本章的学习，希望开发者可以使用这两个选择器开发应用程序。

13.4 习　　题

一、选择题

1. 日期选择器的显示模式有四种，其中说法错误的是（　　）。
    A. UIDatePickerModeDateAndTime 显示日期和时间
    B. UIDatePickerModeDate 显示日期
    C. UIDatePickerModeTime 显示时间
    D. UIDatePickerModeCountDownTimer 用于显示日期

2. 自定义选择器的回调方法和 UITableView 的回调方法很相似，以下对其描述正确的是（　　）。
    A. numberOfComponentsInPickerView:获取分栏数量
    B. numberOfRowsInComponent:获取分栏数量
    C. titleForRow:forComponents:填充选择器
    D. didSelectRow: inComponent:为选择回调

二、阐述题

自定义选择器和上一章所讲到的动作表单，两者的功能较类似，请列举两者的不同之处及其各自的应用场景。

三、上机练习

日期选择器也可以从自定义选择器的角度来看，请用自定义选择器实现一个简易日期选择器，要求实现其主要功能。

第 14 章 定位服务与地图

地图是智能手机中的一个重要功能。在很多手机中都内嵌了地图服务。在程序中使用地图服务，不仅可以实现常规的导航功能，还可以增强社交类应用程序的用户黏性。本章将讲解位置服务和地图的使用。

14.1 定位服务

在 iOS 中定位服务是很重要的一个内容。为了方便开发者使用，iOS 提供了三种位置服务的类：获取位置数据的类（CLLocation）、管理和提供位置服务的类（CLLocationManager）以及位置方向的类（CLHeading）。本节主要讲解这三种获取位置信息的类。

14.1.1 获取位置数据

位置数据通常包括经度、纬度、海拔信息。要获取这些数据信息，就要使用位置数据的类 CLLocation，它的属性和方法如表 14-1 所示。

表 14-1　　　　　　　　　　　　CLLocation 的属性及方法

属　性	
属　性　名	功　能
@property CLLocationCoordinate2D coordinate;	位置的经度和纬度
@property CLLocationDistance altitude;	位置的海拔
@property CLLocationAccuracy horizontalAccuracy;	位置的水平精度
@property CLLocationAccuracy verticalAccuracy;	位置的垂直精度
@property CLLocationDirection course;	位置的方向
@property CLLocationSpeed speed;	位置的速度
方　法	
方　法　名	功　能
-(CLLocationDistance) getDistanceFrom (const CLLocation *) location	获取和某一个点之间的距离
-(CLLocationDistance) distanceFromLocation (const CLLocation *) location	两个位置间的距离

14.1.2 管理与提供位置服务

要想使用显示位置还需要创建一个专门管理和提供位置服务的类 CLLocationManger，其创建此类的语法形式如下：

CLLocationManager *locationManager=[[CLLocationManager alloc]init];

CLLocationManger 类的属性及方法如表 14-2 所示。

表 14-2　　　　　　　　　　　　CLLocationManger 类的属性及方法

属　　性	
属　性　名	属　性　名
@property CLLocation *location	位置
@property CLLocationAccuracy desiredAccuracy	位置精度
方　　法	
方　法　名	功　　能
-(void)starUpdatingLocation;	开始更新位置
-(void)stopUpdatingLocation;	停止更新位置
-(void)starUpdatingHeading	开始更新方向
-(void)stopUpdatingHeading	停止更新方法

【示例 14-1】以下程序通过 CLLocationManager 类，实现获取系统默认的当前位置。操作步骤如下。

（1）创建一个项目，命名为 14-1。

（2）进入目标窗口，选择"Build Phases"选项卡中的"Link Binary With Libraries"选项，打开它的下拉菜单，如图 14.1 所示。

图 14.1　操作步骤 1

（3）单击"+"按钮，在弹出的"Choose frameworks and libraries to add:"菜单中选择"CoreLocation.framework"框架，如图 14.2 所示。

（4）单击"Add"按钮，此框架就添加到了创建的项目中，如图 14.3 所示。

　　操作步骤中的（2）~（4）步实现的功能就是为创建的项目添加其他框架。在后续的添加框架中都会使用到这几步。

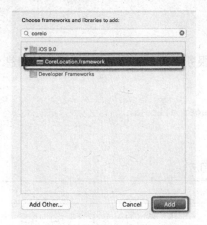
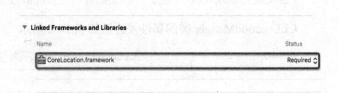

图 14.2　操作步骤 2　　　　　　　　　图 14.3　操作步骤 3

（5）单击打开 Main.storyboard 文件，从视图库中拖曳 3 个 Label 标签控件到设计界面，将标题分别改为"经度""纬度""高度"。

（6）再从视图库中拖曳 3 个标签控件到设计界面，分别放在"经度""纬度""高度"这三个标签控件的后面，这时设计界面的效果如图 14.4 所示。

（7）将 Main.storyboard 和 ViewController.h 进行三个 Label 变量连线。连线完成后 ViewController.h 程序代码如下：

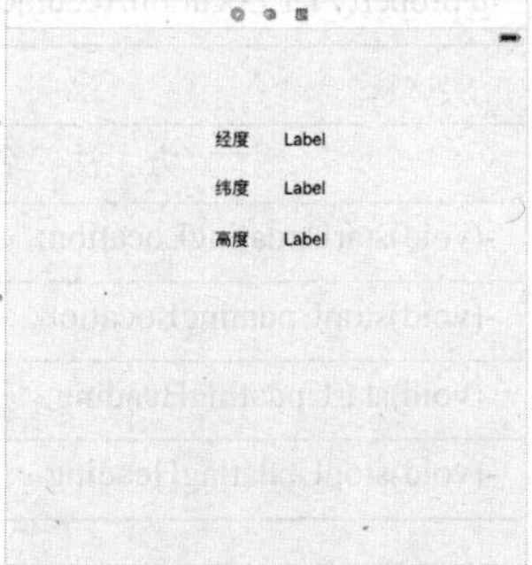

```
#import <UIKit/UIKit.h>
#import <CoreLocation/CoreLocation.h>           //头文件
@interface ViewController : UIViewController<CLLocationManagerDelegate>{
    CLLocationManager *manager;
}
@property (weak, nonatomic) IBOutlet UILabel *label1;
@property (weak, nonatomic) IBOutlet UILabel *label2;
@property (weak, nonatomic) IBOutlet UILabel *label3;
@end
```

图 14.4　设计界面的效果

（8）若 iOS 工程需要定位，就需要得到用户的允许，在工程文件中找到 Info.plist，并在其中加入以下代码：

```
<key>NSLocationAlwaysUsageDescription</key>
<string>YES</string>
<key>NSLocationWhenInUseUsageDescription</key>
<string>YES</string>
```

（9）单击打开 ViewController.m 文件，编写代码实现获取当前的经纬度以及高度，程序代码如下：

```
#import "ViewController.h"
@interface ViewController ()
@end
@implementation ViewController
- (void)viewDidLoad
{
    manager=[[CLLocationManager alloc]init];         //创建管理和提供位置服务的类的对象
    manager.delegate=self;                            //设置委托
```

```
        [manager requestAlwaysAuthorization];
        [manager startUpdatingLocation];                        //开始更新位置
        [super viewDidLoad];
        // Do any additional setup after loading the view, typically from a nib.
}
//定位成功后要实现的方法
-(void)locationManager:(CLLocationManager *)manager didUpdateLocations:(NSArray *)locations{
        CLLocation *currlocatin=[locations lastObject];
        //获取经度
        label1.text=[NSString stringWithFormat:@"%3.5f",currlocatin.coordinate.latitude];
        //获取纬度
        label2.text=[NSString stringWithFormat:@"%3.5f",currlocatin.coordinate.longitude];
        //获取高度
        label3.text=[NSString stringWithFormat:@"%3.5f",currlocatin.altitude];
}
- (void)didReceiveMemoryWarning
{
        [super didReceiveMemoryWarning];
        // Dispose of any resources that can be recreated.
}
@end
```

由于模拟器不可以进行定位，所以在使用模拟器进行调试的时候，手动加入一个位置以模拟定位功能。在 ViewController.h 的 ViewController 类上面加入 CLLocationManager 的分类 Simulator。代码如下：

```
@interface CLLocationManager (Simulator)
@end
```

在 ViewController.m 的 ViewController 类上面加入如下代码：

```
// 模拟器宏定义
#ifdef TARGET_IPHONE_SIMULATOR
@interface CLLocationManager (Simulator)
@end

@implementation CLLocationManager (Simulator)

-(void)startUpdatingLocation
{
    float latitude = 32.061;
    float longitude = 118.79125;
    CLLocation *location = [[CLLocation alloc] initWithLatitude:latitude longitude:longitude];
    [self.delegate locationManager:self didUpdateLocations:[NSArray arrayWithObjects:location, nil]];
}
@end
#endif // TARGET_IPHONE_SIMULATOR
```

运行结果如图 14.5 所示。

在图 14.5 所示的运行结果中可以看到，程序刚开始运行时，会在 iOS 模拟器中弹出一个警告视图，此警告视图提示用户是否想要使用当前位置，这时要单击"允许"按钮才会出现右图的数字。

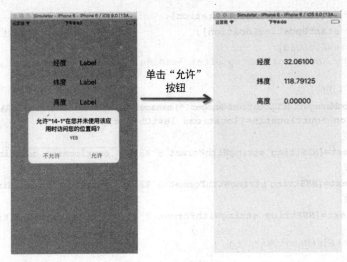

图 14.5　运行结果

14.1.3　位置方向

指南针对于大家来说并不陌生，实现指南针这一功能的类就是显示位置方向的类 CLHeading，它的属性及功能如表 14-3 所示。

表 14-3　　　　　　　　　　　　CLHeading 的属性及方法

属　性　名	功　　能
@property CLLocationDirection magneticHeading;	位置的磁极方向
@property CLLocationDirection trueHeading;	位置的真实方向
@property CLLocationDirection headingAccuracy;	方向的精度
@property(readonly, nonatomic) NSDate *timestamp	获取 Core Location 确定位置时设为时间的 NSDate 实例
方法	
- (NSString *)description	获取方向数据

14.2　创建地图

要在 iOS 9 中使用地图，必须要先创建地图。地图的创建方式有两种：一种是静态创建地图，另一种是动态创建地图。和之前的创建视图相比，地图的创建有一点不同。本节将主要讲解如何创建地图。

14.2.1　静态创建地图

静态创建地图也是要在视图库中找到地图视图，将其拖放到设计界面，但是由于地图视图所使用的 MapKit.framework 框架不是默认的框架，所以必须要将此框架添加到创建的项目中才可以。

【示例 14-2】以下程序通过使用静态创建地图的方法，创建一个地图，并在 iOS 模拟器上进行显示。操作步骤如下。

（1）创建一个项目，命名为 14-2。
（2）进入目标窗口，将 MapKit.framework 框架添加到创建的项目中。
（3）单击打开 Main.storyboard 文件，从视图库中拖动 Map Kit View 地图视图到设计界面，如图 14.6 所示。
（4）这时一个地图就创建好了，单击"运行"按钮，运行结果，如图 14.7 所示。

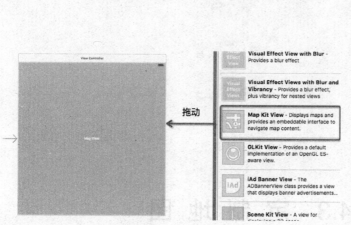
图 14.6　操作步骤

图 14.7　运行结果

14.2.2　动态创建地图

要动态创建地图，还是要使用 initWithFrame:方法，其语法形式如下：

- (id)initWithFrame:(CGRect)aRect;

其中，(CGRect)aRect 参数用来指定自定义视图的框架。

【示例 14-3】以下程序通过使用 initWithFrame:方法，动态创建一个位置及大小为（10,10,355,355）的地图。操作步骤如下。
（1）创建一个项目，命名为 14-3。
（2）进入目标窗口，将 MapKit.framework 框架添加到创建的项目中。
（3）单击打开 ViewController.m 文件，编写代码，实现动态创建一个地图。程序代码如下：

```
#import "ViewController.h"
#import <MapKit/MapKit.h>                              //头文件
@interface ViewController ()
@end
@implementation ViewController
- (void)viewDidLoad
{
    //创建地图
    MKMapView *map=[[MKMapView alloc]initWithFrame:CGRectMake(10, 10, 355, 355)];
    [self.view addSubview:map];
    [super viewDidLoad];
    // Do any additional setup after loading the view, typically from a nib.
}
- (void)didReceiveMemoryWarning
{
```

```
    [super didReceiveMemoryWarning];
    // Dispose of any resources that can be recreated.
}
@end
```

运行结果如图 14.8 所示。

图 14.8 运行结果

14.3 定制地图

创建好地图之后，显示出来的地图都是一些默认的设置。如果想要让地图实现不一样的效果，就要对地图的属性等进行设置。下面主要讲解如何定制地图。

14.3.1 设置显示模式

在 iOS 9 中提供了三种地图的显示模式，要实现这三种模式的显示，必须要对相关的属性进行设置，设置属性有两种方法：一种是选择"Show the Attributes inspector"图标后，对 Map View 下的 Type 进行设置；另一种是使用代码进行设置，要对地图的显示模式进行更改，就要使用 mapType 属性，其语法形式如下：

```
@property(nonatomic) MKMapType mapType;
```

其中，地图的显示模式有三种，如图 14.9 所示。

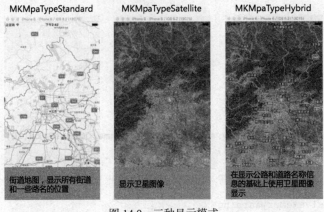

图 14.9 三种显示模式

【示例 14-4】以下程序通过对 mapType 属性进行设置，实现地图在不同模式下的切换。操作步骤如下。

（1）创建一个项目，命名为 14-4。

（2）进入目标窗口，将 MapKit.framework 框架添加到创建的项目中。

（3）单击打开 Main.storyboard 文件，从视图库中拖动 Map.View 地图视图到设计界面。

（4）从视图库中拖动 Picker View 自定义选择器到设计界面的 Map View 地图视图上。

（5）选择 "Show the Attributes inspector" 图标，将 View 下的 Background 设置为绿色。这时设计界面的效果如图 14.10 所示。

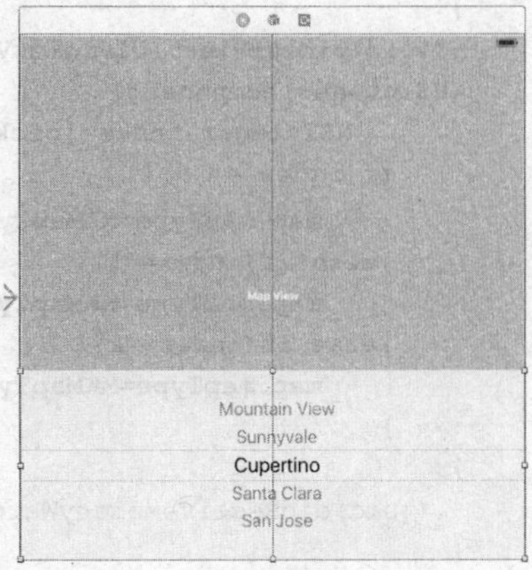

图 14.10 设计界面的效果

（6）右键单击拖动到设计界面的自定义选择器，在弹出的 Picker 菜单中选择 Outlets 下的 dataSource 和 delegate，将它们和设计界面下的 dock 中的 View Controller 图标进行关联。

（7）将 Main.storyboard 和 ViewController.h 进行变量连线，连线完成后 ViewController.h 文件的程序代码如下：

```
#import <UIKit/UIKit.h>
#import <MapKit/MapKit.h>
@interface ViewController : UIViewController<UIPickerViewDataSource,UIPickerViewDelegate>{
    NSArray *array;
}
@property (weak, nonatomic) IBOutlet MKMapView *map;
@property (weak, nonatomic) IBOutlet UIPickerView *picker;
@end
```

（8）单击打开 ViewController.m 文件，编写代码，实现地图模式的切换。程序代码如下：

```
#import "ViewController.h"
@interface ViewController ()
@end
@implementation ViewController
- (void)viewDidLoad
{
    array=[NSArray arrayWithObjects:@" Standard",@"Satellite",@"Hybrid",nil];
    [super viewDidLoad];
    // Do any additional setup after loading the view, typically from a nib.
}
-(NSInteger)numberOfComponentsInPickerView:(UIPickerView *)pickerView
{
    return 1;
}
-(NSInteger)pickerView:(UIPickerView *)pickerView numberOfRowsInComponent:(NSInteger)component
{
    return [array count];
}
- (NSString *)pickerView:(UIPickerView *)pickerView titleForRow:(NSInteger)row
```

```
forComponent:(NSInteger)component {
    return [array objectAtIndex:row];
}
-(void)pickerView:(UIPickerView *)pickerView didSelectRow:(NSInteger)row inComponent:
(NSInteger)component{
    NSInteger index=[pickerView selectedRowInComponent:0];
    if(index == 0){
        _map.mapType=MKMapTypeStandard;                    //设置地图的显示模式
    }else if(index==1){
        _map.mapType=MKMapTypeSatellite;
    }else if(index==2){
        _map.mapType=MKMapTypeHybrid;
    }
}
- (void)didReceiveMemoryWarning
{
    [super didReceiveMemoryWarning];
    // Dispose of any resources that can be recreated.
}
@end
```

运行结果如图 14.11 所示。

图 14.11　运行结果

14.3.2　显示当前的位置

在很多时候，如果用户不知道自己所处的地理位置，就需要获取当前位置。要获取当前位置，可以对 showsUserLocation 属性进行设置，其语法形式如下：

```
@property(nonatomic) BOOL showsUserLocation;
```

其中，当 BOOL 值设置为 YES 或者为 1 时，允许显示用户的当前位置；当 BOOL 值设置为 NO 或者为 0 时，不允许显示用户的当前位置。

【示例 14-5】以下程序通过对 showsUserLocation 属性进行设置，显示当前位置。操作步骤如下。

（1）创建一个项目，命名为14-5。

（2）进入目标窗口，将MapKit.framework框架添加到创建的项目中。

（3）单击打开Main.storyboard文件，从视图库中拖动Map.View地图视图到设计界面。

（4）从视图库中拖动Button按钮控件到设计界面的Map View地图视图上。

（5）选择"Show the Attributes inspector"图标，将Button下的Background设置为绿色。双击将按钮的标题改为"当前位置"，这时设计界面的效果如图14.12所示。

（6）在打开Main.storyboard文件的同时，将ViewController.h文件打开，将设计界面的按钮控件和ViewController.h文件进行动作currentLocal:的声明和关联。

（7）将Main.storyboard和ViewController.h进行变量连线，连线完成后ViewController.h文件的程序代码如下：

图14.12　设计界面

```
#import <UIKit/UIKit.h>
#import <MapKit/MapKit.h>
@interface ViewController : UIViewController {
    CLLocationManager *manager;
}
@property (weak, nonatomic) IBOutlet MKMapView *map;
- (IBAction) currentLocal:(id)sender;
@end
```

（8）单击打开ViewController.m文件，编写代码，实现在地图上获取当前的位置。程序代码如下：

```
#import "ViewController.h"
@interface ViewController ()
@end
@implementation ViewController
- (void)viewDidLoad
{
    [super viewDidLoad];
    // Do any additional setup after loading the view, typically from a nib.
    manager = [[CLLocationManager alloc] init];
    [manager requestAlwaysAuthorization];
    [manager startUpdatingLocation];
}
- (void)didReceiveMemoryWarning
{
    [super didReceiveMemoryWarning];
    // Dispose of any resources that can be recreated.
}
- (IBAction) currentLocal:(id)sender {
    _map.showsUserLocation=YES;                      //是否显示当前位置
}
@end
```

运行结果如图14.13所示。

图 14.13 运行结果

14.3.3 指定位置

在地图中不仅可以获取当前的位置,还可以根据某一个经度纬度将此位置在地图上进行显示,要实现指定位置这一功能,就要使用 CLLocationCoordinate2D 数据类型,其语法形式如下:

```
CLLocationCoordinate2D 变量名={浮点型数字,浮点型数字};
```

【示例 14-6】以下程序通过使用 CLLocationCoordinate2D 数据类型来指定伦敦的经纬度,并在单击按钮后将用户界面移动到指定的位置上。

(1)创建一个项目,命名为 14-6。

(2)进入目标窗口,将 MapKit.framework 框架添加到创建的项目中。

(3)单击打开 Main.storyboard 文件,从视图库中拖动 Map.View 地图视图到设计界面。

(4)从视图库中拖动 Button 按钮控件到设计界面的 Map View 地图视图上。选择"Show the Attributes inspector"图标,将 View 下的 Background 设置为绿色。双击将按钮的标题改为"指定位置",这时设计界面的效果如图 14.14 所示。

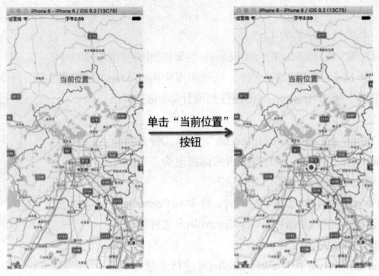

图 14.14 设计界面

(5)在打开 Main.storyboard 文件的同时将 ViewController.h 文件打开,将设计界面的按钮控件和 ViewController.h 文件进行动作 bindLocal:的声明和关联。

(6)将 Main.storyboard 和 ViewController.h 进行变量连线,连线完成后 ViewController.h 文件的程序代码如下:

```
#import <UIKit/UIKit.h>
#import <MapKit/MapKit.h>
@interface ViewController : UIViewController
@property (weak, nonatomic) IBOutlet MKMapView *map;
- (IBAction)bindLocal:(id)sender;
@end
```

（7）单击打开 ViewController.m 文件，编写代码，实现在地图上指定位置。程序代码如下：

```
#import "ViewController.h"
@interface ViewController ()
@end

@implementation ViewController
- (void)viewDidLoad
{
    [super viewDidLoad];
     // Do any additional setup after loading the view, typically from a nib.
}
- (void)didReceiveMemoryWarning
{
    [super didReceiveMemoryWarning];
    // Dispose of any resources that can be recreated.
}
- (IBAction)aa:(id)sender {
    CLLocationCoordinate2D coor={51.65,-0.34};                    //指定经纬度
    [_map setCenterCoordinate:coor animated:YES];
}
@end
```

运行结果如图 14.15 所示。

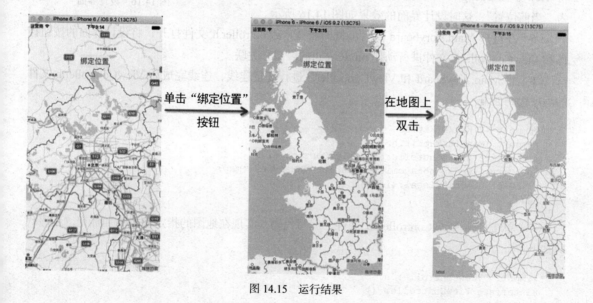

图 14.15　运行结果

14.3.4　添加标记

在图 14.15 所示的运行结果中，虽然指定了一个位置，但是放大地图后，可以看到此时会有很多城市，不知道自己指定的到底是哪个地方，这时就需要在指定的位置上添加上一个标记。要实现标记的添加，就要使用 MKPlacemark 类。使用之前，必须要对此类进行创建，其语法形式如下：

- (id)initWithCoordinate:(CLLocationCoordinate2D)coordinate addressDictionary:(NSDictionary *)address;

其中，(CLLocationCoordinate2D)coordinate 用来指定要位置；(NSDictionary *)address 用来指定一个字典对象。创建好 MKPlacemark 类之后，就可以将创建的类添加到地图中了，这时要使用 addAnnotation:方法，其语法形式如下：

- (void)addAnnotation:(id < MKAnnotation >)annotation;

其中，(id < MKAnnotation >)annotation 就是 MKPlacemark 类的实例化对象。

【示例 14-7】以下程序通过使用 MKPlacemark 类和 addAnnotation:方法，实现为指定的位置添加标记。操作步骤如下。

（1）创建一个项目，命名为 14-7。

（2）进入目标窗口，将 MapKit.framework 框架添加到创建的项目中。

（3）单击打开 Main.storyboard 文件，从视图库中拖动 Map. View 地图视图到设计界面。

（4）从视图库中拖动 Button 按钮控件到设计界面的 Map View 地图视图上。选择"Show the Attributes inspector"图标，将 View 下的 Background 设置为绿色。双击将按钮的标题改为"当前位置"，这时设计界面的效果如图 14.16 所示。

图 14.16　设计界面

（5）在打开 Main.storyboard 文件的同时将 ViewController.h 文件打开，将设计界面的按钮控件和 ViewController.h 文件进行动作 bindLocal:的声明和关联。

（6）将 Main.storyboard 和 ViewController.h 进行变量连线，连线完成后 ViewController.h 文件的程序代码如下：

```
#import <UIKit/UIKit.h>
#import <MapKit/MapKit.h>
@interface ViewController : UIViewController
@property (weak, nonatomic) IBOutlet MKMapView *map;
- (IBAction) bindLocal:(id)sender;
@end
```

（7）单击打开 ViewController.m 文件，编写代码，实现在地图的指定位置添加标记。程序代码如下：

```
#import "ViewController.h"
@interface ViewController ()
@end
@implementation ViewController
- (void)viewDidLoad
{
    [super viewDidLoad];
    // Do any additional setup after loading the view, typically from a nib.
}
- (void)didReceiveMemoryWarning
{
    [super didReceiveMemoryWarning];
    // Dispose of any resources that can be recreated.
}
- (IBAction)aa:(id)sender {
    CLLocationCoordinate2D coor={51.65,-0.35};
```

```
        NSDictionary *address=[NSDictionary dictionaryWithObjectsAndKeys:@"英国",@"Country",
@"伦敦",@"Locality", nil];
        //添加标记
        MKPlacemark *lun=[[MKPlacemark alloc]initWithCoordinate:coor addressDictionary:
address];
        [_map addAnnotation:lun];
        [_map setCenterCoordinate:coor animated:YES];
    }
    @end
```

运行结果如图 14.17 所示。

图 14.17　运行结果

14.3.5　在一定范围内显示指定位置

在以上的示例中要实现指定位置的显示，必须使用 setCenterCoordinate:方法，如果使用此方法，如何在指定的位置进行显示呢？这时就需要对 region 属性进行设置，其语法形式如下：

```
@property(nonatomic) MKCoordinateRegion region;
```

【示例 14-8】以下程序通过对 region 属性进行设置，实现在一定的范围内显示指定的位置。操作步骤如下：

（1）创建一个项目，命名为 14-8。
（2）进入目标窗口，将 MapKit.framework 框架添加到创建的项目中。
（3）单击打开 Main.storyboard 文件，从视图库中拖动 Map.View 地图视图到设计界面。
（4）单击打开 ViewController.h 文件，编写代码，实现头文件以及插座变量的声明。程序代码如下：

```
#import <UIKit/UIKit.h>
#import <MapKit/MapKit.h>
@interface ViewController : UIViewController
@property (weak, nonatomic) IBOutlet MKMapView *map;
@end
```

（5）将在 ViewController.h 文件中声明的插座变量和 Main.storyboard 文件中拖动到设计界面

的 Map View 地图视图进行关联。

（6）单击打开 ViewController.m 文件，编写代码，实现在指定范围内显示指定位置。程序代码如下：

```
#import "ViewController.h"
@interface ViewController ()
@end
@implementation ViewController
- (void)viewDidLoad
{
    CLLocationCoordinate2D coo={31.240948,121.485958};
    MKCoordinateRegion reg=MKCoordinateRegionMakeWithDistance(coo, 10000, 10000);
    _map.region=reg;                //指定范围
    NSDictionary *address=[NSDictionary dictionaryWithObjectsAndKeys:@"中国",@"Country", @"上海",@"Locality",nil];
    MKPlacemark *lun=[[MKPlacemark alloc]initWithCoordinate: coo addressDictionary: address];
    [_map addAnnotation:lun];
    [super viewDidLoad];
    // Do any additional setup after loading the view, typically from a nib.
}
- (void)didReceiveMemoryWarning
{
    [super didReceiveMemoryWarning];
    // Dispose of any resources that can be recreated.
}
@end
```

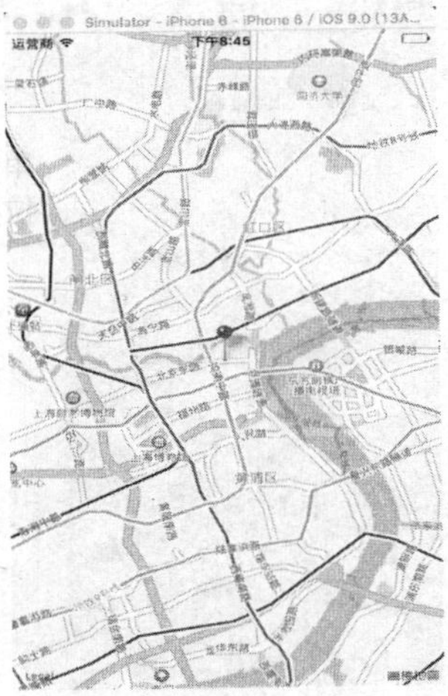

运行结果如图 14.18 所示。

图 14.18　运行结果

14.3.6　获取地图的缩放级别

用户在地图上可以进行放大或缩小操作，如果要查看这些缩放级别，也是可以实现的。

【示例 14-9】获取地图的缩放级别。

（1）创建一个项目，命名为 14-9。

（2）进入目标窗口，将 MapKit.framework 框架添加到创建的项目中。

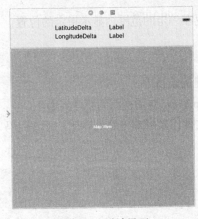

图 14.19　设计界面

（3）单击打开 Main.storyboard 文件，从视图库中拖动 Map Kit View 地图视图到设计界面。

（4）单击打开 Main.storyboard 文件，从视图库中拖曳 2 个 Label 标签控件到设计界面，将标题分别改为 LatitudeDelta、LongitudeDelta。

（5）再从视图库中拖曳 2 个标签控件到设计界面，分别放在 LatitudeDelta、LongitudeDelta 这两个标签控件的后面，这时设计界面的效果如图 14.19 所示。

（6）打开 Main.storyborad 和 ViewController.h，对 Map KitView 和两个 Label 进行变量连线关联，完成后 ViewController.h 程序的代码如下：

```
#import <UIKit/UIKit.h>
#import <MapKit/MapKit.h>
```

```
@interface ViewController : UIViewController<MKMapViewDelegate>
@property (weak, nonatomic) IBOutlet MKMapView *map;
@property (weak, nonatomic) IBOutlet UILabel *label1;
@property (weak, nonatomic) IBOutlet UILabel *label2;
@end
```

（7）单击打开 ViewController.m 文件，编写代码，实现获取地图的缩放级别。程序代码如下：

```
#import "ViewController.h"
@interface ViewController ()
@end
@implementation ViewController
- (void)viewDidLoad
{
    [super viewDidLoad];
    // Do any additional setup after loading the view, typically from a nib.
}
-(void)mapView:(MKMapView *)mapView regionDidChangeAnimated:(BOOL)animated{
    MKCoordinateRegion region=map.region;
    _label1.text = [NSString stringWithFormat:@"%f", region.span.latitudeDelta];
    _label2.text = [NSString stringWithFormat:@"%f", region.span.longitudeDelta];
}
- (void)didReceiveMemoryWarning
{
    [super didReceiveMemoryWarning];
    // Dispose of any resources that can be recreated.
}
@end
```

运行结果如图 14.20 所示。

图 14.20 运行结果

14.3.7 标注

在地图上除了可以进行添加标记外，还可以进行标注的添加，这时就要使用到 MKPointAnnotation 类。要使用此类必须要对其进行创建，其语法形式如下：

```
-(id)init;
```

创建好以后，就要使用 addAnnotation:方法，将标注添加到地图中。

【示例 14-10】以下程序通过使用 MKPointAnnotation 类，实现为地图添加标注。操作步骤如下。

（1）创建一个项目，命名为 14-10。

（2）进入目标窗口，将 MapKit.framework 框架添加到创建的项目中。

（3）单击打开 Main.storyboard 文件，从视图库中拖动 Map.View 地图视图到设计界面。

（4）从视图库中拖动 Button 按钮控件到设计界面的 Map View 地图视图上。选择"Show the Attributes inspector"图标，将 View 下的 Background 设置为绿色。这时的设计界面效果如图 14.21 所示。

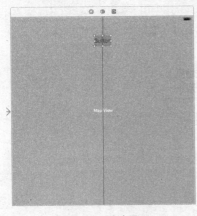

图 14.21 设计界面

(5) 打开 Main.storyborad 和 ViewController.h,对 MapKitView 和两个 Label 进行变量连线关联,完成后 ViewController.h 程序代码如下:

```
#import <UIKit/UIKit.h>
#import <MapKit/MapKit.h>
@interface ViewController : UIViewController
@property (weak, nonatomic) IBOutlet MKMapView *map;
- (IBAction)buttonclick:(id)sender;
@end
```

(6) 单击打开 ViewController.m 文件,编写代码,实现为地图添加标注。程序代码如下:

```
#import "ViewController.h"
@interface ViewController ()
@end
@implementation ViewController

- (void)viewDidLoad
{
    [super viewDidLoad];
    // Do any additional setup after loading the view, typically from a nib.
}
- (void)didReceiveMemoryWarning
{
    [super didReceiveMemoryWarning];
    // Dispose of any resources that can be recreated.
}
- (IBAction) buttonclick:(id)sender {
    CLLocationCoordinate2D coo={34.923964,-120.219558};
    MKCoordinateRegion reg=MKCoordinateRegionMakeWithDistance(coo, 1000, 1000);
    _map.region=reg;
    MKPointAnnotation *ann=[[MKPointAnnotation alloc]init];      //创建
    ann.coordinate=coo;
    ann.title=@"我在这里";
    ann.subtitle=@"这里是一条公路";
    [_map addAnnotation:ann];                                    //添加标注
}
@end
```

运行结果如图 14.22 所示。

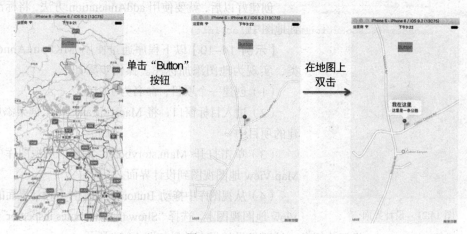

图 14.22　运行结果

14.3.8 将位置转换为地址

在地图中可以将一个地址转换为位置，也可以将一个位置转换为地址。要实现将位置转换为地址，就要使用reverseGeocodeLocation:completionHandler:方法，其语法形式如下：

```
- (void)reverseGeocodeLocation:(CLLocation *)location completionHandler:
(CLGeocodeCompletionHandler)completionHandler;
```

【示例14-11】以下程序通过使用reverseGeocodeLocation:completionHandler:方法，实现将位置转换为地址。操作步骤如下。

（1）创建一个项目，命名为14-11。
（2）进入目标窗口，将CoreLocation.framework框架添加到创建的项目中。
（3）单击打开ViewController.h文件，编写代码，实现头文件、遵守协议以及CLLocationManager类的声明。程序代码如下：

```
#import <UIKit/UIKit.h>
#import <CoreLocation/CoreLocation.h>
@interface ViewController : UIViewController<CLLocationManagerDelegate>{
    CLLocationManager *manager;
}
@end
```

（4）单击打开ViewController.m文件，编写代码，实现将位置转换为地址。程序代码如下：

```
#import "ViewController.h"
@interface ViewController ()
@end
@implementation ViewController
- (void)viewDidLoad
{
    if(![CLLocationManager locationServicesEnabled])
    {
        UIAlertController *alertcontroller = [UIAlertController alertControllerWithTitle:nil message:@"定位不可用" preferredStyle:UIAlertControllerStyleAlert];
        UIAlertAction *cancel = [UIAlertAction actionWithTitle:@"OK" style:UIAlertActionStyleCancel handler:nil];
        [alertcontroller addAction:cancel];
        [self presentViewController:alertcontroller animated:YES completion:nil];
    }else{
        manager=[[CLLocationManager alloc]init];
        manager.delegate=self;
        [manager requestAlwaysAuthorization];
        [manager startUpdatingLocation];
    }
    [super viewDidLoad];
    // Do any additional setup after loading the view, typically from a nib.
}
-(void)locationManager:(CLLocationManager *)manager didUpdateLocations:(NSArray *)locations{
    CLLocation *currtion=[locations lastObject];
    CLGeocoder *geo=[[CLGeocoder alloc]init];
    //转换
    [geo reverseGeocodeLocation:currtion completionHandler:^(NSArray *array,NSError *error){
        if(array.count>0)
        {
```

```
        CLPlacemark *placemark = [array objectAtIndex:0];
        
        NSLog(@"Country = %@", placemark.country);
        NSLog(@"Postal Code = %@", placemark.postalCode);
        NSLog(@"Locality = %@", placemark.locality);
    }
    else if (error == nil &&
             [array count] == 0){
        NSLog(@"No results were returned.");
    }
    else if (error != nil){
        NSLog(@" %@", error);
    }
    }
     ];
}
- (void)didReceiveMemoryWarning
{
    [super didReceiveMemoryWarning];
    // Dispose of any resources that can be recreated.
}
@end
```

运行结果如图 14.23 所示。

图 14.23　运行结果

 如果出现图 14.23 所示的运行结果，那么就表明在 iOS 模拟器上还要将定位服务打开。打开定位服务的步骤如下。

（1）单击 Home 键，回到 iOS 模拟器的主界面，选择"设置"应用程序，如图 14.24 所示。
（2）在弹出的"设置"对话框中，选择"隐私"选项，如图 14.25 所示。

图 14.24　操作步骤 1

图 14.25　操作步骤 2

（3）在弹出的"隐私"对话框中，选择"定位服务"选项，如图 14.26 所示。
（4）在弹出的"定位服务"对话框中，将定位服务打开，如图 14.27 所示。
（5）进入程序 14-11 中，选择"始终"。

图 14.26　操作步骤 3

图 14.27　操作步骤 4

这时再运行结果，就不会弹出警告视图了。由于在 iOS 模拟器上是不可以实现定位服务的，因此所有开发者必须要在真机上实现。

14.4　地图的应用——地图浏览器

通过以上有关地图的操作，可以实现一个地图浏览器的功能。

【示例 14-12】实现一个地图浏览器。

（1）创建一个项目，命名为 14-12。
（2）添加一些图片到创建的项目中。
（3）进入目标窗口，将 MapKit.framework 框架添加到创建的项目中。
（4）单击打开 Main.storyboard 文件，从视图库中拖动 Map.View 地图视图到 ViewController 视图控制器的设计界面。
（5）从视图库中拖动两个 Button 按钮控件到 View Controller 视图控制器的设计界面中，双击将这两个标题改为"当前位置""更多"。
（6）从视图库中拖动一个 View 自定义视图到设计界面中，选择"Show the Attributes inspector"图标，在 View 下将 Background 设置为蓝色。
（7）从视图库中拖动两个 Button 按钮控件到 View Controller 视图控制器设计界面的 View 自定义视图上，双击将这两个按钮的标题分别改为"切换地图""指定的城市"。
（8）从视图库中拖动两个 Segmented Control 分段控件到 View Controller 视图控制器设计界面的 View 自定义视图上。将其中一个 Segmented Control 分段控件的标题改为"地形地图"和"卫星地图"。选择另外一个 Segmented Control 分段控件后，选择"Show the Attributes inspector"图标，将 Segmented Control 下的 Segments 设置为 4，这时分段控件就被分为了 4 段，双击将这四段的标题改为"北京""上海""伦敦""纽约"。这时 View Controller 控制器的设计界面效果如图 14.28 所示。

（9）在打开 Main.storyboard 文件的同时将 ViewController.h 文件打开，将标题为"当前位置"的按钮和 ViewController.h 文件进行动作 currentLocal:的声明和关联；将标题为"更多"的按钮和 ViewController.h 文件进行动作 more:的声明和关联；将标题为"切换地图"的按钮和 ViewController.h 文件进行动作 swiftMap:的声明和关联；将标题为"指定的城市"的按钮和 ViewController.h 文件进行动作 assainCity:的声明和关联。

（10）将 View Controller 视图控制器设计界面的含有 2 个分段的 Segmented Control 分段控件和含有 4 个分段的 Segmented Control 分段控件重合。

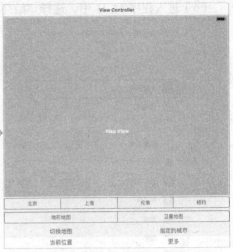

图 14.28　ViewController 视图控制器的设计界面效果

（11）打开 Main.storyborad 和 ViewController.h，对 MapKitView 和两个 Label 进行变量连线关联，完成后 ViewController.h 程序的代码如下：

```
#import <UIKit/UIKit.h>
#import <MapKit/MapKit.h>
@interface ViewController : UIViewController{
    CLLocationManager *manager;
}
@property (weak, nonatomic) IBOutlet MKMapView *map;
@property (weak, nonatomic) IBOutlet UIView *view1;
@property (weak, nonatomic) IBOutlet UISegmentedControl *segm1;
@property (weak, nonatomic) IBOutlet UISegmentedControl *segm2;
- (IBAction) currentLocal:(id)sender;
- (IBAction) more:(id)sender;
- (IBAction) swiftMap:(id)sender;
- (IBAction) assainCity:(id)sender;
@end
```

（12）单击打开 ViewController.m 文件，编写代码，实现获取当前位置、地图切换以及指定位置等功能。程序代码如下：

```
#import "ViewController.h"
@interface ViewController ()
@end
@implementation ViewController
- (void)viewDidLoad
{
    [_view1 setHidden:YES];
    [super viewDidLoad];
    // Do any additional setup after loading the view, typically from a nib.
}
- (void)didReceiveMemoryWarning
```

```objc
    {
        [super didReceiveMemoryWarning];
        // Dispose of any resources that can be recreated.
    }
    - (IBAction) currentLocal:(id)sender {
        map.showsUserLocation=YES;
    }
    - (IBAction)bb:(id)sender {
        [v setHidden:NO];
        [segm setHidden:YES];
        [segm1 setHidden:YES];
    }
    - (IBAction)cc:(id)sender {
        [segm setHidden:NO];
        [segm1 setHidden:YES];
        [segm addTarget:self action:@selector(huan:) forControlEvents:UIControlEventValueChanged];
    }
    -(IBAction)huan:(id)sender{
        NSInteger select=segm.selectedSegmentIndex;
        if(select==0){
            map.mapType=MKMapTypeStandard;
        }else{
            map.mapType=MKMapTypeHybrid;
        }
        [segm setHidden:YES];
        [v setHidden:YES];
    }
    - (IBAction)dd:(id)sender {
        [v setHidden:NO];
        [segm setHidden:YES];
        [segm1 setHidden:NO];
        [segm1 addTarget:self action:@selector(go:) forControlEvents:UIControlEventValueChanged];
    }
    -(IBAction)go:(id)sender{
        NSInteger select=segm1.selectedSegmentIndex;
        if(select==0){
            CLLocationCoordinate2D coor={39.908605,116.398019};
            MKCoordinateRegion reg=MKCoordinateRegionMakeWithDistance(coor, 1000000, 1000000);
            map.region=reg;
            NSDictionary *address=[NSDictionary dictionaryWithObjectsAndKeys:@"中国",@"Country",@"北京",@"Locality", nil];
            MKPlacemark *lun=[[MKPlacemark alloc]initWithCoordinate:coor addressDictionary:address];
            [map addAnnotation:lun];
            [map setCenterCoordinate:coor animated:YES];
        }else if (select==1){
            CLLocationCoordinate2D coor={31.240948 ,121.485958};
            MKCoordinateRegion reg=MKCoordinateRegionMakeWithDistance(coor, 1000000, 1000000);
            map.region=reg;
            NSDictionary *address=[NSDictionary dictionaryWithObjectsAndKeys:@"中国",@"Country",@"上海",@"Locality", nil];
            MKPlacemark *lun=[[MKPlacemark alloc]initWithCoordinate:coor addressDictionary:address];
            [map addAnnotation:lun];
            [map setCenterCoordinate:coor animated:YES];
```

```objc
    }else if (select==2){
        CLLocationCoordinate2D coor={51.65,-0.34};
        MKCoordinateRegion reg=MKCoordinateRegionMakeWithDistance(coor, 1000000, 1000000);
        map.region=reg;
        NSDictionary *address=[NSDictionary dictionaryWithObjectsAndKeys:@"英国",@"Country",
@"伦敦",@"Locality", nil];
        MKPlacemark *lun=[[MKPlacemark alloc]initWithCoordinate:coor addressDictionary:
address];
        [map addAnnotation:lun];
        [map setCenterCoordinate:coor animated:YES];
    }else{
        CLLocationCoordinate2D coor={38.913611,-77.013222};
        MKCoordinateRegion reg=MKCoordinateRegionMakeWithDistance(coor, 1000000, 1000000);
        map.region=reg;
        NSDictionary *address=[NSDictionary dictionaryWithObjectsAndKeys:@"美国",@"Country",
@"华盛顿",@"Locality", nil];
        MKPlacemark *lun=[[MKPlacemark alloc]initWithCoordinate:coor addressDictionary:
address];
        [map addAnnotation:lun];
        [map setCenterCoordinate:coor animated:YES];
        [v setHidden:YES];
    }
}
@end
```

运行结果如图 14.29 所示。

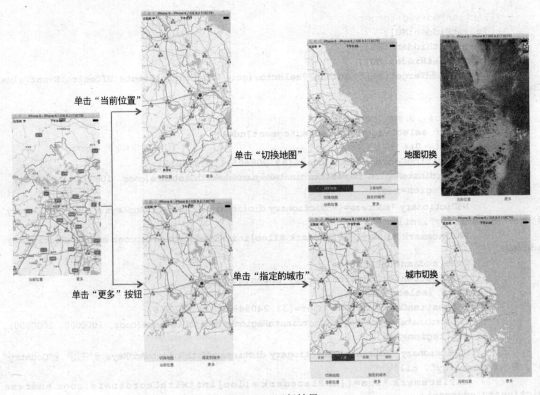

图 14.29　运行结果

14.5 小结

本章主要讲解了定位服务以及地图的相关操作。本章的重点是地图定制中的显示当前位置、指定位置、添加标记、添加标注等内容。通过对本章的学习,希望开发者可以根据本章所学的知识编写相关的应用程序。

14.6 习题

一、选择题

1. iOS 提供了三种位置服务的类,下面关于这三个类说法错误的是(　　)。

   A. CLLocation 是获取位置数据的类

   B. CLLocationManager 是管理和提供位置信息的类

   C. CLHeading 是获取方向的类

   D. 位置的速度属于 CLHeading 类

2. iOS 自带的 MapKit.framework 有多种显示模式,以下哪种模式不被包括在内(　　)。

   A. MKMapTypeStandard　　　　　　B. MKMapTypeDefault

   C. MKMapTypeSatellite　　　　　　D. MKMapTypeHybrid

3. 在地图中添加标记和标注是常用到的功能,在 MapKit.framework 中,对这两种功能的描述错误的是(　　)。

   A. 可以通过 MKPlacemark 类和 addAnnotation:方法给地图添加标记

   B. 添加标记和标注,都需要知道其具体位置

   C. MKPointAnnotation 是一个添加标注的类

   D. 标记和标注的功能是一样的

二、阐述题

iOS 系统的内置地图可以使让开发者迅速集成,但其中所涉及的类众多,请列举出其常用的类及其简单的使用方法。

三、上机练习

根据所学知识,实现一个地图工具 App,需要实现地点搜索、标注、标记、放大缩小等功能。

第 15 章
访问内置的应用程序

在 iPhone 或者 iPad 中自带了很多内置应用程序，如地址簿、电子邮件或者日历等。在其他应用中同样可以访问这些内置应用程序。那么如何实现在自己编写的应用程序中访问这些内容的应用程序呢？这就是本章所有讲解的内容。

15.1 地 址 簿

地址簿是一个数据库，里面保存了联系人的相关信息。通过它可以实现在任何的 iPhone 或者 iPad 应用程序中共享联系人信息。若要实现访问地址簿，全新的 Contacts Framework 将完全替代 AddressBookFramework 框架。这个框架提供了两种访问方式：一种是使用代码直接访问，另一种是访问和地址簿交互的界面。下面将主要讲解访问地址簿以及 Contacts Framework 框架。

15.1.1 访问地址簿

地址簿保存了联系人的信息。访问地址簿需要使用 CNContactPickerViewController 控制器。CNContactPickerViewController 控制器显示了一个导航界面，类似于地址簿应用程序。使用前，必须要使用 init:方法实例化一个控制器的对象，其语法形式如下：

    -(id)init;

实例对象之后，需要使用 presentViewController: animated:方法实现地址簿的显示，其语法形式如下：

    - (void)presentViewController:(UIViewController *)viewControllerToPresent animated:
    (BOOL)flag completion:
         (void (^)(void))completion;

其中参数的说明如下：

❑ (UIViewController *)viewControllerToPresent 用来指定视图控制器。
❑ (BOOL)flag 用来指定是否出现动画效果。
❑ (void (^)(void))completion 一般设置为 NULL。

【示例 15-1】以下程序实现的功能是单击按钮，访问地址簿。操作步骤如下：

（1）创建一个项目，命名为 15-1。
（2）进入目标窗口，将 ContactsUI.framework 框架添加到创建的项目中。

（3）单击打开 Main.storyboard 文件，从视图库中拖动 Button 按钮控件到设计界面，双击将标题改为"访问地址簿"。

（4）将 Main.storyboard 文件中在设计界面上的"访问地址簿"按钮和 ViewController.h 文件进行动作 show:的声明和关联。

（5）回到 ViewController.h 文件，编写代码，实现添加框架头文件的声明。程序代码如下：

```
#import <UIKit/UIKit.h>
#import <ContactsUI/ContactsUI.h>
@interface ViewController : UIViewController
- (IBAction)show:(id)sender;
@end
```

（6）单击打开 ViewController.m 文件，编写代码，实现地址簿的访问。程序代码如下：

```
#import "ViewController.h"
@interface ViewController ()
@end
@implementation ViewController
- (void)viewDidLoad
{
    [super viewDidLoad];
    // Do any additional setup after loading the view, typically from a nib.
}
- (void)didReceiveMemoryWarning
{
    [super didReceiveMemoryWarning];
    // Dispose of any resources that can be recreated.
}
- (IBAction)show:(id)sender {
    CNContactPickerViewController *controller = [[CNContactPickerViewController alloc] init];
    [self presentViewController:controller animated:YES completion:nil];
}
@end
```

运行结果如图 15.1 所示。

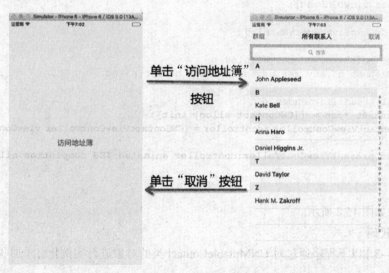

图 15.1　运行结果

15.1.2 添加联系人

在图 15.1 所示的运行结果中可以看到地址簿中只有默认联系人。那么如何在地址簿中添加联系人呢？下面主要讲解打开添加联系人的界面和保存添加的联系人信息。

要添加一个联系人，先来了解联系人类 CNContact 和 CNMutableContact，同样，CNContact 是不可变的，CNMutableContact 是可变的，CNContact 中的一些属性就是对应联系人的信息。创建完成联系人类后，我们用类 CNSaveRequest 和 CNContactStore 进行更新。

1. 添加界面

【示例 15-2】以下程序通过 CNContactViewController 添加联系人。操作步骤如下。

（1）创建一个项目，命名为 15-2。

（2）进入目标窗口，将 Contacts.framework、ContactsUI.framework 框架添加到创建的项目中。

（3）在 Main.storyboard 中添加一个 Button 并改名为"添加联系人"。

（4）将 ViewController.h 和 Main.storyboard 中，将 Button 进行方法连线，连线完成后 ViewController.h 代码如下：

```
#import <UIKit/UIKit.h>
#import <Contacts/Contacts.h>
#import <ContactsIU/ContactsUI.h>
@interface ViewController : UIViewController
- (IBAction)add:(id)sender;
@end
```

（5）单击打开 ViewController.m 文件，编写代码，实现单击按钮，打开添加联系人界面。程序代码如下：

```
#import "ViewController.h"
@interface ViewController ()
@end
@implementation ViewController
- (void)viewDidLoad
{
    [super viewDidLoad];
}
- (void)didReceiveMemoryWarning
{
    [super didReceiveMemoryWarning];
    // Dispose of any resources that can be recreated.
}
- (IBAction)add:(id)sender {
    CNContact *con = [[CNContact alloc] init];
    CNContactViewController *controller = [CNContactViewController viewControllerForNewContact:con];
    [self presentViewController:controller animated:YES completion:nil];
}
@end
```

运行结果如图 15.2 所示。

2. 添加代码

【示例 15-3】以下程序通过对 CNMutableContact 类的对象进行实例化，添加联系人。操作步骤如下。

第15章　访问内置的应用程序

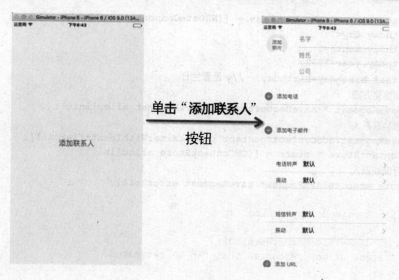

图 15.2　运行结果

（1）创建一个项目，命名为 15-3。
（2）进入目标窗口，将 Contacts.framework 框架添加到创建的项目中。
（3）回到 ViewController.h 文件，编写代码，实现添加框架头文件的声明。程序代码如下：

```
#import <UIKit/UIKit.h>
#import <Contacts/Contacts.h>
@interface ViewController : UIViewController
@end
```

（4）单击打开 ViewController.m 文件，编写代码，实现单击按钮，打开添加联系人界面。程序代码如下：

```
#import "ViewController.h"
@interface ViewController ()
@end
@implementation ViewController
- (void)viewDidLoad
{
    [super viewDidLoad];
    // Do any additional setup after loading the view, typically from a nib.
CNMutableContact *contact = [[CNMutableContact alloc] init];
    contact.givenName = @"猫";      //设置名字
    contact.familyName = @"龙";
    contact.imageData = UIImagePNGRepresentation([UIImage imageNamed:@"Image"]); //
设置头像
    CNLabeledValue *homeEmail = [CNLabeledValue labeledValueWithLabel:CNLabelHome
value:@"1234567@qq.com"]; //设置邮箱
    contact.emailAddresses = @[homeEmail];
    contact.phoneNumbers = @[[CNLabeledValue labeledValueWithLabel:CNLabelPhoneNumberiPhone
value:[CNPhoneNumber phoneNumberWithStringValue:@"12344312321"]]]; //设置电话
    CNMutablePostalAddress * homeAdress = [[CNMutablePostalAddress alloc]init];
    homeAdress.city = @"北京";
    homeAdress.state = @"中国";
    contact.postalAddresses = @[[CNLabeledValue labeledValueWithLabel:CNLabelHome
value:homeAdress]];
```

315

```
        NSDateComponents * birthday = [[NSDateComponents alloc]init];
        birthday.day=7;
        birthday.month=5;
        birthday.year=1992;
        contact.birthday=birthday;    //y 设置生日
        //初始化方法
        CNSaveRequest * saveRequest = [[CNSaveRequest alloc]init];
        //添加联系人
        [saveRequest addContact:contact toContainerWithIdentifier:nil];
        CNContactStore * store = [[CNContactStore alloc]init];
        //存储联系人
        [store executeSaveRequest:saveRequest error:nil];
}
- (void)didReceiveMemoryWarning
{
    [super didReceiveMemoryWarning];
    // Dispose of any resources that can be recreated.
}
@end
```

程序运行后,打开模拟器的"通讯录",可以看到里面已经有我们添加的联系人。如图 15.3 所示。

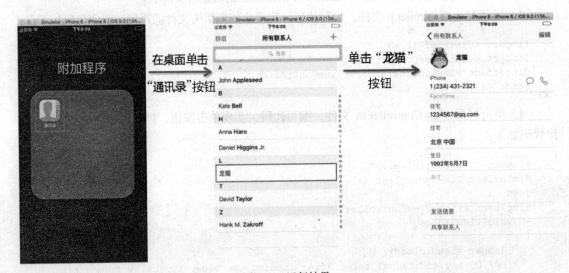

图 15.3 运行结果

15.1.3 显示个人信息

在不打开地址簿的情况下,如果想要查某一个人的个人信息,该怎么办呢?

【示例 15-4】以下程序实现的功能是在文本框中输入姓名,单击按钮进行查找,如果这个姓名在地址簿中存在,就显示其名字;如果此人姓名不存在,则出现一个警告视图,提示用户地址簿中没有此姓名的相关信息。操作步骤如下。

(1)创建一个项目,命名为 15-4。

(2)进入目标窗口,将 Contacts.framework 框架和 ContactsUI.framework 框架添加到创建的项目中。

(3)单击打开 Main.storyboard 文件,从视图库中拖动一个 Button 按钮控件和一个 Label 控件到 View Controller 视图控制器的设计界面，双击将标题改为"查找"。

（4）从视图库中拖动一个 Text Field 文本框控件到 View Controller 视图控制器的设计界面。这时 View Controller 视图控制器的设计界面的效果如图 15.4 所示。

（5）将 ViewController.h 和 Main.storyboard 中，将 Button 进行方法连线和 Label 进行变量连线，连线完成后 ViewController.h 代码如下：

```
#import <UIKit/UIKit.h>
#import <Contacts/Contacts.h>
#import <ContactsUI/ContactsUI.h>
@interface ViewController : UIViewController
@property (weak, nonatomic) IBOutlet UITextField *nametextField;
@property (weak, nonatomic) IBOutlet UILabel *nameLabel;
- (IBAction)findClick:(id)sender;
@end
```

图 15.4　View Controller 视图控制器的设计界面的效果

（6）单击打开 ViewController.m 文件，编写代码，实现在文本框中输入名称之后，显示此人的个人信息。程序代码如下：

```
#import "ViewController.h"
@interface ViewController ()
@end
@implementation ViewController
- (void)viewDidLoad
{
    [super viewDidLoad];
    // Do any additional setup after loading the view, typically from a nib.
}
- (void)didReceiveMemoryWarning
{
    [super didReceiveMemoryWarning];
    // Dispose of any resources that can be recreated.
}
- (IBAction)findClick:(id)sender {
    CNContactStore * stroe = [[CNContactStore alloc]init];
    NSPredicate * predicate = [CNContact predicateForContactsMatchingName:_nametextField.text];
    NSArray * contacts = [stroe unifiedContactsMatchingPredicate:predicate keysToFetch:@[CNContactGivenNameKey] error:nil];
    CNContact *contact = [contacts firstObject];
    if (contacts.count > 0) {
        _nameLabel.text = contact.givenName;
    }else{
        UIAlertController *alert = [UIAlertController alertControllerWithTitle:nil message:@"对不起，找不到此联系人" preferredStyle:UIAlertControllerStyleAlert];
        UIAlertAction *cancel = [UIAlertAction actionWithTitle:@"确定" style:UIAlertActionStyleCancel handler:nil];
        [alert addAction:cancel];
        [self presentViewController:alert animated:YES completion:nil];
    }
}
@end
```

运行结果如图 15.5 所示。

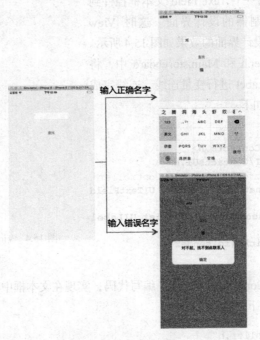

图 15.5 运行结果

15.2 电子邮件

电子邮件的主要功能是接收和发送信息。本节主要讲解了系统电子邮件、SMS 的访问以及发送。

15.2.1 访问系统电子邮件

要想在其他程序中访问电子邮件，必须要对 MFMailComposeViewController 控制器进行对象的实例化。

【示例 15-5】以下程序实现的功能是在其他应用程序中打开系统电子邮件。操作步骤如下。

（1）创建一个项目，命名为 15-5。

（2）进入目标窗口，将 MessageUI.framework 框架添加到创建的项目中。

（3）单击打开 Main.storyboard 文件，从视图库中拖动 Button 按钮控件到设计界面，双击将标题改为"访问系统电子邮件"。

（4）将 Main.storyboard 文件中在设计界面上的"访问系统电子邮件"按钮和 ViewController.h 文件进行动作 show: 的声明和关联。

（5）回到 ViewController.h 文件，编写代码，实现添加框架头文件的声明。程序代码如下：

```
#import <UIKit/UIKit.h>
#import <MessageUI/MessageUI.h>
@interface ViewController : UIViewController
```

```
- (IBAction)show:(id)sender;
@end
```

（6）单击打开 ViewController.m 文件，编写代码，实现单击按钮后访问系统电子邮件。程序代码如下：

```
#import "ViewController.h"
@interface ViewController ()
@end
@implementation ViewController
- (void)viewDidLoad
{
    [super viewDidLoad];
    // Do any additional setup after loading the view, typically from a nib.
}
- (void)didReceiveMemoryWarning
{
    [super didReceiveMemoryWarning];
    // Dispose of any resources that can be recreated.
}
- (IBAction) show:(id)sender {
    MFMailComposeViewController *email=[[MFMailComposeViewController alloc]init];
    [self presentViewController:email animated:YES completion:NULL];
}
@end
```

运行结果如图 15.6 所示。

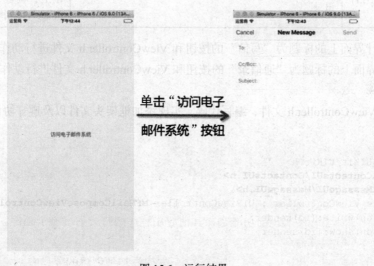

图 15.6　运行结果

15.2.2　发送系统电子邮件

发送电子邮件是 iPhone 或者 iPad 中的一个重要功能。那么该如何发送电子邮件呢？这时要使用 MFMailComposeViewControllerDelegate 协议中的 mailComposeController:didFinishWithResult: error:方法，其语法形式如下：

```
- (void)mailComposeController:(MFMailComposeViewController*)controller didFinishWithResult:
(MFMailComposeResult)result error:(NSError*)error;
```

其中，(MFMailComposeViewController*)controller 用来指定系统电子邮件控制器对象；(MFMailComposeResult)result 用来指定用户的选择结果；(NSError*)error 用来指定发生的错误。

【示例 15-6】以下程序通过使用 mailComposeController:didFinishWithResult:error:方法实现系统电子邮件的发送。操作步骤如下。

（1）创建一个项目，命名为 15-6。

（2）进入目标窗口，将 MessageUI.framework 和 ContactsUI.framework 框架添加到创建的项目中。

（3）单击打开 Main.storyboard 文件，对设计界面进行设计，效果如图 15.7 所示。

图 15.7 ViewController 视图控制器的设计界面效果

添加的视图、控件以及设置如表 15-1 所示。

表 15-1　　　　　　　　　　添加的视图、控件以及设置

视图、控件	Show the Attributes inspector	其他
Label 标签控件	在 Label 面板下，将 Text 设置为 E-mail	
Image View 图像视图	在 Image View 面板下，将 Image 设置为添加的图片	
三个 Button 按钮控件	在 Button 面板下，将 Title 设置为"写信""收信""通讯录"	放在三个 Image View 图像视图上，调整大小，让其覆盖 Image View 图像视图

（4）将设计界面上的标题为"写信"的按钮和 ViewController.h 文件进行动作 write:的声明和关联；将设计界面上的标题为"通信录"的按钮和 ViewController.h 文件进行动作 show:的声明和关联。

（5）回到 ViewController.h 文件，编写代码，实现添加框架头文件以及遵守协议的声明。程序代码如下：

```
#import <UIKit/UIKit.h>
#import <ContactsUI/ContactsUI.h>
#import <MessageUI/MessageUI.h>
@interface ViewController : UIViewController<MFMailComposeViewControllerDelegate>
- (IBAction)write:(id)sender;
- (IBAction)show:(id)sender;
@end
```

（6）单击打开 ViewController.m 文件，编写代码，实现发送电子邮件以及打开地址簿的功能。程序代码如下：

```
#import "ViewController.h"
@interface ViewController ()
@end
@implementation ViewController
- (void)viewDidLoad
{
    [super viewDidLoad];
    // Do any additional setup after loading the view, typically from a nib.
}
```

```objc
- (void)didReceiveMemoryWarning
{
    [super didReceiveMemoryWarning];
    // Dispose of any resources that can be recreated.
}
- (IBAction)write:(id)sender {
    MFMailComposeViewController *email=[[MFMailComposeViewController alloc]init];
    email.mailComposeDelegate=self;                                    //设置委托
    [self presentViewController:email animated:YES completion:NO];
}
//发送 e-mail
-(void)mailComposeController:(MFMailComposeViewController *)controller didFinishWithResult:
(MFMailComposeResult)result error:(NSError *)error{
    NSString *str = nil;
    switch (result) {
            //单击"Delete Draft"按钮后
        case MFMailComposeResultCancelled:
            str = @"邮件取消";
            break;
            //单击 Save Draft 按钮后
        case MFMailComposeResultSaved:
            str = @"邮件保存";
            break;
            //当邮件失败后
        case MFMailComposeResultFailed:
            str = @"邮件失败";
            break;
            //单击 Send 按钮后
        default:
            str = @"邮件失败";
    }
    UIAlertController *alert = [UIAlertController alertControllerWithTitle:nil message:
str preferredStyle:UIAlertControllerStyleAlert];
    UIAlertAction *action = [UIAlertAction actionWithTitle:@"OK" style:UIAlertAction
StyleCancel handler:nil];
    [alert addAction:action];
    [self presentViewController:alert animated:YES completion:nil];
    [self dismissViewControllerAnimated:YES completion:NO];
}
- (IBAction)show:(id)sender {
    CNContactPickerViewController *controller=[[CNContactPickerViewController alloc]init];
    [self presentViewController:controller animated:YES completion:nil];
}
@end
```

（7）回到 Main.storyboard 文件，从视图库中拖动 Navigation Controller 导航控制器到画布中。

（8）创建一个基于 UITableViewController 类的 aaViewController 类。

（9）在画布中选择 Table View Controller-Roor 表视图控制器。单击"Show the Identity inspector"图标，在 Custom Class 面板中对 Class 进行设置，将其设置为创建的 aaViewController 类。这时 Table View Controller-Roor 表视图控制器就变为了 aaViewController 表视图控制器。

（10）选择 aaViewController 表视图控制器的设计界面中的导航栏，双击将标题改为"收件箱"。

（11）从视图库中拖动 Bar Button Item 按钮到 aaViewController 表视图控制器的设计界面中，

将其放在导航栏的左边,双击将标题改为"Back"。这时 aaViewController 表视图控制器的设计界面的效果如图 15.8 所示。

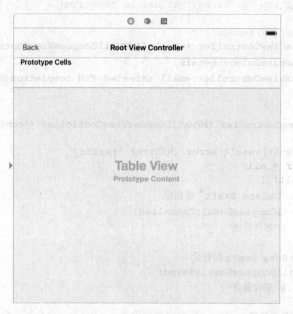

图 15.8　aaViewController 表视图控制器的设计界面的效果

(12)按住 Ctrl 键,将"收信"按钮拖动到 aaViewController 表视图控制器的设计界面中;将"Back"按钮拖动到 ViewController 视图控制器的设计界面中,这时画布的效果如图 15.9 所示。

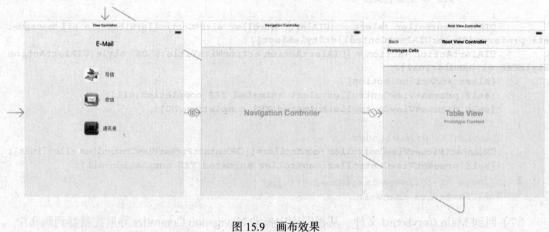

图 15.9　画布效果

(13)单击打开 aaViewController.h 文件,编写代码,实现数组的声明。程序代码如下:

```
#import <UIKit/UIKit.h>
@interface aaViewController : UITableViewController{
    NSArray *array;
}
@end
```

(14)单击打开 aaViewController.m 文件,编写代码,实现为表中添加数据以及图片。程序代码如下：

```objc
#import "aaViewController.h"
@interface aaViewController ()
@end
@implementation aaViewController
- (id)initWithStyle:(UITableViewStyle)style
{
    self = [super initWithStyle:style];
    if (self) {
        // Custom initialization
    }
    return self;
}
- (void)viewDidLoad
{
    array=[[NSArray alloc]initWithObjects:@"Smythe Candice",@"Tom dive",@"Aa tt",nil];
    [super viewDidLoad];
    // Uncomment the following line to preserve selection between presentations.
    // self.clearsSelectionOnViewWillAppear = NO;
    // Uncomment the following line to display an Edit button in the navigation bar for this view controller.
    // self.navigationItem.rightBarButtonItem = self.editButtonItem;
}
- (void)didReceiveMemoryWarning
{
    [super didReceiveMemoryWarning];
    // Dispose of any resources that can be recreated.
}
- (NSInteger)numberOfSectionsInTableView:(UITableView *)tableView {
    return 1;
}
- (NSInteger)tableView:(UITableView *)tableView numberOfRowsInSection:(NSInteger)section {
    return [array count];
}
- (UITableViewCell *)tableView:(UITableView *)tableView cellForRowAtIndexPath:(NSIndexPath *)indexPath {
    static NSString *CellIdentifier = @"Cell";
    UITableViewCell *cell = [tableView dequeueReusableCellWithIdentifier:CellIdentifier];
    if (cell == nil) {
        cell = [[UITableViewCell alloc] initWithStyle:UITableViewCellStyleDefault reuseIdentifier:CellIdentifier];
    }
    UIImage *i=[UIImage imageNamed:@"4.jpg"];
    cell.imageView.image=i;
    cell.textLabel.text = [array objectAtIndex:indexPath.row];
    return cell;
}
//设置行高
-(CGFloat)tableView:(UITableView *)tableView heightForRowAtIndexPath:(NSIndexPath *)indexPath{
    return 100;
}
@end
```

运行结果如图 15.10 所示。

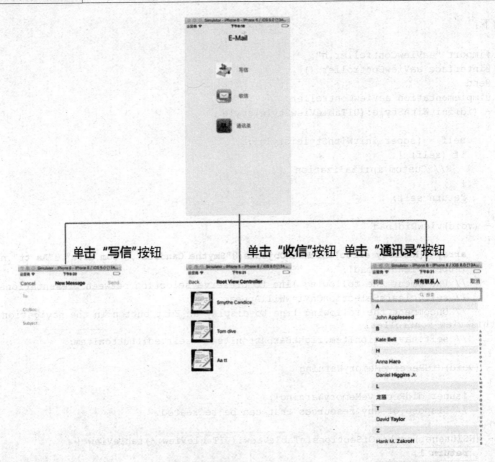

图 15.10 运行结果

15.2.3 SMS 的访问以及发送

在 iPhone 或者 iPad 中，除了可以用电子邮件发送信息之外，还可以使用 SMS 来对一行或者几行信息进行发送。如果想要在其他应用程序中访问 SMS，可以对 MFMessageComposeViewController 控制器进行实例化对象，最后再使用 presentViewController: animated:方法或者 pushViewController: animated:方法进行显示。在 SMS 中重要的一个功能就是信息的发送。要想实现此功能，就要使用 MFMessageComposeViewControllerDelegate 协议中的 messageComposeViewController:didFinishWithResult:方法，其语法形式如下：

```
- (void)messageComposeViewController:(MFMessageComposeViewController *)controller
didFinishWithResult:
    (MessageComposeResult)result;
```

其中，(MFMessageComposeViewController *)controller 用来指定 SMS 控制器的对象；(MessageComposeResult)result 用来指定用户的选择结果。

【示例 15-7】以下程序实现的功能是判断 iOS 模拟器是否支持 SMS。如果支持 SMS，则实现 SMS 信息的发送，否则会出现一个警告视图，提示用户"该设备不支持短信功能"。程序代码如下：

（1）创建一个项目，命名为 15-7。

（2）进入目标窗口，将 MessageUI.framework 框架添加到创建的项目中。
（3）单击打开 Main.storyboard 文件，从视图库中拖动 Button 按钮控件到设计界面，双击将标题改为"访问 SMS"。
（4）将 Main.storyboard 文件中在设计界面上的"访问 SMS"按钮和 ViewController.h 文件进行动作 buttonClick:的声明和关联。
（5）回到 ViewController.h 文件，编写代码，实现添加框架头文件的声明。程序代码如下：

```
#import <UIKit/UIKit.h>
#import <MessageUI/MessageUI.h>
@interface ViewController : UIViewController<MFMessageComposeViewControllerDelegate>
- (IBAction) buttonClick:(id)sender;
@end
```

（6）单击打开 ViewController.m 文件，编写代码，实现 SMS 的发送。程序代码如下：

```
#import "ViewController.h"
@interface ViewController ()
@end
@implementation ViewController
- (void)viewDidLoad
{
    [super viewDidLoad];
    // Do any additional setup after loading the view, typically from a nib.
}
- (void)didReceiveMemoryWarning
{
    [super didReceiveMemoryWarning];
    // Dispose of any resources that can be recreated.
}
- (IBAction) buttonClick:(id)sender {
    //判断设置是否支持SMS
    if([MFMessageComposeViewController canSendText]){
        MFMessageComposeViewController *sms=[[MFMessageComposeViewController alloc]init];
        sms.messageComposeDelegate=self;
        [self presentViewController:sms animated:YES completion:NO];
    }else{
        UIAlertController *alert = [UIAlertController alertControllerWithTitle:@"提示" message:@"该设备不支持短信功能" preferredStyle:UIAlertControllerStyleAlert];
        UIAlertAction *action = [UIAlertAction actionWithTitle:@"OK" style:UIAlertActionStyleCancel handler:nil];
        [alert addAction:action];
        [self presentViewController:alert animated:YES completion:nil];
    }
}
//实现 SMS 的发送
-(void)messageComposeViewController:(MFMessageComposeViewController *)controller didFinishWithResult:(MessageComposeResult)result{
    NSString *str;
    switch (result) {
        case MessageComposeResultCancelled:
            str = @"短信被取消";
            break;
        case MessageComposeResultFailed:
            str = @"短信发送失败";
            break;
        default:
            str = @"短信被发送";
```

```
            break;
    }
    UIAlertController *alert = [UIAlertController alertControllerWithTitle:@"提示"
message:str preferredStyle:UIAlertControllerStyleAlert];
    UIAlertAction *action = [UIAlertAction actionWithTitle:@"OK" style:UIAlertAction
StyleCancel handler:nil];
    [alert addAction:action];
    [self presentViewController:alert animated:YES completion:nil];
    [self dismissViewControllerAnimated:YES completion:nil];
}
@end
```

运行结果如图 15.11 所示。

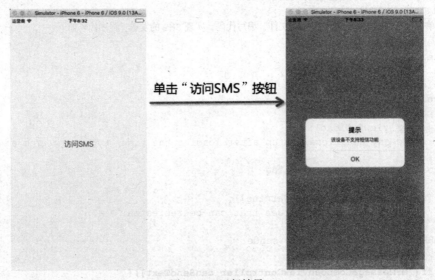

图 15.11 运行结果

15.3 日 历

日历就是一个数据库,可以通过使用 EventKit.framework 框架访问它,也可以使用 EventkitUI.framework 框架来访问用户与日历交互的界面。本节将主要讲解 EventkitUI.framework 框架提供的两个用户与日历交互的界面。

15.3.1 单个事件界面

事件是描述某事何时发生的备忘录。EKEventViewController 控制器显示了一个单一日历事件的描述界面。下面主要讲解单一日历事件界面的访问以及修改界面中的默认事件。

日历事件要通过 event 属性进行设置,它的功能是向用户显示事件,其语法形式如下:

@property(nonatomic, retain) EKEvent *event;

【示例 15-8】以下程序实现的功能是使用 event 属性,对默认的日历事件进行更改。操作步骤如下:

(1)创建一个项目,命名为 15-8。

（2）进入目标窗口，将 EventKitUI.framework 框架添加到创建的项目中。

（3）单击打开 Main.storyboard 文件，从视图库中拖动一个 Navigation Controller 导航控制器到画布中，单击"Show the Attributes inspector"图标，选择 View Controller 面板下的"Is Inital View Controller"选项。

（4）Navigation Controller 导航控制器关联的 Table View Controller-Root 表视图控制器变为 View Controller 视图控制器。

（5）从视图库中拖动 Button 按钮控件到 View Controller 视图控制器的设计界面，双击将标题改为"访问日历事件"。

（6）将 Main.storyboard 文件中在设计界面上的"访问日历事件"按钮和 ViewController.h 文件进行动作 aa:的声明和关联。

（7）回到 ViewController.h 文件，编写代码，实现添加框架头文件的声明。程序代码如下：

```
#import <UIKit/UIKit.h>
#import <EventKitUI/EventKitUI.h>
@interface ViewController : UIViewController
- (IBAction)aa:(id)sender;
@end
```

（8）单击打开 ViewController.m 文件，编写代码，实现更改默认的日历事件。程序代码如下：

```
#import "ViewController.h"
@interface ViewController ()
@end
@implementation ViewController
- (void)viewDidLoad
{
    [super viewDidLoad];
    // Do any additional setup after loading the view, typically from a nib.
}

- (void)didReceiveMemoryWarning
{
    [super didReceiveMemoryWarning];
    // Dispose of any resources that can be recreated.
}
- (IBAction)aa:(id)sender {
    EKEventViewController *event=[[EKEventViewController alloc]init];
    EKEventStore *database=[[EKEventStore alloc]init];
    [database requestAccessToEntityType:EKEntityTypeEvent completion:nil];
    EKEvent *taxes=[EKEvent eventWithEventStore:database];     //创建事件对象
    taxes.title=@"Party";                                      //设置事件主题
    NSDate *date=[NSDate date];
    taxes.startDate=date;                                      //设置事件开始日期
    taxes.endDate=date;                                        //设置事件结束日期
    taxes.allDay=YES;
    event.event=taxes;
    event.allowsEditing = YES;
    [self.navigationController pushViewController:event animated:YES];
}
@end
```

运行结果如图 15.12 所示。

注意　在图 15.12 所示的运行结果中需要注意，一般默认情况下是可以对日历事件进行编辑的。单击"Edit"按钮后，就可以添加事件或者编辑界面，如图 15.13 所示。

图 15.12　运行结果　　　　　　　　　　　图 15.13　运行结果

15.3.2　添加或编辑日历事件界面

在图 15.13 所示的运行结果中看到的这个界面就是添加或者编辑日历事件界面。它实现的功能就是允许用户添加或者编辑日历事件。

1. 打开添加或编辑事件界面

在示例 15-8 中，当日历事件处于编辑状态时，可以通过单击"Edit"按钮，将添加或编辑界面打开。但是如果不是用"Edit"按钮，该如何打开此界面呢？这时就需要使用 init:方法对 EKEventEditViewController 控制器的对象进行实例化。之后使用 presentViewController: animated: 方法或者 pushViewController: animated:方法进行显示。

【示例 15-9】以下程序使用的功能是将添加或编辑事件界面打开。操作步骤如下。

（1）创建一个项目，命名为 15-9。

（2）进入目标窗口，将 EventKitUI.framework 框架添加到创建的项目中。

（3）单击打开 Main.storyboard 文件，从视图库中拖动 Button 按钮控件到设计界面，双击将标题改为"打开添加或编辑事件的界面"。

（4）将 Main.storyboard 文件中在设计界面上的"打开添加或编辑事件的界面"按钮和 ViewController.h 文件进行动作 buttonClick:的声明和关联。

（5）回到 ViewController.h 文件，编写代码，实现添加框架头文件的声明。程序代码如下：

```
#import <UIKit/UIKit.h>
#import <EventKitUI/EventKitUI.h>
@interface ViewController : UIViewController
- (IBAction) buttonClick:(id)sender;
@end
```

（6）单击打开 ViewController.m 文件，实现单击按钮后，打开添加或编辑日历事件的界面。程序代码如下：

```
#import "ViewController.h"
@interface ViewController ()
@end
@implementation ViewController
- (void)viewDidLoad
{
    [super viewDidLoad];
    // Do any additional setup after loading the view, typically from a nib.
}
- (void)didReceiveMemoryWarning
{
    [super didReceiveMemoryWarning];
    // Dispose of any resources that can be recreated.
}
- (IBAction)aa:(id)sender {
    EKEventStore *store=[[EKEventStore alloc]init];
    [store requestAccessToEntityType:EKEntityTypeEvent completion:nil];
    EKEventEditViewController *ed=[[EKEventEditViewController alloc]init];
    ed.eventStore=store;                                              //设置事件的存储
    [self presentViewController:ed animated:YES completion:nil];  //显示
}
@end
```

运行结果如图 15.14 所示。

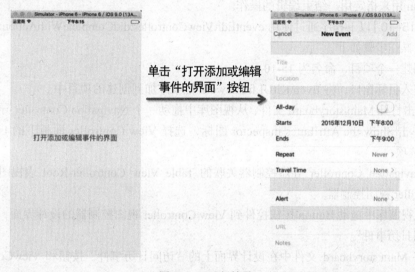

图 15.14 运行结果

  在界面显示之前一定要对 eventStore 属性进行设置,它的功能是实现事件存储,如果不对此项进行设置,那么打开的设计界面效果如图 15.15 所示。

2. 保存添加或者编辑的事件

在添加或者编辑事件界面中,在对某一个事件进行创建或者更改后,该如何进行事件的保存呢?这时使用 EKEventEditViewDelegate 协议中的 eventEditViewController:didCompleteWithAction: 方法即可实现此功能,其语法形式如下:

```
- (void)eventEditViewController:(EKEventEditViewController *)controller didComplete
WithAction:
    (EKEventEditViewAction)action
```

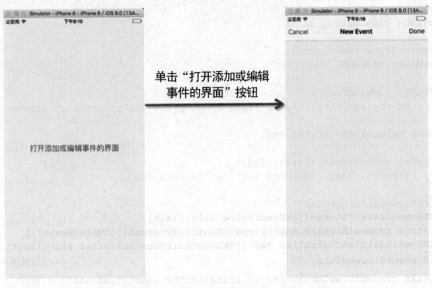

图 15.15 运行结果

其中，(EKEventEditViewController *)controller 用来指定控制器对象；(EKEventEditViewAction)action 用来指定用户结束编辑的操作。

【示例 15-10】以下程序通过使用 eventEditViewController:didCompleteWithAction:方法实现事件的保存。操作步骤如下。

（1）创建一个项目，命名为 15-10。

（2）进入目标窗口，将 EventKitUI.framework 框架添加到创建的项目中。

（3）单击打开 Main.storyboard 文件，从视图库中拖动一个 Navigation Controller 导航控制器到画布中，单击 Show the Attributes inspector 图标，选择 View Controller 面板下的 Is Inital View Controller 选项。

（4）Navigation Controller 导航控制器关联的 Table View Controller-Root 表视图控制器变为 View Controller 视图控制器。

（5）从视图库中拖动 Button 按钮控件到 View Controller 视图控制器的设计界面，双击将标题改为"访问日历事件"。

（6）将 Main.storyboard 文件中在设计界面上的"访问日历事件"按钮和 ViewController.h 文件进行动作 buttonClick:的声明和关联。

（7）回到 ViewController.h 文件，编写代码，实现添加框架头文件以及遵守协议的声明。程序代码如下：

```
#import <UIKit/UIKit.h>
#import <EventKitUI/EventKitUI.h>
@interface ViewController : UIViewController<EKEventEditViewDelegate>{
    EKEventStore *store;
}
- (IBAction) buttonClick:(id)sender;
@end
```

（8）单击打开 ViewController.m 文件，编写代码，实现在"添加或编辑日历事件"界面中添加事件后，实现保存。程序代码如下：

```
#import "ViewController.h"
@interface ViewController ()
@end
@implementation ViewController
- (void)viewDidLoad
{
    [super viewDidLoad];
    // Do any additional setup after loading the view, typically from a nib.
}
- (void)didReceiveMemoryWarning
{
    [super didReceiveMemoryWarning];
    // Dispose of any resources that can be recreated.
}
- (IBAction) buttonClick:(id)sender {
    EKEventStore *store=[[EKEventStore alloc]init];
    EKEventViewController *event=[[EKEventViewController alloc]init];
    EKEvent *eve=[EKEvent eventWithEventStore:store];
    event.event=eve;
    event.allowsEditing = YES;
    [self.navigationController pushViewController:event animated:YES];
}
//实现保存
-(void)eventEditViewController:(EKEventEditViewController *)controller didComplete
WithAction:
(EKEventEditViewAction)action{
    [self dismissViewControllerAnimated:YES completion:NO];
}
@end
```

运行结果如图 15.16 所示。

图 15.16　运行结果

15.4 小　　结

本章主要讲解了三种内置应用程序的访问。本章的重点是在地址簿 AddressBookUI.framework 框架中提供的四个控制器、发送电子邮件以及 SMS 信息。通过对本章的学习，希望开发者可以在自己创建的程序中实现这些内置应用程序的访问。

15.5 习　　题

一、选择题

1. Contacts.framework 中涉及了多个类，下列说法错误的是（　　）。
   - A. CNContact 是联系人信息类
   - B. CNContactStore 是存储联系人类
   - C. 读取联系人信息需要用到 CNSaveRequest
   - D. 存储联系人信息需要用到 CNContactStore

2. EKEventStore 的属性不包括（　　）。
   - A. date
   - B. startDate
   - C. allDate
   - D. eventDate

二、阐述题

本章讲解了平常开发中比较常用的内置应用程序的访问，苹果对这些框架的处理也趋于一致性，比如地址簿和日历，请比较地址簿和日历的显示、添加等功能的相同之处。

三、上机练习

创建一个简易的联系人管理页面，可以显示联系人详情，添加、删除联系人，检测联系人是否有电话号码、邮箱信息，并可跳转到发送邮件、短信界面，对有生日信息的联系人自动添加生日到日历中。

第 16 章
多媒体

在 iOS 应用程序中，多媒体的应用无处不在。例如，开发者想要开发一款游戏，可以在游戏的开始处加上一段音频，当游戏结束时，可以播放一段动画。本章将主要讲解多媒体中的照片库、音频、视频等内容。

16.1 照 片 库

在每一个 iOS 设备中都有一个内置的 Photos 应用程序。在此应用程序中存储了所有拍摄的照片，用户可以对这些照片进行浏览和编辑。本节主要讲解对照片库的操作、访问以及定制照片等内容。

16.1.1 操作照片库

在照片库中，可以对照片进行添加、删除或者让它们在切换时可以有过渡动画的效果。以下是对照片库进行的基本操作。

1. 添加照片

在 iOS 模拟器中，选择 Photos（照片）应用就会进入照片库，如图 16.1 所示。

图 16.1　照片库

如果在此操作之前没有向照片库中添加过照片，则照片库中不存在任何内容。这时，就需要向照片库中添加图片或照片。那么该如何向照片库中添加图片或者照片呢？具体操作步骤如下。

（1）打开 iOS 模拟器。（这里有两种方法可以打开 iOS 模拟器，一种是在创建好项目之后，单击"运行"按钮；另一种是选择"Xcode|Open Developer Tool|iOS Simulator"命令）。

（2）将照片拖动到 iOS 模拟器上，如图 16.2 所示。

（3）拖动完成后，照片就添加到了照片库中，如图 16.3 所示。

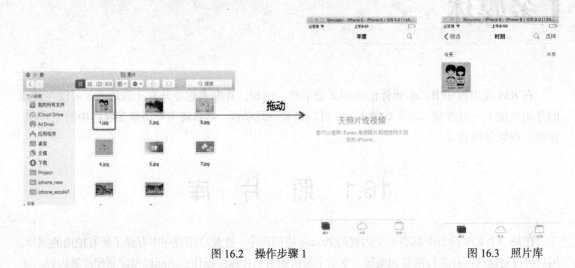

图 16.2　操作步骤 1　　　　　　　　　图 16.3　照片库

2．删除照片

当用户不再使用添加到照片库中的照片时，为了节约内存空间，可以将添加的照片删除，具体操作步骤如下。

（1）选择 iOS 模拟器上的 Photos 应用程序图标，打开照片库。

（2）选择要进行删除的照片，弹出对话框，如图 16.4 所示。

（3）单击"删除"图标，弹出动作表单，如图 16.5 所示。

图 16.4　操作步骤 1　　　　　　　　　图 16.5　操作步骤 2

（4）选择"删除照片"选项，删除照片。

除了以上的删除方法外，还有另一种方法，操作步骤如下。

（1）选择 iOS 模拟器上的 Photos 应用程序图标，打开照片库。

（2）单击"选择"按钮，弹出"Select Item"对话框，如图 16.6 所示。

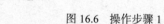

图 16.6　操作步骤 1

（3）单击"选择"按钮，弹出"已选择 1 张照片"对话框（弹出的对话框的标题和选中的照片数是有关系的），如图 16.7 所示。

（4）单击"删除"按钮，弹出动作表单，如图 16.8 所示。

图 16.7　操作步骤 2

图 16.8　操作步骤 3

（5）选择"删除照片"选项，删除照片。

16.1.2　访问照片库

要打开照片库，除了可以在 iOS 内置的应用程序中打开之外，还可以在其他应用程序中打开。

实现方法是使用 init:方法，为 UIImagePickerController 控制器实例化一个对象，之后再使用 presentViewController: animated: completion:方法实现显示。

【示例 16-1】以下程序实现的功能是在创建的应用程序中访问照片库。操作步骤如下。

（1）创建一个项目，命名为 16-1。

（2）单击打开 Main.storyboard 文件，从视图库中拖动 Button 按钮控件到设计界面，双击将标题改为"访问照片库"。

（3）将设计界面的"访问照片库"按钮和 ViewController.h 文件进行动作 buttonClick:的声明和关联。

（4）单击打开 ViewController.m 文件，编写代码，实现单击按钮访问照片库。程序代码如下：

```
#import "ViewController.h"
@interface ViewController ()
@end
@implementation ViewController
- (void)viewDidLoad
{
    [super viewDidLoad];
    // Do any additional setup after loading the view, typically from a nib.
}
- (void)didReceiveMemoryWarning
{
    [super didReceiveMemoryWarning];
    // Dispose of any resources that can be recreated.
}
- (IBAction) buttonClick:(id)sender {
    UIImagePickerController *imagepicker=[[UIImagePickerController alloc]init];
    [self presentViewController:imagepicker animated:YES completion:nil]; //显示
}
@end
```

运行结果 16.9 所示。

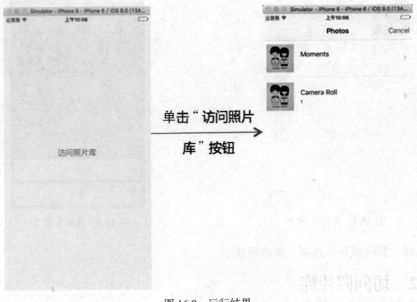

图 16.9　运行结果

16.1.3 定制照片

访问照片库实际上就是对存放照片的访问。为了让访问的照片可以有不同的效果，需要对其进行设置。下面主要讲解如何定制照片。

1. 照片来源

在上面所讲的内容中，访问的照片都是照片库中的照片，那么如何从相册、手机相机中获取照片呢？使用 sourceType 属性就可以实现访问不同来源的照片，其语法形式如下：

```
@property (nonatomic) UIImagePickerControllerSourceType sourceType;
```

其中，照片来源有三种，第一种使用 UIImagePickerControllerSourceTypePhotoLibrary，它是照片库，在示例 16-1 中所有的运行结果都是照片库模式的用户界面；第二种是 UIImagePickerControllerSourceTypeSavedPhotosAlbum，它是相册；第三种是 UIImagePickerControllerSourceTypeCamera，它是手机相机。一般不对此属性进行设置，默认为 UIImagePickerControllerSourceTypePhotoLibrary。

【示例 16-2】以下程序通过使用 sourceType 方法，实现访问不同来源的照片。操作步骤如下。

（1）创建一个项目，命名为 16-2。

（2）单击打开 Main.storyboard 文件，从视图库中拖动 Segmented Control 分段控件到设计界面。双击将标题改为"照片库模式"和"相册模式"。

（3）将设计界面的 Segmented Control 分段控件和 ViewController.h 文件进行动作 show:的声明和关联。

（4）在 ViewController.h 和 Main.storyboard 文件中，将 Segmented Control 和 ViewController.h 进行变量关联。程序代码如下：

```
#import <UIKit/UIKit.h>
@interface ViewController : UIViewController
@property (weak, nonatomic) IBOutlet UISegmentedControl *segmented;
- (IBAction)show:(id)sender;
@end
```

（5）单击打开 ViewController.m 文件，编写代码，实现访问不同来源的照片。程序代码如下：

```
#import "ViewController.h"
@interface ViewController ()
@end
@implementation ViewController
- (void)viewDidLoad
{
    [super viewDidLoad];
    // Do any additional setup after loading the view, typically from a nib.
}
- (void)didReceiveMemoryWarning
{
    [super didReceiveMemoryWarning];
    // Dispose of any resources that can be recreated.
}
- (IBAction)show:(id)sender {
    UIImagePickerController *imagepicker=[[UIImagePickerController alloc]init];
    NSInteger select=_segmented.selectedSegmentIndex;
    if(select==0){
```

```
          //设置用户界面显示样式
          imagepicker.sourceType=UIImagePickerControllerSourceTypePhotoLibrary;
          //显示
          [self presentViewController:imagepicker animated:YES completion:NULL];
      }else{
          imagepicker.sourceType=UIImagePickerControllerSourceTypeSavedPhotosAlbum;
          [self presentViewController:imagepicker animated:YES completion:NULL];
      }
  }
  @end
```

运行结果如图 16.10 所示。

图 16.10　运行结果

2. 设置照片的可编辑性

图片是可以编辑的。使用 allowsEditing 属性就可以实现编辑功能，其语法形式如下：

```
@property (nonatomic) BOOL allowsEditing;
```

其中，当 BOOL 值为 YES 或者为 1 时，表明照片是可以编辑的；当 BOO 值为 NO 或者为 0 时，表明照片是不可以编辑的。

【示例 16-3】以下程序通过对 allowsEditing 进行设置，将不可以编辑的照片变为可以编辑的。操作步骤如下。

（1）创建一个项目，命名为 16-3。

（2）单击打开 Main.storyboard 文件，从视图库中拖动 Button 按钮控件到设计界面，双击将标题改为"访问相册"。

（3）将设计界面的"访问相册"按钮和 ViewController.h 文件进行动作 allowEdit:的声明和关联。

（4）单击打开 ViewController.m 文件，编写代码，单击按钮，打开相册，在选择一张照片后，可以进行编辑。程序代码如下：

```
#import "ViewController.h"
@interface ViewController ()
@end
@implementation ViewController
```

```
- (void)viewDidLoad
{
    [super viewDidLoad];
    // Do any additional setup after loading the view, typically from a nib.
}
- (void)didReceiveMemoryWarning
{
    [super didReceiveMemoryWarning];
    // Dispose of any resources that can be recreated.
}
- (IBAction) allowEdit:(id)sender {
    UIImagePickerController *imagepicker=[[UIImagePickerController alloc]init];
    imagepicker.sourceType=UIImagePickerControllerSourceTypeSavedPhotosAlbum;
    imagepicker.allowsEditing=YES;                              //设置照片的可编辑性
    [self presentViewController:imagepicker animated:YES completion:NULL];
}
@end
```

运行结果如图 16.11 所示。

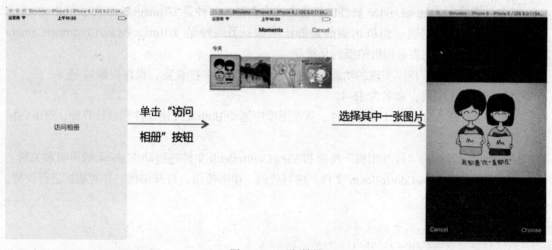

图 16.11　运行结果

16.1.4　设置相机

相机是 iPhone 手机所必备的设备，使用相机可以拍摄照片。下面主要讲解如何打开相机以及对相机的一些设置。

1. 打开相机

如果想要使用相机拍摄照片，就必须实现相机的打开。这时使用照片来源中的 UIImagePickerControllerSourceTypeCamera 就可以打开相机了。

2. 设置相机模式

iPhone 手机上有两个相机设备，分别为前置摄像头和后置摄像头。通过对属性 cameraCaptureMode 的设置可以选择使用不同的相机设备，其语法形式如下：

`@property (nonatomic) UIImagePickerControllerCameraCaptureMode cameraCaptureMode;`

其中，相机的模式有两种：一种是 UIImagePickerControllerCameraDeviceRear，它是指使用前

置摄像头；另一种是 UIImagePickerControllerCameraDeviceFront，它是指使用后置摄像头。

3. 设置闪光灯

在昏暗条件下用手机拍照，闪光灯的使用是必不可少的。cameraFladhMode 属性可以设置闪光灯的打开或关闭，其语法形式如下：

@property (nonatomic) UIImagePickerControllerCameraFlashMode cameraFlashMode;

其中，闪光灯的设置有三种：第一种是 UIImagePickerControllerCameraFlashModeOff，它表明闪关灯不管在什么环境光线下都是关闭的；第二种是 UIImagePickerControllerCameraFlashMode Auto，它表明在不同的环境光线下，设备自己考虑是否打开闪关灯；第三种是 UIImagePickerController CameraFlashModeOn，它表明闪光灯不管在什么环境光线下都是打开的。

4. 设置摄像头

摄像头拍摄的模式有两种：一种是拍摄静止的图像（照片），另一种是拍摄动的事物（视频）。要想实现摄像头模式的切换，就要使用 cameraDevice 属性，其语法形式如下：

@property (nonatomic) UIImagePickerControllerCameraDevice cameraDevice;

其中，摄像头 cameraDevice 属性的设置方式有两种：一种是 UIImagePickerControllerCamera CaptureModePhoto，它表示相机拍摄的是静止图像；另一种是 UIImagePickerControllerCamera CaptureModeVideo，它表示相机拍摄的是视频。

【示例 16–4】以下程序实现的功能是对打开的相机进行一些设置，操作步骤如下。

（1）创建一个项目，命名为 16-4。

（2）单击打开 Main.storyboard 文件，从视图库中拖动 Button 按钮控件到设计界面，双击将标题改为"打开相机"。

（3）将设计界面的"打开相机"按钮和 ViewController.h 文件进行动作 show:的声明和关联。

（4）单击打开 ViewController.m 文件，编写代码，单击按钮，打开相机，并对相机进行设置。程序代码如下：

```
#import "ViewController.h"
@interface ViewController ()
@end
@implementation ViewController
- (void)viewDidLoad
{
    [super viewDidLoad];
    // Do any additional setup after loading the view, typically from a nib.
}
- (void)didReceiveMemoryWarning
{
    [super didReceiveMemoryWarning];
    // Dispose of any resources that can be recreated.
}
- (IBAction)show:(id)sender {
    UIImagePickerController *imagepicker=[[UIImagePickerController alloc]init];
    //判断设备的相机模式是否可用
    if([UIImagePickerController isSourceTypeAvailable:UIImagePickerControllerSourceTypeCamera]){
        imagepicker.sourceType=UIImagePickerControllerSourceTypeCamera;
        //设置相机的模式
        imagepicker.cameraCaptureMode=UIImagePickerControllerCameraDeviceFront;
        //设置闪光灯
```

```
        imagepicker.cameraFlashMode=UIImagePickerControllerCameraFlashModeOff;
        //设置摄像头
        imagepicker.cameraDevice=UIImagePickerControllerCameraCaptureModeVideo;
        [self presentViewController:imagepicker animated:YES completion:NULL];
    }else{
        UIAlertController *alert = [UIAlertController alertControllerWithTitle:@"提
示" message:@"亲,设备不支持相机模式" preferredStyle:UIAlertControllerStyleAlert];
        UIAlertAction *action = [UIAlertAction actionWithTitle:@"OK" style:UIAlertAction
StyleCancel handler:nil];
        [alert addAction:action];
        [self presentViewController:alert animated:YES completion:nil];
    }
}
@end
```

运行结果如图 16.12 所示。

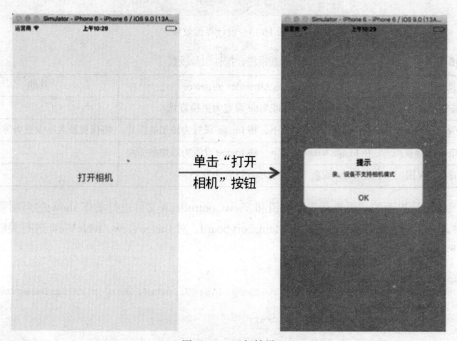

图 16.12　运行结果

由于模拟器不带相机功能，所以会提示"设备不支持相机模式"。

16.1.5　照片库的应用——背景选择

【示例 16-5】根据所学的照片库内容，制作一个选择背景的应用程序。操作步骤如下。
（1）创建一个项目，命名为 16-5。
（2）添加图片到创建项目的 Assets.xcassets 中。
（3）单击打开 Main.storyboard 文件，对设计界面进行设计，效果如图 16.13 所示。
需要添加的视图、控件以及设置如表 16-1 所示。

图 16.13 设计界面效果

表 16-1 添加视图、控件以及设置

视图、控件	Show the Attributes inspector	其他
Button 按钮控件	在 Button 面板下，将 Title 设置为更换背景	
Image View 图像视图	在 Image View 面板下，将 Image 设置为添加的图片	将位置及大小设置为屏幕大小
Image View 图像视图	在 Image View 面板下，将 Image 设置为添加的图片	
Table View 表视图	在 View 面板下，将 Alpha 设置为 0.75	

（4）将设计界面的"更换背景"按钮和 ViewController.h 文件进行动作 show:的声明和关联。

（5）单击打开 ViewController.h 和 Main.storyboard，对 ImageView、tableView 进行关联。程序代码如下：

```
#import <UIKit/UIKit.h>
@interface ViewController : UIViewController<UIImagePickerControllerDelegate>{
    NSArray *array;
    UIImagePickerController *picker;
}
@property (weak, nonatomic) IBOutlet UIImageView *imageview;
@property (weak, nonatomic) IBOutlet UITableView *tableview;
- (IBAction)show:(id)sender;
@end
```

（6）单击打开 ViewController.m 文件，编写代码，实现背景的更换。程序代码如下：

```
#import "ViewController.h"
@interface ViewController ()
@end
@implementation ViewController
- (void)viewDidLoad
{
    [_tableview setHidden:YES];
    array=[[NSArray alloc]initWithObjects:@"照片库",@"相机胶卷" ,@"自定义",nil];
    [super viewDidLoad];
    // Do any additional setup after loading the view, typically from a nib.
}
- (void)didReceiveMemoryWarning
```

```objc
{
    [super didReceiveMemoryWarning];
    // Dispose of any resources that can be recreated.
}
- (NSInteger)numberOfSectionsInTableView:(UITableView *)tableView {
    return 1;
}
- (NSInteger)tableView:(UITableView *)tableView numberOfRowsInSection:(NSInteger)section {
    return [array count];
}
- (UITableViewCell *)tableView:(UITableView *)tableView cellForRowAtIndexPath:(NSIndexPath *)indexPath {
    static NSString *CellIdentifier = @"Cell";
    UITableViewCell *cell = [tableView dequeueReusableCellWithIdentifier:CellIdentifier];
    if (cell == nil) {
        cell = [[UITableViewCell alloc] initWithStyle:UITableViewCellStyleDefault
                                      reuseIdentifier:CellIdentifier];
    }
    cell.textLabel.text = [array objectAtIndex:indexPath.row];
    return cell;
}
//选择表视图中的行
-(void)tableView:(UITableView *)tableView didSelectRowAtIndexPath:(NSIndexPath *)indexPath{
    picker = [[UIImagePickerController alloc] init];
    picker.delegate = self;
    picker.allowsEditing=YES;
    switch (indexPath.row) {
        case 0:
            picker.sourceType=UIImagePickerControllerSourceTypePhotoLibrary;
            [self presentViewController:picker animated:YES completion:nil];
            break;
        case 1:
            picker.sourceType=UIImagePickerControllerSourceTypeSavedPhotosAlbum;
            [self presentViewController:picker animated:YES completion:nil];
            break;
        default:
            if ([UIImagePickerController isSourceTypeAvailable:UIImagePickerControllerSourceTypeCamera]) {
                picker.sourceType=UIImagePickerControllerSourceTypeCamera;
                [self presentViewController:picker animated:YES completion:nil];
            }else{
                UIAlertController *alert = [UIAlertController alertControllerWithTitle:@"提示" message:@"亲,设备不支持相机模式" preferredStyle:UIAlertControllerStyleAlert];
                UIAlertAction *action = [UIAlertAction actionWithTitle:@"OK" style:UIAlertActionStyleCancel handler:nil];
                [alert addAction:action];
                [self presentViewController:alert animated:YES completion:nil];
            }
            break;
    }
}
//实现照片的选择
-(void)imagePickerController:(UIImagePickerController *)picker didFinishPickingMediaWithInfo:(NSDictionary *)info{
    [picker dismissViewControllerAnimated:YES completion:NO];
    UIImage *im=[info objectForKey:UIImagePickerControllerEditedImage];
    _imageview.image=im;
    [_tableview setHidden:YES];
}
```

```
- (IBAction)show:(id)sender {
    [_tableview setHidden:NO];
}
@end
```

运行结果如图 16.14 所示。

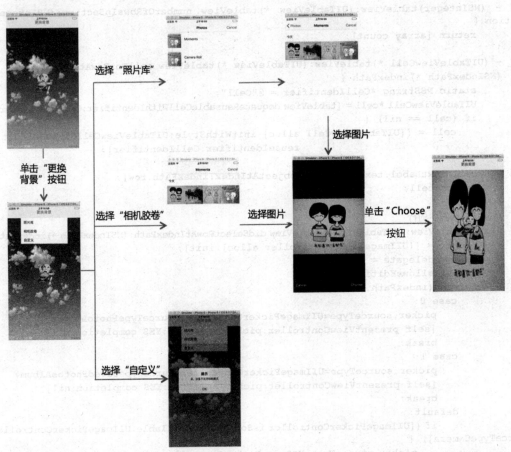

图 16.14　运行结果

16.2　音　　频

在 iOS 应用程序或者游戏的开发过程中，对音频的支持是必不可少的。下面主要讲解系统声音、音频播放器、录音、访问音乐库等内容。

16.2.1　系统声音

系统声音都是比较短的音频，如短信铃声、闹铃等。系统声音文件支持的格式主要有三种：PCM、IMA4、CAF。系统声音的类包含在 AudioToolbox.framework 框架中，所以在使用系统声音前必须要将 AudioToolbox.framework 框架添加到创建的项目中。下面主要讲解系统声音的具体使用。

1. 声明系统 ID

声明系统 ID 需使用 SystemSoundID 类型，其语法形式如下：

```
SystemSoundID 系统 ID 名称;
```

2. 获取系统声音

声明好系统 ID 之后，使用 AudioServicesCreateSystemSoundID:方法创建一个系统声音，其语法形式如下：

```
OSStatus AudioServicesCreateSystemSoundID (
   CFURLRef        inFileURL,
   SystemSoundID   *outSystemSoundID
);
```

其中，CFURLRef inFileURL 用来指定播放音频文件的 URL；SystemSoundID *outSystemSoundID 用来指定系统 ID。

3. 播放

对创建的系统声音进行播放，使用 AudioServicesPlaySystemSound:方法实现，其语法形式如下：

```
void AudioServicesPlaySystemSound (
   SystemSoundID inSystemSoundID
);
```

其中，SystemSoundID inSystemSoundID 用来指定声明的系统 ID。

【示例 16-6】以下程序实现的功能是播放系统声音。操作步骤如下。

（1）创建一个项目，命名为 16-6。

（2）添加音频文件到项目的 Supporting Files 文件夹中。

（3）进入目标窗口，将 AudioToolbox.framework 框架添加到创建的项目中。

（4）单击打开 Main.storyboard 文件，从视图库中拖动 Button 按钮控件到设计界面，双击将标题改为"播放"。

（5）将设计界面的"播放"按钮和 ViewController.h 文件进行动作 play:的声明和关联。

（6）在 ViewController.h 文件中编写代码，实现添加框架头文件和系统 ID 的声明。程序代码如下：

```
#import <UIKit/UIKit.h>
#import <AudioToolbox/AudioToolbox.h>
@interface ViewController : UIViewController{
    SystemSoundID systemsoundID;
}
- (IBAction)play:(id)sender;
@end
```

（7）单击打开 ViewController.m 文件，编写代码，实现单击按钮，播放系统声音。程序代码如下：

```
#import "ViewController.h"
@interface ViewController ()
@end
@implementation ViewController
```

```
- (void)viewDidLoad
{
    NSString *file=[[NSBundle mainBundle]pathForResource:@"123" ofType:@"wav"];
    AudioServicesCreateSystemSoundID((__bridge CFURLRef)[NSURL fileURLWithPath:file],&systemsoundID);
    [super viewDidLoad];
     // Do any additional setup after loading the view, typically from a nib.
}
- (void)didReceiveMemoryWarning
{
    [super didReceiveMemoryWarning];
    // Dispose of any resources that can be recreated.
}
- (IBAction)play:(id)sender {
    AudioServicesPlaySystemSound(systemsoundID);
}
@end
```

运行结果如图 16.15 所示。

图 16.15　运行结果

当单击"播放"按钮，添加的音频文件就可以播放了。

16.2.2　音频播放器

系统声音播放的是较短的音频文件，而对于较长或者系统声音播放不支持的音频文件，并不能采用系统声音的播放方式。这时使用音频播放器对较长的音频文件进行播放是一个不错的选择。在使用音频播放器之前，必须要将 AVFoundation.framework 框架添加到创建的项目中。下面主要讲解音频播放器的具体使用方式。

1．创建 AVAudioPlayer 类对象

在音频播放器使用前，除了添加框架以外，还需要使用 initWithContentsOfURL:error:方法创建一个 AVAudioPlayer（音频播放器）类的对象，其语法形式如下：

```
- (id)initWithContentsOfURL:(NSURL *)url error:(NSError **)outError;
```

其中，(NSURL *)url 用来指定 NSURL 对象，识别播放的音频文件；(NSError **)outError 用来指定错误。

2．控制音频播放器

创建 AVAudioPlayer（音频播放器）类的对象后，就可以使用音频播放器了。下面说明如何控制音频播放器。

（1）播放

如果要播放音频文件，需使用 play:方法，其语法形式如下：

```
- (void)play;
```

（2）暂停

pause:方法实现的功能是将正在播放的声音暂停，其语法形式如下：

```
- (void)pause;
```

（3）停止

除了使用 pause:方法将正在播放的声音停止外，还可以使用 stop:方法将声音停止，其语法形

式如下：

```
- (void)stop;
```

【示例 16-7】以下程序通过使用 AVAudioPlayer 类实现音频文件的播放，还可以对播放的音频文件进行控制。操作步骤如下。

（1）创建一个项目，命名为 16-7。
（2）添加音频文件到项目的 Supporting Files 文件夹中。
（3）进入目标窗口，将 AVFoundation.framework 框架添加到创建的项目中。
（4）单击打开 Main.storyboard 文件，从视图库中拖动三个 Button 按钮控件到设计界面，双击将标题分别改为"播放""暂停""停止"。
（5）将设计界面的按钮和 ViewController.h 文件进行动作的声明和关联，如表 16-2 所示。

表 16-2　　　　　　　　　　　　　动作关联

设计界面的控件	声明和关联的动作
"播放"按钮控件	play:
"暂停"按钮控件	pause:
"停止"按钮控件	stop:

（6）从视图库中拖动 Label 视图到设计界面，双击将标题改为"声音准备中"。选择"Show the Attributes inspector"图标，设置 Label 的大小为 20 并居中显示。这时设计界面的效果如图 16.16 所示。

（7）打开 ViewController.h 和 Main.storyboard 进行关联。程序代码如下：

```
#import <UIKit/UIKit.h>
#import <AVFoundation/AVFoundation.h>
@interface ViewController : UIViewController{
    AVAudioPlayer *audioplayer;
}
@property (weak, nonatomic) IBOutlet UILabel *label;
- (IBAction)play:(id)sender;
- (IBAction)pause:(id)sender;
- (IBAction)stop:(id)sender;
@end
```

图 16.16　设计界面的效果

（8）单击打开 ViewController.m 文件，编写代码，实现声音的控制。程序代码如下：

```
#import "ViewController.h"
@interface ViewController ()
@end
@implementation ViewController
- (void)viewDidLoad
{
    NSString *path=[[NSBundle mainBundle]pathForResource:@"11" ofType:@"mp3"];
    NSURL *url=[NSURL fileURLWithPath:path];
    if (path) {
        audioplayer=[[AVAudioPlayer alloc]initWithContentsOfURL:url error:nil];  //创建
```

```objc
        [audioplayer prepareToPlay];
        audioplayer.numberOfLoops=-1;
    }
    [super viewDidLoad];
    // Do any additional setup after loading the view, typically from a nib.
}
- (void)didReceiveMemoryWarning
{
    [super didReceiveMemoryWarning];
    // Dispose of any resources that can be recreated.
}
//播放声音
- (IBAction)play:(id)sender {
    if(![audioplayer isPlaying]){
        [audioplayer play];
        label.text=@"声音播放中";
    }
}
//暂停声音
- (IBAction)pause:(id)sender {
    if([audioplayer isPlaying]){
        [audioplayer pause];
        label.text=@"声音暂停中";
    }
}
//停止声音
- (IBAction)stop:(id)sender {
    if([audioplayer isPlaying]){
        [audioplayer stop];
        _label.text=@"声音结束";
    }
}
@end
```

运行结果如图 16.17 所示。

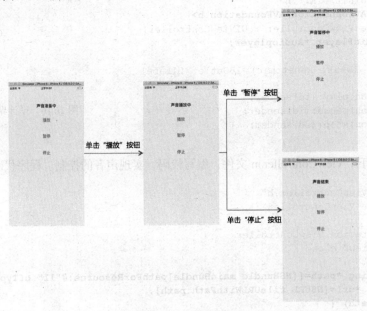

图 16.17 运行结果

16.2.3 录音

在 iOS 的 AVFoundation.framework 框架中提供了 AVAudioRecorder 类，它可以实现录制音频。下面主要讲解录音操作。

1. 创建

在实现录音前，必须要使用- initWithURL:settings:error:方法创建一个 AVAudioRecorder 类的对象，其语法形式如下：

- (id)initWithURL:(NSURL *)url settings:(NSDictionary *)settings error:(NSError **)outError;

其中，(NSURL *)url 用来指定 NSURL 对象；(NSDictionary *)settings 用来指定一个字典对象，对录音进行设置；(NSError **)outError 用来指定错误。

2. 控制录音

创建好 AVAudioRecorder 类的对象后，就可以实现录音了。以下就是在录音过程中实现的控件。

（1）开始录音

record:方法的功能是开始录音，其语法形式如下：

- (void)record;

（2）暂停录音

pause:方法的功能是将正在录制的声音暂停，其语法形式如下：

- (void)pause;

（3）停止录音

stop:方法的功能是将正在录制的声音停止，其语法形式如下：

- (void)stop;

【示例 16-8】以下程序通过以上功能对录音进行控制。操作步骤如下。

（1）创建一个项目，命名为 16-8。

（2）添加图片到创建项目的 Assets.xcassets 文件夹中。

（3）进入目标窗口，将 AVFoundation.framework 框架添加到创建的项目中。

（4）单击打开 Main.storyboard 文件，从视图库中拖动三个 Button 按钮控件到设计界面，双击将标题分别改为"录音""暂停""停止"。

（5）将设计界面的按钮和 ViewController.h 文件进行动作的声明和关联，如表 16-3 所示。

表 16-3　　　　　　　　　　　　　动作关联

设计界面的控件	声明和关联的动作
"录音"按钮控件	record:
"暂停"按钮控件	pause:
"停止"按钮控件	stop:

（6）从视图库中拖动 Label 标签控件到设计界面，双击将标题改为"录音"。

（7）从视图库中拖动 Image View 视图到设计界面。选择"Show the Attributes inspector"图标，在"Image View"面板中将 Image 设置为添加的照片。这时设计界面的效果如图 16.18 所示。

图 16.18　设计界面的效果

　由于 Label 标签控件被 Image View 视图遮盖住了，所以看不到。

（8）在 ViewController.h 文件中编写代码，实现头文件以及插座变量的声明。程序代码如下：

```
#import <UIKit/UIKit.h>
#import <AVFoundation/AVFoundation.h>
@interface ViewController : UIViewController{
    AVAudioRecorder *audiorecorder;
}
@property (weak, nonatomic) IBOutlet UIImageView *imageview;
@property (weak, nonatomic) IBOutlet UILabel *label;
- (IBAction)record:(id)sender;
- (IBAction)pause:(id)sender;
- (IBAction)stop:(id)sender;
@end
```

（9）将声明的 imageview 插座变量和设计界面的 Image View 视图进行关联；将声明的 label 插座变量和设计界面的 Label 标签控件进行关联。

（10）单击打开 ViewController.m 文件，编写代码，实现在录音过程中进行控制。程序代码如下：

```
#import "ViewController.h"
@interface ViewController ()
@end
@implementation ViewController
- (void)viewDidLoad
```

```objc
{
    [_imageview setHidden:YES];
    NSURL *recordedTmpFile = [NSURL fileURLWithPath:[NSTemporaryDirectory() stringByAppendingPathComponent: [NSString stringWithFormat: @"%.0f.%@", [NSDate timeIntervalSinceReferenceDate] * 1000.0, @"caf"]]];
    NSMutableDictionary* recordSetting = [[NSMutableDictionary alloc] init];
    [recordSetting setValue :[NSNumber numberWithInt:kAudioFormatAppleIMA4] forKey:AVFormatIDKey];
    [recordSetting setValue:[NSNumber numberWithFloat:6000044110] forKey:AVSampleRateKey];
    [recordSetting setValue:[NSNumber numberWithInt:2] forKey:AVNumberOfChannelsKey];
    audiorecorder=[[AVAudioRecorder alloc] initWithURL:recordedTmpFile settings:recordSetting error:nil];
    [super viewDidLoad];
    // Do any additional setup after loading the view, typically from a nib.
}
- (void)didReceiveMemoryWarning
{
    [super didReceiveMemoryWarning];
    // Dispose of any resources that can be recreated.
}
//开始录音
- (IBAction)record:(id)sender {
    //判断是否正在进行录音
    if (!audiorecorder.recording) {
        [audiorecorder record];
        [imageview setHidden:NO];
        [label setHidden:YES];
    }
}
//暂停录音
- (IBAction)pause:(id)sender {
    if(audiorecorder.recording){
        [audiorecorder pause];
        [imageview setHidden:YES];
        [label setHidden:NO];
        label.text=@"录音暂停中";
    }
}
//停止录音
- (IBAction)stop:(id)sender {
    if([audiorecorder isRecording]){
        [audiorecorder stop];
        [imageview setHidden:YES];
        [label setHidden:NO];
        label.text=@"录音结束";
        UIAlertController *alert = [UIAlertController alertControllerWithTitle:@"提示" message:@"是否保持录音" preferredStyle:UIAlertControllerStyleAlert];
        UIAlertAction *acton = [UIAlertAction actionWithTitle:@"OK" style:UIAlertActionStyleCancel handler:nil];
        [alert addAction:acton];
        [self presentViewController:alert animated:YES completion:nil];
    }
}
@end
```

运行结果如图 16.19 所示。

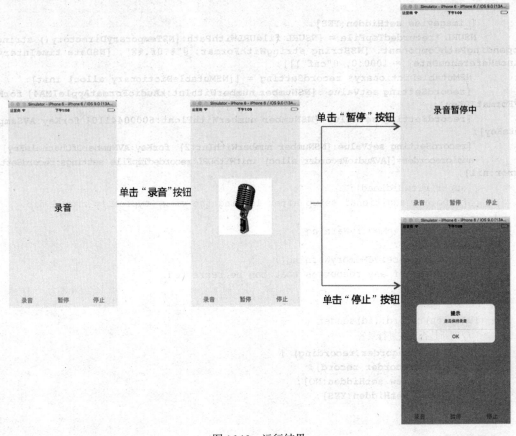

图 16.19　运行结果

16.2.4　访问音乐库

在 iOS 设备中都有一个音乐库，可以在其中保存音频文件，并对这些音频文件实现播放、删除等操作。如果想要在其他应用程序中访问音乐库，需要将 MediaPlayer.framework 框架添加到项目中，还需要使用 initWithMediaTypes:方法创建一个 MPMediaPickerController 控制器的对象，其语法形式如下：

- (id) initWithMediaTypes: (MPMediaType) mediaTypes;

其中，(MPMediaType) mediaTypes 用来指定一个媒体项目。其中媒体项目如表 16-4 所示。

表 16-4　　　　　　　　　　　　　媒体项目

音频媒体项目	
名　称	功　能
MPMediaTypeMusic	媒体项目包含音乐
MPMediaTypePodcast	媒体项目包含博客
MPMediaTypeAudioBook	媒体项目包含有声书
MPMediaTypeAudioITunesU	媒体项目包含 iTunes U 音频
MPMediaTypeAnyAudio	媒体项目包含一个未指定类型的音频内容

续表

视频媒体项目	
MPMediaTypeMovie	媒体项目包含影片
MPMediaTypeTVShow	媒体项目包含一个电视节目
MPMediaTypeVideoPodcast	媒体项目包含一个视频播客
MPMediaTypeMusicVideo	媒体项目包含一个音乐视频
MPMediaTypeVideoITunesU	媒体项目包含 iTunes U 视频
MPMediaTypeAnyVideo	媒体项目包含一个未指定类型的视频内容
通用媒体项目	
MPMediaTypeAny	媒体项目包含一个未指定类型的音频

【示例 16-9】以下程序实现的功能是在其他应用程序中访问音乐库。操作步骤如下：

（1）创建一个项目，命名为 16-9。

（2）进入目标窗口，将 MediaPlayer.framework 框架添加到创建的项目中。

（3）单击打开 Main.storyboard 文件，从视图库中拖动 Button 按钮控件到设计界面，双击将标题改为"访问音乐库"。

（4）将设计界面的"访问音乐库"按钮和 ViewController.h 文件进行动作 buttonClick:的声明和关联。

（5）单击打开 ViewController.h 文件，编写代码，实现头文件的声明。程序代码如下：

```
#import <UIKit/UIKit.h>
#import <MediaPlayer/MediaPlayer.h>

@interface ViewController : UIViewController
- (IBAction) buttonClick:(id)sender;
@end
```

（6）单击打开 ViewController.m 文件，编写代码，实现音乐库的访问。程序代码如下：

```
#import "ViewController.h"
@interface ViewController ()
@end
@implementation ViewController
- (void)viewDidLoad
{
    [super viewDidLoad];
    // Do any additional setup after loading the view, typically from a nib.
}
- (void)didReceiveMemoryWarning
{
    [super didReceiveMemoryWarning];
    // Dispose of any resources that can be recreated.
}
- (IBAction) buttonClick:(id)sender {
    MPMediaPickerController *media=[[MPMediaPickerController alloc]initWithMediaTypes:
MPMediaTypeMusic];                                                              //创建
    [self presentViewController:media animated:YES completion:NULL];  //显示
}
@end
```

运行结果如图 16.20 所示。

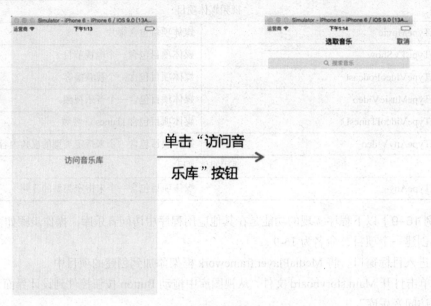

图 16.20　运行结果

因为在 iOS 模拟器上没有音乐库，所以开发者需要使用真机进行测试。

16.2.5　音频的应用——MP3 播放器

【示例 16–10】根据所学内容，制作一个 MP3 播放器。操作步骤如下。
（1）创建一个项目，命名为 16-10。
（2）添加音频文件到项目的 Supporting Files 文件夹中，添加图片到 Assets.xcassets 中。
（3）进入目标窗口，将 AVFoundation.framework 框架添加到创建的项目中。
（4）单击打开 Main.storyboard 文件，从视图库中拖曳一个 Tab Bar Controller 标签栏控制器到画布中，选择"Show the Attributes inspector"图标，在 View Controller 面板下选择"Is Initial View Controller"。
（5）将画布中 Tab Bar Controller 标签栏控制器关联的两个 View Controller-Item1 和 View Controller-Item2 视图控制器的视图删除。
（6）从视图库中拖曳一个 Navigation Controller 导航控制器到画布中。
（7）将 Tab Bar Controller 标签栏控制器关联的第一个视图变为 Navigation Controller 导航控制器。
（8）将 Navigation Controller 导航控制器关联的 Table View Controller 表视图控制器的视图删除。
（9）将 Navigation Controller 导航控制器关联的视图变为 View Controller 视图控制器的视图。
（10）设置 View Controller 视图控制器的设计界面，其效果如图 16.21 所示。

图 16.21　View Controller 视图控制器的设计界面

需要添加的视图、控件以及设置如表 16-5 所示。

表 16-5　　　　　　　　　　　　添加视图、控件以及设置

控件、视图	Show the Attributes inspector	其　他
导航栏	在 Navigation Item 面板下，将 Title 设置为本地音乐	
Image View 图像视图	在 Image View 面板下，将 Image 设置为添加的图片	
TableView 表视图	在 View 面板下，将 Alpha 设置为 0.8	右键单击 TableView 表视图，将 dataSource、delegate 和 dock 中的 View Controller 图标进行关联
第一个 View 视图	在 View 面板下，将 Alpha 设置为 0.8	调整位置及大小
Label 标签控件	在 Label 面板下，将 Alignment 设置为居中对齐 在 label 面板下，将 Font 设置为 21	
Progress View 进度条控件		
第一个 Button 按钮控件	在 Button 面板下，将 Title 设置为 pause	
第二个 Button 按钮控件	在 Button 面板下，将 Title 设置为 play	
Steper 控件		
标签栏	在 Bar Item 面板下，将 Title 设置为本地音乐 在 Bar Item 面板下，将 Image 设置为添加的照片	

（11）在打开 Main.storyboard 文件的同时，打开 ViewController.h 文件，将 View Controller 控制器设计界面的控件进行动作的声明和关联，如表 16-6 所示。

表 16-6　　　　　　　　　　　　　　　动作关联

设计界面的控件	关联和声明的动作
Steper 控件	setper:
标题为 pause 的按钮	pasue:
标题为 play 的按钮	play:

（12）回到 ViewController.h 文件，编写代码。程序代码如下：

```
#import <UIKit/UIKit.h>
#import <AVFoundation/AVFoundation.h>
@interface ViewController : UIViewController{
    NSMutableArray *array;
    AVAudioPlayer *player;
    NSTimer *timer;
}
@property (weak, nonatomic) IBOutlet UILabel *label;
@property (weak, nonatomic) IBOutlet UIProgressView *progress;
@property (weak, nonatomic) IBOutlet UIView *view1;
- (IBAction) setper:(id)sender;
- (IBAction) pasue:(id)sender;
- (IBAction) play:(id)sender;
@end
```

（13）将声明的插座变量和设计界面的视图、控件进行关联，如表 16-7 所示。

表 16-7　　　　　　　　　　　　　　插座变量关联

插座变量	设计界面的视图、控件
label	Lable 标签控件
progress	ProgressView 进度条控件
step	Stepper 控件
view	第一个 View 视图

（14）单击打开 ViewController.m 文件，编写代码，实现选择歌曲进行播放以及声音的控制等功能。程序代码如下：

```
#import "ViewController.h"
@interface ViewController ()
@end
@implementation ViewController
- (void)viewDidLoad
{
    [_view1 setHidden:YES];
    array=[NSMutableArray arrayWithObjects:@"棉花糖",@"陪你到世界的终结",@"我们都一样",@"再见王子", @"天使的翅膀",nil];
    [super viewDidLoad];
    // Do any additional setup after loading the view, typically from a nib.
}
- (NSInteger)numberOfSectionsInTableView:(UITableView *)tableView {
    return 1;
}
- (NSInteger)tableView:(UITableView *)tableView  numberOfRowsInSection:(NSInteger)section {
    return [array count];
}
- (UITableViewCell *)tableView:(UITableView *)tableView cellForRowAtIndexPath:(NSIndexPath *)indexPath {
    static NSString *CellIdentifier = @"Cell";
    UITableViewCell *cell = [tableView dequeueReusableCellWithIdentifier:CellIdentifier];
    if (cell == nil) {
        cell = [[UITableViewCell alloc] initWithStyle:UITableViewCellStyleDefault reuseIdentifier:CellIdentifier];
    }
    cell.textLabel.text = [array objectAtIndex:indexPath.row];
    return cell;
}
-(void)tableView:(UITableView *)tableView didSelectRowAtIndexPath:(NSIndexPath *)indexPath{
    NSString *aa=[array objectAtIndex:indexPath.row];
    _label.text=aa;
    NSString *path=[[NSBundle mainBundle]pathForResource:aa ofType:@"mp3"];
    NSURL *url=[NSURL fileURLWithPath:path];
    player=[[AVAudioPlayer alloc]initWithContentsOfURL:url error:nil];
    [_view1 setHidden:NO];
    [player play];
    player.volume=1;
    timer = [NSTimer scheduledTimerWithTimeInterval:0.1 target:self selector:@selector(playProgress) userInfo:nil repeats:YES];
    _step.minimumValue=0.0f;
```

```
        _step.maximumValue=100.f;
        _step.value=5.0f;
    }
    - (void)playProgress
    {
        _progress.progress = player.currentTime/player.duration;
    }
    - (void)didReceiveMemoryWarning
    {
        [super didReceiveMemoryWarning];
        // Dispose of any resources that can be recreated.
    }
    - (IBAction)aa:(id)sender {
        player.volume=_step.value;
    }

    - (IBAction)bb:(id)sender {
        if([player isPlaying]){
            [player pause];
        }
    }
    - (IBAction)cc:(id)sender {
        if(![player isPlaying]){
            [player play];
        }
    }
    @end
```

（15）从视图库中拖动一个 View Controller 视图控件器到画布中。

（16）将 Tab Bar Controller 标签栏控制器关联的第二个视图变为 ViewController 控制器。

（17）创建一个基于 UIViewController 类的 aaViewController 类。

（18）回到 Main.storyboard 文件，单击第二个和 Tab Bar Controller 标签栏控制器关联的视图控制器的设计界面下的 dock 的 View Controller 图标，在工具栏中选择"Show the Identity inspector"图标，将 Custom Class 下的 Class 设置为创建的 aaViewController 类。这时此表视图控制器就变为了 aaViewController。

（19）选择 aaViewController 视图控制器的设计界面中的标签栏，选择"Show the Attributes inspector"图标，在 Bar Item 面板下，将 Title 设置为"电台"，将 Image 设置为"添加的照片"。

（20）从视图库中添加 Web View 网页视图到 aaViewController 视图控制器的设计界面中。这时的画布效果如图 16.22 所示。

（21）单击打开 aaViewController.h 文件，编写代码，实现插座变量的声明。程序代码如下：

```
#import <UIKit/UIKit.h>
@interface aaViewController : UIViewController
@property (weak, nonatomic) IBOutlet UIWebView *webview;
@end
```

（22）单击打开 aaViewController.m 文件，编写代码，实现网页视图的加载。程序代码如下：

```
#import "aaViewController.h"
@interface aaViewController ()
@end
@implementation aaViewController
- (id)initWithNibName:(NSString *)nibNameOrNil bundle:(NSBundle *)nibBundleOrNil
{
```

```
    self = [super initWithNibName:nibNameOrNil bundle:nibBundleOrNil];
    if (self) {
        // Custom initialization
    }
    return self;
}
- (void)viewDidLoad
{
    NSURL *url=[NSURL URLWithString:@"http://fm.baidu.com"];
    NSURLRequest *re=[NSURLRequest requestWithURL:url];
    [_webview loadRequest:re];
    _webview.scalesPageToFit=YES;
    [super viewDidLoad];
     // Do any additional setup after loading the view.
}
- (void)didReceiveMemoryWarning
{
    [super didReceiveMemoryWarning];
    // Dispose of any resources that can be recreated.
}
@end
```

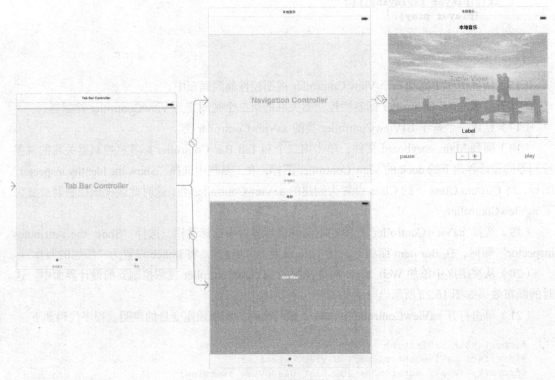

图 16.22　画布效果

运行结果如图 16.23 所示。

在本地音乐中选择歌曲后，会出现对歌曲的设置。其中"pause"按钮用来将播放的音乐暂停；"play"按钮用来将暂停或者停止的声音进行播放；Stepper 控件用来实现播放声音的放大或变小；ProgressView 进度条可以看到音乐播放的进度。

第 16 章 多媒体

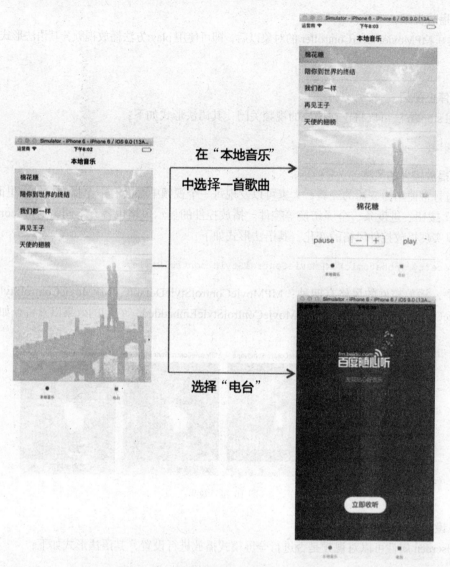

图 16.23　运行结果

16.3　视　　频

在一个应用程序或者游戏开发中，只有音乐等声音元素还不够，需要加上动画效果才称得上是完美的。在 iOS 的 MediaPlayer.framework 框架中提供了一个 MPMoviePlayerController 控制器，它用来对视频进行操作。

1. 创建视频控制器

首先，使用 initWithContentURL:方法创建一个 MPMoviePlayerController 对象，其语法形式如下：

- (id)initWithContentURL:(NSURL *)url;

其中，(NSURL *)url 用来指定 NSURL 对象。

359

2. 播放视频

创建好 MPMoviePlayerController 的对象以后，即可使用 play:方法播放视频，其语法形式如下：

```
-(void)play;
```

3. 停止视频

使用 stop:方法可以将正在播放的视频关闭，其语法形式如下：

```
-(void)stop;
```

4. 播放控件的风格

通过日常使用播放器的经验，大家可以发现每一个视频中都会有一个播放控件，里面有"开始/暂停"按钮、进度条、全屏切换等控件。播放控件的显示风格也各有不同，通过 controlStyle 属性可以实现播放控件风格的变化，其语法形式如下：

```
@property (nonatomic) MPMovieControlStyle controlStyle;
```

其中，播放控件的风格有四种：MPMovieControlStyleDefault、MPMovieControlStyleNone、MPMovieControlStyleFullscreen、MPMovieControlStyleEmbedded。它们的效果以及特点如图 16.24 所示。

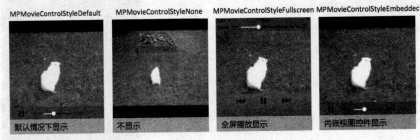

图 16.24　效果

5. 设置全屏模式

Fullscreen 属性可以对视频是否进行全屏模式播放进行设置，其语法形式如下：

```
@property (nonatomic, getter=isFullscreen) BOOL fullscreen;
```

其中，当 BOOL 值为 YES 或者为 1 时，表示视频是以全屏模式进行播放；当 BOOL 值为 NO 或者为 0 时，表示视频不是以全屏模式进行播放。

【示例 16-11】以下程序实现的功能是播放视频，并对播放的视频进行控制。操作步骤如下。

（1）创建一个项目，命名为 16-11。

（2）进入目标窗口，将 MediaPlayer.framework 框架添加到创建的项目中。

（3）单击打开 Main.storyboard 文件，从视图库中拖动 2 个 Button 按钮控件到设计界面，双击将标题改为 "play" 和 "Stop"。效果如图 16.25 所示。

（4）将 "play" 按钮和 ViewController.h 文件进行动作 play:的声明和关联；将 "stop" 按钮和 ViewController.h 文件进行动作 stop:的声明和关联。

（5）回到 ViewController.h 文件，编写代码，实现头文件以及对象的声明。程序代码如下：

```
#import <UIKit/UIKit.h>
#import <MediaPlayer/MediaPlayer.h>
```

```
@interface ViewController : UIViewController{
    MPMoviePlayerController *movie;
}
- (IBAction)play:(id)sender;
- (IBAction)stop:(id)sender;
@end
```

（6）单击打开 ViewController.m 文件，编写代码，实现视频的播放以及其他控制。程序代码如下：

```
#import "ViewController.h"
@interface ViewController ()
@end
@implementation ViewController
- (void)viewDidLoad
{
    NSString *file=[[NSBundle mainBundle]pathForResource:@"222" ofType:@"m4v"];
    NSURL *url=[NSURL fileURLWithPath:file];
    movie=[[MPMoviePlayerController alloc]initWithContentURL:url];//创建
    [movie.view setFrame:CGRectMake(10.0, 20.0, 300.0, 300.0)];
    [self.view addSubview:movie.view];
    movie.controlStyle=MPMovieControlStyleFullscreen;          //设置播放控件的风格
    [super viewDidLoad];
    // Do any additional setup after loading the view, typically from a nib.
}
- (void)didReceiveMemoryWarning
{
    [super didReceiveMemoryWarning];
    // Dispose of any resources that can be recreated.
}
//播放视频
- (IBAction)play:(id)sender {
    [movie play];
}
//停止播放视频
- (IBAction)stop:(id)sender {
    [movie stop];
}
@end
```

运行结果如图 16.26 所示。

图 16.25　设计界面效果

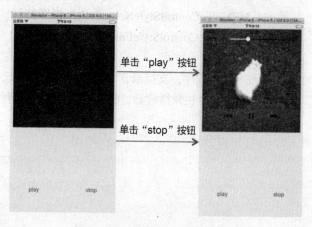

图 16.26　运行结果

16.4 小　　结

本章主要讲解了照片库、音频、视频等内容。本章的重点是定制照片、系统声音、声音播放器、录音以及视频等内容。通过对本章的学习，希望开发者可以设计一个具有照片库、音频、视频的应用程序。

16.5 习　　题

一、选择题

1. 对 iOS 相机的设置中，下面说法错误的是（　　）。
    A. UIImagePickerControllerCameraFlashModeOn 代表相机闪光灯打开
    B. UIImagePickerControllerCameraDeviceFronte 代表访问后置摄像头
    C. UIImagePickerControllerCameraFlashModeAuto 代表闪光灯强制打开
    D. UIImagePickerControllerCameraCaptureModeVideo 代表拍摄视频
2. 访问相册中的 sourceType 属性的值不可以设置为（　　）。
    A. UIImagePickerControllerSourceTypeSavedPhotosAlbum
    B. UIImagePickerControllerSourceTypeFronte
    C. UIImagePickerControllerSourceTypePhotoLibrary
    D. UIImagePickerControllerSourceTypeCamera
3. 系统声音文件支持的格式不包括（　　）。
    A. PCM　　　　　　　　　　　　B. IMA4
    C. CAF　　　　　　　　　　　　D. MP3
4. 关于视频播放控件 MPMoviePlayerController 的显示风格，下列说法正确的是（　　）。
    A. MPMovieControlStyleNone 为默认显示风格
    B. MPMovieControlStyleEmbedded 为内嵌视图控制显示
    C. MPMovieControlStyleNone 为内嵌视图控制显示
    D. MPMovieControlStyleEmbedded 为全屏显示

二、上机练习

1. 实现一个小程序，支持录音、保存录音以及将已录制的音频进行播放。
2. 自己制作一个视频播放器，要求功能有播放、暂停、快进、快退、调节音量、实时进度条。

# 第 17 章
动画

为了提高用户的体验度，在 iOS 中设置了不少动画效果，它使得视图之间的切换过程更绚丽多彩。本章将主要讲解三个实现动画的方式：UIView 动画、CATransition 动画以及 NSTimer 动画。

17.1 UIView 动画

在 UIView 类中可以实现一些既有趣又特别的动画效果。本节主要讲解如何使用 UIView 实现动画效果。

17.1.1 创建动画块

UIView 动画是成块出现的。如果想实现 UIView 动画的播放，首先要创建动画块。一个动画块由开始动画 beginAnimations: context:方法和结束动画 commitAnimations:方法构成。

1. 开始动画

beginAnimations: context:方法用来标记动画块开始，其语法形式如下：

```
+ (void)beginAnimations:(NSString *)animationID context:(void *)context;
```

其中，(NSString *)animationID 用来指定动画的标识，是一个字符串；(void *)context 用来指定传递给动画的附加消息，一般设置为 nil。

2. 结束动画

如果想要结束开始的动画块，必须使用 commitAnimations:方法，其语法形式如下：

```
+ (void)commitAnimations;
```

【示例 17-1】以下程序实现的功能是单击按钮后，会从下向上出现一个红色的视图。操作步骤如下。

（1）创建一个项目，命名为 17-1。

（2）单击打开 Main.storyboard 文件，从视图库中拖动 Button 按钮到设计界面，双击将标题改为"红色背景"。

（3）将设计界面的"红色背景"按钮和 ViewController.h 文件进行动作 show:的声明和关联。

（4）从视图库中拖动一个 View 视图到设计界面，选择"Show the Attributes inspector"图标，在 View 面板下将 Background 设置为红色。

（5）单击打开 ViewController.h 文件，编写代码，实现插座变量的声明。程序代码如下：

```
#import <UIKit/UIKit.h>
@interface ViewController : UIViewController
@property (weak, nonatomic) IBOutlet UIView *view1;
- (IBAction)show:(id)sender;
@end
```

（6）将红色的视图向下移动，直到在设计界面中看不到。

（7）单击打开 ViewController.m 文件，编写代码，实现单击按钮，从下向上出现一个红色的视图。程序代码如下：

```
#import "ViewController.h"
@interface ViewController ()
@end
@implementation ViewController
- (void)viewDidLoad
{
    [super viewDidLoad];
    // Do any additional setup after loading the view, typically from a nib.
}
- (void)didReceiveMemoryWarning
{
    [super didReceiveMemoryWarning];
    // Dispose of any resources that can be recreated.
}
- (IBAction)show:(id)sender {
    [UIView beginAnimations:nil context:nil];             //开始动画
    aa.frame=CGRectMake(0, 0, 375, 667);
    [UIView commitAnimations];
                //结束动画
}
@end
```

运行结果如图 17.1 所示。

图 17.1　运行结果

17.1.2　修改动画块

在动画块中可以修改动画的各种属性，如持续时间、相对速度等。下面主要讲解如何修改动画块中的属性。

1．修改动画持续时间

setAnimationDuration:方法实现的功能是对动画的持续时间进行修改，其语法形式如下：

+ (void)setAnimationDuration:(NSTimeInterval)duration;

其中，(NSTimeInterval)duration 用来指定动画的持续时间。

2．修改动画的相对速度

在一个动画中，速度的改变也是很重要的。要实现对动画的相对速度进行修改，须使用 setAnimationCurve:方法，其语法形式如下：

+ (void)setAnimationCurve:(UIViewAnimationCurve)curve;

其中，(UIViewAnimationCurve)curve 用来指定动画曲线。动画曲线有四种，如表 17-1 所示。

表 17-1　　　　　　　　　　　　　　　　相对速度

动 画 曲 线	功　　能
UIViewAnimationCurveEaseInOut	动画开始缓慢，中间加速，最后再变为缓慢
UIViewAnimationCurveEaseIn	动画开始缓慢，然后慢慢加快
UIViewAnimationCurveEaseOut	动画快速开始，然后慢下来
UIViewAnimationCurveLinear	动画从开始到结束一直保持匀速

【示例 17-2】以下程序实现的功能是通过按钮使日期选择器弹出或者弹回，其中，此动画的动画曲线为 UIViewAnimationCurveEaseInOut，持续时间为 0.5 秒。操作步骤及程序代码如下：

（1）创建一个项目，命名为 17-2。

（2）单击打开 Main.storyboard 文件，从视图库中拖曳 Date Picker 日期选择器到设计界面。

（3）从视图库中拖动两个 Button 按钮控件到设计界面，双击将按钮的标题分别改为"弹出"和"弹回"。

（4）将设计界面的"弹出"按钮和 ViewController.h 文件进行动作 show:的声明和关联；将"弹回"按钮和 ViewController.h 文件进行动作 close:的声明和关联。

（5）在 ViewController.h 文件中编写代码，实现插座变量的声明。程序代码如下：

```
#import <UIKit/UIKit.h>
@interface ViewController : UIViewController
@property (weak, nonatomic) IBOutlet UIDatePicker *datePicker;
- (IBAction)show:(id)sender;
- (IBAction)close:(id)sender;
@end
```

（6）将声明的插座变量和设计界面的 Date Picker 日期选择器进行动作的声明和关联。

（7）将设计界面的 Date Picker 日期选择器向下移动到在设计界面中看不到的位置。

（8）单击打开 ViewController.m 文件，编写代码，实现单击按钮，实现日期选择器的弹出、弹回。程序代码如下：

```
#import "ViewController.h"
@interface ViewController ()
@end
@implementation ViewController
- (void)viewDidLoad
{
    [super viewDidLoad];
    // Do any additional setup after loading the view, typically from a nib.
}
- (void)didReceiveMemoryWarning
{
    [super didReceiveMemoryWarning];
    // Dispose of any resources that can be recreated.
}
//弹出
- (IBAction)show:(id)sender {
    [UIView beginAnimations:nil context:nil];
    [UIView setAnimationCurve:UIViewAnimationCurveEaseInOut];      //设置动画的相对速度
    [UIView setAnimationDuration:0.5];                              //设置动画的持续时间
    datePicker.frame=CGRectMake(0, 150, 375, 216);
    [UIView commitAnimations];
```

```
}
//弹回
- (IBAction)close:(id)sender {
    [UIView beginAnimations:nil context:nil];
    [UIView setAnimationCurve:UIViewAnimationCurveEaseInOut];
    [UIView setAnimationDuration:0.5];
    datePicker.frame=CGRectMake(0, 650, 375, 216);
    [UIView commitAnimations];
}
@end
```

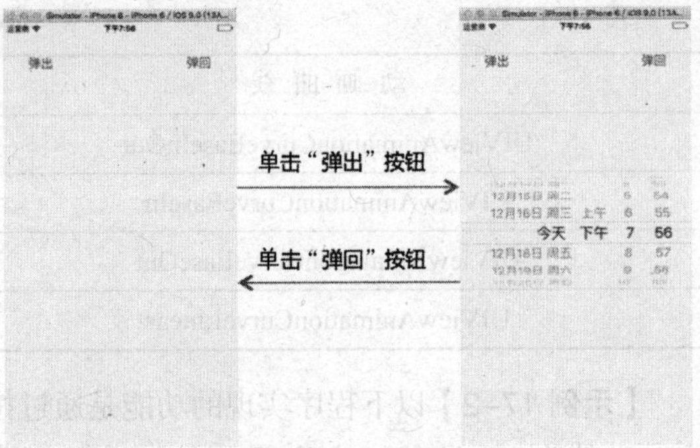

运行结果如图 17.2 所示。

图 17.2　运行结果

17.1.3　过渡动画

在视图与视图进行切换的过程中，经常用到过渡动画。如果要实现过渡动画，必须使用 setAnimationTransition: forView: cache:方法，其语法形式如下：

```
+ (void)setAnimationTransition:(UIViewAnimationTransition)transition forView:(UIView *)view cache:
    (BOOL)cache;
```

其中，(UIViewAnimationTransition)transition 用来指定过渡动画，过渡动画有 4 种，如表 17-2 所示；(UIView *)view 用来指定过渡的视图；(BOOL)cache 用来指定是否马上缓存视图内容。

表 17-2　过渡动画

过 渡 动 画	功　　能
UIViewAnimationTransitionNone	无过渡动画
UIViewAnimationTransitionFlipFromLeft	从左向右旋转
UIViewAnimationTransitionFlipFromRight	从右向左旋转
UIViewAnimationTransitionCurlUp	卷曲翻页，从下往上
UIViewAnimationTransitionCurlDown	卷曲翻页，从上往下

1．实现翻页效果

在读书阅读器中，为了使在切换界面时可以使读者有更深刻的体会，添加了翻页效果。下面讲解翻页效果的实现。

【示例 17-3】以下程序实现的功能是在一个视图控制器中实现视图的翻页效果。操作步骤如下。

（1）创建一个项目，命名为 17-3。

（2）单击打开 ViewController.m 文件，编写代码，在视图切换时实现翻页的动画效果。程序代码如下：

```
#import "ViewController.h"
@interface ViewController ()
@end
@implementation ViewController
- (void)viewDidLoad
{
    //创建红色视图
```

```objc
        UIView *red=[[UIView alloc]initWithFrame:[[UIScreen mainScreen]bounds]];
        red.backgroundColor=[UIColor redColor];
        [self.view addSubview:red];
        //创建黄色视图
        UIView *yellow=[[UIView alloc]initWithFrame:[[UIScreen mainScreen]bounds]];
        yellow.backgroundColor=[UIColor yellowColor];
        [self.view addSubview:yellow];
        //创建按钮,并声明方法
        UIButton *button=[UIButton buttonWithType:UIButtonTypeRoundedRect];
        [button setTitle:@"向上翻页" forState:UIControlStateNormal];
        button.frame=CGRectMake(10, 10, 355, 40);
        [button addTarget:self action:@selector(curlUp) forControlEvents:UIControlEventTouchUpInside];
        [self.view addSubview:button];
        //创建按钮,并声明方法
        UIButton *button1=[UIButton buttonWithType:UIButtonTypeRoundedRect];
        [button1 setTitle:@"向下翻页" forState:UIControlStateNormal];
        button1.frame=CGRectMake(10, 60, 355, 40);
        [button1 addTarget:self action:@selector(curlDown) forControlEvents:UIControlEventTouchUpInside];
        [self.view addSubview:button1];
        [super viewDidLoad];
        // Do any additional setup after loading the view, typically from a nib.
}
//实现方向翻页
-(void)curlUp{
        [UIView beginAnimations:nil context:nil];
        [UIView setAnimationDuration:1.0f];
        [UIView setAnimationCurve:UIViewAnimationCurveEaseInOut];
        [UIView setAnimationTransition:UIViewAnimationTransitionCurlUp forView:self.view cache:YES];
        [self.view exchangeSubviewAtIndex:2 withSubviewAtIndex:3];
        [UIView commitAnimations];
}
//实现向下翻页
-(void)curlDown{
        [UIView beginAnimations:nil context:nil];
        [UIView setAnimationDuration:1.0f];
        [UIView setAnimationCurve:UIViewAnimationCurveEaseInOut];
        [UIView setAnimationTransition:UIViewAnimationTransitionCurlDown forView:self.view cache:YES];
        [self.view exchangeSubviewAtIndex:2 withSubviewAtIndex:3];
        [UIView commitAnimations];
}
- (void)didReceiveMemoryWarning
{
        [super didReceiveMemoryWarning];
        // Dispose of any resources that can be recreated.
}
@end
```

运行结果如图 17.3 所示。

2. 实现旋转效果

旋转的动画效果一般都会使用在图片的浏览上。下面主要讲解在浏览照片时实现的旋转效果。

【示例 17-4】以下程序实现的功能是在一个视图控制器中实现视图的旋转。操作步骤如下。

(1) 创建一个项目,命名为 17-4。

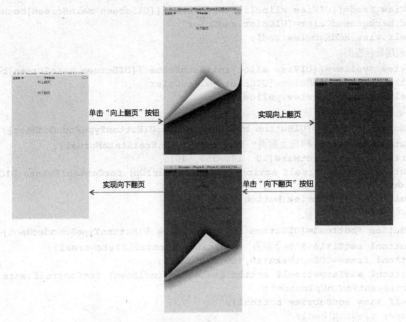

图 17.3　运行结果

（2）添加图片到创建项目的 Assets.xcassets 文件夹中。

（3）单击打开 Main.storyboard 文件，从视图库中拖动一个 Image View 视图到设计界面。

（4）从视图库中拖动一个 Page Control 页面控件到设计界面，选择"Show the Attributes inspector"图标，在 Page Control 面板下，将 Tint Color 设置为红色，将 Current Page 设置为蓝色。这时的设计界面效果如图 17.4 所示。

（5）在打开 Main.storyboard 文件的同时将 View Controller.h 文件打开。将设计界面的页面控件和 ViewController.h 文件进行动作 change:的声明和关联。

（6）在 ViewController.h 文件中关联并编写代码。程序代码如下：

图 17.4　设计界面效果

```
#import <UIKit/UIKit.h>
@interface ViewController : UIViewController
@property (weak, nonatomic) IBOutlet UIImageView *imageview;
@property (weak, nonatomic) IBOutlet UIPageControl *pagecontrol;
- (IBAction)change:(id)sender;
@end
```

（7）单击打开 ViewController.m 文件，编写代码，实现旋转效果。程序代码如下：

```
#import "ViewController.h"
@interface ViewController ()
@end
@implementation ViewController
- (void)viewDidLoad
{
    [imageview setImage:[UIImage imageNamed:@"3.jpg"]];
```

```
    [super viewDidLoad];
    // Do any additional setup after loading the view, typically from a nib.
}
- (void)didReceiveMemoryWarning
{
    [super didReceiveMemoryWarning];
    // Dispose of any resources that can be recreated.
}
- (IBAction)change:(id)sender {
    NSInteger next=[pagecontrol currentPage];
    if (next==0) {
        [imageview setImage:[UIImage imageNamed:@"3.jpg"]];
    }else if (next==1){
        [imageview setImage:[UIImage imageNamed:@"5.jpg"]];
        
    }else{
        [imageview setImage:[UIImage imageNamed:@"7.jpg"]];
        
    }
    [UIView beginAnimations:nil context:nil];
    [UIView setAnimationDuration:10];
    [UIView setAnimationTransition:UIViewAnimationTransitionFlipFromLeft forView:imageview cache:YES];
    [UIView commitAnimations];
}
@end
```

运行结果如图 17.5 所示。

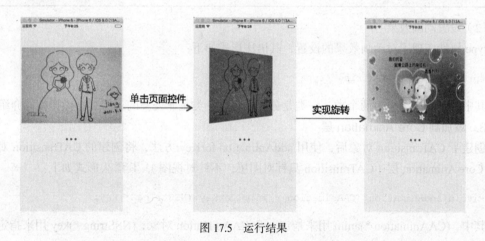

图 17.5　运行结果

17.2　CATransition 动画

在 iOS 中，除了可以使用 UIView 实现动画以外，还可以使用 CATransition 类实现动画效果。这些动画效果主要在过渡时使用。CATransition 的动画效果分为两大类：一类是公开的动画效果，另一类是非公开动画效果。本节将主要讲解 CATransition 如何实现动画，以及两大类动画效果。

17.2.1　CATransition 实现动画

CATransition 实现动画需要 3 个步骤，具体步骤如下。

1. 创建用 CATransition 对象

要想使用 CATransition 类实现动画效果,首先要使用方法 animation:对其进行创建,其语法形式如下:

- + (id)animation;

2. 设置动画

如果想要设置动画的方向,该如何实现呢?下面主要讲解设置动画。

(1)动画方向

使用 subtype:属性对动画的方向进行设置,其语法形式如下:

@property(copy) NSString *subtype;

其中,动画的方向有四种,如表 17-3 所示。

表 17-3　　　　　　　　　　　　　　动画方向

动画方向	功　能
kCATransitionFromRight	从过渡层右侧开始实现动画
kCATransitionFromLeft	从过渡层左侧开始实现动画
kCATransitionFromTop	从过渡层顶部开始实现动画
kCATransitionFromBottom	从过渡层底部开始实现动画

(2)设置动画效果

type 属性实现了对动画效果的设置,其语法形式如下:

@property(copy) NSString *type;

其中,动画效果分为两个类,一类是公开的,另一类是非公开的。后续会做详细的介绍。

3. 添加到 Core Animation 层

创建了 CATransition 对象后,使用 addAnimation forKey:方法,将创建的 CATransition 对象添加到 Core Animation 层(CATransition 只针对图层,不针对视图),其语法形式如下:

-(void)addAnimation:(CAAnimation *)anim forKey:(NSString *)key;

其中,(CAAnimation *)anim 用来指定一个 CAAnimation 对象;(NSString *)key 用来指定一个字符串对象,识别动画。

17.2.2　公开动画效果

所谓公开动画,是指可以在帮助文档中查到的动画效果,这些动画效果有四种,如表 17-4 所示。

表 17-4　　　　　　　　　　　　　　公开的动画效果

公开动画效果	功　能
kCATransitionFade	渐渐消失
kCATransitionMoveIn	覆盖进入
kCATransitionPush	推出
kCATransitionReveal	揭开

第 17 章 动画

【示例 17-5】以下程序通过单击按钮，实现覆盖进入和推出的动画效果。操作步骤如下。
（1）创建一个项目，命名为 17-5。
（2）单击打开 ViewController.m 文件，编写代码，实现在单击按钮后，出现动画效果。程序代码如下：

```objc
#import "ViewController.h"
@interface ViewController ()
@end
@implementation ViewController
- (void)viewDidLoad
{
    //创建绿色视图
    UIView *green=[[UIView alloc]initWithFrame:[[UIScreen mainScreen]bounds]];
    green.backgroundColor=[UIColor greenColor];
    [self.view addSubview:green];
    //创建橘黄色视图
    UIView *orange=[[UIView alloc]initWithFrame:[[UIScreen mainScreen]bounds]];
    orange.backgroundColor=[UIColor orangeColor];
    [self.view addSubview:orange];
    //创建按钮并声明动作
    UIButton *button=[UIButton buttonWithType:UIButtonTypeRoundedRect];
    [button setTitle:@"变化 1" forState:UIControlStateNormal];
    button.frame=CGRectMake(10, 10, 355, 40);
    [button addTarget:self action:@selector(change1) forControlEvents:UIControlEventTouchUpInside];
    [self.view addSubview:button];
    //创建按钮并声明动作
    UIButton *button1=[UIButton buttonWithType:UIButtonTypeRoundedRect];
    [button1 setTitle:@"变化 2" forState:UIControlStateNormal];
    button1.frame=CGRectMake(10, 60, 355, 40);
    [button1 addTarget:self action:@selector(change2) forControlEvents:UIControlEventTouchUpInside];
    [self.view addSubview:button1];
    [super viewDidLoad];
    // Do any additional setup after loading the view, typically from a nib.
}
//实现揭开动画效果
-(void)change1{
    CATransition *transiton=[CATransition animation];        //定义动画
    transiton.duration=10.0f;                                //设置时间
    transiton.type=kCATransitionPush;                        //动画效果
    transiton.subtype=kCATransitionFromLeft;                 //动画方向
    [self.view exchangeSubviewAtIndex:2 withSubviewAtIndex:3];
    [self.view.layer addAnimation:transiton forKey:nil];
}
//实现推挤动画效果
-(void)change2{
    CATransition *transiton=[CATransition animation];
    transiton.duration=10.0f;
    transiton.type=kCATransitionMoveIn;
    transiton.subtype=kCATransitionFromTop;
    [self.view exchangeSubviewAtIndex:2 withSubviewAtIndex:3];
    [self.view.layer addAnimation:transiton forKey:nil];
}
- (void)didReceiveMemoryWarning
```

```
{
    [super didReceiveMemoryWarning];
    // Dispose of any resources that can be recreated.
}
@end
```

运行结果如图 17.6 所示。

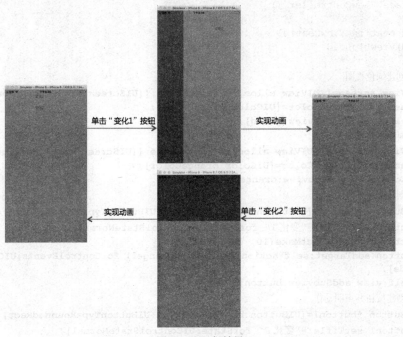

图 17.6 运行结果

17.2.3 非公开动画效果

在帮助文档中找不到的动画就是非公开动画效果，这些动画效果有七种，如表 17-5 所示。

表 17-5   非公开动画效果

非公开动画效果	功　　能
@"cube"	立方体
@"suckEffect"	吸收
@"oglFlip"	翻转
@"rippleEffect"	波纹
@"pageCurl"	卷页
@"cameraIrisHollowOpen"	镜头开
@"cameraIrisHollowClose"	镜头关

【示例 17-6】以下程序通过单击按钮，实现立方体和吸收的动画效果。操作步骤如下。

（1）创建一个项目，命名为 17-6。

（2）单击打开 ViewController.m 文件，编写代码，实现在单击按钮后，出现动画效果。程序代码如下：

```objc
#import "ViewController.h"
@interface ViewController ()
@end
@implementation ViewController
- (void)viewDidLoad
{
    UIView *green=[[UIView alloc]initWithFrame:[[UIScreen mainScreen]bounds]];
    green.backgroundColor=[UIColor greenColor];
    [self.view addSubview:green];
    UIView *orange=[[UIView alloc]initWithFrame:[[UIScreen mainScreen]bounds]];
    orange.backgroundColor=[UIColor orangeColor];
    [self.view addSubview:orange];
    UIButton *button=[UIButton buttonWithType:UIButtonTypeRoundedRect];
    [button setTitle:@"变化1" forState:UIControlStateNormal];
    button.frame=CGRectMake(10, 10, 355, 40);
    [button addTarget:self action:@selector(change1) forControlEvents:UIControlEventTouchUpInside];
    [self.view addSubview:button];
    UIButton *button1=[UIButton buttonWithType:UIButtonTypeRoundedRect];
    [button1 setTitle:@"变化2" forState:UIControlStateNormal];
    button1.frame=CGRectMake(10, 60, 355, 40);
    [button1 addTarget:self action:@selector(change2) forControlEvents:UIControlEventTouchUpInside];
    [self.view addSubview:button1];
    [super viewDidLoad];
    // Do any additional setup after loading the view, typically from a nib.
}
//实现立方体的动画效果
-(void)change1{
    CATransition *transiton=[CATransition animation];
    transiton.duration=10.0f;
    transiton.type=@"cube";
    transiton.subtype=kCATransitionFromRight;
    [self.view exchangeSubviewAtIndex:2 withSubviewAtIndex:3];
    [self.view.layer addAnimation:transiton forKey:nil];
}
//实现吸收的动画效果
-(void)change2{
    CATransition *transiton=[CATransition animation];
    transiton.duration=10.0f;
    transiton.type=@"suckEffect";
    transiton.subtype=kCATransitionFromTop;
    [self.view exchangeSubviewAtIndex:2 withSubviewAtIndex:3];
    [self.view.layer addAnimation:transiton forKey:nil];
}
- (void)didReceiveMemoryWarning
{
    [super didReceiveMemoryWarning];
    // Dispose of any resources that can be recreated.
}
@end
```

运行结果如图17.7所示。

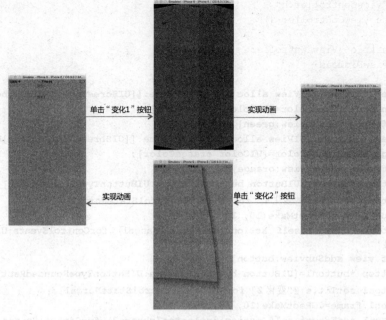

图 17.7　运行结果

17.3　NSTimer 动画

NSTimer 是时间定时器，它可以每隔一段时间将图像进行一次更新，这样可以使图片有一种动态的感觉。下面主要讲解 NSTimer 的创建以及使用 NSTimer 实现的三种动画效果。

17.3.1　NSTimer 的创建

如果想要使用 NSTimer 来实现动画，必须要创建一个 NSTimer 对象，其创建的语法形式有两种，如下：

```
NSTimer *对象名=[NSTimer scheduledTimerWithTimeInterval:(NSTimeInterval) target:(id)
selector:(SEL)userInfo:
    (id) repeats:(BOOL)];
```

其中，该方法的参数说明如下：
- ❑　scheduledTimerWithTimeInterval 用来指定两次触发所间隔的秒数；
- ❑　target 用来指定消息发送的对象；
- ❑　selector 用来指定触发器所调用的方法；
- ❑　userInfo 可以设定为 nil，当定时器失效时，由用户指定的对象保留和释放该定时器；
- ❑　repeats 用来指定是否重复调用自身。

```
NSTimer *对象名=[NSTimer scheduledTimerWithTimeInterval:(NSTimeInterval) invocation:
(NSInvocation *)repeats(BOOL)];
```

其中，该方法的参数说明如下：

❑ scheduledTimerWithTimeInterval 用来指定两次触发所间隔的秒数；
❑ invocation 用来指定调用某个对象的消息；
❑ repeats 用来指定是否重复调用自身。一般建议使用第一种时间定时器的创建形式。

17.3.2 平移

平移就是指在同一平面内，将一个图形整体按照某个直线方向移动一定的距离。

【示例 17-7】以下程序主要实现的功能是使用 NSTimer 来实现平移的动画。操作步骤如下。

（1）创建一个项目，命名为 17-7。
（2）添加图片到创建的项目中。
（3）单击打开 Main.storyboard 文件，从视图库中拖动 Image View 图像视图到设计界面。选择 "Show the Attributes inspector" 图标，在 "Image View" 面板下，将 Image 设置为添加的图片。
（4）从视图库中拖动 Slider 控件到设计界面，调整大小。这时的设计界面效果如图 17.8 所示。
（5）在打开 Main.storyboard 文件的同时将 ViewController.h 文件打开。将设计界面的 Slider 控件和 ViewController.h 文件进行动作 sliderchange:的声明和关联。
（6）在 ViewController.h 文件中编写代码并关联，实现操作变量以及其他变量的声明。程序代码如下：

图 17.8　设计界面效果

```
#import <UIKit/UIKit.h>
@interface ViewController : UIViewController{
    CGPoint point;
    NSTimer *timer;
    CGSize picsize;
    CGPoint translation;
}
@property (weak, nonatomic) IBOutlet UIImageView *imageview;
@property (weak, nonatomic) IBOutlet UISlider *slider;
- (IBAction)sliderchange:(id)sender;
@end
```

（7）单击打开 ViewController.m 文件，编写代码，实现小球的平移动作。程序代码如下：

```
#import "ViewController.h"
@interface ViewController ()
@end
@implementation ViewController
-(void)move{
    [UIView beginAnimations:nil context:nil];
    _imageview.transform=CGAffineTransformMakeTranslation(translation.x, translation.y);
    translation.x+=point.x;
    translation.y+=point.y;
    //判断图像视图是否超出范围
    if(imageview.center.x+translation.x>self.view.bounds.size.width-picsize.width/2||
imageview.center.x+
 translation.x<picsize.width/2){
        point.x=-point.x;
    }
    [UIView commitAnimations];
```

```
}
- (void)viewDidLoad
{
    picsize=_imageview.bounds.size;
    point=CGPointMake(100.0, 0.0);
    translation=CGPointMake(0.0, 0.0);
    timer=[NSTimer scheduledTimerWithTimeInterval:_slider.value target:self selector:
@selector(move) userInfo:nil repeats:YES];        //创建NSTimer对象
    [super viewDidLoad];
    // Do any additional setup after loading the view, typically from a nib.
}
- (void)didReceiveMemoryWarning
{
    [super didReceiveMemoryWarning];
    // Dispose of any resources that can be recreated.
}

- (IBAction)sliderchange:(id)sender {
    [timer invalidate];
    timer=[NSTimer scheduledTimerWithTimeInterval:_slider.value target:self selector: @selector(move)userInfo:nil repeats:YES];
}
@end
```

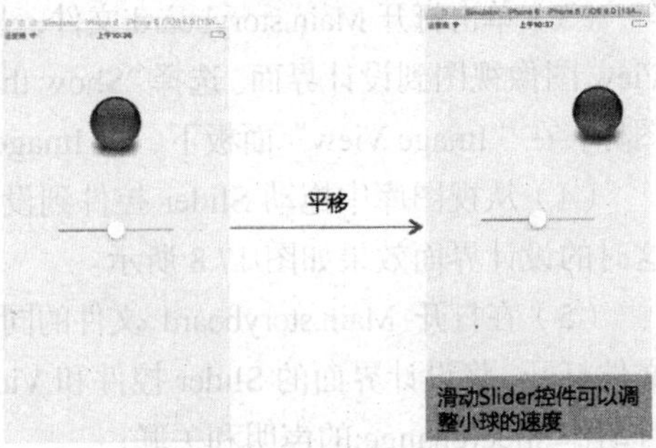

运行结果如图 17.9 所示。

图 17.9　运行结果

17.3.3　旋转

NSTimer 除了可以实现平移动画外，还可以实现旋转动画。

【示例 17-8】以下程序主要实现的功能是使用 NSTimer 实现旋转动画。操作步骤如下。

（1）创建一个项目，命名为 17-8。

（2）添加图片到创建的项目中。

（3）单击打开 Main.storyboard 文件，将设计界面的背景变为黑色。选择 "Show the Attributes inspector" 图标，在 View 面板下，将 Background 设为黑色。

图 17.10　设计界面效果

（4）从视图库中拖动 Image View 图像视图到设计界面。选择 "Show the Attributes inspector" 图标，在 Image View 面板下，将 Image 设置为添加的图片。

（5）从视图库中拖动 Slider 控件到设计界面，调整大小。这时的设计界面效果如图 17.10 所示。

（6）在打开 Main.storyboard 文件的同时将 ViewController.h 文件打开。将设计界面的 Slider 控件和 ViewController.h 文件进行动作 slider:的声明和关联。

（7）在 ViewController.h 文件中进行变量方法关联并编写代码。程序代码如下：

```
#import <UIKit/UIKit.h>
@interface ViewController : UIViewController{
    NSTimer *timer;
    float angle;
}
```

```
@property (weak, nonatomic) IBOutlet UIImageView *imageview;
@property (weak, nonatomic) IBOutlet UISlider *slider;
- (IBAction)slider:(id)sender;
@end
```

（8）单击打开 ViewController.m 文件，编写代码，实现雪花的旋转动作。程序代码如下：

```
#import "ViewController.h"
@interface ViewController ()
@end
@implementation ViewController
- (void)viewDidLoad
{
    angle=0;
    timer = [NSTimer scheduledTimerWithTimeInterval:_slider.value target:self selector:
@selector(onTimer) userInfo:nil repeats:YES];
    [super viewDidLoad];
    // Do any additional setup after loading the view, typically from a nib.
}
-(void)onTimer{
    [UIView beginAnimations:@"" context:nil];
    _imageView.transform=CGAffineTransformMakeRotation(angle);
    angle+=0.01;
    if (angle>6.2857) angle=0;
    [UIView commitAnimations];
}
- (void)didReceiveMemoryWarning
{
    [super didReceiveMemoryWarning];
    // Dispose of any resources that can be recreated.
}
- (IBAction)slider:(id)sender {
    [timer invalidate];
    timer = [NSTimer scheduledTimerWithTime
Interval:_slider.value target:self selector:
    @selector(onTimer) userInfo:nil repeats:YES];
}
@end
```

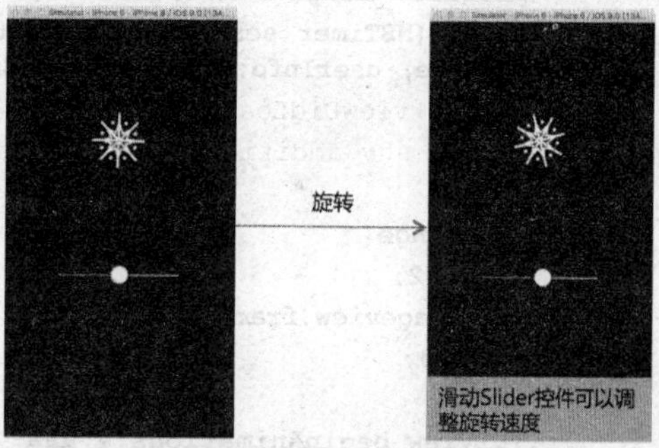

运行结果如图 17.11 所示。

图 17.11 运行结果

17.3.4 缩放

NSTimer 还可以实现缩放动画。

图 17.12 设计界面效果

【示例 17-9】以下程序主要实现的功能是使用 NSTimer 实现缩放动画。操作步骤如下：

（1）创建一个项目，命名为 17-9。

（2）添加图片到创建的项目中。

（3）单击打开 Main.storyboard 文件，从视图库中拖动 Image View 图像视图到设计界面。选择"Show the Attributes inspector"图标，在 Image View 面板下，将 Image 设置为添加的图片。

（4）从视图库中拖动 Slider 控件到设计界面，调整大小。这时的设计界面效果如图 17.12 所示。

(5)在打开 Main.storyboard 文件的同时将 ViewController.h 文件打开。将设计界面的 Slider 控件和 ViewController.h 文件进行动作 scale:的声明和关联。

(6)在 ViewController.h 文件中关联变量及方法并编写代码。程序代码如下：

```
#import <UIKit/UIKit.h>
@interface ViewController : UIViewController{
    NSTimer *timer;
    float i;
    CGSize picSize;
}
@property (weak, nonatomic) IBOutlet UIImageView *imageview;
@property (weak, nonatomic) IBOutlet UISlider *slider;
- (IBAction)scale:(id)sender;
@end
```

(7)单击打开 ViewController.m 文件，编写代码，实现小汽车的缩放动作。程序代码如下：

```
#import "ViewController.h"
@interface ViewController ()
@end
@implementation ViewController
- (void)viewDidLoad
{
    i=0;
    picSize=_imageview.bounds.size;
    timer=[NSTimer scheduledTimerWithTimeInterval:_slider.value target:self selector:@selector(change) userInfo:nil repeats:YES];
    [super viewDidLoad];
    // Do any additional setup after loading the view, typically from a nib.
}
-(void)change{
    i+=0.02;
    if(_imageview.frame.size.width*2 > self.view.bounds.size.width-picSize.width/2){
        i=0;
    }
    [UIView beginAnimations:@"aaa" context:nil];
    _imageview.transform=CGAffineTransformMakeScale(i, i);
    [UIView commitAnimations];
}
- (void)didReceiveMemoryWarning
{
    [super didReceiveMemoryWarning];
    // Dispose of any resources that can be recreated.
}
- (IBAction)scale:(id)sender {
    [timer invalidate];
    timer=[NSTimer scheduledTimerWithTimeInterval:_slider.value target:self selector:@selector(change) userInfo:nil repeats:YES];
}
@end
```

运行结果如图 17.13 所示。

第 17 章　动画

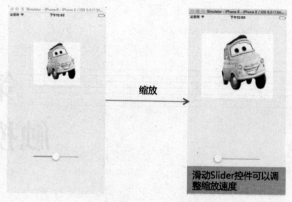

图 17.13　运行结果

17.4　小　　结

本章主要讲解了在 iOS 中实现动画的三种方式：UIView 动画、CATransition 动画以及 NSTimer 动画。本章的重点是过渡动画的实现和 NSTimer 实现的三种基本动画效果。通过对本章的学习，希望开发者可以在自己的应用程序中添加自己的个性动画效果。

17.5　习　　题

一、选择题

1. iOS 动画 Animations 的动画曲线错误的是（　　）。
   A．UIViewAnimationCurveLinear 表示动画从一开始到结束都是匀速
   B．UIViewAnimationCurveEaseInOut 表示中间慢，两边快
   C．UIViewAnimationCurveEaseOut 表示先快后慢
   D．UIViewAnimationCurveEaseIn 表示先慢后快
2. iOS 动画 Animations 的实现方法，下面说法错误的是（　　）。
   A．commitAnimations 是提交动画效果
   B．setAnimationCurve:是设置动画的相对速度
   C．setAnimationTransition:是设置动画的翻转角度
   D．setAnimationDuration:是设置动画的持续时间

二、上机练习

1. 根据 NSTimer 动画，分别实现 UIView 的 x、y、z 方向的连续旋转。
2. 根据所学知识，实现小球弹跳动画。

第 18 章 触摸与手势

iOS 的无键盘设计是为了给用户提供更大的屏幕空间。但是用户要操作屏幕上的对象、输入数据以及指示自己的意图，该如何实现呢？为了解决这一系列问题，iOS 提供了一个触摸设备，用户可以在这个设备上通过触摸，以及 iOS 提供的常用触摸手势来实现各种功能。本章将主要讲解触摸、手势等相关内容。

18.1 触 摸

触摸（Cocoa Touch）就是用户的手指放在屏幕上一直到手指离开。触摸是在 UIView 上进行的。当用户触摸到屏幕时，触摸事件就会发生。本节将主要讲解触摸的阶段以及这些阶段所对应的方法。

18.1.1 触摸阶段

当用户的手指开始放在屏幕上就实现了触摸，但是触摸并不是一直持续的。当手指离开屏幕时，这一次触摸就结束了。在这一次触摸中一共分为 5 个阶段，如表 18-1 所示。

表 18-1　　　　　　　　　　　　　触摸的 5 个阶段

触摸阶段	功　能
UITouchPhaseBegan	手指刚接触到屏幕
UITouchPhaseMoved	手指在屏幕上移动
UITouchPhaseStationary	手指在屏幕上没有移动
UITouchPhaseEnded	手指离开触摸的屏幕
UITouchPhaseCancelled	由于某些原因，造成触摸终止

不是只有某一次触摸才会有这 5 个阶段，而是每一次触摸都会有这 5 个阶段。

18.1.2 触摸方法

对于这 5 个触摸的阶段，该如何实现呢？在 UIResponder 类中对应这 5 个阶段，给出了方法，如表 18-2 所示。

表 18-2　　　　　　　　　　　　　　　触摸方法

触 摸 阶 段	方　　　法
UITouchPhaseBegan	- (void)touchesBegan:(NSSet *)touches withEvent:(UIEvent *)event;
UITouchPhaseMoved	- (void)touchesMoved:(NSSet *)touches withEvent:(UIEvent *)event;
UITouchPhaseStationary	无
UITouchPhaseEnded	- (void)touchesEnded:(NSSet *)touches withEvent:(UIEvent *)event;
UITouchPhaseCancelled	- (void)touchesCancelled:(NSSet *)touches withEvent:(UIEvent *)event;

【示例 18-1】该程序实现了手指触摸到屏幕上时，触摸的地方会出现彩色小圆。而当手指在屏幕上移动时，小圆就会变为正方形。操作步骤如下。

（1）创建一个项目，命名为 18-1。

（2）单击打开 ViewController.h 文件，编写代码，实现变量以及对象、动作的声明。程序代码如下：

```
#import <UIKit/UIKit.h>
@interface ViewController : UIViewController{
    CGPoint touch;
    CALayer *layer;
}
-(void)scaleBegin:(CALayer *)alayer;
@end
```

（3）单击打开 ViewController.m 文件，编写代码，实现触摸。程序代码如下：

```
#import "ViewController.h"
@interface ViewController ()
@end
@implementation ViewController
- (void)viewDidLoad
{
    [super viewDidLoad];
    // Do any additional setup after loading the view, typically from a nib.
}
//手指刚接触到屏幕
- (void) touchesBegan: (nonnull NSSet<UITouch *> *) touches withEvent: (nullable UIEvent *) event{
    touch = [[touches anyObject] locationInView:self.view];
    layer = [self createLayer];
    layer.cornerRadius = 5.0;
    [self.view.layer addSublayer:layer];
    [self scaleBegin:layer];
}

- (void) touchesMoved: (nonnull NSSet<UITouch *> *) touches withEvent: (nullable UIEvent *) event{
    touch = [[touches anyObject] locationInView:self.view];
    layer = [self createLayer];
    [self.view.layer addSublayer:layer];
    [self scaleBegin:layer];
}

- (CALayer *) createLayer{
    layer = [CALayer layer];
    layer.frame = CGRectMake(touch.x - 1, touch.y -1 , 10, 10);
    int color = arc4random()%6;
    switch (color) {
```

```objc
            case 0:
                layer.borderColor = [UIColor redColor].CGColor;
                break;
            case 1:
                layer.borderColor = [UIColor greenColor].CGColor;
                break;
            case 2:
                layer.borderColor = [UIColor yellowColor].CGColor;
                break;
            case 3:
                layer.borderColor = [UIColor grayColor].CGColor;
                break;
            case 4:
                layer.borderColor = [UIColor brownColor].CGColor;
                break;
            case 5:
                layer.borderColor = [UIColor blackColor].CGColor;
                break;
            default:
                layer.borderColor = [UIColor blueColor].CGColor;
                break;
        }
        layer.borderWidth = 0.5;
        return layer;
    }

    - (void)scaleBegin:(CALayer *)alayer{
        float max = 120.;
        if (alayer.transform.m11 < max) {
            if (alayer.transform.m11 == 1.) {
                [alayer setTransform:CATransform3DMakeScale(1.1, 1.1, 1.0)];
            }else{
                [alayer setTransform:CATransform3DScale(alayer.transform, 1.1, 1.1, 1.0)];
            }
            [self performSelector:_cmd withObject:alayer afterDelay:0.1];
        } else {
            [alayer removeFromSuperlayer];
        }
    }
    - (void)didReceiveMemoryWarning
    {
        [super didReceiveMemoryWarning];
        // Dispose of any resources that can be recreated.
    }
    @end
```

运行结果如图 18.1 所示。

图 18.1 运行结果

18.2 手　　势

通过触摸可以实现各种各样的手势，例如轻拍、捏、旋转等。在 iOS 中将常用到的手势封装到一个 UIGestureRecognizer 类中，这个类被称为手势识别器，一个手势就对应了一个手势识别器。本节将主要讲解 iOS 中的常用手势以及它对应的手势识别器。

18.2.1　轻拍

轻拍手势一般使用 UITapGestureRecognizer 手势识别器进行识别。要使用 UITapGestureRecognizer 手势识别器，必须要对其进行创建。创建的方式有两个：一种是使用静态方式创建，另一种是使用动态方式创建。以下将主要讲解这两个创建方式。

1．静态创建

静态创建 UITapGestureRecognizer 手势识别器，需要在创建的项目中打开 Main.storyboard 文件，从视图库中找到 Tap Gesture Recognizer 手势识别器，拖动到设计界面上。这时会在设计界面的 dock 工作区中出现添加的手势识别器，如图 18.2 所示。

图 18.2　操作步骤

 静态创建轻拍手势识别器的这种方式也适合其他手势识别器的创建。由于静态创建都是一样的过程，所以在介绍其他手势识别器的创建时只介绍动态创建的方式。

【示例 18-2】以下程序通过使用静态方式创建 UITapGestureRecognizer 手势识别器，实现在轻拍手势后，出现图片。操作步骤及程序代码如下：

（1）创建一个项目，命名为 18-2。

（2）单击打开 Main.storyboard 文件，从视图库中拖动 Tap Gesture Recognizer 手势识别器到设计界面中。这时，手势识别器就会出现在设计界面下方的 dock 工作区中。

（3）在打开 Main.storyboard 文件的同时，打开 ViewController.h 文件。将 dock 工作区中的 Tap Gesture Recognizer 手势识别器和 ViewController.h 文件进行动作 show:的声明和关联。

（4）在 ViewController.h 文件中编写代码。程序代码如下：

```
#import <UIKit/UIKit.h>
@interface ViewController : UIViewController
@property (strong, nonatomic) IBOutlet UITapGestureRecognizer *tap;
- (IBAction)show:(id)sender;
@end
```

（5）单击打开 ViewController.m 文件，编写代码，实现在轻拍后出现图片。程序代码如下：

```
#import "ViewController.h"
@interface ViewController ()
@end
@implementation ViewController
- (void)viewDidLoad
{
    [tap setNumberOfTapsRequired:1];
    [super viewDidLoad];
```

```
        // Do any additional setup after loading the view, typically from a nib.
}
- (void)didReceiveMemoryWarning
{
    [super didReceiveMemoryWarning];
    // Dispose of any resources that can be recreated.
}
- (IBAction)show:(id)sender {
    UIImage *image = [UIImage imageNamed:@"1"];
    UIImageView *imageview = [[UIImageView alloc] initWithFrame:CGRectMake(0., 0., 0, image.size.height)];
    imageview.image = image;
    [self.view addSubview:imageview];
    [UIView beginAnimations:nil context:nil];
    [UIView setAnimationDuration:5.0];
    [imageview setFrame:CGRectMake(0, 0, image.size.width, image.size.height)];
    [UIView commitAnimations];}
@end
```

运行结果如图 18.3 所示。

2. 动态创建

initWithTarget:action:方法的功能是创建并初始化一个 UITapGestureRecognizer 手势识别器对象，实现 UITapGestureRecognizer 手势识别器对象的动态创建，其语法形式如下：

```
- (id)initWithTarget:(id)target action:(SEL)action;
```

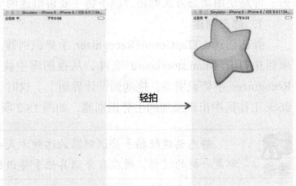

图 18.3 运行结果

其中，(id)target 用来指定一个目的对象；(SEL)action 用来指定动作。

【示例 18-3】以下程序通过使用动态方式创建一个 UITapGestureRecognizer 手势识别器对象，实现在轻拍的地方出现图片。操作步骤如下：

（1）创建一个项目，命名为 18-3。

（2）添加图片到创建项目中。

（3）单击打开 ViewController.m 文件，编写代码，实现在轻拍过的地方出现图片。程序代码如下：

```
#import "ViewController.h"
@interface ViewController ()
@end
@implementation ViewController
- (void)viewDidLoad
{
    UITapGestureRecognizer *tap=[[UITapGestureRecognizer alloc]initWithTarget:self action:@selector(tapGrcognizer:)];                    //创建轻拍手势识别器对象
    [self.view addGestureRecognizer:tap];                      //将手势添加到视图中
    [super viewDidLoad];
    // Do any additional setup after loading the view, typically from a nib.
}
-(void) tapGrcognizer:(UITapGestureRecognizer *)recognizer{
    CGPoint point = [recognizer locationInView:self.view];
    CGRect rect = CGRectMake(point.x - 10, point.y - 10, 60, 60);
```

```
        UIImageView *imageview = [[UIImage
View alloc] initWithFrame:rect];
        [imageview setImage:[UIImage image
Named:@"5"]];
        [self.view addSubview:imageview];}
- (void)didReceiveMemoryWarning
{
        [super didReceiveMemoryWarning];
        // Dispose of any resources that can
be recreated.
    }
    @end
```

运行结果如图 18.4 所示。

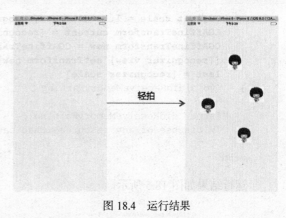

图 18.4　运行结果

18.2.2　捏

所谓捏，就是使用两个手指实现由里向外（或由外向里）张合，从而实现图片的放大和缩小。UIPinchGestureRecognizer 手势识别器可以识别捏的手势。要动态创建，须使用 initWithTarget:action: 方创建并初始化一个 UIPinchGestureRecognizer 手势识别器对象。

【示例 18-4】以下程序实现的功能是在地图上实现捏的手势。操作步骤如下。

（1）创建一个项目，命名为 18-4。

（2）进入目标窗口，将 MapKit.framework 框架添加到创建的项目中。

（3）单击打开 Main.storyboard 文件，从视图库中拖动 Map.View 地图视图到设计界面。

（4）单击打开 ViewController.m 文件进行变量关联。程序代码如下：

```
#import <UIKit/UIKit.h>
#import <MapKit/MapKit.h>
@interface ViewController : UIViewController{
    CGFloat last;
}
@property (weak, nonatomic) IBOutlet MKMapView *map;
@end
```

（5）单击打开 ViewController.m 文件，编写代码，实现通过捏的手势放大或者缩小地图。程序代码如下：

```
#import "ViewController.h"
@interface ViewController ()
@end
@implementation ViewController
- (void)viewDidLoad
{
    UIPinchGestureRecognizer *pin=[[UIPinchGestureRecognizer alloc]initWithTarget:self
action:@selector(pinchrecognizer:)];                    //创建捏的手势识别器对象
    [_map addGestureRecognizer:pin];
    [super viewDidLoad];
    // Do any additional setup after loading the view, typically from a nib.
}
- (void) pinchrecognizer:(UIPinchGestureRecognizer *)recognizer{
    [_map bringSubviewToFront:[recognizer view]];
    if ([recognizer state] == UIGestureRecognizerStateEnded) {
        last = 1.0;
        return;
    }
```

```
        CGFloat scale = 1. - (last - [recognizer scale]);
        CGAffineTransform current = [recognizer view].transform;
        CGAffineTransform new = CGAffineTransformScale(current, scale, scale);
        [[recognizer view] setTransform:new];
        last = [recognizer scale];
}
- (void)didReceiveMemoryWarning
{
    [super didReceiveMemoryWarning];
    // Dispose of any resources that can be recreated.
}
@end
```

运行结果如图 18.5 所示。

图 18.5　运行结果

  如果想要在虚拟机上实现捏的手势，必须要按住计算机键盘上的 option 键，再用鼠标对模拟器进行操作，这时在 iOS 模拟器上会出现两个小圆，它们就代表了两个手指。

18.2.3　滑动

滑动的手势可以使用 UISwipeGestureRecognizer 手势识别器识别。

【示例 18-5】以下程序通过使用 UISwipeGestureRecognizer 手势识别器，来实现在不同方向上滑动手势时，出现不同的箭头。操作步骤如下。

（1）创建一个项目，命名为 18-5。

（2）添加图片到项目中。

（3）单击打开 ViewController.h 文件，编写代码，实现对象的声明。程序代码如下：

```
#import <UIKit/UIKit.h>
@interface ViewController : UIViewController{
    UIImageView *imageview;
    CGPoint lastpoint;
}
@end
```

（4）单击打开 ViewController.m 文件，编写代码，实现滑动手势。程序代码如下：

```
#import "ViewController.h"
@interface ViewController ()
@end
@implementation ViewController
- (void)viewDidLoad
{
```

```objc
//创建向左滑动的手势
UISwipeGestureRecognizer *swipL=[[UISwipeGestureRecognizer alloc]initWithTarget:self action:@selector(left:)];
    swipL.direction=UISwipeGestureRecognizerDirectionLeft;
    [self.view addGestureRecognizer:swipL];
    //创建向右滑动的手势
     UISwipeGestureRecognizer *swipR=[[UISwipeGestureRecognizer alloc]initWithTarget:self action:@selector(right:)];
    swipR.direction=UISwipeGestureRecognizerDirectionRight;
    [self.view addGestureRecognizer:swipR];
    //创建向上滑动的手势
    UISwipeGestureRecognizer *swipU=[[UISwipeGestureRecognizer alloc]initWithTarget:self action:@selector(up:)];
    swipU.direction=UISwipeGestureRecognizerDirectionUp;
    [self.view addGestureRecognizer:swipU];
    //创建向下滑动的手势
    UISwipeGestureRecognizer *swipD=[[UISwipeGestureRecognizer alloc]initWithTarget:self action:@selector(down:)];
    swipD.direction=UISwipeGestureRecognizerDirectionDown;
    [self.view addGestureRecognizer:swipD];
    [super viewDidLoad];
    // Do any additional setup after loading the view, typically from a nib.
}
//实现向左滑动调用的方法
-(void)left:(UISwipeGestureRecognizer *)recognizer{
    CGPoint location=[recognizer locationInView:self.view];
    imageview=[[UIImageView alloc]initWithFrame:CGRectMake(location.x, location.y-20, 70, 70)];
    [imageview setImage:[UIImage imageNamed:@"2"]];
    [self.view addSubview:imageview];
    location.x-=200;
    [UIView animateWithDuration:1 animations:^{
        imageview.alpha=0.0;
        imageview.center=location;
    }];
}
-(void)right:(UISwipeGestureRecognizer *)recognizer{
    CGPoint location=[recognizer locationInView:self.view];
    imageview=[[UIImageView alloc]initWithFrame:CGRectMake(location.x, location.y-20, 70, 70)];
    [imageview setImage:[UIImage imageNamed:@"1"]];
    [self.view addSubview:imageview];
    location.x+=200;
    [UIView animateWithDuration:1 animations:^{
        imageview.alpha=0.0;
        imageview.center=location;
    }];
}
-(void)up:(UISwipeGestureRecognizer *)recognizer{
    CGPoint location=[recognizer locationInView:self.view];
    imageview=[[UIImageView alloc]initWithFrame:CGRectMake(location.x, location.y-20, 70, 70)];
    [imageview setImage:[UIImage imageNamed:@"4"]];
    [self.view addSubview:imageview];
    location.y-=300;
    [UIView animateWithDuration:1 animations:^{
        imageview.alpha=0.0;
        imageview.center=location;
    }];
}
```

```
-(void)down:(UISwipeGestureRecognizer *)recognizer{
    CGPoint location=[recognizer locationInView:self.view];
    imageview=[[UIImageView alloc]initWithFrame:CGRectMake(location.x, location.y-20, 70, 70)];
    [imageview setImage:[UIImage imageNamed:@"3"]];
    [self.view addSubview:imageview];
    location.y+=200;
    [UIView animateWithDuration:1 animations:^{
        imageview.alpha=0.0;
        imageview.center=location;
    }];
}- (void)didReceiveMemoryWarning
{
    [super didReceiveMemoryWarning];
    // Dispose of any resources that can be recreated.
}

@end
```

运行结果如图 18.6 所示。

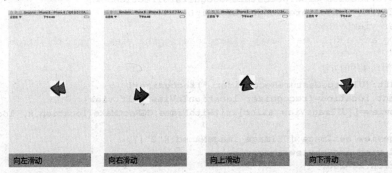

图 18.6 运行结果

18.2.4 旋转

旋转手势可以使用 UIRotationGestureRecognizer 手势识别器进行识别。

【示例 18-6】以下程序实现的功能是通过旋转手势将图片进行旋转。操作步骤如下。

（1）创建一个项目，命名为 18-6。
（2）添加图片到项目中。
（3）单击打开 ViewController.h 文件，编写代码，实现对象的声明。程序代码如下：

```
#import <UIKit/UIKit.h>
@interface ViewController : UIViewController{
    UIImageView *imageview;
}
@end
```

（4）单击打开 ViewController.m 文件，编写代码，实现使用旋转手势旋转图片。程序代码如下：

```
#import "ViewController.h"
@interface ViewController ()
@end
@implementation ViewController
- (void)viewDidLoad
{
    UIRotationGestureRecognizer *rotation=[[UIRotationGestureRecognizer alloc]initWithTarget:self
```

```
    action:@selector(rotationrecognizer:)];
        [self.view addGestureRecognizer:rotation];
        [super viewDidLoad];
        // Do any additional setup after loading the view, typically from a nib.
}
//实现通过旋转手势旋转图片
-(void)rotationrecognizer:(UIRotationGestureRecognizer *)recognizer{
    CGPoint location=[recognizer locationInView:self.view];
    imageview=[[UIImageView alloc]initWithFrame:CGRectMake(location.x, location.y, 80, 80)];
    [imageview setImage:[UIImage imageNamed:@"5"]];
    [self.view addSubview:imageview];
    CGAffineTransform transform=CGAffineTransformMakeRotation([recognizer rotation]);
    imageview.transform=transform;
}
- (void)didReceiveMemoryWarning
{
    [super didReceiveMemoryWarning];
    // Dispose of any resources that can be recreated.
}
@end
```

运行结果如图 18.7 所示。

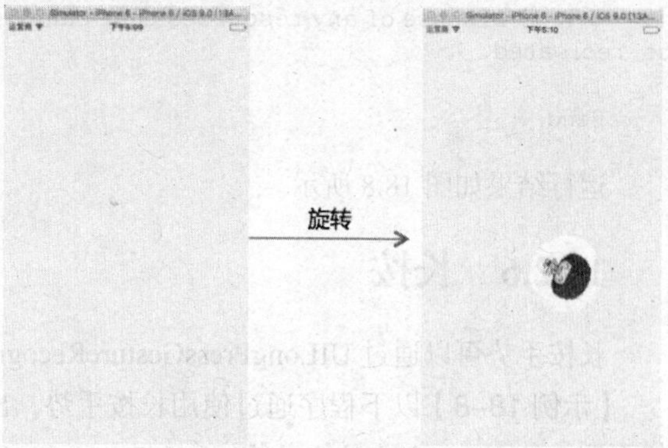

图 18.7 运行结果

18.2.5 移动

移动手势可以使用 UIPanGestureRecognizer 手势识别器进行识别。

【示例 18-7】以下程序通过使用移动手势将屏幕上的图片进行移动。操作步骤如下。

（1）创建一个项目，命名为 18-7。

（2）添加图片到项目中。

（3）单击打开 Main.storyboard 文件，从视图库中拖动 Image View 图像视图到设计界面，调整大小。选择"Show the Attributes inspector"图标，在 Image View 面板下将 Image 设置为添加的图片。

（4）单击打开 ViewController.h 文件进行变量关联。程序代码如下：

```
#import <UIKit/UIKit.h>
@interface ViewController : UIViewController
@property (strong, nonatomic) IBOutlet UIView *imageview;
@end
```

（5）单击打开 ViewController.m 文件，编写代码，实现通过移动手势移动图片。程序代码如下：

```
#import "ViewController.h"
@interface ViewController ()
@end
@implementation ViewController
- (void)viewDidLoad
{
    UIPanGestureRecognizer *pan=[[UIPanGestureRecognizer alloc]initWithTarget:self action:@selector(panrecognizer:)];        //创建
    [super viewDidLoad];
    [self.view addGestureRecognizer:pan];
```

389

```
        // Do any additional setup after loading the view, typically from a nib.
    }
    //实现移动手势移动图片
    -(void)panrecognizer:(UIPanGestureRecognizer *)recognizer{
        CGPoint point=[recognizer locationInView:self.view];
        [_imageview setCenter:point];
    }
    - (void)didReceiveMemoryWarning
    {
        [super didReceiveMemoryWarning];
        // Dispose of any resources that can be recreated.
    }
    @end
```

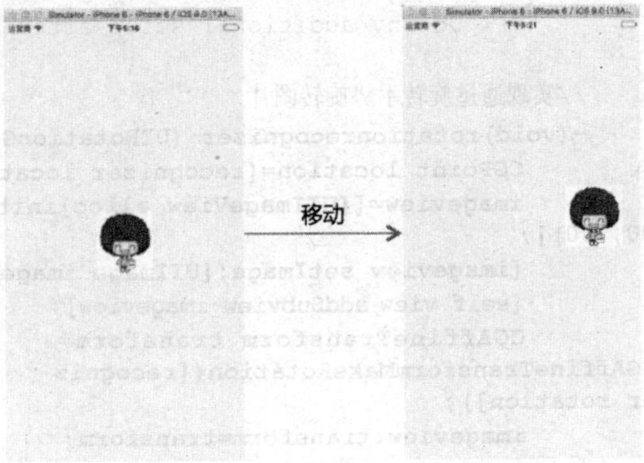

运行结果如图 18.8 所示。

图 18.8 运行结果

18.2.6 长按

长按手势可以通过 UILongPressGestureRecognizer 手势识别器进行识别。

【示例 18-8】以下程序通过使用长按手势，出现动作表单，从而实现背景的切换。操作步骤如下。

（1）创建一个项目，命名为 18-8。

（2）添加图片到项目中。

（3）单击打开 ViewController.m 文件，编写代码，实现轻拍切换人物、长按切换背景的功能。程序代码如下：

```
#import "ViewController.h"
@interface ViewController ()
@end
@implementation ViewController
- (void)viewDidLoad
{
    UITapGestureRecognizer *tap=[[UITapGestureRecognizer alloc]initWithTarget:self action:@selector(taprecognizer:)];
    [tap setNumberOfTapsRequired:1];
    [self.view addGestureRecognizer:tap];
    [super viewDidLoad];
    // Do any additional setup after loading the view, typically from a nib.
}
-(void)taprecognizer:(UITapGestureRecognizer *)recognizer{
    CGPoint location=[recognizer locationInView:self.view];
    UIView *hit=[self.view hitTest:location withEvent:nil];
    if([hit isKindOfClass:[UIImageView class]]){
        [(UIImageView *)hit setImage:[UIImage imageNamed:@"3.png"]];
    }else{
        UIImageView *imageview=[[UIImageView alloc]initWithFrame:CGRectMake(0,100 ,322, 381)];
        [imageview setImage:[UIImage imageNamed:@"2.png"]];
        [imageview setUserInteractionEnabled:YES];
        [self.view addSubview:imageview];
    }
    UILongPressGestureRecognizer *longpress=[[UILongPressGestureRecognizer alloc]init
```

```objc
WithTarget:self action:@selector(longpress:)];
    longpress.minimumPressDuration=1.0;
    [self.view addGestureRecognizer:longpress];
}
-(void)longpress:(UILongPressGestureRecognizer *)recognizer{
//    UIActionSheet *act=[[UIActionSheet alloc]initWithTitle:@"选择你的背景颜色" delegate:self cancelButtonTitle:@"Cancel" destructiveButtonTitle:@"Red" otherButtonTitles:@"Blue",@"Green",@"Yellow", nil];
//    [act showInView:self.view];
    UIAlertController *alert = [UIAlertController alertControllerWithTitle:@"选择你的背景颜色" message:nil preferredStyle:UIAlertControllerStyleActionSheet];
    UIAlertAction *cancel = [UIAlertAction actionWithTitle:@"Cancel" style:UIAlertActionStyleCancel handler:nil];
    UIAlertAction *red = [UIAlertAction actionWithTitle:@"Red" style:UIAlertActionStyleDefault handler:^(UIAlertAction * __nonnull action) {
        [self.view setBackgroundColor:[UIColor redColor]];
    }];
    UIAlertAction *blue = [UIAlertAction actionWithTitle:@"Blue" style:UIAlertActionStyleDefault handler:^(UIAlertAction * __nonnull action) {
        [self.view setBackgroundColor:[UIColor blueColor]];
    }];
    UIAlertAction *green = [UIAlertAction actionWithTitle:@"Green" style:UIAlertActionStyleDefault handler:^(UIAlertAction * __nonnull action) {
        [self.view setBackgroundColor:[UIColor greenColor]];
    }];
    UIAlertAction *yellow = [UIAlertAction actionWithTitle:@"Yellow" style:UIAlertActionStyleDefault handler:^(UIAlertAction * __nonnull action) {
        [self.view setBackgroundColor:[UIColor yellowColor]];
    }];
    [alert addAction:cancel];
    [alert addAction:red];
    [alert addAction:blue];
    [alert addAction:green];
    [alert addAction:yellow];
    [self presentViewController:alert animated:YES completion:nil];
}- (void)didReceiveMemoryWarning
{
    [super didReceiveMemoryWarning];
    // Dispose of any resources that can be recreated.
}
@end
```

运行结果如图18.9所示。

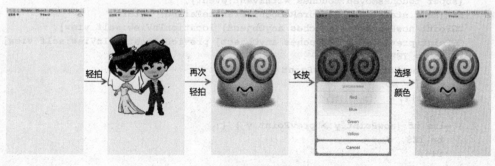

图18.9 运行结果

18.2.7 自定义手势

除了可以在 iOS 模拟器上使用常用的手势外，开发者还可以自己定义手势。这些手势在 UIGestureRecognizer 类中是没有的，必须要使用触摸方法来实现。

【示例 18-9】以下程序实现的是一个删除手势的实现。操作步骤如下。
（1）创建一个项目，命名为 18-9。
（2）添加图片到项目中。
（3）创建一个基于 UIGestureRecognizer 类的 Delete 类。
（4）单击打开 Delete.h 文件，编写代码，实现变量以及对象的声明。程序代码如下：

```
#import <UIKit/UIKit.h>
#import <UIKit/UIGestureRecognizerSubclass.h>
@interface Delete : UIGestureRecognizer{
    bool b;
    int i;
}
@property(nonatomic,retain)UIView *DeleteView;
@end
```

（5）单击打开 Delete.m 文件，编写代码，实现删除手势的创建。程序代码如下：

```
#import "Delete.h"
@implementation Delete
- (void)reset {
    [super reset];
    b = YES;
    i = 0;
    _DeleteView = nil;
}
//手指触摸到屏幕
- (void)touchesBegan:(NSSet *)touches withEvent:(UIEvent *)event {
    [super touchesBegan:touches withEvent:event];
    if ([touches count] != 1) {
        self.state = UIGestureRecognizerStateFailed;
        return;
    }
}
//手指在屏幕上移动
- (void)touchesMoved:(NSSet *)touches withEvent:(UIEvent *)event {
    [super touchesMoved:touches withEvent:event];
    if (self.state == UIGestureRecognizerStateFailed) return;
    CGPoint nowPoint = [[touches anyObject] locationInView:self.view];
    CGPoint prevPoint = [[touches anyObject] previousLocationInView:self.view];
    if (b == YES) {
        if (nowPoint.y < prevPoint.y ){
            b = NO;
            i++;
        }
    } else if (nowPoint.y > prevPoint.y ) {
        b= YES;
        i++;
    }
    if (_DeleteView == nil) {
        UIView *hit = [self.view hitTest:nowPoint withEvent:nil];
        if (hit != nil && hit != self.view){
```

```
            _DeleteView = hit;
        }
    }
}
//手指结束触摸
- (void)touchesEnded:(NSSet *)touches withEvent:(UIEvent *)event {
    [super touchesEnded:touches withEvent:event];
    if (self.state == UIGestureRecognizerStatePossible) {
        if (i >= 3){
            self.state = UIGestureRecognizerStateRecognized;
        }
        else
        {
            self.state = UIGestureRecognizerStateFailed;
        }
    }
}
@end
```

（6）单击打开 ViewController.m 文件，编写代码，实现通过删除手势删除图片的功能。程序代码如下：

```
#import "ViewController.h"
#import "Delete.h"
@interface ViewController ()
@end
@implementation ViewController
- (void)viewDidLoad
{
    UITapGestureRecognizer *tap=[[UITapGestureRecognizer alloc]initWithTarget:self
    action:@selector(taprecognizer:)];
    [self.view addGestureRecognizer:tap];
    [super viewDidLoad];
    // Do any additional setup after loading the view, typically from a nib.
}
-(void) taprecognizer:(UITapGestureRecognizer *)recognizer{
    CGPoint location = [recognizer locationInView:self.view];
    CGRect rect = CGRectMake(location.x - 40, location.y - 40, 80.0f, 80.0f);
    UIImageView *image = [[UIImageView alloc] initWithFrame:rect];
    [image setImage:[UIImage imageNamed:@"2.png"]];
    [image setUserInteractionEnabled:YES];
    [self.view addSubview:image];
    //自定义手势识别器对象的创建
    Delete *delete=[[Delete alloc]initWithTarget:self action:@selector(delete:)];
    [self.view addGestureRecognizer:delete];
}
-(void) delete:(Delete *)recognizer{
    if(recognizer.state==UIGestureRecognizerStateRecognized){
        UIView *vv=[recognizer DeleteView];
        [vv removeFromSuperview];
    }
}
- (void)didReceiveMemoryWarning
{
    [super didReceiveMemoryWarning];
    // Dispose of any resources that can be recreated.
}
@end
```

运行结果如图 18.10 所示。

图 18.10　运行结果

18.3　小　　结

本章主要讲解了触摸以及在 iOS 设备中常用到的手势。本章的重点是常用手势和自定义手势的实现。通过对本章的学习，希望开发者可以在自己的程序中使用常用手势。如果条件允许，希望开发者可以创建出属于自己的手势。

18.4　习　　题

一、选择题

1. iOS 有多种手势识别器，下列手势识别器的说明错误的是（　　）。
　　A．UIPinchGestureRecognizer 是使用两个手指实现向里向外张合从而实现 View 的放大和缩小
　　B．UIPanGestureRecognizer 是使用手指在屏幕上移动
　　C．UILongPressGestureRecognizer 是长按识别器
　　D．UITapGestureRecognizer 是单次点击，不能用于多次点击

2. 触摸（Cocoa Touch）就是用户的手指放在屏幕上一直到手指离开，对触摸的各个阶段说法错误的是（　　）。
　　A．每一次触摸一共分为 5 个阶段
　　B．每一个触摸阶段都对应着一个触摸回调方法
　　C．不管触摸有没有移动，都会有 UITouchPhaseMoved 阶段
　　D．UITouchPhaseCancelled 和 UITouchPhaseEnd 是两个不同阶段

二、阐述题

在很多需求中，通过触摸或者手势都可以满足。请阐述这两者的联系与区别，并举例说明它们各自有利的运用场景。

三、上机练习

请用触摸的四个方法，实现手势中的轻拍、滑动功能。

第 4 篇
实战篇

第 19 章
实例 1：App 注册与登录

本实例实现的功能为 App 的注册、登录功能。用户注册后的账号密码保存在 plist 文件中，当输入正确的账号和密码时，会出现登录成功提示；当输入的账号或者密码不正确，提示登录失败以及具体原因。其中，用于用户输入密码与账号的是文本框，运行效果如图 19.1 所示。

图 19.1 运行效果

19.1 项目分析

登录和注册是平时 App 中经常遇到的功能，其中最常见的就是用户名/密码形式的登录和注册。从效果图中可以看出来，此功能需要两个页面，每个页面中需要多个 UIButton 和 UITextField。在注册页面右上角有返回登录按钮，此功能可以由 Navigation Controller 来实现。下面分析每一个页面所需要的控件以及实现方式。

登录页面需要两个 UITextField 接收用户输入的用户名和密码，其中密码要采用加密方式输入，两个 UITextField 都紧靠在界面边上，可以在自动布局中选择与 Controller 的左右距离为 0。在登录、注册处各放置一个按钮，固定高宽。在功能上，当用户单击"注册"按钮时，页面跳转到注册页面，当用户单击"登录"按钮时，程序将检查用户是否输入用户名与密码、用户名是否存在、密码是否正确等信息，全部验证通过则提示"登录成功"。

注册页面需要三个 UITextField 接收用户输入的用户名、密码、确认密码，密码和确认密码均采用加密方式输入。布局方式和登录页面相似。在顶部有一个"选择头像"，由此可知注册时需要选择用户头像,在单击"选择头像"按钮后,会弹出一个选择头像的视图供用户选择。单击"注册"按钮后,程序检查用户名、密码、确认密码是否都已输入,用户名是否已被注册,密码和确认密码输入是否一样,密码长度是否符合要求,是否已选择头像,全部验证通过,则提示"注册成功"并返回到登录页面。

在注册页面有一个"选择头像"按钮,可以单击此按钮,弹出选择头像的视图,让用户从一些头像中选择一个作为用户头像。

19.2 项目实现过程

19.2.1 资源导入

由于涉及用户头像,所以首先导入一部分图片到工程作为用户头像。在工程 Assets.xcassets 中新建多个 Image Set,并分别命名为 1~5,将资源图片拷贝到其对应的文件夹下,所有图片拖动到对应 2x 图片下面。

2x 是 Xcode 中的 2 倍图,同一张图片不同的分辨率对应着 Xcode 中的 1x、2x、3x。

19.2.2 添加 Navigation Controller

在 Main.storyboard 中将原来的 ViewController 删除,并从 Object Library 中添加 Navigation Controller,选择"Is Initial View Controller"。再次添加一个 ViewController,将 Class 设置为 ViewController,单击 Navigation Controller,同时按住 Ctrl 键,将 Navigation Controller 连接到 ViewController,并选择 Root View Controller,如图 19.2 所示。

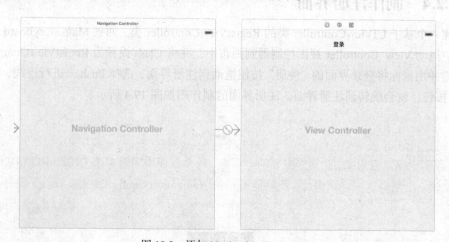

图 19.2 添加 Navigation Controller

19.2.3 制作登录界面

登录页面制作图如图 19.3 所示。

需要添加的视图、控件以及对它们的设置如表 19-1 所示。

图 19.3　登录界面

表 19-1　视图、控件设置

视图、控件	属性设置	其他
Navigation Title	Title:登录	
UIImageView		
UITextField1	Placeholder：用户名	与 ViewController.h 文件进行变量关联：usernameTextField
UITextField2	Placeholder：密码 选择 Secure 复选框	与 ViewController.h 文件进行变量关联：passwordTextField
UIButton1	Title：登录 Background:blue	与 ViewController.h 文件进行动作 clickLoginButton:的声明和关联
UIButton2	Title:注册	

19.2.4　制作注册界面

创建一个基于 UIViewController 类的 RegistViewController 类。回到 Main.storyboard 文件，从视图库中拖动 View Controller 视图控制器到画布中，并将 Class 设置为 RegistViewController。按住 Ctrl 键并用鼠标将登录界面的"注册"按钮拖动到注册界面，选择 Push 来进行连线，这样单击"注册"按钮，就会跳转到注册界面。注册界面的制作图如图 19.4 所示。

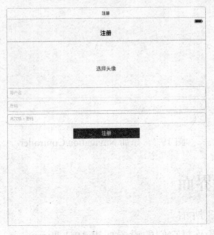

图 19.4　注册界面

需要添加的视图、控件以及对它们的设置如表 19-2 所示。

表 19-2　　　　　　　　　　　　　视图、控件设置

视图、控件	属 性 设 置	其　　他
Navigation Title	Title：注册	
Button1	text：选择头像	与 RegistViewController 文件进行方法关联：clickSeleckImage 变量关联：selectImage
UITextField1	Placeholder：用户名	与 RegistViewController.h 文件进行变量关联：usernameTextField
UITextField2	Placeholder：密码	与 RegistViewController.h 文件进行变量关联：passwordTextField
UITextField3	Placeholder：再次输入密码	与 RegistViewController.h 文件进行变量关联：psdAgainTextField
UIButton2	Title：注册	与 RegistViewController.h 文件进行方法关联：clickRegistButton
UIScrollerView	在 Controller 底部 Hidden：YES	与 RegistViewController.h 文件进行变量关联：scrollerView

这时画布的总体效果如图 19.5 所示。

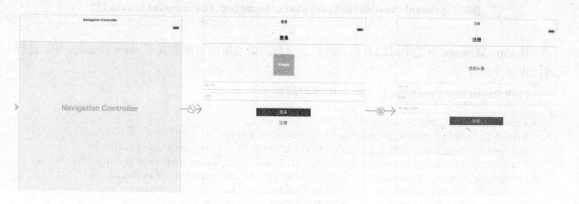

图 19.5　画布效果

打开 ViewController.h 文件，编写代码。程序代码如下：

```
#import <UIKit/UIKit.h>
@interface ViewController : UIViewController
@property (weak, nonatomic) IBOutlet UIImageView *imageview;
@property (weak, nonatomic) IBOutlet UITextField *usernameTextField;
@property (weak, nonatomic) IBOutlet UITextField *passwordTextField;
- (IBAction)clickLoginButton:(id)sender;
@end
```

打开 ViewController.m 文件，编写代码。程序代码如下：

```
- (IBAction)clickLoginButton:(id)sender {
    if ([_usernameTextField.text length] <= 0) {
        [self showMessage:@"请输入用户名"];
        return;
    }
    if ([_passwordTextField.text length] <= 0) {
        [self showMessage:@"请输入密码"];
        return;
    }
```

```
        NSDictionary *allusermessage = [[NSUserDefaults standardUserDefaults] objectForKey:
@"allusermessage"];
        NSDictionary *user = [allusermessage objectForKey:_usernameTextField.text];
        if (!user || user.count <= 0) {
            [self showMessage:@"对不起，您输入的用户名或密码错误"];
            return;
        }
        if (![_passwordTextField.text isEqualToString:[user objectForKey:@"password"]]) {
            [self showMessage:@"对不起，您输入的用户名或密码错误"];
            return;
        }
        [self showMessage:@"登录成功"];
        [_imageview setImage:[UIImage imageNamed:[user objectForKey:@"image"]]];
}

- (void)showMessage:(NSString *)message{
        UIAlertController *alert = [UIAlertController alertControllerWithTitle:@"提示"
message:message preferredStyle:UIAlertControllerStyleAlert];
        UIAlertAction *cancel = [UIAlertAction actionWithTitle:@"确定" style:
UIAlertActionStyleCancel handler:nil];
        [alert addAction:cancel];
        [self presentViewController:alert animated:YES completion:nil];
}
```

从 showMessage:方法中可以看出，我们把所有的提示框显示都放在了 showMessage:中，这样可以保证代码简洁。

打开 RegistViewController.h 文件。程序代码如下：

```
#import <UIKit/UIKit.h>
@interface RegistViewController : UIViewController
@property (weak, nonatomic) IBOutlet UITextField *usernameTextField;
@property (weak, nonatomic) IBOutlet UITextField *passwordTextField;
@property (weak, nonatomic) IBOutlet UITextField *psdAgainTextField;
@property (weak, nonatomic) IBOutlet UIScrollView *scrollerView;
@property (weak, nonatomic) IBOutlet UIButton *selectImage;
- (IBAction)clickSelectImage:(id)sender;
- (IBAction)clickRegistButton:(id)sender;
@end
```

打开 RegistViewController.m 文件，编写代码。程序代码如下：

```
- (void)viewDidLoad
{
    [super viewDidLoad];
    // Do any additional setup after loading the view.
    [self setImageUI];
}
- (IBAction)clickSelectImage:(id)sender {
    _scrollerView.hidden = NO;
}

- (IBAction)clickRegistButton:(id)sender {
    if ([_usernameTextField.text length] <= 0) {
        [self showMessage:@"请输入用户名" needback:NO];
        return;
    }
    if ([_passwordTextField.text length] <= 0) {
        [self showMessage:@"请输入密码" needback:NO];
        return;
```

```objc
        }
        if ([_passwordTextField.text length] < 6) {
            [self showMessage:@"密码长度应不小于6个字节" needback:NO];
            return;
        }
        if (![_passwordTextField.text isEqualToString:_psdAgainTextField.text]) {
            [self showMessage:@"两次密码输入不一致" needback:NO];
            return;
        }
        NSMutableDictionary *allusermessage = [[NSUserDefaults standardUserDefaults] objectForKey:@"allusermessage"];
        if (!allusermessage) {
            allusermessage = [[NSMutableDictionary alloc] init];
        }
        if ([allusermessage objectForKey:_usernameTextField.text]) {
            [self showMessage:@"用户名已经注册" needback:NO];
            return;
        }
        if (!_image || _image.length <= 0) {
            [self showMessage:@"请选择头像" needback:NO];
            return;
        }
        NSDictionary *usermssage = [[NSDictionary alloc] initWithObjectsAndKeys:_passwordTextField.text, @"password", _image, @"image", nil];
        [allusermessage setObject:usermssage forKey:_usernameTextField.text];
        [[NSUserDefaults standardUserDefaults] setObject:allusermessage forKey:@"allusermessage"];
        [self showMessage:@"注册成功" needback:YES];
}

- (void) showMessage:(NSString *)message needback:(BOOL)needback{
    UIAlertController *alert = [UIAlertController alertControllerWithTitle:@"提示" message:message preferredStyle:UIAlertControllerStyleAlert];
    UIAlertAction *cancel = [UIAlertAction actionWithTitle:@"确定" style:UIAlertActionStyleCancel handler:^(UIAlertAction * _Nonnull action) {
        if (needback) {
            [self.navigationController dismissViewControllerAnimated:YES completion:nil];
        }
    }];
    [alert addAction:cancel];
    [self presentViewController:alert animated:YES completion:nil];
}

- (void) setImageUI{
    _scrollerView.contentSize = CGSizeMake(_scrollerView.bounds.size.height * 5, _scrollerView.bounds.size.height);
    for (int i = 0; i < 5; i++) {
        UIButton *button = [self createButtonWithIndex:i];
        button.frame = CGRectMake(_scrollerView.bounds.size.height * i, 0, _scrollerView.bounds.size.height, _scrollerView.bounds.size.height);
        [_scrollerView addSubview:button];
    }
}

- (UIButton *) createButtonWithIndex:(NSInteger) index{
    UIButton *button = [[UIButton alloc] initWithFrame:CGRectMake(0., 0., _scrollerView.bounds.size.height, _scrollerView.bounds.size.height)];
    button.tag = index + 1;
    [button setBackgroundImage:[UIImage imageNamed:[NSString stringWithFormat:@"%ld", index + 1]] forState:UIControlStateNormal];
    [button addTarget:self action:@selector(clickButton:) forControlEvents:UIControlEventTouchUpInside];
```

```
        return button;
}

- (void) clickButton:(UIButton *)button{
    _image = [NSString stringWithFormat:@"%ld", button.tag];
    _scrollerView.hidden = YES;
    [_selectImage setBackgroundImage:[UIImage imageNamed:_image] forState:UIControlStateNormal];
}
```

19.3 应用调试

当应用完成后，可能会出现各种问题，当检查代码也查不到问题所在时，就需要对程序进行调试了。调试可以分为打印调试、断点调试、UI 调试。

19.3.1 打印调试

用户输入密码时显示出来的是密文，在平时开发过程中，需要知道其密码内容，从而判断输入是否合理，于是在 clickLoginButton:方法中加入打印，其语法形式如下：

```
NSLog(@"username:%@  password:%@ ", _usernameTextField.text, _passwordTextField.text);
```

运行程序，在登录页面输入"用户名：admin，密码：123456"时，单击"登录"按钮，可看到打印：

```
username:admin  password:123456
```

在程序的很多地方都可以添加打印来检测项目中某个变量的值以及程序流程。

19.3.2 断点调试

想看任一时刻变量的值或者程序的运行流程，同样可以添加断点。添加断点的优点在于不用更新代码，也不需要重新编译程序，并且可以看到我们想看到的变量以及更改变量值。

在 clickLoginButton:方法的第一行添加一个断点，运行程序。当单击"登录"按钮时，程序会停在断点处，如图 19.6 所示。

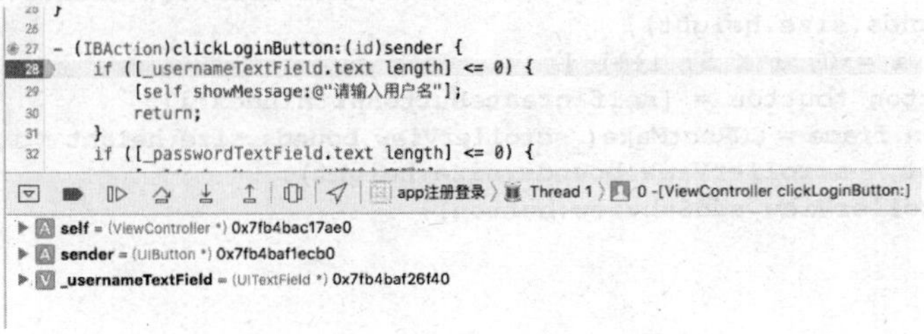

图 19.6　断点调试

若在底部并没有出现所需要的密码的值，可以在变量显示区域右键选择"Add Expression..."，在弹出来的变量添加中输入"_passwordTextField.text"。如图 19.7 所示。

单击"Done"按钮，在其位置就可以看到所输入的密码的值了。

Xcode 同样支持 C 语言的 GCD 调试。程序断点后，在 Log 输出区域输入"po _password

TextField.text",就可以打印出密码的值。如图 19.8 所示。

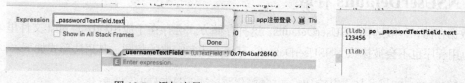

图 19.7 添加变量

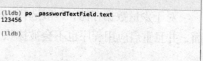

图 19.8 GCD 调试

19.3.3 UI 调试

上面所述的两种调试方法,都主要针对程序代码进行调试,而 UI 调试主要针对界面进行查看。在程序运行中,选择菜单栏的"Debug|View Debugging|Capture View Hierarchy"命令,此时界面打印出当前运行的界面情况以及分层。如图 19.9 所示。

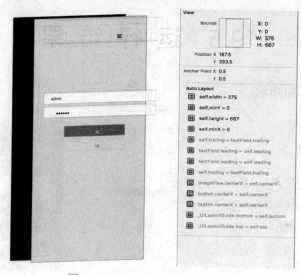

图 19.9 Capture View Hierarchy

在 UI 界面调试状态下可以看到每一个控件的位置、约束、层次。

19.4 代 码 解 析

19.4.1 文本判断

要判断文本,可以使用 NSString 的 isEqualToString:方法,其语法形式如下:

-(BOOL)isEqualToString:(NSString *)aString;

其中,(NSString *)aString 表示比较的字符串。该方法的返回值类型为 BOOL。如果返回的值为 1,说明两个字符串相等;如果返回的值为 0,说明两个字符串不相等。在代码中使用 isEqualToString:方法表示两个文本框中文本的判断,代码如下:

```
if (![_passwordTextField.text isEqualToString:_psdAgainTextField.text]){
......
}
```

19.4.2 NSUserDefaults 存取

对于少量数据存储，一般选择 NSUserDefaults。这种存储方式会存在于应用程序的 plist 文件里面，并且重启应用程序也不会被抹除。NSUserDefaults 存储方式和字典的相同，其语法形式如下：

- (void)setObject:(nullable id)value forKey:(NSString *)defaultName;

取出方式的语法形式如下：

- (nullable id)objectForKey:(NSString *)defaultName;

用户注册后，将用户的注册信息保存在 NSUserDefaults 中，在登录的时候，将其取出，比较用户名和密码是否正确。

19.5 运 行 结 果

运行结果如图 19.10 所示。

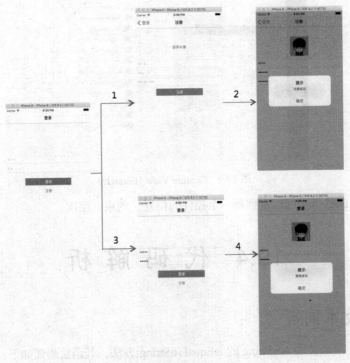

图 19.10 运行结果

步骤 1：在首页单击"注册"按钮，进入注册页面。

步骤 2：填写用户名、密码、确认密码，单击"选择头像"按钮选择头像。单击"注册"按钮，提示注册成功。其中若用户名和密码为空、密码和确认密码不相等、未选择头像，会弹出相应提示。

步骤 3：进行登录操作，填写用户名、密码。

步骤 4：单击"登录"按钮，提示登录成功，并且显示用户头像。其中若用户名和密码为空、不存在此用户、密码错误，会弹出相应提示。

第 20 章
实例 2：计算器 App

本实例实现一个支持两位数运算的计算机。当用户输入操作数和运算符后，单击"="按钮，就会显示最后的结果，其中，用于显示输入和最后结果的是标签。在此实例中，我们还将讲解苹果证书申请、App 图标设置、提交应用市场等知识。

计算器运行效果如图 20.1 所示。

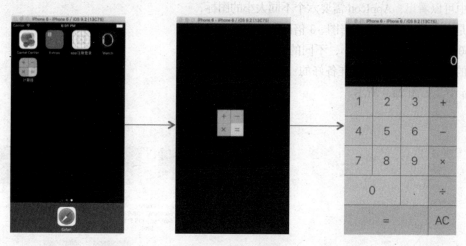

图 20.1　计算器效果

根据实例描述可知这是一个简易的计算器应用，该应用只有一个页面。但与以往不同的是，这个应用添加了 App 图标、开机图片，以及用到了一个页面多个控件的自动布局。

20.1　App 工程设置

新建 Single View Application 工程，设置 ProductName 为"计算器"，Organization Identifier 为"com.ios"，选择保存地址。

20.1.1　Bundle Identifier 设置

Bundle Identifier 就是应用的标识符，表明应用和其他 App 的区别，所以我们需要取一个唯一的 Bundle Id。Bundle Id 的取名，一般由公司或者个人域名.应用描述，比如计算器应用设置 Bundle Id:com.ios.calculator。如图 20.2 所示。

图 20.2　设置 Bundle Id

20.1.2　App Icon 设置

每一个 App 必须有对应的 App 图标，不仅美观，而且能提高辨识力。用户在手机上查找应用的时候，大部分是根据 App 图标进行筛选的。

Xcode 是在 Assets.xcassets 中设置 App 图标的。单击 Sssets.xcassets，可以看到有个 AppIcon 的 Image Set，单击 AppIcon，如图 20.3 所示。

图中可以看出，AppIcon 需要六个不同大小的图标，2x、3x 是我们早已熟知的 2 倍图、3 倍图。下面的 29pt、40pt、60pt 代表着图片的大小，不同的应用场景需要不同大小的应用图标。我们将准备好的 App 图标复制到 AppIcon 中，如图 20.4 所示。

图 20.3　AppIcon

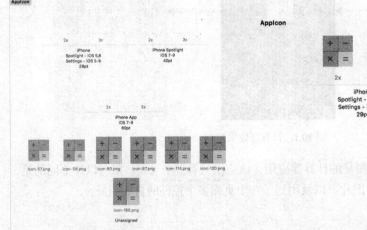

图 20.4　AppIcon

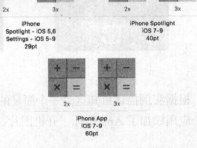

图 20.5　App 图标设置完成

将每个图片拖动到其对应的 2x、3x 区域内，如图 20.5 所示。完成后，App 图标设置完成。

20.1.3　启动图设置

应用在启动时候，需要一定的时间，若不设置启动图，则启动时屏幕显示白色，显得非常突兀。设置启动图后，不仅能让应用更加美观，还可以利用这部分时间介绍应用。

创建工程后，工程文件中的 LaunchScreen.storyborad 就是显示启动图的 storyboard。打开 LaunchScreen.storyboard，设置背景色为黑色，在正中间放置 ImageView，设置图片和布局，如图 20.6 所示。

图 20.6　LaunchScreen.storyboard 设置

20.1.4　应用名称设置

在工程中，可以根据自己的需求设置应用名称。

在工程设置中，选择 Info，在其中选择 Bundle name，默认$(PRODUCT_NAME)代表工程名称。更改名称为"简易计算器"，如图 20.7 所示。

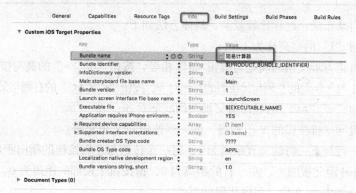

图 20.7　应用名称设置

在 Info 中还可以设置应用版本号、语言等常用设置。

20.2　App 实现过程

计算器界面设计如图 20.8 所示。

图 20.8　View Controller 视图控制器的设计界面

需要添加的视图、控件以及对它们的设置如表 20-1 所示。

表 20-1　　　　　　　　　　　　　视图、控件设置

视图、控件	属性设置	其他
设计界面	Background：黑色	
Label	Text：0 Font：System 21.0 Background：白色	与 ViewController.h 变量 label 关联
Button（共 17 个）	Text 的设置请参考设计界面 Font：System 20.0 Text Color：白色 将标题为 0～9 的按钮的 Tag 值设置为 0～9 将标题为 . 的按钮的 Tag 值设置为 10 将标题为 +-*/ 的按钮的 Tag 值设置为 11～14 将标题为 AC 的按钮的 Tag 值设置为 15 将标题为 = 的按钮的 Tag 值设置为 16	与 ViewController.h 方法 Press 关联

此界面采用自动布局，过程比较复杂，具体方法如下：

（1）设置按钮 "1" 的宽高比为 1∶1；

（2）设置所有正方形按钮的高宽与按钮 "1" 相等，按钮 "0" "=" 的高与按钮 "1" 相等；

（3）设置按钮 "1" "=" 的左侧与父视图的左侧对齐，按钮 "+" "AC" 的右侧与父试图的右侧对齐；

（4）设置按钮 "=" "AC" 的底部与父视图的底部对齐；

（5）分别设置同一排按钮的 Y 值相等，同一列按钮的 X 值相等；

（6）设置每一行与下一行的竖直距离为 1，每一个按钮与左右按钮的横向距离为 1；

（7）设置 Label 距父视图上、左、右的距离为 0，据按钮 1 顶部的距离为 0。

打开 ViewController.h 文件。程序代码如下：

```
#import <UIKit/UIKit.h>
@interface ViewController : UIViewController

@property (weak, nonatomic) IBOutlet UILabel *label;
- (IBAction)press:(id)sender;
@end
```

打开 ViewController.m 文件，程序代码如下：

```
#import "ViewController.h"
@interface ViewController (){
    double nSum;
    double number;
    NSMutableString *str;
}
@end
@implementation ViewController
- (void)viewDidLoad {
    [super viewDidLoad];
    // Do any additional setup after loading the view, typically from a nib.
    str = [NSMutableString stringWithCapacity:50];
}
- (IBAction)press:(id)sender {
    UIButton *button = (UIButton*)sender;
```

```
        [str appendString:button.titleLabel.text];
        _label.text = [NSString stringWithFormat:@"%@",str]; //设置文本内容
        if (11 <= button.tag && button.tag <= 14) {          //判断接收到运算符
            number = [str doubleValue];                       //取左操作数
            [str setString:@""];                              //字符串清零
            [str appendFormat:@"%@",button.titleLabel.text];
        }
        if(16 == button.tag) {
            if ([str hasPrefix:@"+"]) {                       //字符串以加号开头
                nSum = number + [str doubleValue];
                _label.text = [NSString stringWithFormat:@"%f",nSum];
                nSum=0;
            } else if ([str hasPrefix:@"-"]) {                //字符串以减号开头
                nSum = number + [str doubleValue];
                _label.text = [NSString stringWithFormat:@"%f",nSum];
                nSum=0;
            } else if ([str hasPrefix:@"*"]) {                //字符串以乘号开头
                NSRange range;
                range = [str rangeOfString:@"*"];
                [str deleteCharactersInRange:range];
                nSum = number * [str doubleValue];
                _label.text = [NSString stringWithFormat:@"%f",nSum];
                nSum = 0;
            } else if ([str hasPrefix:@"/"]) {                //字符串以除号开头
                NSRange range;
                range = [str rangeOfString:@"/"];
                [str deleteCharactersInRange:range];
                nSum = number / [str doubleValue];
                _label.text = [NSString stringWithFormat:@"%f",nSum];
                nSum = 0;
            }
        }
        if (15 == button.tag) {                               //当按下 AC 键时，所有数据清零
            [str setString:@""];
            nSum = 0;
            number = 0;
            _label.text = @"0";
        }
    }
```

20.3　运行结果

运行结果如图 20.9 所示。

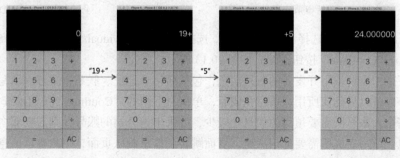

图 20.9　运行结果

20.4 开发者账号申请

如果需要将应用提交到 App Store，必须申请苹果的开发者账号。谈到苹果开发者账号，我们需要区分一下个人账号、公司账号和企业账号。

- 个人账号：个人申请用于开发苹果 App 所使用的账号，仅限于个人使用，申请比较容易，需要每年 99 美元。
- 公司账号：以公司的名义申请的开发者账号，用于公司内部的开发者共用，申请流程相对比较麻烦，需要每年 99 美元。
- 企业账号：一般是公司规模在 500 人以上的企业，用于内部测试发布的账号，该账号发布的应用不发布在 App Store 上。需要每年 299 美元。

申请地址：https://developer.apple.com/programs/。

（1）打开申请地址，单击右上角的"Enroll"按钮，如图 20.10 所示。

图 20.10　苹果开发者网站申请

（2）在弹出的介绍页面中单击"Start Your Enrollment"按钮，如图 20.11 所示。

（3）单击"Start Your Enrollment"按钮后，需要登录 Apple ID，如用户无 Apple ID，可以单击"Create Apple ID"按钮注册。已经有 Apple ID 的用户可直接登录，如图 20.12 所示。

图 20.11　开始申请流程　　　　　　　　　图 20.12　Apple ID 登录

（4）登录成功后，出现选择证书类型页面，选择第一个 Individual/Sole Proprirtor/Single Person Business。单击"Continue"按钮继续。如图 20.13 所示。

（5）接下来，需要填写开发者的各种信息，包括名字、地址、联系方式等。填写完后的信息请保存下来，以备以后确认所用。填写完成后，单击右下角的"Continue"按钮继续。

（6）申请个人账号所需要填写的信息比较少，如果申请公司的账号，则需要邓白式码以及公司的具体信息。填写完成所需要的信息后，页面跳转到信息确认页面，用户确认信息正确，没问题的话单击"Continue"按钮。此时苹果会发送一封邮件到用户邮箱。

第 20 章　实例 2：计算器 App

图 20.13　选择证书类型

（7）从邮件的链接中进入，同意协议后单击"确认"按钮。

（8）同意协议并提交后，会转到付款银行卡信息填写页面，填写付款信息。这里要填写具有美元支付功能的银行卡。

（9）填写付款信息后提交，付款成功后，就等待苹果确认。确认后，就会收到苹果的邮件并进行激活，到此，开发者账号申请完成。

20.5　证书申请

申请到开发者账号后，还需要申请证书。一个开发者账号可供多个开发者使用，可以开发多个应用程序。而一个开发者账号对应多个证书，这里简单地描述一下在苹果后台 Provisioning 入口是如何申请证书，到最终生成签名文件的。

（1）打开 OSX 中的 KeyAccess（钥匙串访问）程序，如图 20.14 所示，在其菜单栏中选择"钥匙串访问|证书助理|从证书颁发机构请求证书..."，如图 20.15 所示。

（2）在"证书助理"对话框中，输入用户电子邮件地址、常用名称，并选择存储到磁盘。单击"继续"按钮后，保存到本地。如图 20.16 所示。

图 20.14　KeyAccess

图 20.15　请求证书

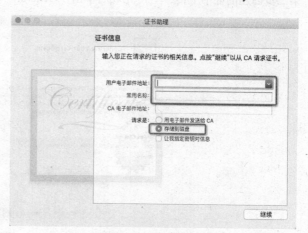

图 20.16　证书助理

（3）打开苹果开发者网站 https://developer.apple.com/membercenter/index.action，输入用户名和密码后，进入开发者网站中的 Member Center，选择"Certicates,Identifiers&Profiles"进入"证书

411

管理中心"界面。如图 20.17 所示。

图 20.17　证书管理中心

（4）在证书管理中心，选择 Certificates 中的"Production"，在右边单击"添加"按钮，然后选择 Production 中的"App Store and Ad Hoc"，单击"Continue"按钮继续。如图 20.18 所示。

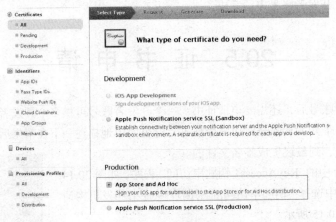

图 20.18　新建证书

（5）继续单击"Continue"按钮，到达证书上传页面。单击"Choose File..."按钮，选择刚才第二步创建的证书上传，上传完成后单击"Generate"按钮。如图 20.19 所示。

图 20.19　上传证书

（6）单击"Generate"按钮后，证书创建成功，单击"Dowload"按钮将证书下载到本地。证书创建结束。而创建应用的 App IDs 和对应的描述文件，可以通过 Xcode 自动生成。现在用户可以在 Xcode 中用此证书进行打包，并上传至 App Store。

20.6　提交到 App 商店

将应用提交至 App Store，需要用到苹果应用管理后台 itunesConnect。下面介绍如何将 Xcode 中的应用打包上传至 App Store。

（1）打开 itunesConnect 网站 https://itunesconnect.apple.com 并登录。登录成功后单击"我的 App"进入 App 管理页面。如图 20.20 所示。

图 20.20　itunesConnect 页面

（2）在 App 管理界面，可以看到自己以前上传的应用，也可以单击"+"按钮创建一个新的应用。

（3）单击添加应用后，填写应用的基本信息，其中套装 ID 与 SKU 是 App 的唯一标识，这里用项目中 Bundle Identifier 的内容，即 com.ios.calculator，填写完成后单击"Create"按钮。完成后，会跳转到 App 详细页面进行设置。如图 20.21 所示。

图 20.21　创建新 App

（4）在 App 详情中，按要求填写 App 信息以及价格信息，上传 App 截图。如图 20.22 所示。

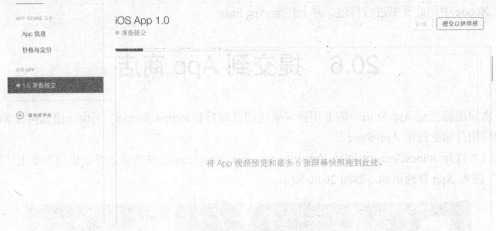

图 20.22　App 详情页面

（5）itunesConnect 设置好以后，就可以在 Xcode 中编辑版本进行上传了。打开 Xcode，在菜单栏中选择"Product|Archive"命令对 App 进行打包。如图 20.23 所示。

图 20.23　Xcode 进行 Archive

（6）Archive 完成后，Xcode 会自动打开 Organizar，在右边选择"Upload to App Store"，按照提示，将应用提交至 App Store。

（7）提交完成后，再次登录 itunesConnect，在 App 详情中选择刚刚上传的 App，并且提交审核。

（8）等待 1～2 周，苹果会将审核结果通过电子邮件发送给用户，审核结束后，应用就可以在 App Store 上下载并安装了。